개념 BOOK

SMART

구성과 특징

개념 BOOK

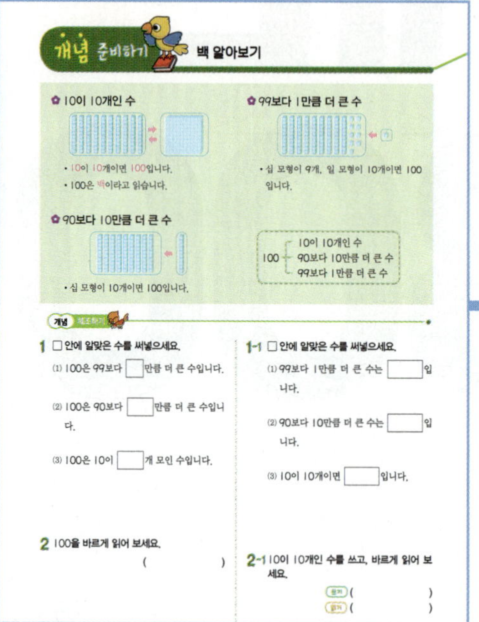
개념 준비하기 백 알아보기

✿ 10이 10개인 수
• 10이 10개이면 100입니다.
• 100은 백이라고 읽습니다.

✿ 99보다 1만큼 더 큰 수
• 십 모형이 9개, 일 모형이 10개이면 100입니다.

✿ 90보다 10만큼 더 큰 수
• 십 모형이 10개이면 100입니다.

100 — 10이 10개인 수 / 90보다 10만큼 더 큰 수 / 99보다 1만큼 더 큰 수

개념 체조하기

1 □ 안에 알맞은 수를 써넣으세요.
(1) 100은 99보다 □만큼 더 큰 수입니다.
(2) 100은 90보다 □만큼 더 큰 수입니다.
(3) 100은 10이 □개 모인 수입니다.

1-1 □ 안에 알맞은 수를 써넣으세요.
(1) 99보다 1만큼 더 큰 수는 □입니다.
(2) 90보다 10만큼 더 큰 수는 □입니다.
(3) 10이 10개이면 □입니다.

2 100을 바르게 읽어 보세요.
( )

2-1 10이 10개인 수를 쓰고, 바르게 읽어 보세요.
쓰기 ( )
읽기 ( )

1 『**개념 준비하기**』를 통해 교과서 핵심 개념을 알아봅니다.
『**개념 체조하기**』를 통해 준비한 개념을 이해하는 문제를 학습합니다.

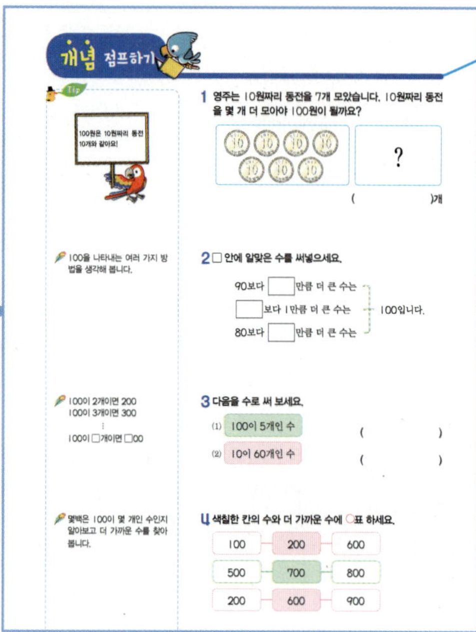
개념 점프하기

1 영주는 10원짜리 동전을 7개 모았습니다. 10원짜리 동전을 몇 개 더 모아야 100원이 될까요?
( )개

2 □ 안에 알맞은 수를 써넣으세요.
90보다 □만큼 더 큰 수는
□보다 1만큼 더 큰 수는 — 100입니다.
80보다 □만큼 더 큰 수는

3 다음을 수로 써 보세요.
(1) 100이 5개인 수 ( )
(2) 10이 60개인 수 ( )

4 색칠한 칸의 수와 더 가까운 수에 ○표 하세요.

100	200	600
500	700	800
200	600	900

Tip
100을 나타내는 여러 가지 방법을 생각해 봅니다.
100이 2개이면 200
100이 3개이면 300
100이 □개이면 □00
몇백은 100이 몇 개인 수인지 알아보고 더 가까운 수를 찾아 봅니다.

2 『**개념 점프하기**』를 통해 개념을 완성하는 문제를 해결해 봅니다.

유형 BOOK

1 기본 유형

유형 1 백 알아보기
• 90보다 10만큼 더 큰 수를 100이라고 쓰고, 백이라고 읽습니다.
• 10이 10개이면 100입니다.

1 동전은 모두 얼마일까요?
( )원

2 100에 대해 잘못 말한 사람을 찾아 써 보세요.
지수: 99보다 1만큼 더 큰 수
희서: 60보다 40만큼 더 큰 수
주현: 90보다 1만큼 더 큰 수
태훈: 10이 10개인 수
( )

3 과일 가게에 복숭아가 10개씩 7줄, 사과가 10개씩 3줄 있습니다. 과일 가게에 있는 복숭아와 사과는 모두 몇 개일까요?
( )개

유형 2 몇백 알아보기

수	쓰기(읽기)	수	쓰기(읽기)
100이 2	200 (이백)	100이 6	600 (육백)
100이 3	300 (삼백)	100이 7	700 (칠백)
100이 4	400 (사백)	100이 8	800 (팔백)
100이 5	500 (오백)	100이 9	900 (구백)

4 수 모형이 나타내는 수를 쓰고, 읽어 보세요.
쓰기 ( )
읽기 ( )

5 300원이 되도록 동전을 묶어 보세요.

6 저금통에 100원짜리 동전 3개와 10원짜리 동전 60개가 있습니다. 저금통에 들어 있는 동전은 모두 얼마일까요?
( )원

1 『**기본 유형**』을 통해 다양한 유형의 문제를 학습합니다.

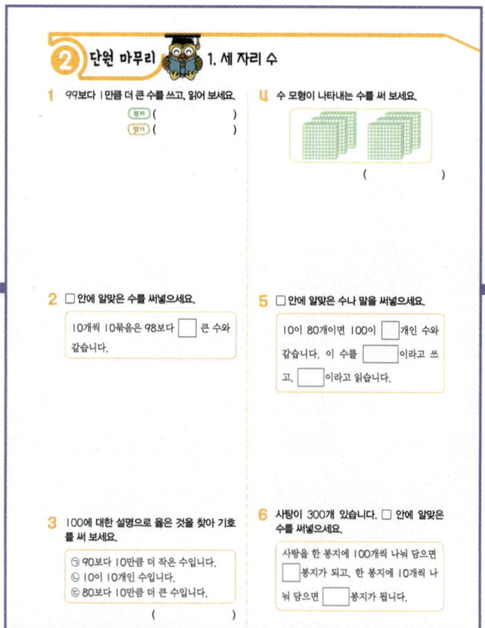
2 단원 마무리 1. 세 자리 수

1 99보다 1만큼 더 큰 수를 쓰고, 읽어 보세요.
쓰기 ( )
읽기 ( )

2 □ 안에 알맞은 수를 써넣으세요.
10개씩 10묶음은 98보다 □ 큰 수와 같습니다.

3 100에 대한 설명으로 옳은 것을 찾아 기호를 써 보세요.
㉠ 90보다 10만큼 더 작은 수입니다.
㉡ 10이 10개인 수입니다.
㉢ 80보다 10만큼 더 큰 수입니다.
( )

4 수 모형이 나타내는 수를 써 보세요.
( )

5 □ 안에 알맞은 수나 말을 써넣으세요.
10이 80개이면 100이 □개인 수와 같습니다. 이 수를 □이라고 쓰고, □이라고 읽습니다.

6 사탕이 300개 있습니다. □ 안에 알맞은 수를 써넣으세요.
사탕을 한 봉지에 100개씩 나눠 담으면 □봉지가 되고, 한 봉지에 10개씩 나눠 담으면 □봉지가 됩니다.

2 『**단원 마무리**』를 통해 한 단원 학습을 마무리합니다.

개념 높이뛰기

1 백 알아보기

1 □ 안에 알맞은 수를 써넣으세요.

(1) 100은 □보다 10만큼 더 큰 수입니다.

(2) 100은 99보다 □만큼 더 큰 수입니다.

2 □ 안에 알맞은 수를 써넣으세요.

□은/는 70보다 30만큼 더 큰 수이고, 20보다 □만큼 더 큰 수입니다.

3 다음 중 나타내는 수가 다른 하나를 찾아 기호를 써 보세요.

㉠ 10이 10개인 수
㉡ 90보다 1만큼 더 큰 수
㉢ 99 다음에 오는 수
㉣ 1이 100개인 수

( )

2 몇백 알아보기

4 서로 같은 것끼리 이어 보세요.

(1) 300 • • ㉠ 10씩 80묶음
(2) 팔백 • • ㉡ 100씩 3묶음
(3) 500 • • ㉢ 10씩 50묶음

5 수족관에 열대어가 종류별로 100마리씩 들어 있습니다. 열대어가 2종류일 때, 수족관에 들어 있는 열대어는 모두 몇 마리일까요?

( )마리

6 민정이는 100원짜리 동전 5개와 10원짜리 동전 20개를 가지고 있습니다. 민정이가 가지고 있는 동전은 모두 얼마일까요?

( )원

3 『**개념 높이뛰기**』를 통해 학습목표마다 3단계 수준별 문제를 학습합니다.

개념 멀리뛰기 1. 세 자리 수

정답과 풀이 5쪽

1 수 모형을 보고 십 모형이 10개이면 모두 얼마인지 수를 쓰고, 읽어 보세요.

쓰기 ( )
읽기 ( )

2 80보다 20만큼 더 큰 수는 얼마일까요?

( )

3 100에 대한 설명 중 틀린 것을 고르세요. ( )

① 99 다음의 수입니다.
② '백'이라고 읽습니다.
③ 10이 100묶음입니다.
④ 99보다 1만큼 더 큰 수입니다.
⑤ 90보다 10만큼 더 큰 수입니다.

4 수 모형이 나타내는 수를 쓰고, 읽어 보세요.

쓰기 ( )
읽기 ( )

5 동전은 모두 얼마인지 써 보세요.

( )원

6 같은 것끼리 이어 보세요.

(1) 500 • • ㉠ 100이 8개
• ㉡ 100이 9개
(2) 800 • • ㉢ 100이 5개
• ㉣ 100이 7개

4 『**개념 멀리뛰기**』를 통해 한 단원의 학습을 정리해 봅니다.

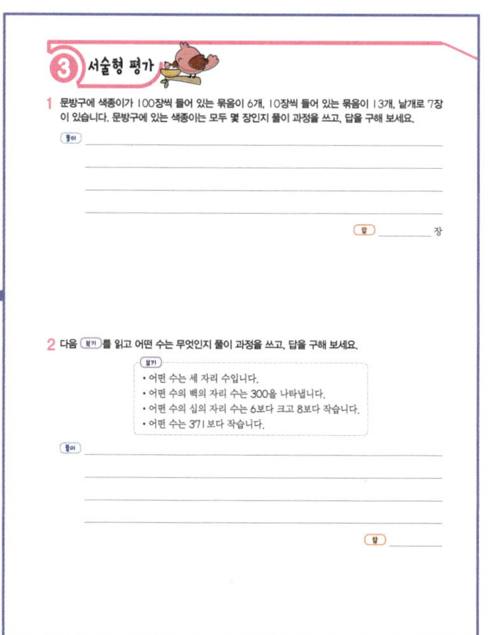

3 서술형 평가

1 문방구에 색종이가 100장씩 들어 있는 묶음이 6개, 10장씩 들어 있는 묶음이 13개, 낱개로 7장이 있습니다. 문방구에 있는 색종이는 모두 몇 장인지 풀이 과정을 쓰고, 답을 구해 보세요.

풀이

답 ______ 장

2 다음 보기를 읽고 어떤 수는 무엇인지 풀이 과정을 쓰고, 답을 구해 보세요.

보기
• 어떤 수는 세 자리 수입니다.
• 어떤 수의 백의 자리 수는 300을 나타냅니다.
• 어떤 수의 십의 자리 수는 6보다 크고 8보다 작습니다.
• 어떤 수는 371보다 작습니다.

풀이

답 ______

3 『**서술형 평가**』를 통해 풀이를 서술하는방법을 학습합니다.

완벽한 핵심 특징

1. 2022 개정 교육과정을 **완벽히** 반영하였습니다.
2. 쌍둥이 문제 구성을 통해 교과서 핵심 개념을 **완벽히** 익힙니다.
3. 개념은 물론 유형 BOOK을 통해 다양한 유형의 문제를 **완벽히** 익힙니다.
4. 서술형 문제를 개념 BOOK, 유형 BOOK에 수록하여 서술 능력을 **완벽히** 익힙니다.

차례

세 자리 수

이 단원에서는 무엇을 배울까요?

- 백을 알아볼까요
- 세 자리 수를 알아볼까요
- 뛰어 세어 볼까요
- 몇백을 알아볼까요
- 각 자리의 숫자는 얼마를 나타낼까요
- 세 자리 수 문제를 해결해 볼까요

개념 준비하기 백 알아보기

10이 10개인 수

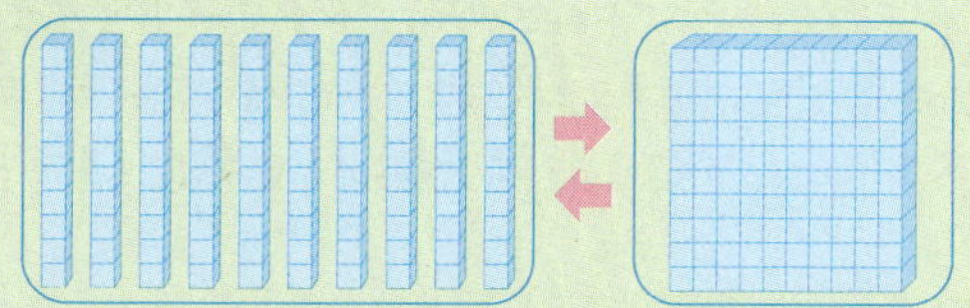

- 10이 10개이면 100입니다.
- 100은 백이라고 읽습니다.

99보다 1만큼 더 큰 수

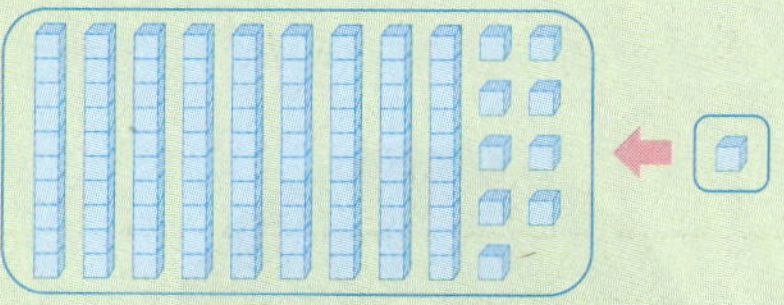

- 십 모형이 9개, 일 모형이 10개이면 100입니다.

90보다 10만큼 더 큰 수

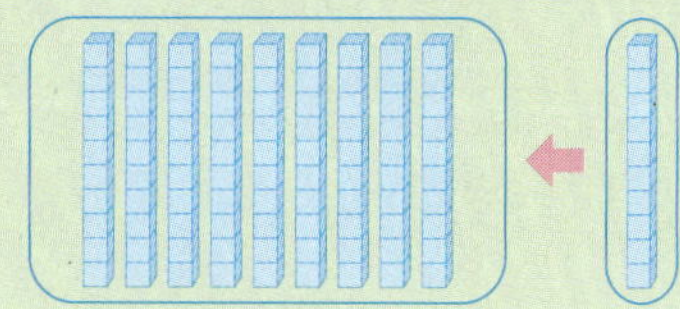

- 십 모형이 10개이면 100입니다.

100 ┬ 10이 10개인 수
    ├ 90보다 10만큼 더 큰 수
    └ 99보다 1만큼 더 큰 수

개념 체조하기

1 □ 안에 알맞은 수를 써넣으세요.

(1) 100은 99보다 □만큼 더 큰 수입니다.

(2) 100은 90보다 □만큼 더 큰 수입니다.

(3) 100은 10이 □개 모인 수입니다.

2 100을 바르게 읽어 보세요.

(　　　　　　)

1-1 □ 안에 알맞은 수를 써넣으세요.

(1) 99보다 1만큼 더 큰 수는 □입니다.

(2) 90보다 10만큼 더 큰 수는 □입니다.

(3) 10이 10개이면 □입니다.

2-1 10이 10개인 수를 쓰고, 바르게 읽어 보세요.

쓰기 (　　　　　　)

읽기 (　　　　　　)

3 그림의 수 모형을 100이 되도록 묶어 보세요.

3-1 그림의 수 모형을 100이 되도록 묶어 보세요.

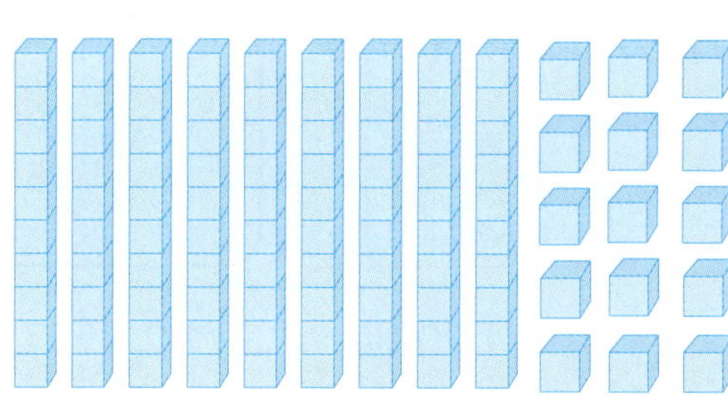

4 동전은 모두 얼마일까요?

(   )원

4-1 동전은 모두 얼마일까요?

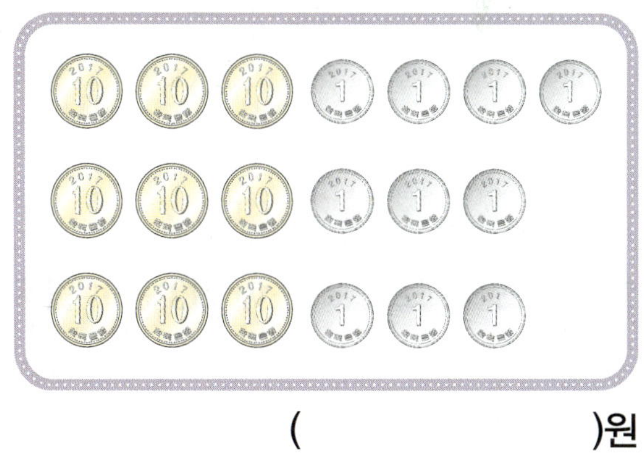

(   )원

5 100이 되려면 십 모형이 몇 개 더 필요한지 구해 보세요.

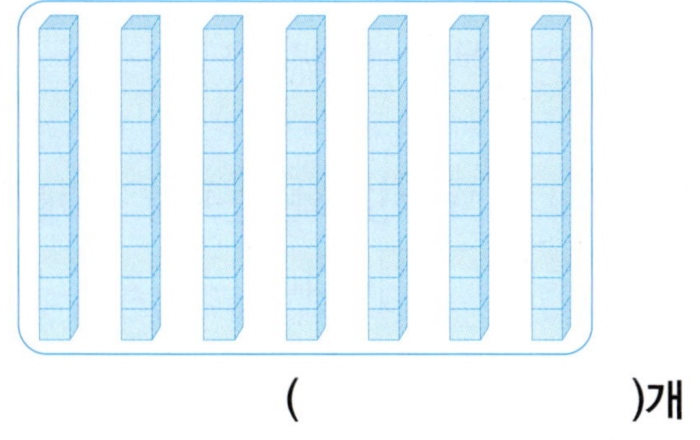

(   )개

5-1 100이 되려면 일 모형이 몇 개 더 필요한지 구해 보세요.

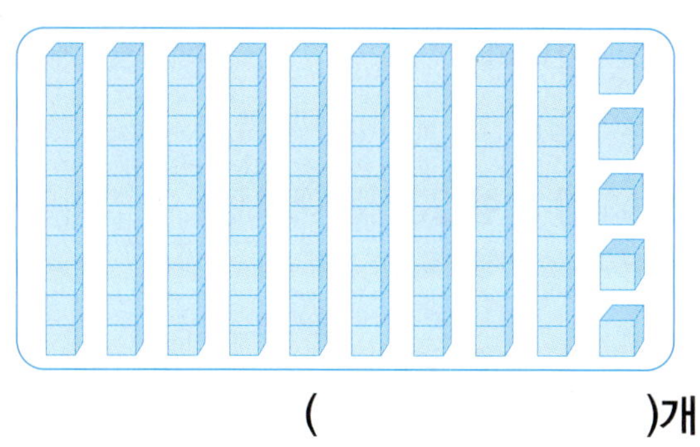

(   )개

개념 준비하기 몇백 알아보기

✿ 몇백 알아보기

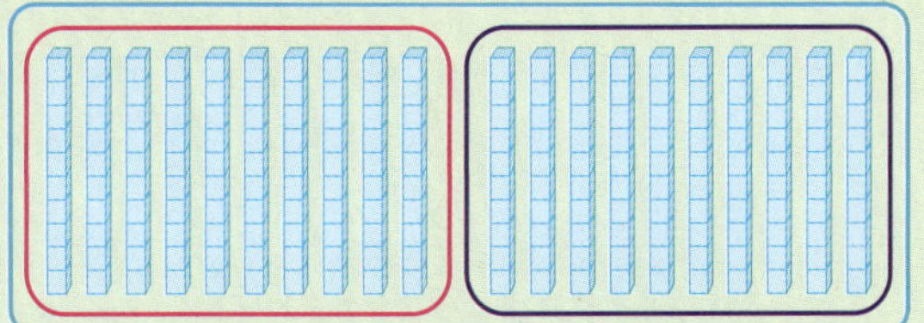

- 십 모형 20개는 백 모형 2개와 같습니다.
- 백 모형 2개이면 200입니다.
- 100이 2개이면 200입니다.
- 200은 이백이라고 읽습니다.

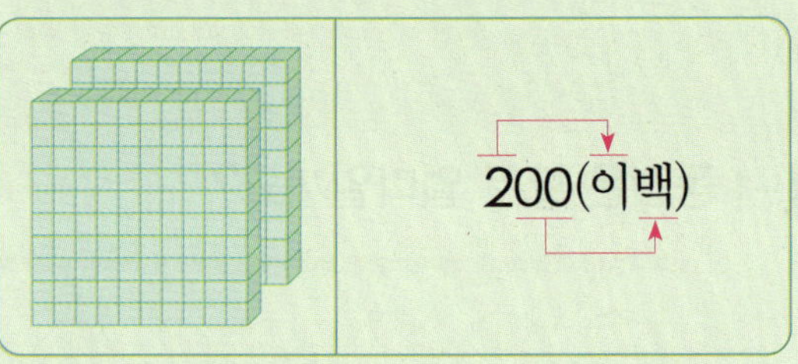

✿ 몇백 쓰고 읽기

	쓰기	읽기
100이 1개	100	백
100이 2개	200	이백
100이 3개	300	삼백
100이 4개	400	사백
100이 5개	500	오백
100이 6개	600	육백
100이 7개	700	칠백
100이 8개	800	팔백
100이 9개	900	구백

개념 체조하기

1 수 모형을 보고 □ 안에 알맞은 수를 써넣으세요.

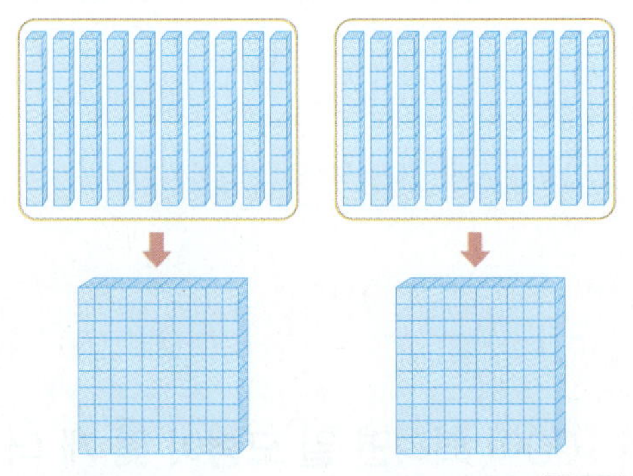

(1) 십 모형 10개가 모이면 백 모형 □개가 됩니다.

(2) 십 모형 20개는 백 모형 □개와 같습니다.

(3) 백 모형 2개는 □입니다.

1-1 수 모형을 보고 □ 안에 알맞은 수를 써넣으세요.

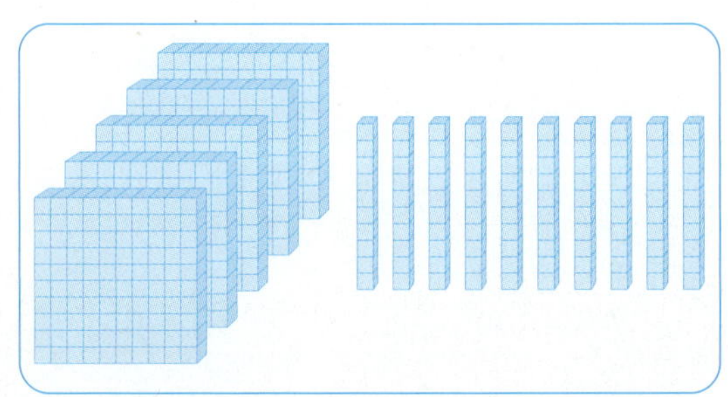

(1) 백 모형 5개가 모이면 □입니다.

(2) 십 모형 10개가 모이면 □입니다.

(3) 백 모형 5개와 십 모형 10개가 모이면 □입니다.

2 □ 안에 알맞은 수를 써넣으세요.

(1) 100이 □개이면 800입니다.

(2) 600은 100이 □개 모인 수입니다.

(3) 10이 □개이면 300입니다.

2-1 □ 안에 알맞은 수를 써넣으세요.

(1) 100이 4개이면 □입니다.

(2) □은/는 100이 3개 모인 수입니다.

(3) 10이 70개이면 □입니다.

3 수를 읽어 보세요.

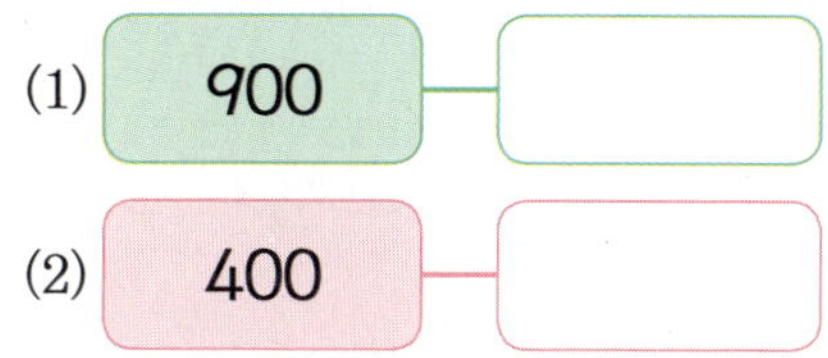

3-1 수를 읽어 보세요.

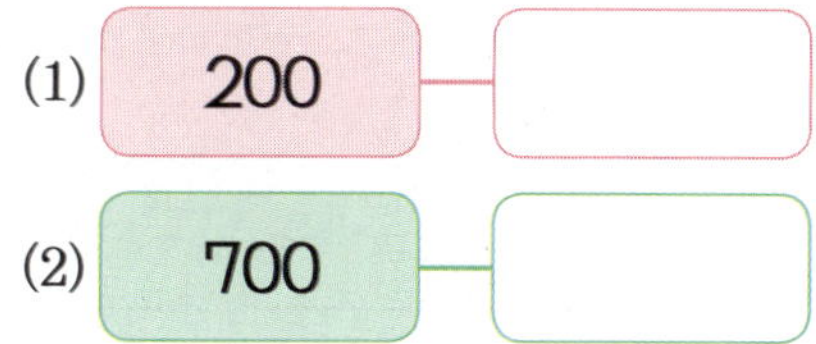

4 수로 써 보세요.

4-1 수로 써 보세요.

5 □ 안에 알맞은 수를 보기 에서 골라 써넣으세요.

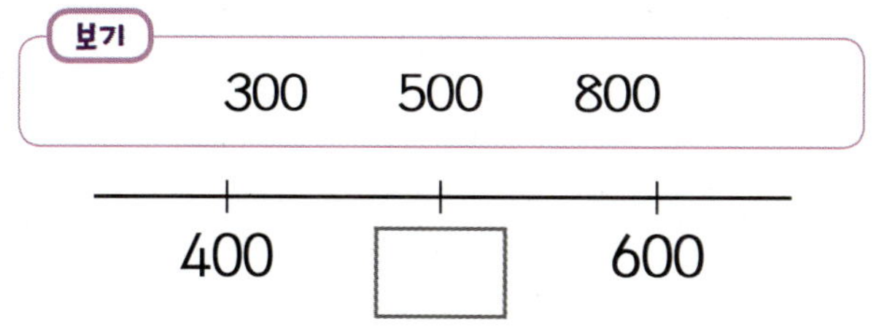

5-1 □ 안에 알맞은 수를 보기 에서 골라 써넣으세요.

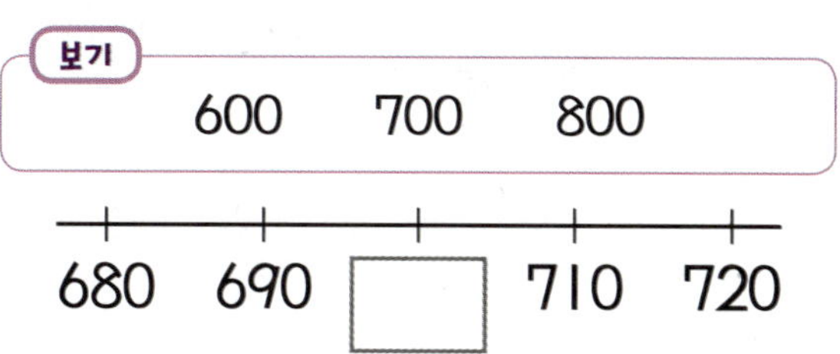

세 자리 수 알아보기

세 자리 수

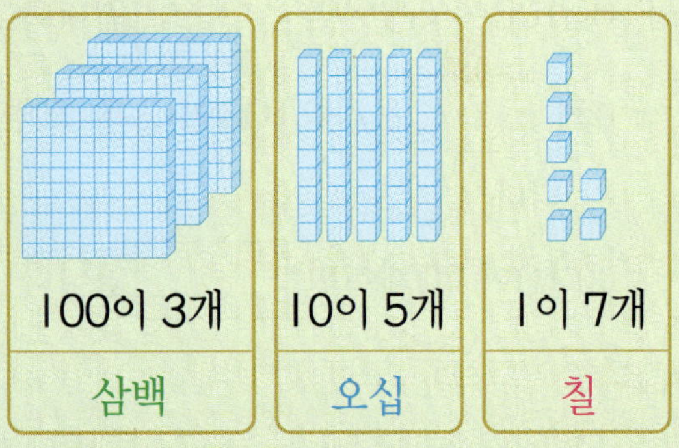

- 100이 3개, 10이 5개, 1이 7개인 수는 357입니다.
- 357은 삼백오십칠이라고 읽습니다.

0이 있는 세 자리 수

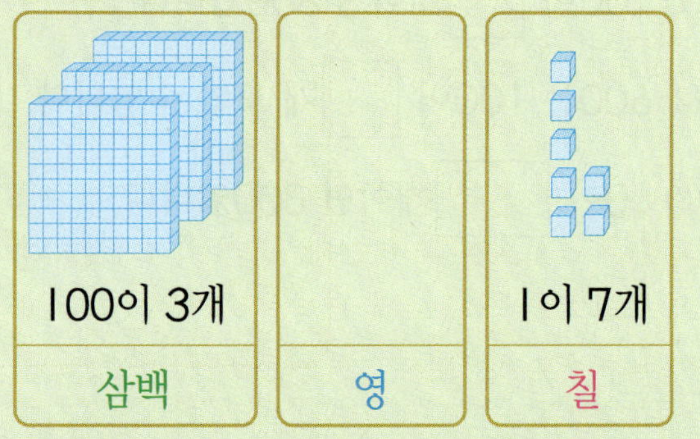

- 100이 3개, 10이 0개, 1이 7개인 수는 307입니다.
- 자리 숫자가 0인 경우 그 자리는 읽지 않습니다.
- 307은 삼백칠이라고 읽습니다.

- 세 자리 수는 몇백몇십몇이라고 읽습니다.
- 자리 숫자가 0인 경우는 읽지 않습니다.

개념 체조하기

1 수 모형을 보고 □ 안에 알맞은 수를 써넣으세요.

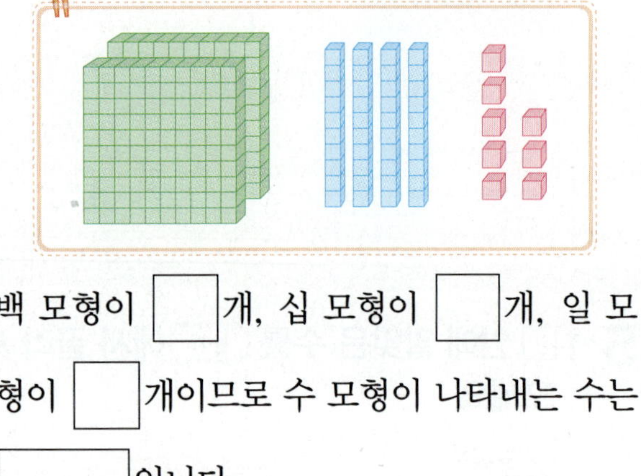

백 모형이 □개, 십 모형이 □개, 일 모형이 □개이므로 수 모형이 나타내는 수는 □입니다.

1-1 수 모형을 보고 □ 안에 알맞은 수를 써넣으세요.

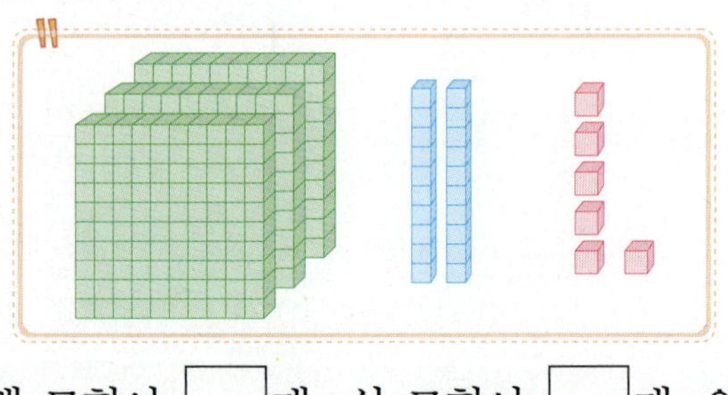

백 모형이 □개, 십 모형이 □개, 일 모형이 □개이므로 수 모형이 나타내는 수는 □입니다.

2 수를 읽어 보세요.

(1) 455 ➡ (　　　　　　)

(2) 763 ➡ (　　　　　　)

2-1 수를 읽어 보세요.

(1) 403 ➡ (　　　　　　)

(2) 610 ➡ (　　　　　　)

3 그림을 보고 모두 얼마인지 써 보세요.

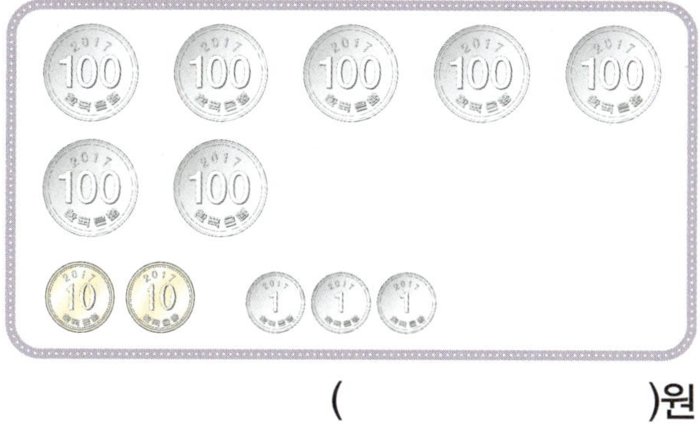

(　　　　　　)원

3-1 그림을 보고 모두 얼마인지 써 보세요.

(　　　　　　)원

4 수를 바르게 읽은 사람은 누구일까요?

(　　　　　　)

4-1 수를 바르게 읽은 사람은 누구일까요?

(　　　　　　)

개념 점프하기

Tip

1 영주는 10원짜리 동전을 7개 모았습니다. 10원짜리 동전을 몇 개 더 모아야 100원이 될까요?

(　　　　　　)개

100을 나타내는 여러 가지 방법을 생각해 봅니다.

2 □ 안에 알맞은 수를 써넣으세요.

90보다 □만큼 더 큰 수는
□보다 1만큼 더 큰 수는 ― 100입니다.
80보다 □만큼 더 큰 수는

100이 2개이면 200
100이 3개이면 300
⋮
100이 □개이면 □00

3 다음을 수로 써 보세요.

(1) 100이 5개인 수 (　　　　　　)

(2) 10이 60개인 수 (　　　　　　)

몇백은 100이 몇 개인 수인지 알아보고 더 가까운 수를 찾아 봅니다.

4 색칠한 칸의 수와 더 가까운 수에 ○표 하세요.

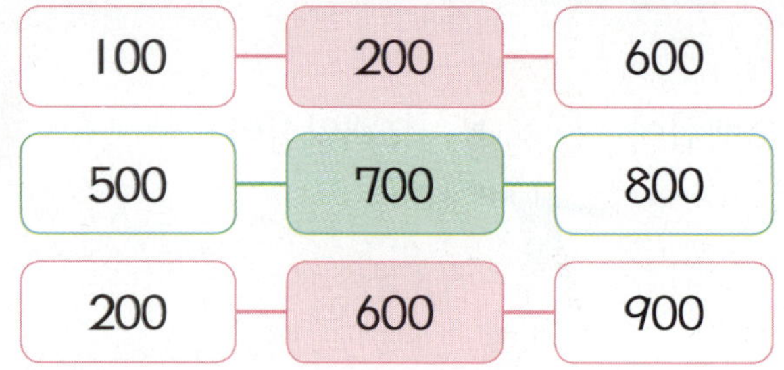

5 도토리가 한 봉지에 100개씩 9봉지 있습니다. 도토리는 모두 몇 개일까요?

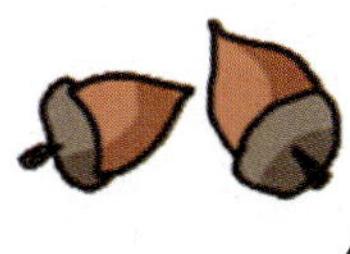

(   )개

Tip

100이 9개이면 몇이 되는지 알아봅니다.

6 수 모형을 보고 모두 몇인지 써 보세요.

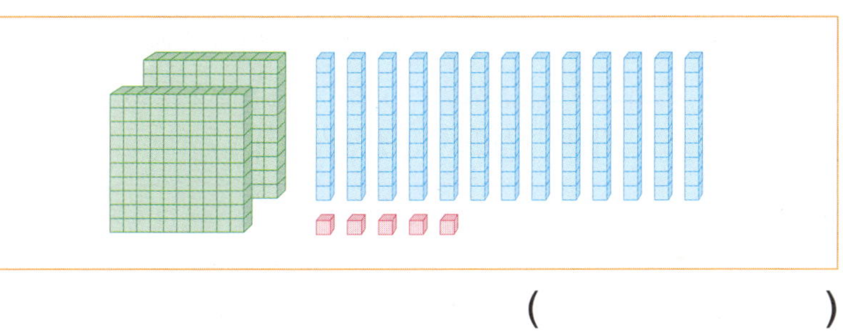

(   )

십 모형 10개는 백 모형 1개로 바꾸어 생각해 봅니다.

7 같은 것끼리 이어 보세요.

(1) 472 •   • ㉠ 오백팔

(2) 296 •   • ㉡ 사백칠십이

(3) 508 •   • ㉢ 이백구십육

자리의 숫자가 0이면 숫자와 자릿값을 읽지 않습니다.

8 연아는 피겨스케이팅 대회에서 백이십칠점을 얻었습니다. 연아가 얻은 점수를 수로 나타내 보세요.

(   )

백이십칠을 수로 나타내 봅니다.

각 자리 숫자는 얼마를 나타내는지 알아보기

✿ 각 자리의 숫자가 나타내는 값 알아보기

백의 자리	십의 자리	일의 자리
3	5	7

↓

3	0	0
	5	0
		7

357

- 3은 백의 자리 숫자이고, 300을 나타냅니다.
- 5는 십의 자리 숫자이고, 50을 나타냅니다.
- 7은 일의 자리 숫자이고, 7을 나타냅니다.
- 357=300+50+7

세 자리 수는 왼쪽부터 백의 자리, 십의 자리, 일의 자리입니다.

개념 체조하기

1 □ 안에 알맞은 수를 써넣으세요.

백의 자리	십의 자리	일의 자리
6	2	7
100이 6개	10이 2개	1이 7개
600	□	□

627 = □ + □ + □

1-1 □ 안에 알맞은 수를 써넣으세요.

백의 자리	십의 자리	일의 자리
5	8	6
100이 5개	□이 □개	1이 6개
□	80	□

586 = □ + □ + □

2 수를 보고 □ 안에 알맞은 수를 써넣으세요.

498

- 4는 □을/를 나타냅니다.
- 9는 □을/를 나타냅니다.
- 8은 □을/를 나타냅니다.

2-1 수를 보고 □ 안에 알맞은 수를 써넣으세요.

265

- 2는 □을/를 나타냅니다.
- 6은 □을/를 나타냅니다.
- 5는 □을/를 나타냅니다.

3 백의 자리 숫자가 4, 십의 자리 숫자가 2, 일의 자리 숫자가 9인 수를 쓰고, 읽어 보세요.

쓰기 (   )

읽기 (   )

3-1 백의 자리 숫자가 6, 십의 자리 숫자가 5, 일의 자리 숫자가 0인 수를 쓰고, 읽어 보세요.

쓰기 (   )

읽기 (   )

4 수를 보고 빈칸에 각 자리 숫자를 써넣으세요.

오백이십팔

백의 자리	십의 자리	일의 자리

4-1 수를 보고 빈칸에 각 자리 숫자를 써넣으세요.

칠백오

백의 자리	십의 자리	일의 자리

5 밑줄 친 숫자는 얼마를 나타내는지 써 보세요.

(1) 583 ➡ (   )

(2) 955 ➡ (   )

(3) 501 ➡ (   )

(4) 831 ➡ (   )

5-1 밑줄 친 숫자는 얼마를 나타내는지 써 보세요.

(1) 135 ➡ (   )

(2) 563 ➡ (   )

(3) 378 ➡ (   )

(4) 635 ➡ (   )

개념 준비하기 뛰어 세기

✿ 동전으로 뛰어 세기

- 100원짜리 동전을 세어 보면
  100－200－300－400－500－600－700－800－900 ➡ 백의 자리 수가 1씩 커집니다.
- 이어서 10원짜리 동전을 세어 보면
  910－920－930－940－950－960－970－980－990 ➡ 십의 자리 수가 1씩 커집니다.
- 이어서 1원짜리 동전을 세어 보면
  991－992－993－994－995－996－997－998－999 ➡ 일의 자리 수가 1씩 커집니다.

✿ 1000 알아보기

- 999보다 1만큼 더 큰 수는 1000입니다.
- 1000은 천이라고 읽습니다.

개념 체조하기

1 100씩 뛰어 세어 보세요.

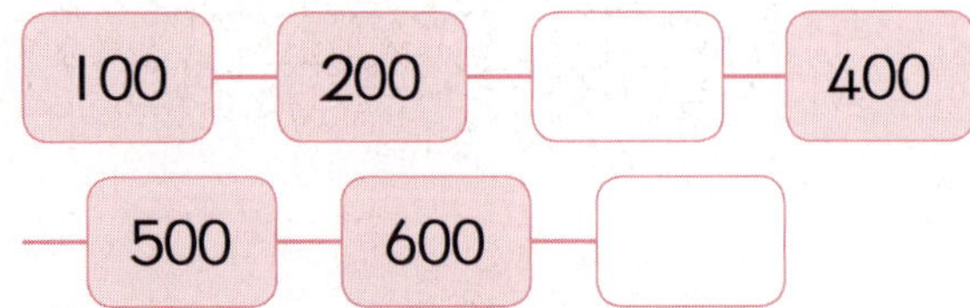

100－200－□－400－500－600－□

1-1 10씩 뛰어 세어 보세요.

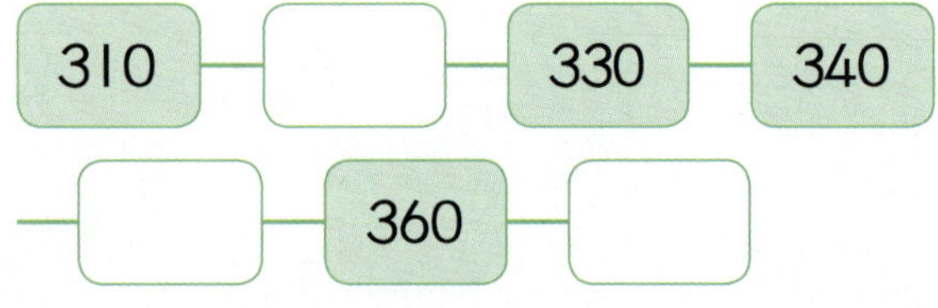

310－□－330－340－□－360－□

2 □ 안에 알맞은 수를 써넣으세요.

495보다
- 1만큼 더 큰 수는 □입니다.
- 10만큼 더 큰 수는 □입니다.
- 100만큼 더 큰 수는 □입니다.

2-1 □ 안에 알맞은 수를 써넣으세요.

573보다
- 1만큼 더 작은 수는 □입니다.
- 10만큼 더 작은 수는 □입니다.
- 100만큼 더 작은 수는 □입니다.

3 주어진 수만큼 거꾸로 뛰어 세어 보세요.

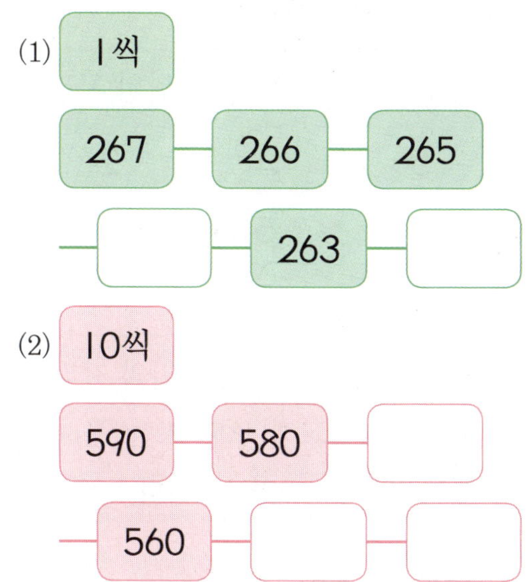

4 몇씩 뛰어 세었는지 알아보고, 빈칸을 채워 보세요.

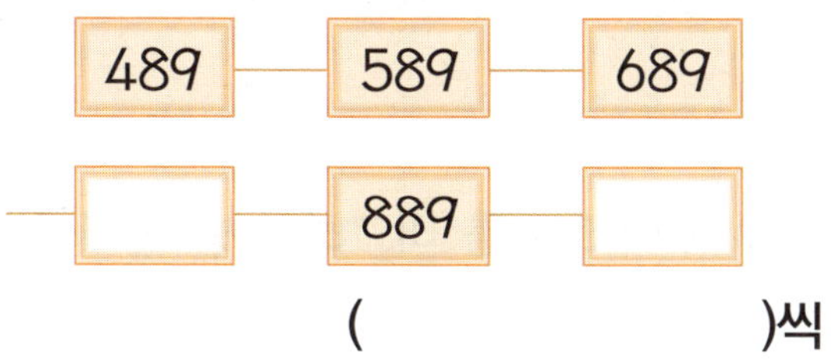

( )씩

5 □ 안에 알맞은 수나 말을 써넣으세요.

(1) 999보다 1만큼 더 큰 수를 □이라고 쓰고, □이라고 읽습니다.

(2) 1000은 900보다 □만큼 더 크고, 990보다 □만큼 더 큰 수입니다.

3-1 주어진 수만큼 거꾸로 뛰어 세어 보세요.

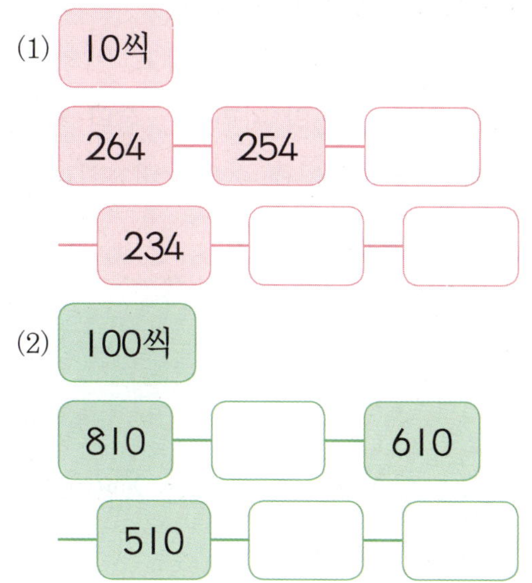

4-1 몇씩 뛰어 세었는지 알아보고, 빈칸을 채워 보세요.

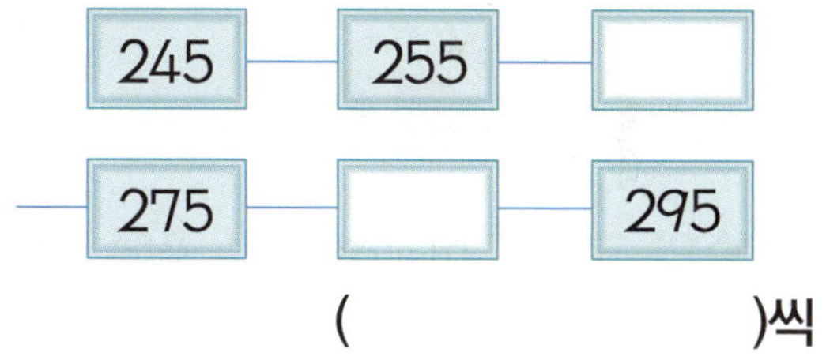

( )씩

5-1 □ 안에 알맞은 수나 말을 써넣으세요.

(1) 1000은 999보다 □만큼 더 큽니다.

(2) 1000은 990보다 □만큼 더 큽니다.

(3) 900보다 □만큼 더 큰 수를 1000이라 쓰고, □이라고 읽습니다.

개념 준비하기 수의 크기 비교하기

✿ 두 수의 크기 비교하기

• 백의 자리 수부터 비교하고, 백의 자리 수가 같으면 십의 자리 수, 십의 자리 수가 같으면 일의 자리 수끼리 비교합니다.

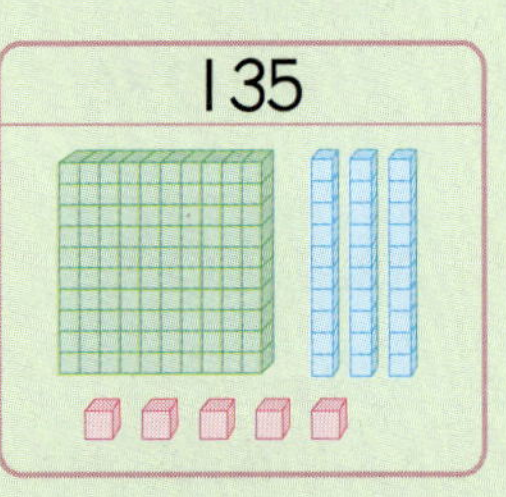

• 백 모형의 개수가 더 많은 208이 135보다 더 큰 수입니다.

208 > 135

✿ 세 수의 크기 비교하기

수	백의 자리	십의 자리	일의 자리
542	5	4	2
257	2	5	7
254	2	5	4

• 백의 자리 수, 십의 자리 수, 일의 자리 수끼리 차례대로 비교해 보면 가장 큰 수는 542, 가장 작은 수는 254입니다.

542 > 257 > 254

• 두 수의 크기 비교
'~보다 큽니다.' ➡ '>'로 나타냅니다.
'~보다 작습니다.' ➡ '<'로 나타냅니다.

개념 체조하기

1 수의 크기를 비교하여 빈 곳에 알맞게 써넣으세요.

534 783

(1) 534의 백의 자리 수는 ☐입니다.

(2) 783의 백의 자리 수는 ☐입니다.

(3) 두 수의 백의 자리 수를 비교하면 5<7이므로 534 ◯ 783입니다.

1-1 수의 크기를 비교하여 빈 곳에 알맞게 써넣으세요.

918 962

(1) 두 수의 백의 자리 수를 비교하면 ☐로 같습니다.

(2) 백의 자리 수가 같으므로 ☐의 자리 수를 비교합니다.

(3) 두 수의 십의 자리 수를 비교하면 1<6이므로 918 ◯ 962입니다.

2 빈칸에 알맞은 수를 쓰고, 두 수의 크기를 비교하여 ○ 안에 > 또는 <를 알맞게 써넣으세요.

수	백의 자리	십의 자리	일의 자리
257	2		
274	2		

257 ○ 274

2-1 빈칸에 알맞은 수를 쓰고, 두 수의 크기를 비교하여 ○ 안에 > 또는 <를 알맞게 써넣으세요.

수	백의 자리	십의 자리	일의 자리
573	5		
578	5		

573 ○ 578

3 두 수의 크기를 비교하여 ○ 안에 > 또는 <를 알맞게 써넣으세요.

(1) 105 ○ 102

(2) 493 ○ 618

3-1 두 수의 크기를 비교하여 ○ 안에 > 또는 <를 알맞게 써넣으세요.

(1) 731 ○ 528

(2) 467 ○ 446

4 □ 안에 알맞은 수를 써넣으세요.

수	백의 자리	십의 자리	일의 자리
472	4	7	2
952	9	5	2
456	4	5	6

(1) 가장 큰 수는 □입니다.

(2) 가장 작은 수는 □입니다.

4-1 □ 안에 알맞은 수를 써넣으세요.

수	백의 자리	십의 자리	일의 자리
253	2	5	3
651	6	5	1
287	2	8	7

(1) 가장 큰 수는 □입니다.

(2) 가장 작은 수는 □입니다.

개념 점프하기

Tip

백의 자리 숫자는 몇백, 십의 자리 숫자는 몇십, 일의 자리 숫자는 몇을 나타냅니다.

1 □ 안에 알맞은 수를 써넣으세요.

(1) 328=300+□+□

(2) 690=□+□+□

각 자리 숫자가 무엇인지 생각해 봅니다.

2 빈칸에 알맞은 수를 써넣으세요.

세 자리 수	백의 자리	십의 자리	일의 자리
276	2	7	6
	1	8	3
502			

같은 5라도 각 자리의 자릿값에 따라 나타내는 수가 다릅니다.

3 숫자 5가 500을 나타내는 수를 찾아 써 보세요.

524 695 758

( )

50씩 뛰어 센 수를 한 칸씩 건너서 뛰면 100씩 커져요!

4 50씩 뛰어 세어 보세요.

600 — 650 — 700 — □

— 800 — 850 — □ — □

5 다음 중 뛰어 세는 규칙이 다른 것을 찾아 기호를 써 보세요.

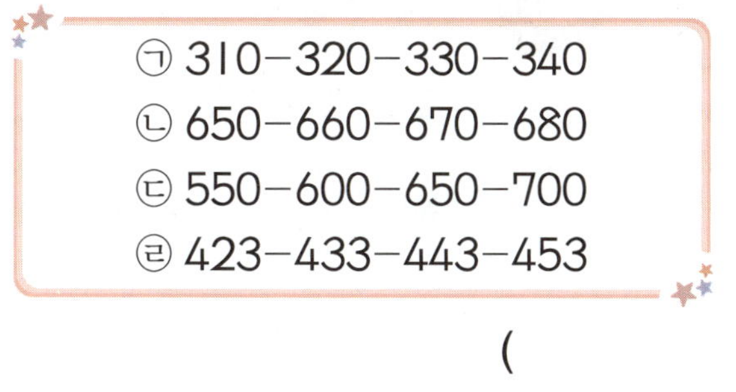

㉠ 310－320－330－340
㉡ 650－660－670－680
㉢ 550－600－650－700
㉣ 423－433－443－453

( )

Tip

수가 몇씩 커지는지 알아보고 뛰어 세는 규칙이 다른 것을 찾아봅니다.

6 두 수의 크기를 비교하여 ○ 안에 > 또는 <를 알맞게 써넣으세요.

(1) 356 ○ 275

(2) 582 ○ 516

백의 자리, 십의 자리, 일의 자리의 순서로 각 자리의 수의 크기를 비교합니다.

7 □ 안에 들어갈 수 있는 숫자를 모두 찾아 ○표 하세요.

(1) $7\square3 > 775$

(5 , 6 , 7 , 8 , 9)

(2) $603 > 60\square$

(0 , 1 , 2 , 3 , 4)

백의 자리 수가 같으면 십의 자리 수를 비교합니다. 십의 자리 수도 같으면 일의 자리 수를 비교합니다.

개념 놓이뛰기

1 백 알아보기

1 □ 안에 알맞은 수를 써넣으세요.

(1) 100은 □보다 10만큼 더 큰 수입니다.

(2) 100은 99보다 □만큼 더 큰 수입니다.

2 □ 안에 알맞은 수를 써넣으세요.

□은/는 70보다 30만큼 더 큰 수이고, 20보다 □만큼 더 큰 수입니다.

3 다음 중 나타내는 수가 다른 하나를 찾아 기호를 써 보세요.

㉠ 10이 10개인 수
㉡ 90보다 1만큼 더 큰 수
㉢ 99 다음에 오는 수
㉣ 1이 100개인 수

(　　　　　　)

2 몇백 알아보기

4 서로 같은 것끼리 이어 보세요.

(1) 300 •　　• ㉠ 10씩 80묶음

(2) 팔백 •　　• ㉡ 100씩 3묶음

(3) 500 •　　• ㉢ 10씩 50묶음

5 수족관에 열대어가 종류별로 100마리씩 들어 있습니다. 열대어가 2종류일 때, 수족관에 들어 있는 열대어는 모두 몇 마리일까요?

(　　　　　　)마리

6 민정이는 100원짜리 동전 5개와 10원짜리 동전 20개를 가지고 있습니다. 민정이가 가지고 있는 동전은 모두 얼마일까요?

(　　　　　　)원

1

3 세 자리 수 알아보기

7 수 모형이 나타내는 수를 써 보세요.

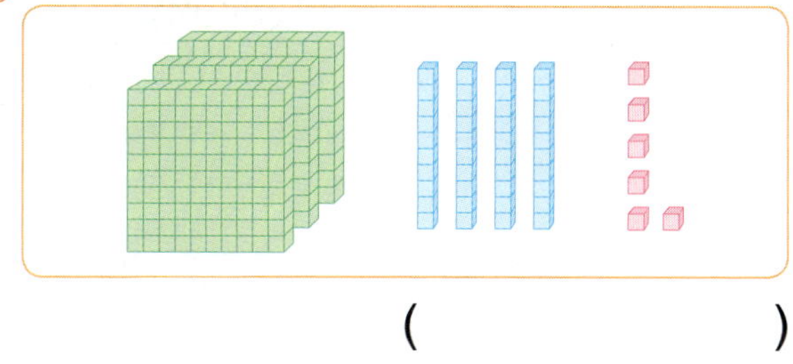

( )

8 수를 읽어 보세요.

(1) 269 ( )

(2) 604 ( )

(3) 430 ( )

(4) 811 ( )

9 유리는 쿠폰을 모아서 인형 1개, 연필 5개, 사탕 3개를 사려고 합니다. 유리가 모아야 하는 쿠폰은 모두 몇 개일까요?

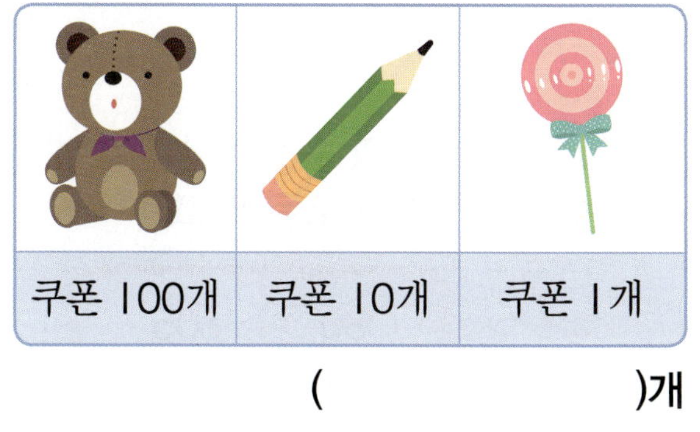

( )개

4 각 자리 숫자가 나타내는 수 알아보기

10 □ 안에 알맞은 수를 써넣으세요.

816
8은 □을/를 나타냅니다.
1은 □을/를 나타냅니다.
6은 □을/를 나타냅니다.

11 숫자 8이 800을 나타내는 수를 모두 찾아 ○표 하세요.

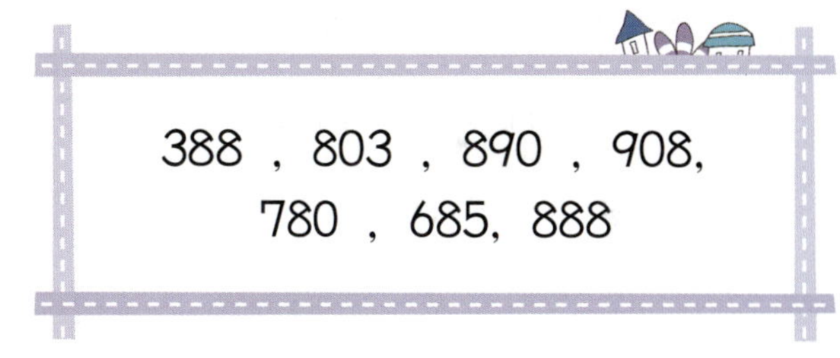

12 어떤 수는 무엇인지 써 보세요.

- 어떤 수의 백의 자리 숫자는 3입니다.
- 어떤 수의 십의 자리 숫자는 50을 나타냅니다.
- 어떤 수의 일의 자리 숫자는 548의 일의 자리 수보다 큽니다.

( )

5 뛰어 세기

13 1씩 뛰어 세기를 하면서 빈칸에 알맞은 수를 써 보세요.

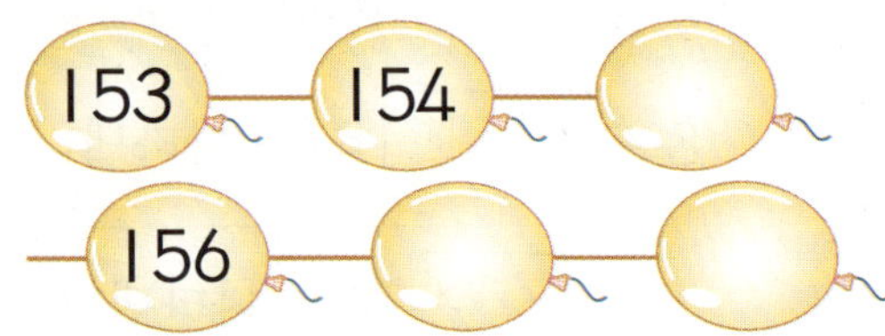

14 뛰어 세는 규칙을 찾아 빈칸에 알맞은 수를 써넣으세요.

15 어떤 수보다 100만큼 더 큰 수는 545입니다. 어떤 수보다 10만큼 더 작은 수는 얼마일까요?

(　　　　　　　)

6 수의 크기 비교하기

16 수 모형을 보고 수의 크기를 비교하여 ○ 안에 > 또는 <를 알맞게 써넣으세요.

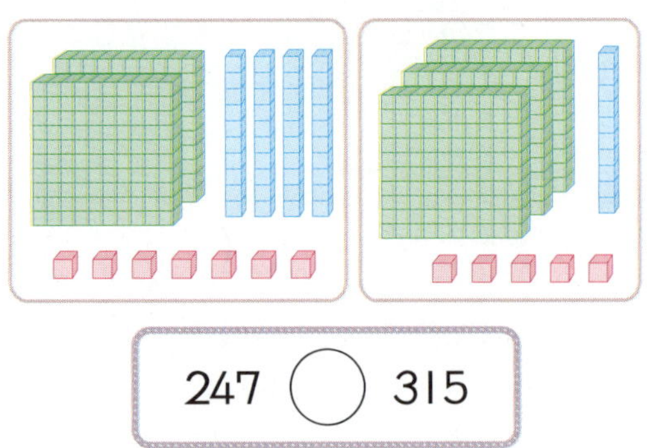

247 ○ 315

17 수 카드를 한 번씩만 사용하여 □ 안에 알맞은 수를 써넣으세요.

340　360　350

$355 < \square$

$345 < \square$

$335 < \square$

18 1부터 9까지의 수 중에서 □ 안에 들어갈 수 있는 숫자를 모두 쓰세요.

$80\square > 805$

(　　　　　　　)

정답과 풀이 5쪽

1 수 모형을 보고 십 모형이 10개이면 모두 얼마인지 수를 쓰고, 읽어 보세요.

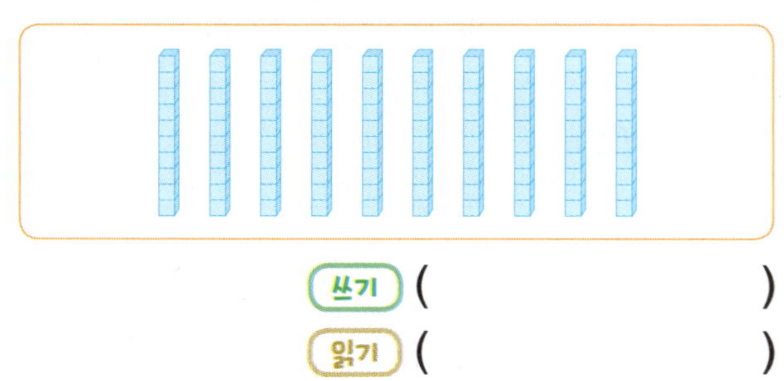

쓰기 (   )
읽기 (   )

2 80보다 20만큼 더 큰 수는 얼마일까요?

(   )

3 100에 대한 설명 중 틀린 것을 고르세요.

(   )

① 99 다음의 수입니다.
② '백'이라고 읽습니다.
③ 10이 100묶음입니다.
④ 99보다 1만큼 더 큰 수입니다.
⑤ 90보다 10만큼 더 큰 수입니다.

4 수 모형이 나타내는 수를 쓰고, 읽어 보세요.

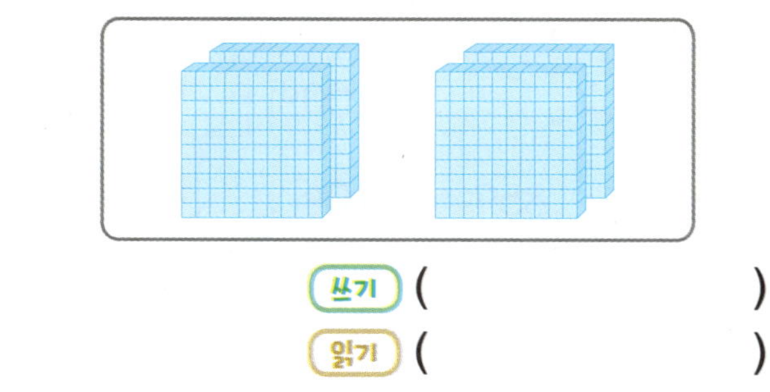

쓰기 (   )
읽기 (   )

5 동전은 모두 얼마인지 써 보세요.

(   )원

6 같은 것끼리 이어 보세요.

7 □ 안에 알맞은 수를 써넣으세요.

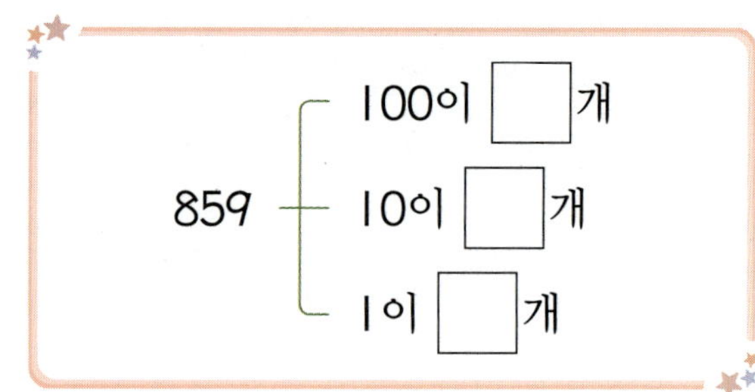

8 □ 안에 알맞은 수를 쓰고, 읽어 보세요.

100이 7개
10이 8개 } 이면 □
1이 0개

읽기 (   )

9 100원짜리 동전이 5개, 10원짜리 동전이 16개, 1원짜리 동전이 15개이면 모두 얼마일까요?

(   )원

10 보기 와 같이 □ 안에 알맞은 수를 써넣으세요.

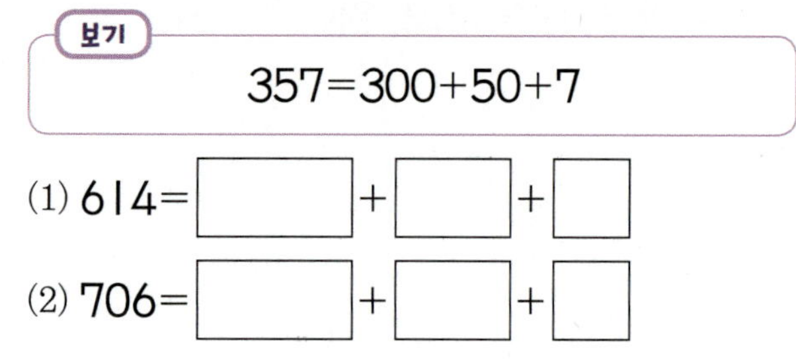

11 백의 자리 숫자가 7인 수를 모두 찾아 써 보세요.

675	567	789
917	743	278

(   )

12 숫자 6이 나타내는 수가 가장 큰 것을 써 보세요.

367 618 906

(   )

13 숫자 4는 실제로 얼마를 나타낼까요?

543

( )

14 100원짜리 동전을 세려고 합니다. 그림을 보고 빈칸에 알맞은 수를 써넣으세요.

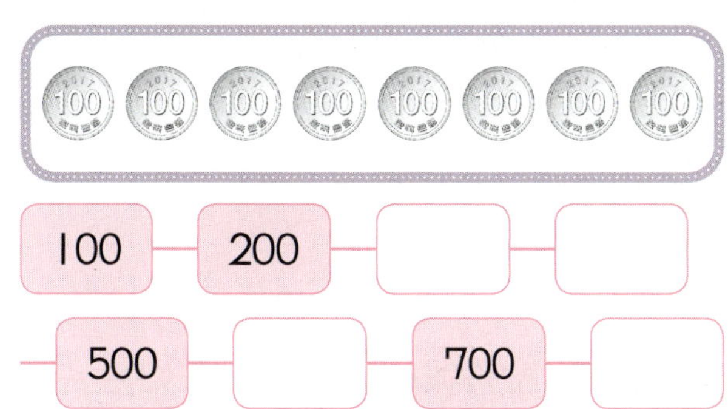

15 뛰어 세는 규칙에 따라 빈칸에 알맞은 수를 써넣으세요.

(1) 1씩 뛰어 세기

(2) 10씩 거꾸로 뛰어 세기

(3) 100씩 뛰어 세기

16 뛰어 세는 규칙을 찾아 빈칸에 알맞은 수를 써넣으세요.

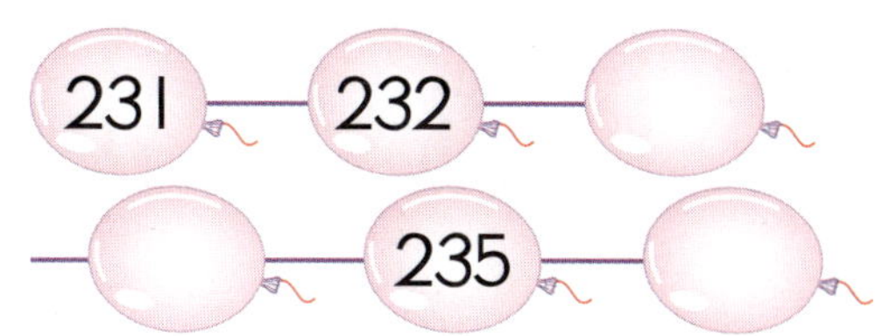

17 999보다 1만큼 더 큰 수를 쓰고, 읽어 보세요.

쓰기 ( )

읽기 ( )

18 두 수의 크기를 비교하여 ○ 안에 > 또는 <를 알맞게 써넣으세요.

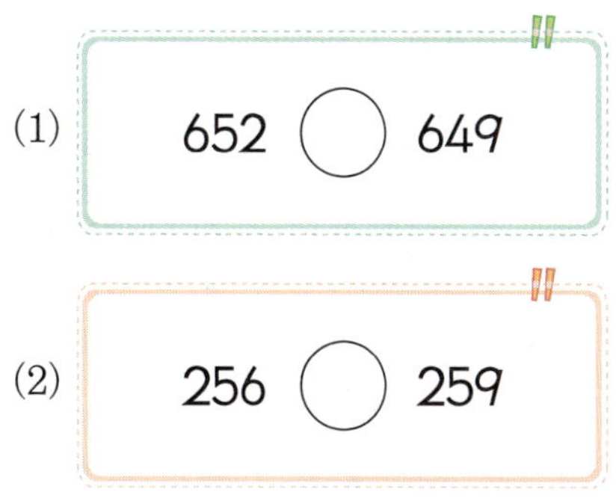

19 0부터 9까지의 수 중에서 □ 안에 들어갈 수 있는 숫자를 모두 써 보세요.

782 > 78□

(　　　　　　　)

20 색종이를 세정이는 423장, 민호는 416장을 가지고 있습니다. 누가 색종이를 더 많이 가지고 있을까요?

(　　　　　　　)

21 세 수를 큰 순서대로 나열했을 때 만들어지는 단어를 써 보세요.

652	654	629
콜	초	릿

(　　　　　　　)

서술형

22 문방구에 구슬이 100개씩 들어 있는 상자가 3상자, 낱개로 26개가 있습니다. 문방구에 있는 구슬은 모두 몇 개인지 풀이 과정을 쓰고, 답을 구해 보세요.

풀이 ______________________

답 ________ 개

23 2, 9, 6 중에서 실제로 나타내는 수가 가장 큰 수를 고르고, 그렇게 생각한 이유를 써 보세요.

296

답 ________

이유 ______________________

여러 가지 도형

이 단원에서는 무엇을 배울까요?

- △를 알아보고 찾아볼까요
- ○을 알아보고 찾아볼까요
- 쌓은 모양을 알아볼까요
- □를 알아보고 찾아볼까요
- 칠교판으로 모양을 만들어 볼까요
- 여러 가지 모양으로 쌓아 볼까요

개념 준비하기 삼각형 알아보기

삼각형

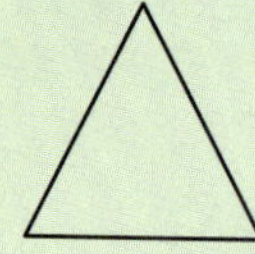
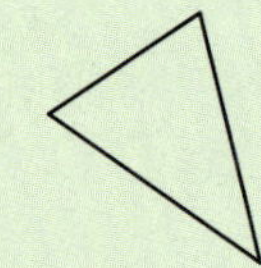
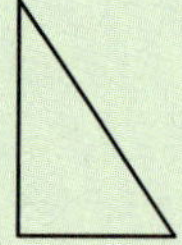

• 그림과 같은 모양의 도형을 삼각형이라고 합니다.

삼각형의 특징

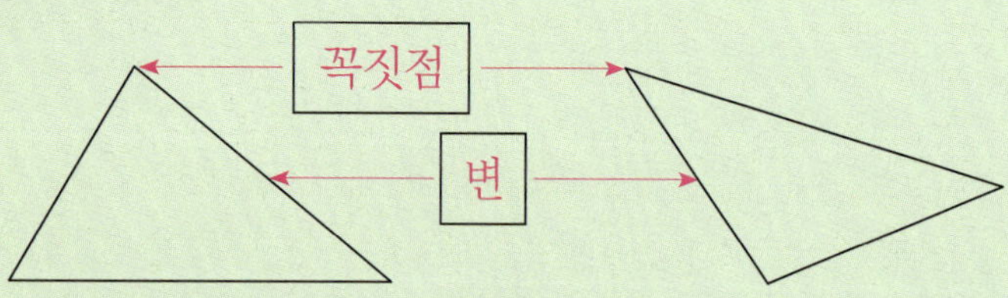

• 곧은 선을 삼각형의 변이라고 합니다.
• 변과 변이 만나 뾰족하게 된 부분을 삼각형의 꼭짓점이라고 합니다.
• 삼각형에는 변이 3개, 꼭짓점이 3개 있습니다.
• 삼각형은 모양과 크기가 다양합니다.

개념 체조하기

1 도형을 보고 □ 안에 알맞은 수나 말을 써넣으세요.

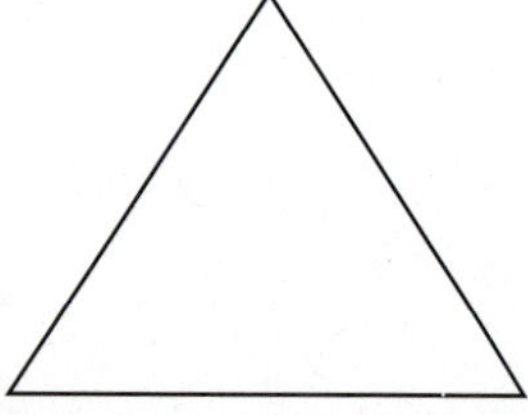

(1) 곧은 선 □개로 둘러싸여 있습니다.

(2) 곧은 선과 곧은 선이 만난 뾰족한 부분을 □이라고 하며 □개 있습니다.

(3) 도형의 이름은 □입니다.

1-1 도형을 보고 알맞은 말에 ○표 하세요.

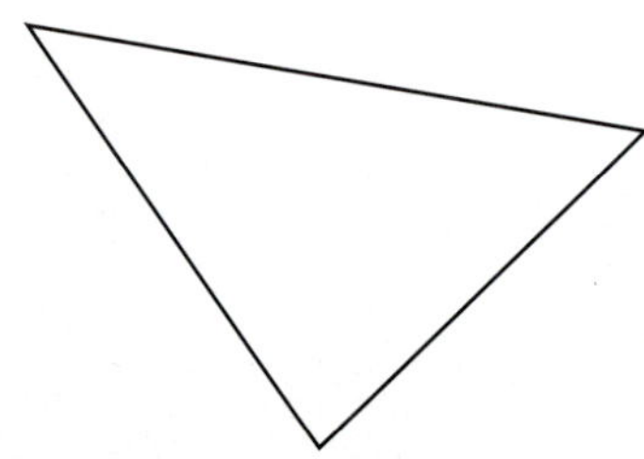

(1) (곧은 선 , 굽은 선) 3개로 둘러싸여 있습니다.

(2) 곧은 선과 곧은 선이 만난 뾰족한 부분을 (변 , 꼭짓점)이라고 하며 (3 , 4)개 있습니다.

(3) 도형의 이름은 (삼각형 , 사각형)입니다.

2 도형을 보고 □ 안에 알맞은 말을 써넣고, 도형의 이름을 써 보세요.

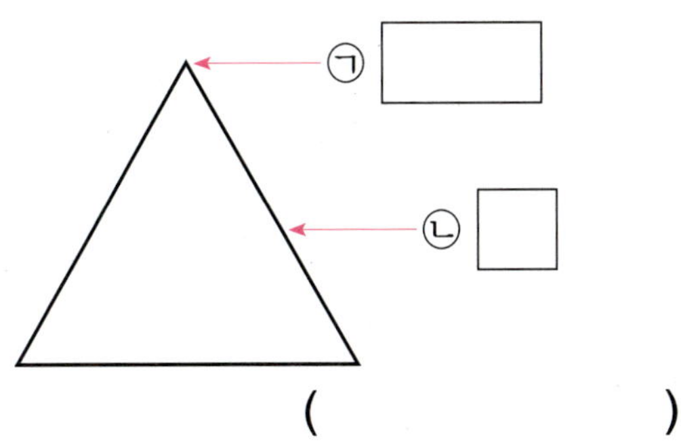

(   )

2-1 다음 도형의 꼭짓점에 ○표 하세요.

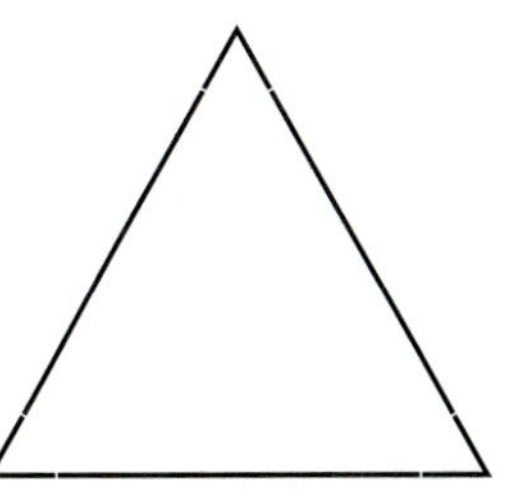

3 □ 안에 알맞은 수를 써넣으세요.

(1) 삼각형의 꼭짓점은 □개입니다.

(2) 삼각형의 변은 □개입니다.

3-1 빈칸에 알맞은 수를 써넣으세요.

도형	변의 수	꼭짓점의 수
삼각형		

4 주어진 변을 한 변으로 하는 삼각형을 그려 보세요.

4-1 주어진 변을 한 변으로 하는 삼각형을 그려 보세요.

개념 준비하기 사각형 알아보기

✿ 사각형

 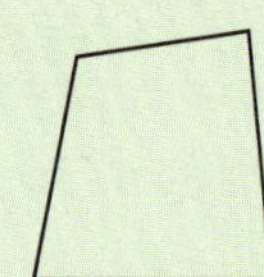 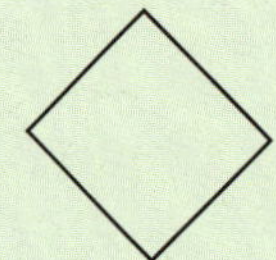

- 그림과 같은 모양의 도형을 사각형이라고 합니다.

✿ 사각형의 특징

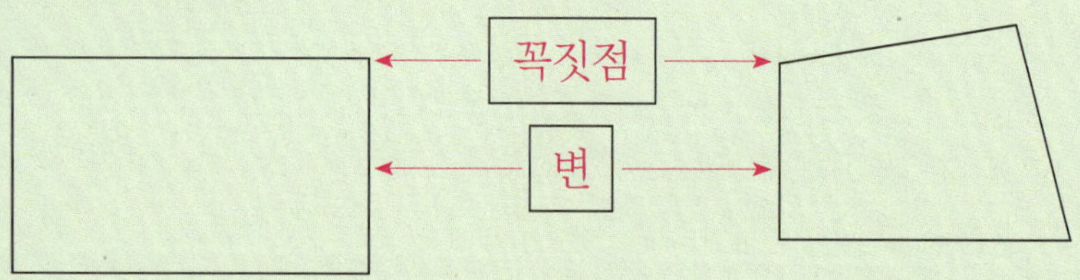

- 곧은 선을 사각형의 변이라고 합니다.
- 변과 변이 만나 뾰족하게 된 부분을 사각형의 꼭짓점이라고 합니다.
- 사각형에는 변이 4개, 꼭짓점이 4개 있습니다.
- 사각형은 모양과 크기가 다양합니다.

개념 체조하기

1 도형을 보고 □ 안에 알맞은 수나 말을 써넣으세요.

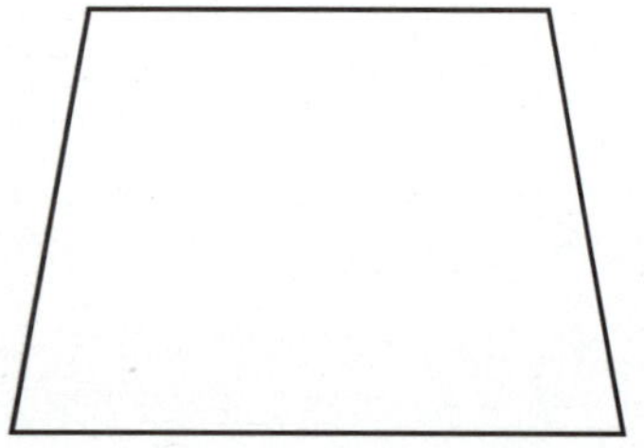

(1) 곧은 선 □개로 둘러싸여 있습니다.

(2) 곧은 선과 곧은 선이 만난 뾰족한 부분을 □이라고 하며 □개 있습니다.

(3) 도형의 이름은 □입니다.

1-1 도형을 보고 알맞은 말에 ○표 하세요.

(1) (곧은 선 , 굽은 선) 4개로 둘러싸여 있습니다.

(2) 곧은 선과 곧은 선이 만난 뾰족한 부분을 (변 , 꼭짓점)이라고 하며 (3 , 4)개 있습니다.

(3) 도형의 이름은 (삼각형 , 사각형)입니다.

2 도형을 보고 □ 안에 알맞은 말을 써넣고, 도형의 이름을 써 보세요.

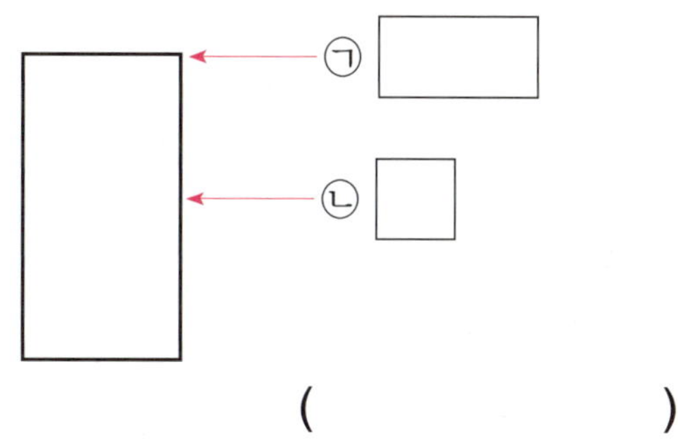

(　　　　　　)

2-1 다음 도형의 꼭짓점에 ○표 하세요.

3 도형을 보고 □ 안에 알맞은 수를 써넣으세요.

(1) 사각형의 꼭짓점은 □개입니다.

(2) 사각형의 변은 □개입니다.

3-1 도형을 보고 물음에 답해 보세요.

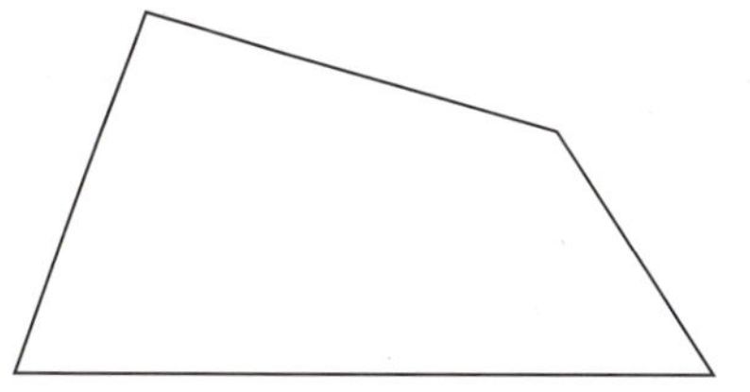

(1) 변은 모두 몇 개일까요?

(　　　　　　)개

(2) 꼭짓점은 모두 몇 개일까요?

(　　　　　　)개

4 사각형을 1개 그려 보세요.

4-1 사각형을 1개 그려 보세요.

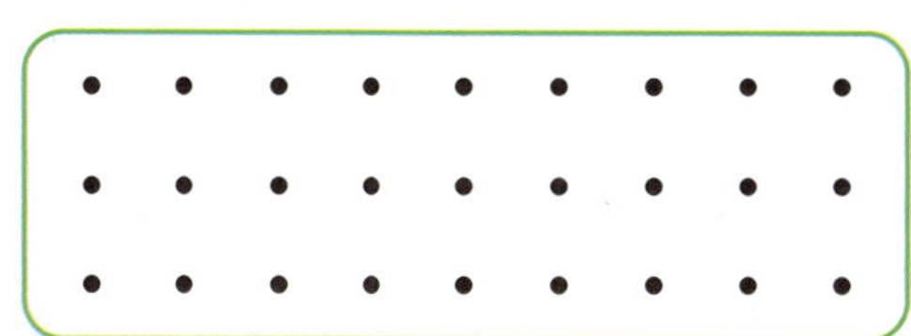

원 알아보기

✿ 원

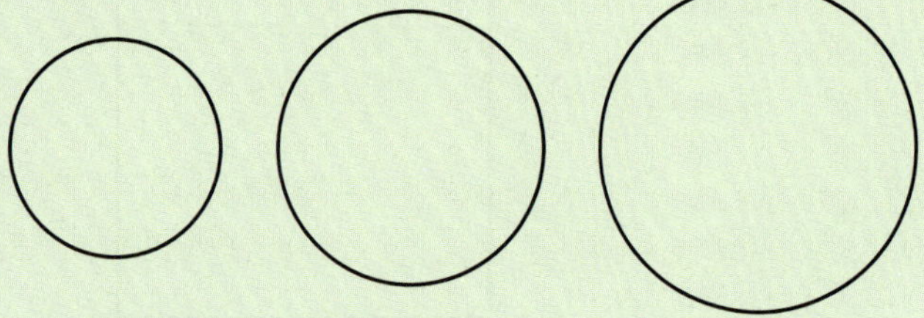

• 그림과 같은 모양의 도형을 원이라고 합니다.

✿ 원의 특징

• 원은 뾰족한 부분이 없습니다.

• 원은 어느 방향에서 보아도 항상 모양이 똑같습니다.

• 원은 곧은 선이 없고 굽은 선으로 둘러싸여 있습니다.

• 원은 크기는 다양하지만 모양은 같습니다.

개념 체조하기

1 도형을 보고 □ 안에 알맞은 말을 써넣으세요.

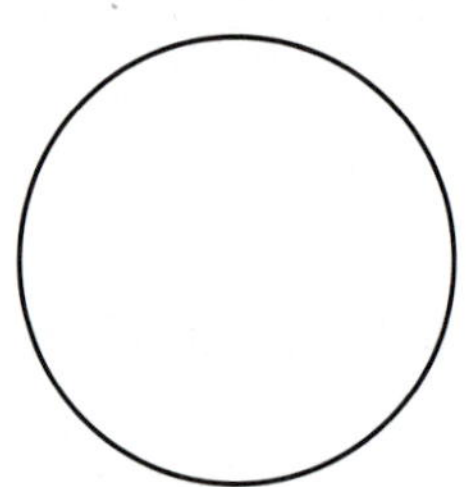

(1) 곧은 선이 □.

(2) 뾰족한 부분이 □.

(3) 어느 방향에서 보아도 항상 모양이 □.

(4) 도형의 이름은 □입니다.

1-1 도형을 보고 알맞은 말에 ○표 하세요.

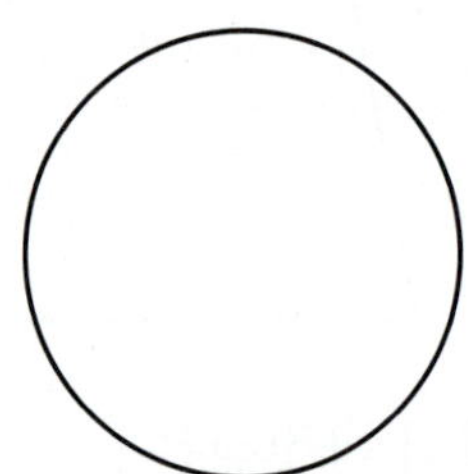

(1) (곧은 선 , 굽은 선)으로 둘러싸여 있습니다.

(2) 뾰족한 부분이 (있습니다 , 없습니다).

(3) 보는 방향에 따라 모양이 (달라집니다 , 달라지지 않습니다).

(4) 도형의 이름은 (삼각형 , 원)입니다.

2 원을 본떠 그릴 수 있는 물건을 찾아 ○표 하세요.

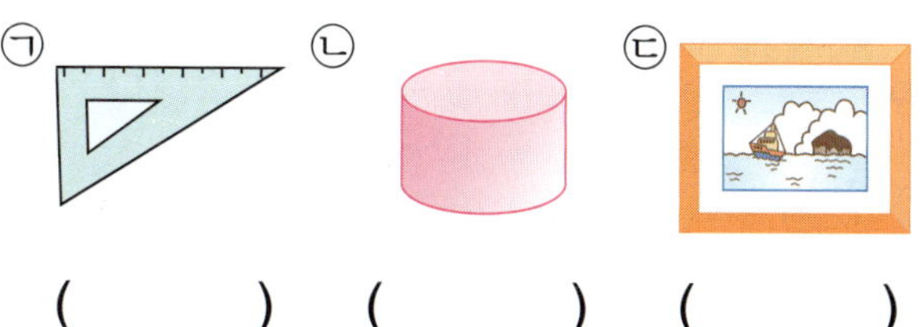

( ) ( ) ( )

2-1 주변 물건 중에 원을 본떠 그릴 수 있는 것을 2개 찾아 써 보세요.

(,)

3 원을 모두 찾아 기호를 써 보세요.

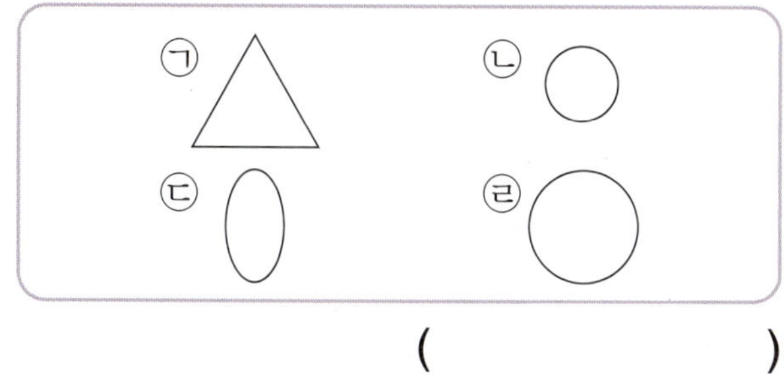

( )

3-1 원을 모두 찾아 기호를 써 보세요.

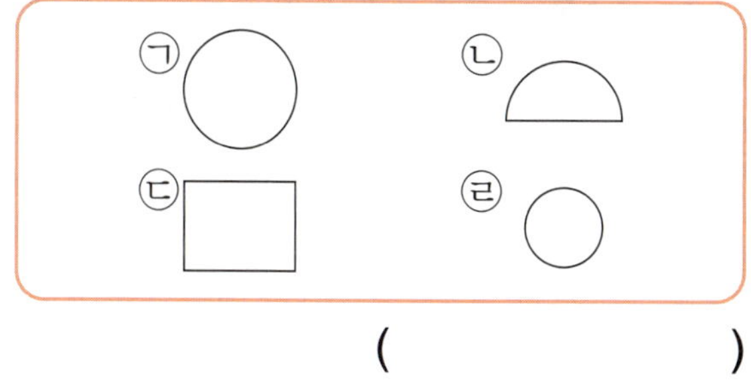

( )

4 그림에서 원을 모두 찾아 색칠해 보세요.

4-1 그림에서 원을 모두 찾아 색칠해 보세요.

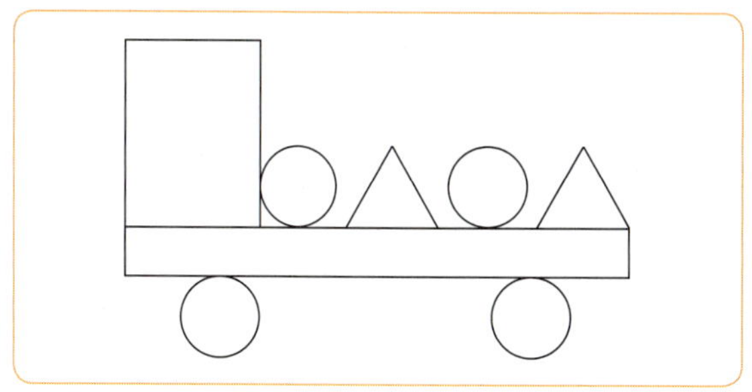

개념 점프하기

Tip

곧은 선과 곧은 선이 만나는 곳이 3개인 도형이 무엇인지 생각해 봅니다.

1 다음 도형의 이름을 써 보세요.

- 곧은 선으로만 둘러싸여 있습니다.
- 곧은 선과 곧은 선이 만나는 곳이 3곳 있습니다.

(　　　　　　　)

꼭짓점: 도형의 뾰족한 부분
변: 도형을 둘러싼 곧은 선

2 다음 도형의 변의 수와 꼭짓점의 수의 합을 구해 보세요.

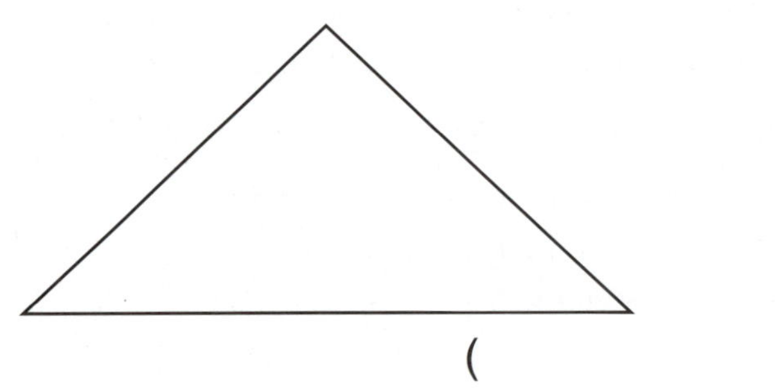

(　　　　　　　)

사각형의 변과 꼭짓점

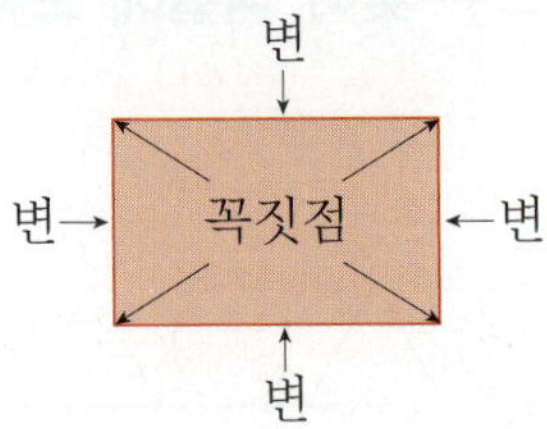

3 사각형을 모두 찾아 기호를 써 보세요.

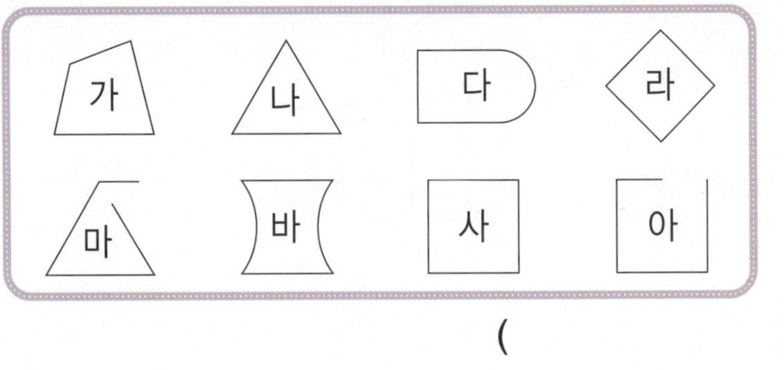

(　　　　　　　)

Tip

4 서로 다른 사각형 3개를 그려 보세요.

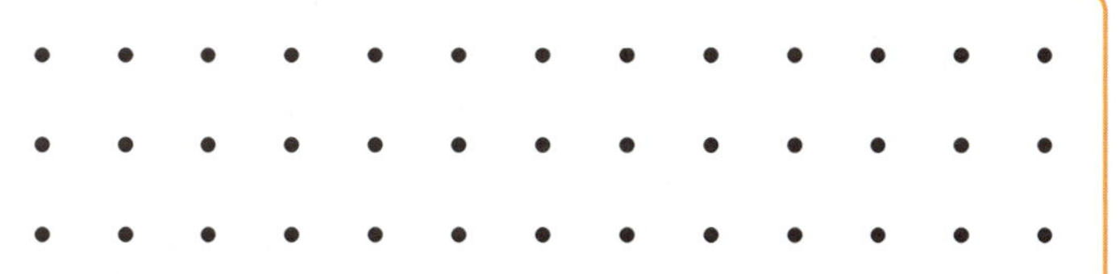

4개의 점을 곧게 이어서 사각형을 그립니다.

5 삼각형과 사각형의 공통점으로 옳은 것을 찾아 기호를 써 보세요.

㉠ 둥근 부분이 있습니다.
㉡ 변과 꼭짓점이 있습니다.
㉢ 크기는 다양하지만 모양은 같습니다.
㉣ 3개의 변과 3개의 꼭짓점이 있습니다.

( )

삼각형과 사각형의 특징을 비교해 봅니다.

6 원이 아닌 것을 모두 찾아 ×표 하세요.

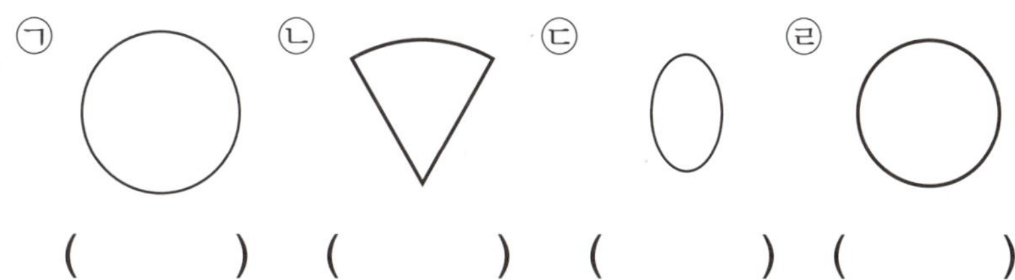

( ) ( ) ( ) ( )

원은 크기가 달라도 모양은 모두 똑같아요.

7 원을 찾아 색칠해 보세요.

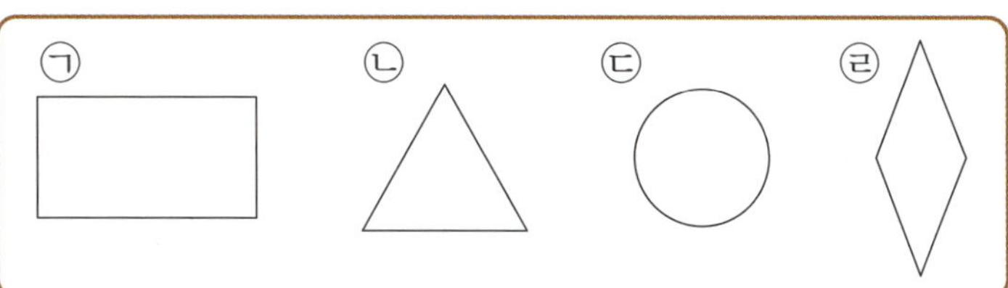

- 원은 굽은 선으로만 둘러싸여 있습니다.
- 원은 완전히 동그란 모양입니다.
- 원은 꼭짓점이 없습니다

개념 준비하기 칠교판으로 모양 만들어 보기

✿ 칠교판 알아보기

- 칠교 조각은 삼각형이 5개, 사각형이 2개 입니다.

- 삼각형 만들기

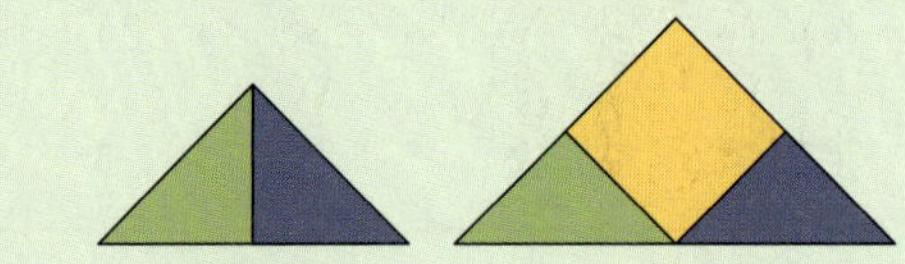

- 사각형 만들기

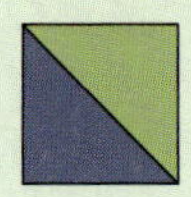

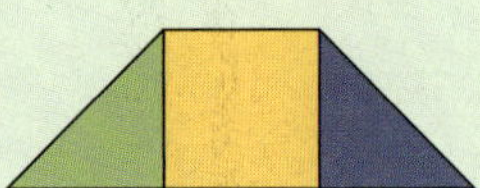

1 칠교판을 보고 물음에 답해 보세요.

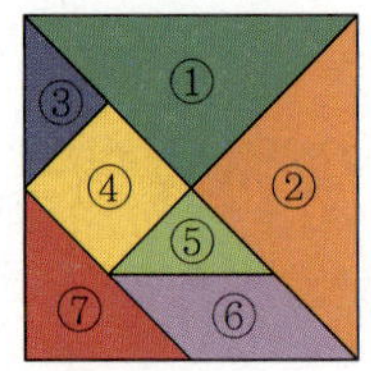

(1) 칠교 조각 중에서 삼각형은 몇 개일까요?

(　　　　　　)개

(2) 칠교 조각 중에서 사각형은 몇 개일까요?

(　　　　　　)개

1-1 칠교판을 보고 물음에 답해 보세요.

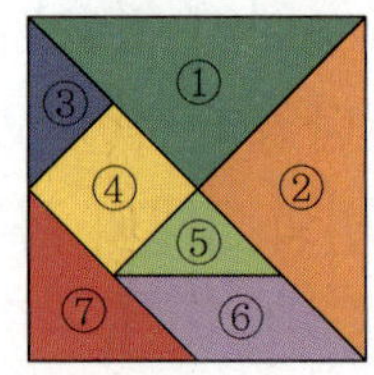

(1) 칠교 조각 중에서 삼각형을 모두 찾아 번호를 써 보세요.

(　　　　　　)

(2) 칠교 조각 중에서 사각형을 모두 찾아 번호를 써 보세요.

(　　　　　　)

2 □ 안에 알맞은 수나 말을 써넣으세요.

(1) 칠교 조각은 모두 □개입니다.

(2) 칠교 조각의 모양은 □과 □으로 이루어져 있습니다.

2-1 알맞은 말에 ○표 하세요.

(1) 칠교 조각 중 삼각형은 (3 , 4 , 5) 개입니다.

(2) 칠교 조각의 모양 중 없는 것은 (삼각형 , 사각형 , 원)입니다.

3 ~ 4 **칠교판을 보고 물음에 답해 보세요.**

3 ①, ③, ④, ⑤ 4개의 칠교 조각으로 삼각형을 만들어 보세요.

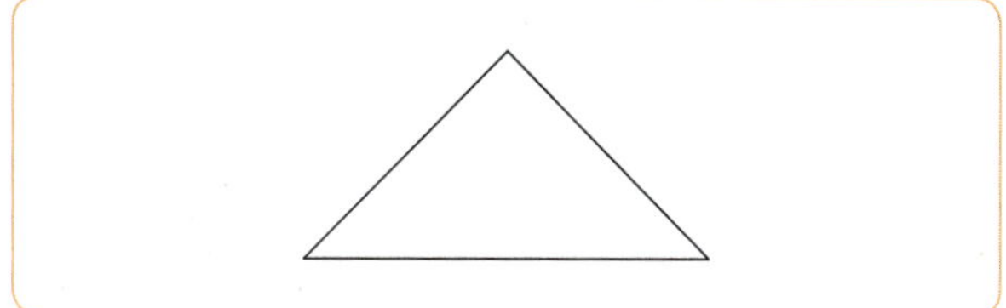

4 4개의 칠교 조각으로 사각형을 만들어 보세요.

5 도형을 만드는데 이용한 삼각형과 사각형 조각의 수를 각각 세어 보세요.

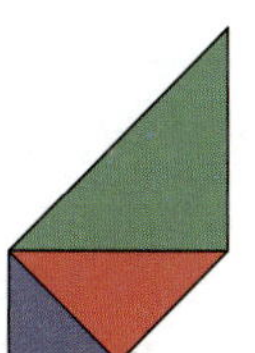

삼각형	□개
사각형	□개

3-1~4-1 **칠교판을 보고 물음에 답해 보세요.**

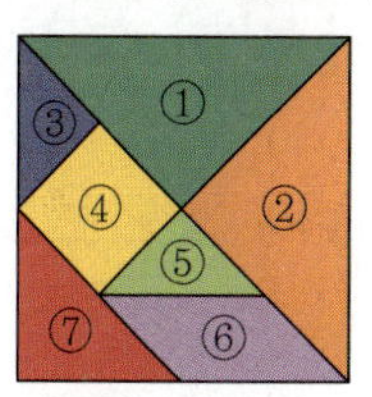

3-1 ③, ⑤, ⑥ 3개의 칠교 조각으로 사각형을 만들어 보세요.

4-1 4개의 칠교 조각으로 사각형을 만들어 보세요.

5-1 도형을 만드는데 이용한 삼각형과 사각형 조각의 수를 각각 세어 보세요.

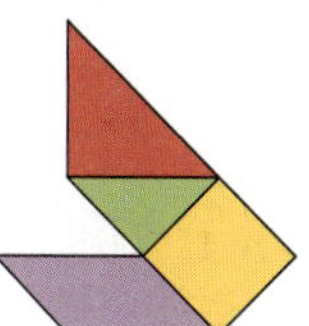

삼각형	□개
사각형	□개

개념 준비하기 쌓은 모양 알아보기

쌓기나무의 방향 설명하기

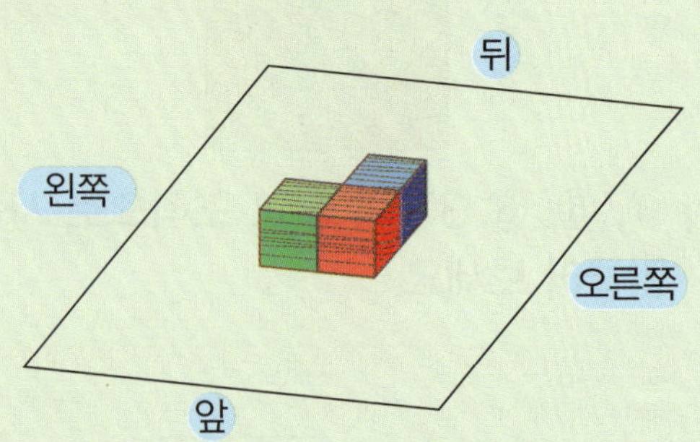

- 빨간색 쌓기나무는 파란색 쌓기나무의 앞에 있습니다.
- 파란색 쌓기나무는 빨간색 쌓기나무의 뒤에 있습니다.
- 초록색 쌓기나무는 빨간색 쌓기나무의 왼쪽에 있습니다.
- 빨간색 쌓기나무는 초록색 쌓기나무의 오른쪽에 있습니다.

- 쌓기나무를 바라볼 때 내 앞에 있는 쪽을 앞이라고 합니다.
- 쌓기나무를 바라볼 때 내 반대쪽에 있는 쪽을 뒤라고 합니다.
- 쌓기나무를 바라볼 때 오른손이 있는 쪽을 오른쪽이라고 합니다.
- 쌓기나무를 바라볼 때 왼손이 있는 쪽을 왼쪽이라고 합니다.

개념 체조하기

1 보기 와 똑같은 모양으로 쌓으려고 합니다. □ 안에 알맞은 수를 써넣으세요.

보기

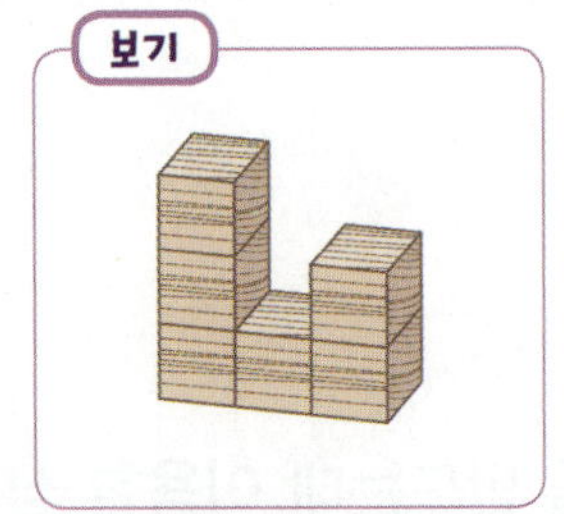

(1) 쌓기나무 □ 개를 옆으로 나란히 놓습니다.

(2) 왼쪽 쌓기나무 위에 □ 개를 더 쌓습니다.

(3) 오른쪽 쌓기나무 위에 □ 개를 더 쌓습니다.

1-1 보기 와 똑같은 모양으로 쌓으려고 합니다. □ 안에 알맞은 수나 말을 써넣으세요.

보기

(1) 쌓기나무 □ 개를 옆으로 나란히 놓습니다.

(2) □ 쌓기나무 위에 1개를 더 쌓습니다.

(3) □ 쌓기나무 위에 2개를 더 쌓습니다.

정답과 풀이 7쪽

2

2 빨간색 쌓기나무의 왼쪽에 있는 쌓기나무를 찾아 ○표 하세요.

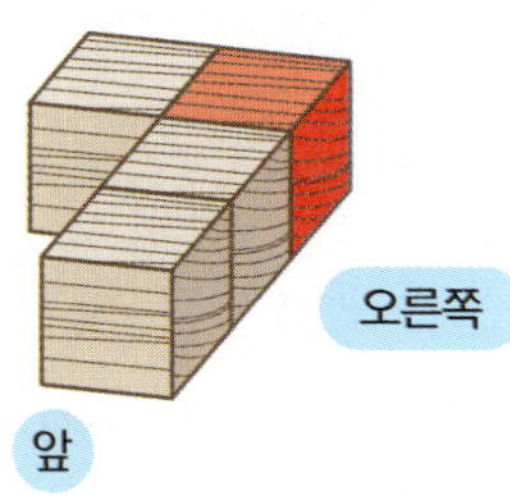

오른쪽

앞

2-1 빨간색 쌓기나무의 위에 있는 쌓기나무를 찾아 ○표 하세요.

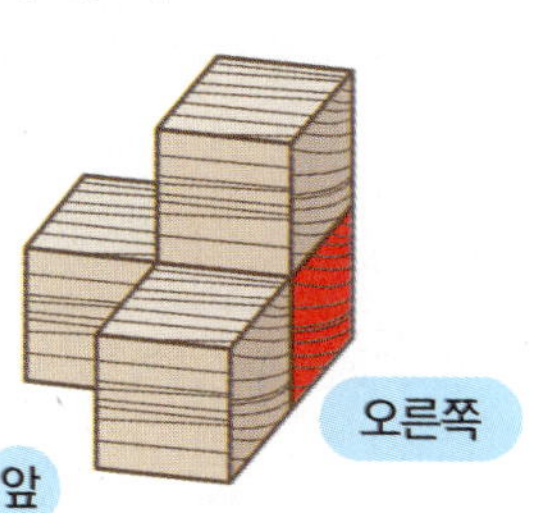

오른쪽

앞

3 쌓은 모양을 바르게 설명하도록 보기 에서 알맞은 말을 찾아 써넣으세요.

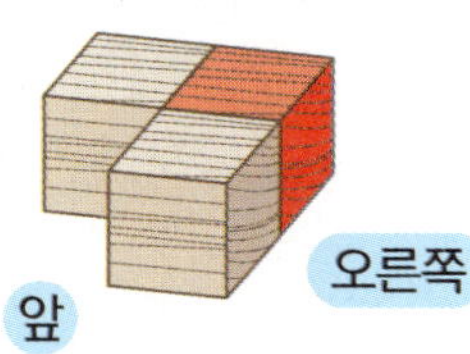

오른쪽

앞

보기

위, 앞, 뒤, 오른쪽, 왼쪽

빨간색 쌓기나무가 1개 있고, 그 [   ]에 쌓기나무 1개가 있습니다. 그리고 빨간색 쌓기나무 [   ]에 쌓기나무 1개가 있습니다.

3-1 쌓은 모양을 바르게 설명하도록 보기 에서 알맞은 말을 찾아 써넣으세요.

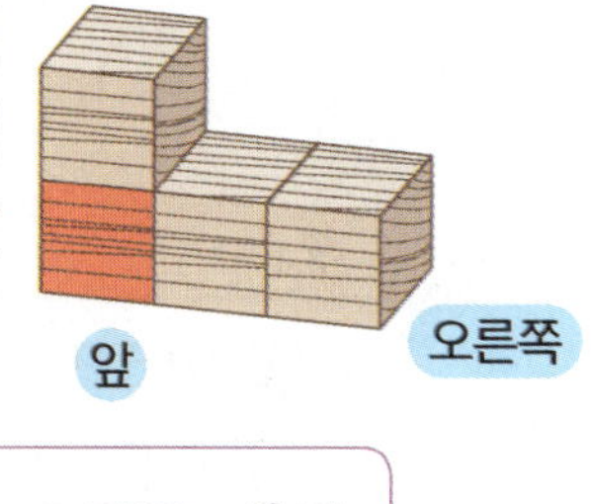

앞

오른쪽

보기

위, 앞, 뒤, 오른쪽, 왼쪽

빨간색 쌓기나무가 1개 있고, 그 [   ]에 쌓기나무 2개가 있습니다. 그리고 빨간색 쌓기나무 [   ]에 쌓기나무 1개가 있습니다.

4 슬기와 은지가 쌓기나무로 쌓은 모양입니다. 둘 중에 빨간색 쌓기나무의 왼쪽으로 더 많은 쌓기나무를 놓은 사람은 누구일까요?

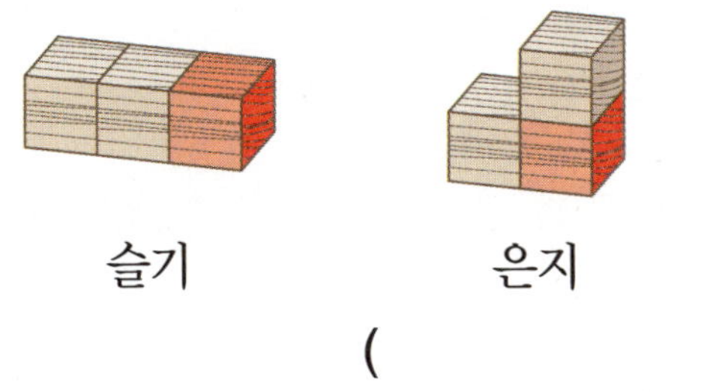

(   )

4-1 빨간색 쌓기나무 위로 더 높게 쌓은 모양은 무엇인지 기호를 써 보세요.

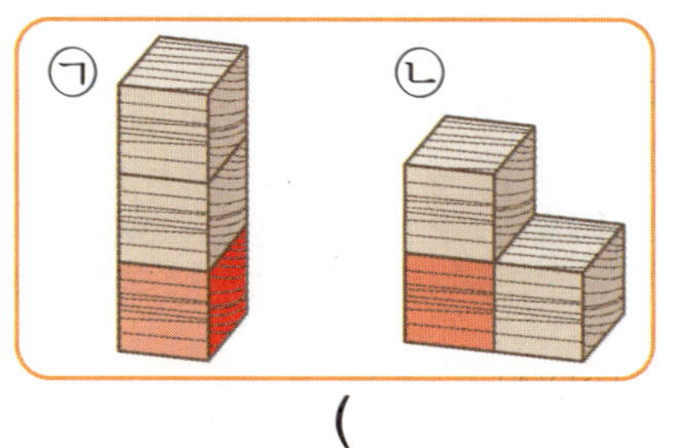

(   )

여러 가지 모양으로 쌓기

✿ 쌓기나무로 여러 가지 모양 만들기

- 주영이는 쌓기나무 5개로 2층 집을 만들었습니다.

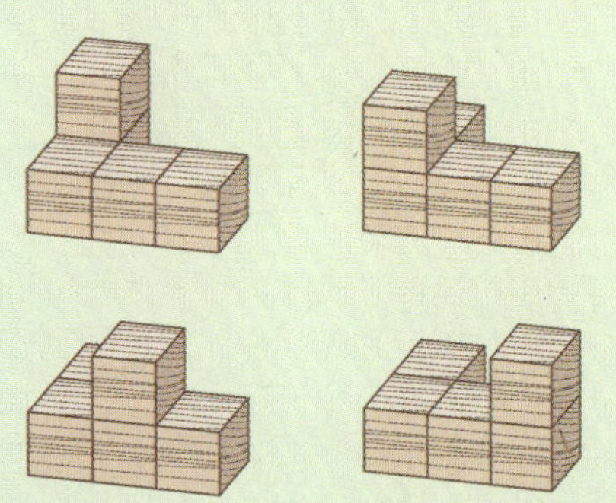

- 주영이의 집이 될 수 있는 모양은 여러 가지가 있습니다.

✿ 쌓은 모양 설명하기

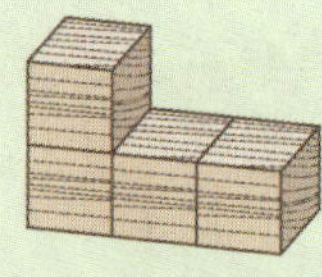

- 쌓기나무 3개가 옆으로 나란히 있고 왼쪽 쌓기나무 위에 쌓기나무 1개가 있습니다.
- 쌓기나무가 1층에 3개, 2층에 1개 있습니다.
- 이용한 쌓기나무는 모두 4개입니다.

- 쌓기나무의 전체적인 모양, 이용된 쌓기나무의 개수, 쌓기나무를 놓은 위치나 방향 등을 이용하여 쌓기나무의 모양을 설명할 수 있습니다.

개념 체조하기

1 똑같은 모양으로 만들려면 쌓기나무가 몇 개 필요한지 구해 보세요.

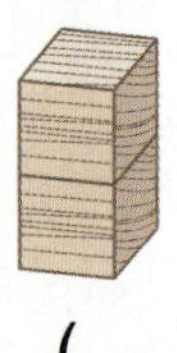

(　　　　　　)개

1-1 똑같은 모양으로 만들려면 쌓기나무가 몇 개 필요한지 구해 보세요.

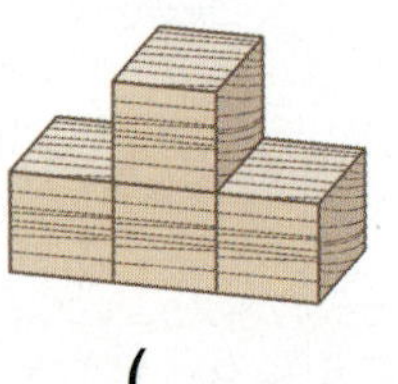

(　　　　　　)개

2 쌓기나무 4개로 만들 수 있는 모양은 무엇인지 기호를 써 보세요.

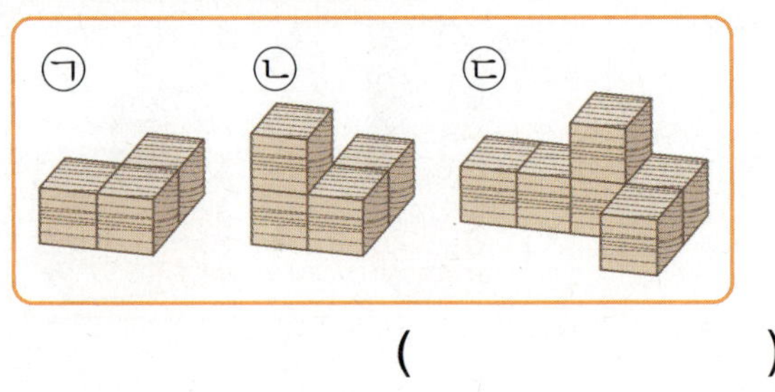

(　　　　　　)

2-1 쌓기나무 5개로 만들 수 있는 모양은 무엇인지 기호를 써 보세요.

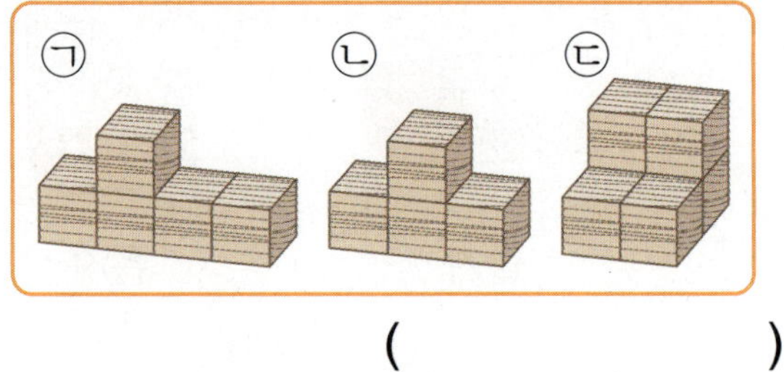

(　　　　　　)

3 그림을 보고 □ 안에 알맞은 수를 써넣으세요.

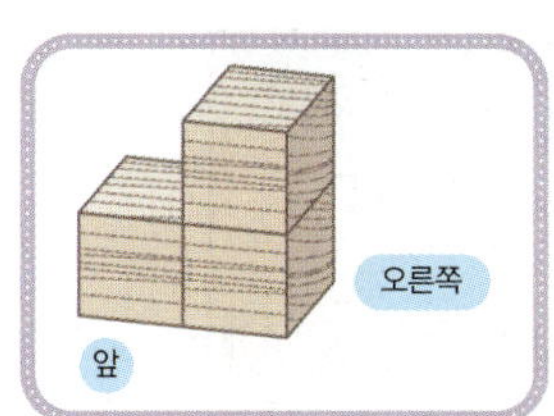

계단 모양으로 쌓기나무가 1층에 □개, 2층에 □개 있습니다.

3-1 그림을 보고 □ 안에 알맞은 수를 써넣으세요.

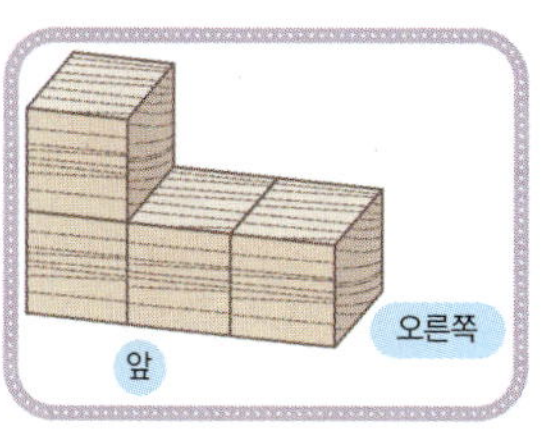

쌓기나무 □개가 옆으로 나란히 있고, 왼쪽 쌓기나무 위에 쌓기나무가 □개 있습니다.

4 쌓기나무로 쌓은 모양을 보고 바르게 말한 사람을 찾아 써 보세요.

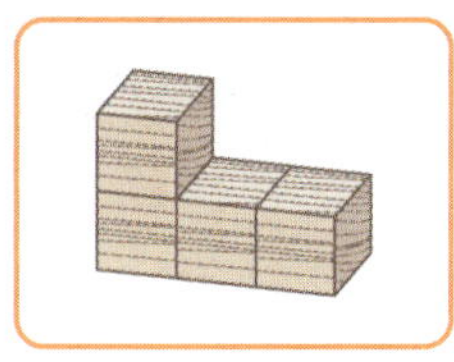

지현: 쌓기나무가 1층에 4개 있어.
민수: 쌓기나무 4개로 만들었어.

(　　　　　　)

4-1 쌓기나무로 쌓은 모양을 보고 바르게 말한 사람을 찾아 써 보세요.

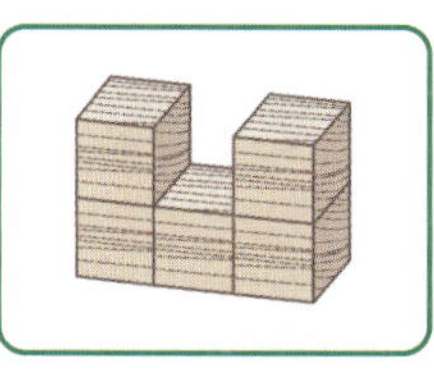

혜리: 쌓기나무가 2층에 2개 있어.
경훈: 쌓기나무 4개로 만들었어.

(　　　　　　)

5 그림의 모양에 쌓기나무 1개를 더 추가해서 만들 수 있는 모양에는 ○표, 만들 수 없는 모양에는 ×표 하세요.

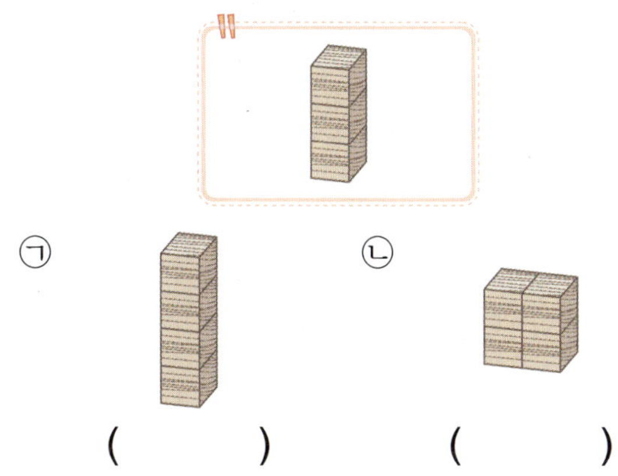

㉠ (　　)　㉡ (　　)

5-1 그림의 쌓기나무에 쌓기나무 1개를 더 추가해서 만들 수 있는 모양에는 ○표, 만들 수 없는 모양에는 ×표 하세요.

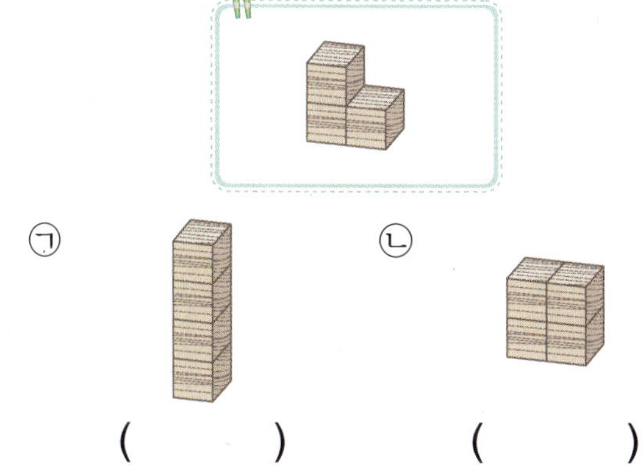

㉠ (　　)　㉡ (　　)

개념 점프하기

Tip

1 ~ 2 칠교판을 보고 물음에 답해 보세요.

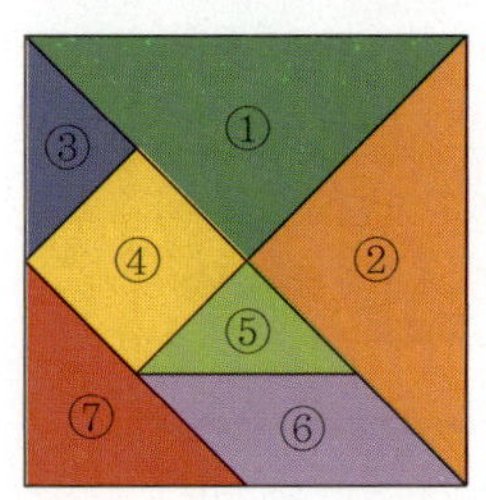

1 ③, ④, ⑤ 3개의 칠교 조각으로 삼각형을 만들어 보세요.

④번 조각을 먼저 놓아 봅니다.

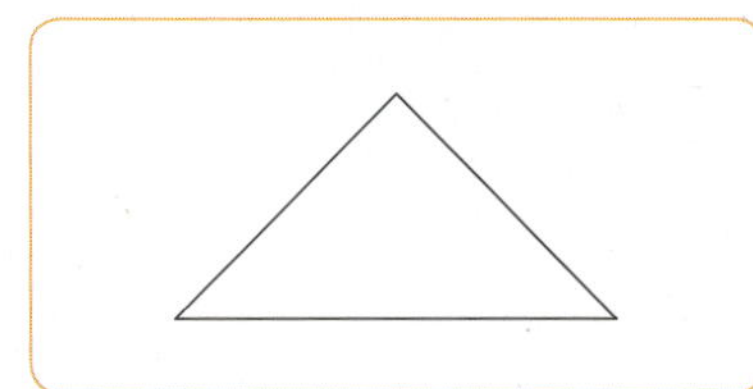

2 ③, ⑤, ⑥ 3개의 칠교 조각으로 삼각형을 만들어 보세요.

⑥번 조각을 먼저 놓아 봅니다.

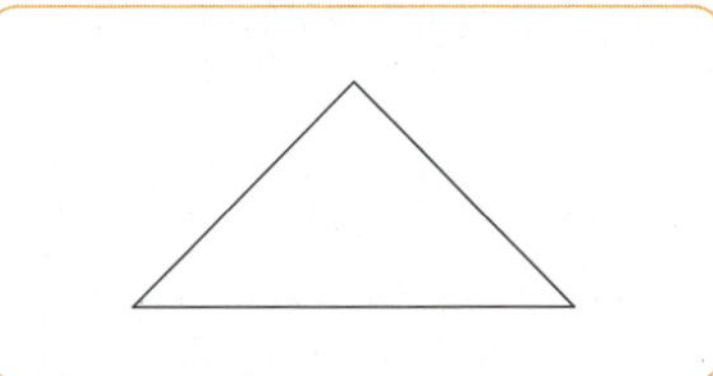

3 쌓기나무로 쌓은 모양을 보고 쌓기나무 몇 개로 쌓았는지 써 보세요.

1층의 개수와 2층의 개수를 세어 봅니다.

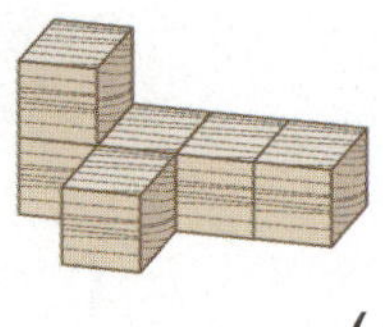

( )개

4 왼쪽 모양을 오른쪽 모양과 똑같이 만들려고 합니다. 쌓기나무가 몇 개 더 필요한지 구해 보세요.

(1)

( )개

(2)

( )개

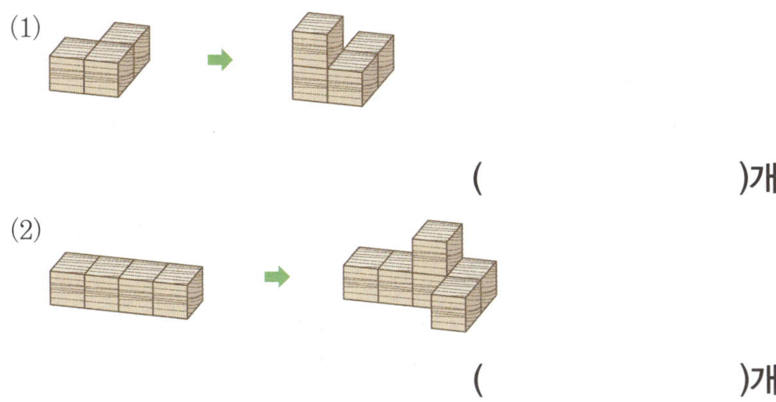

Tip

5 빨간색 쌓기나무 왼쪽에 쌓기나무 2개가 있는 모양을 찾아 ○표 하세요.

㉠ ㉡ ㉢

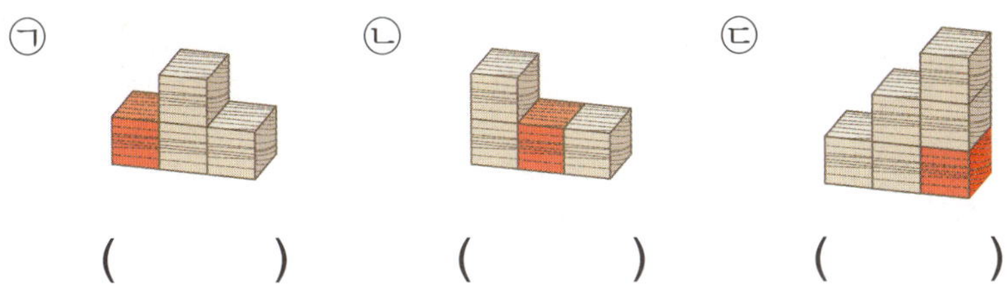

( ) ( ) ( )

빨간색 쌓기나무의 왼쪽이 어느 쪽인지 생각해 봅니다.

6 오른쪽 모양을 보기와 같이 만들려고 합니다. 어느 곳에 쌓기나무를 쌓아야 하는지 번호를 써 보세요.

보기

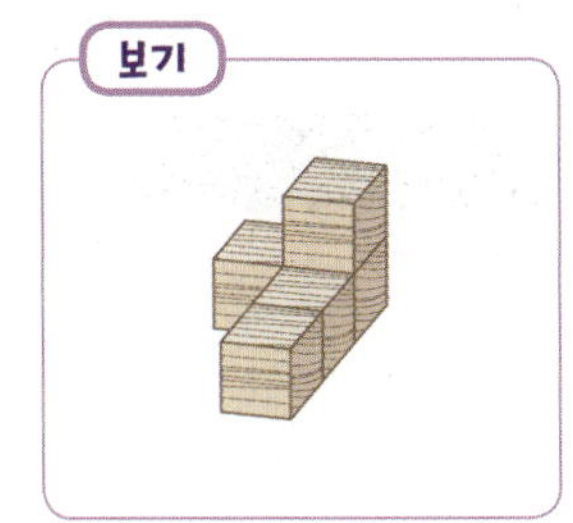

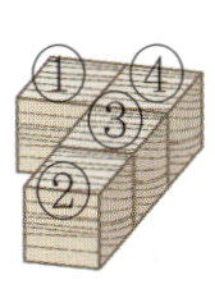

( )

2층에 놓여진 쌓기나무를 살펴봅니다.

개념 높이뛰기

1 삼각형 알아보기

1 삼각형을 찾아 ○표 하세요.

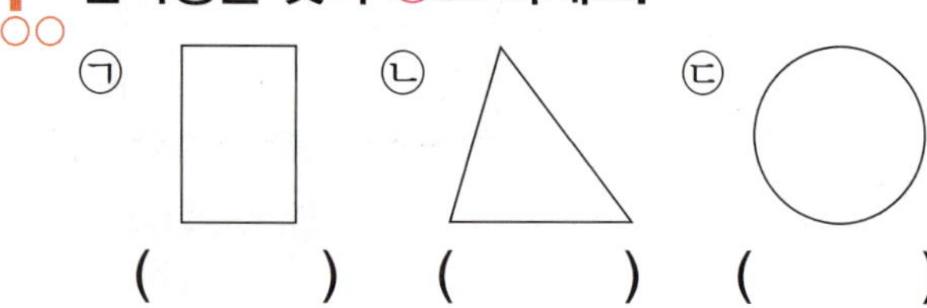

( ) ( ) ( )

2 주어진 선을 이용하여 모양과 크기가 다른 삼각형을 2개 그려 보세요.

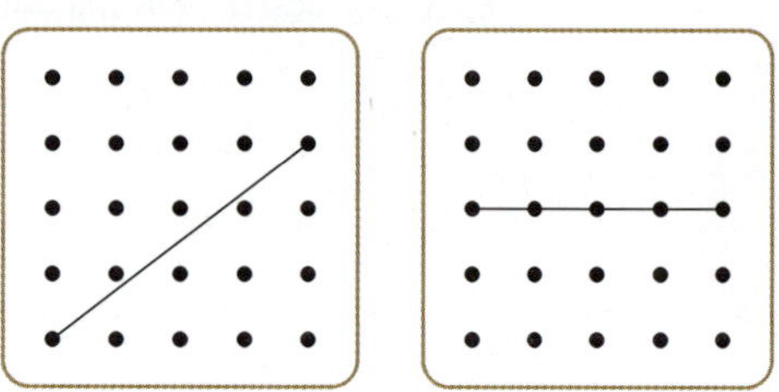

3 다음 그림에서 크고 작은 삼각형은 모두 몇 개일까요?

( )개

2 사각형 알아보기

4 다음 도형의 변과 꼭짓점의 개수는 각각 몇 개일까요?

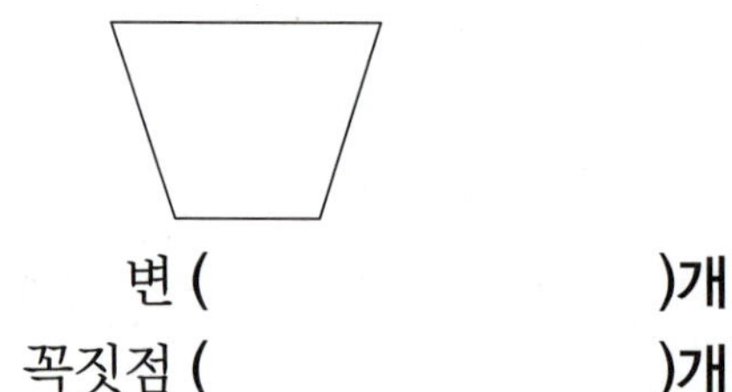

변 ( )개

꼭짓점 ( )개

5 다음 도형이 사각형이 아닌 이유를 써 보세요.

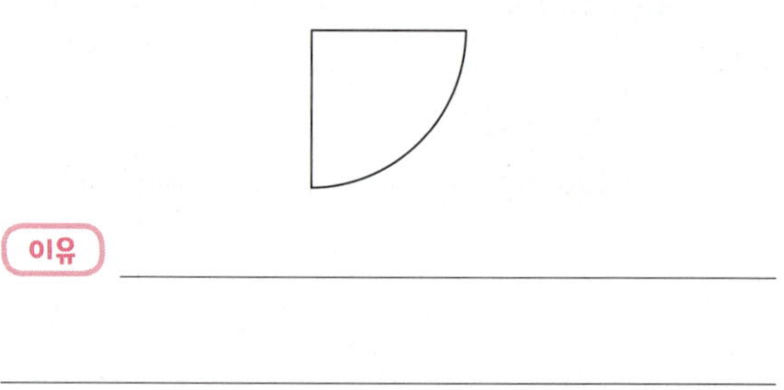

이유 ____________________

6 다음은 독일 국기입니다. 독일 국기에서 크고 작은 사각형은 모두 몇 개일까요?

( )개

3 원 알아보기

7 원에 대한 설명으로 옳은 것을 고르세요.

( )

① 변이 3개입니다.
② 꼭짓점이 1개입니다.
③ 동전 모양과 같습니다.
④ 변은 꼭짓점보다 1개 더 많습니다.
⑤ 곧은 선으로 둘러싸인 도형입니다.

8 다음 그림을 펼치면 어떤 모양이 나타나는지 그려 보세요.

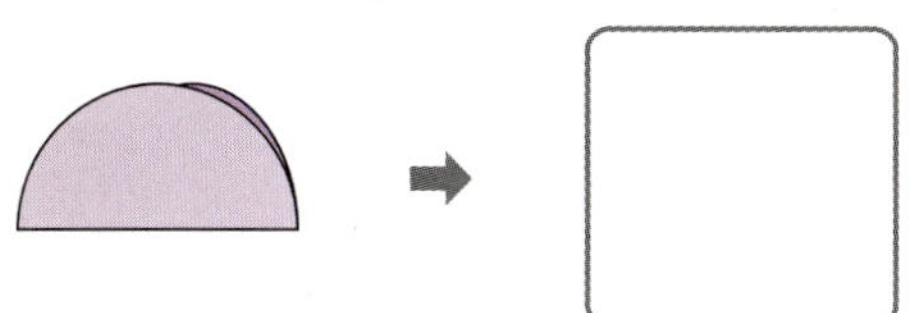

9 원 모양을 만들려면 그림과 같은 모양이 모두 몇 개 필요할까요?

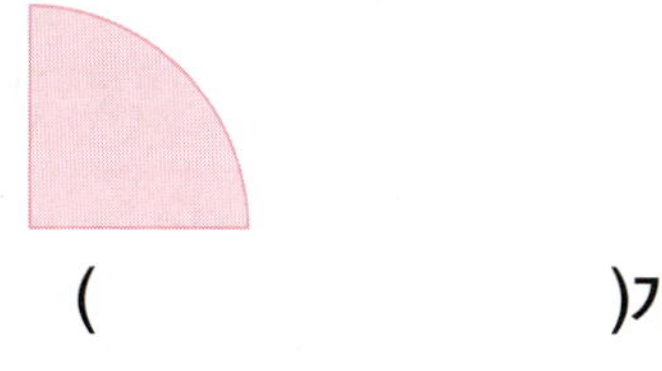

( )개

4 칠교판 알아보기

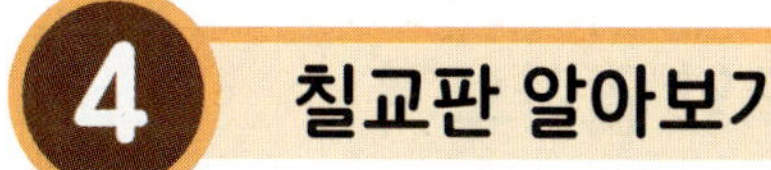

10 ~ 12 칠교판을 보고 물음에 답해 보세요.

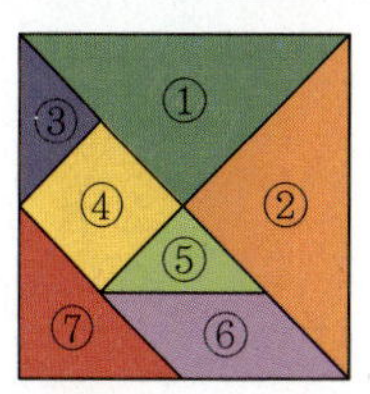

10 칠교 조각 중에서 삼각형과 사각형을 모두 찾아 각각 번호를 써 보세요.

삼각형 ( )
사각형 ( )

11 칠교 조각 ④, ⑤, ⑥으로 사각형 모양을 만들어 보세요.

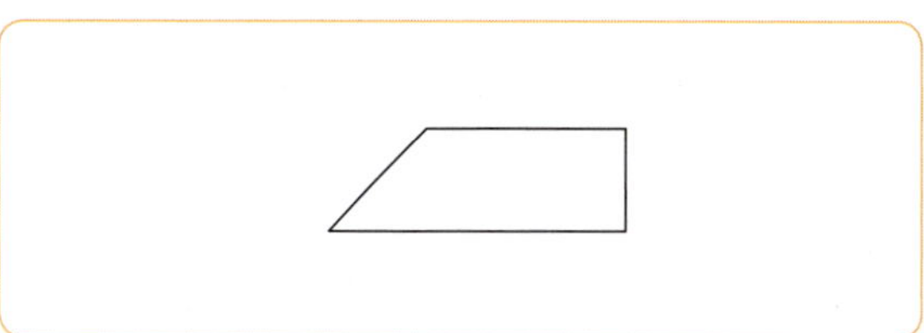

12 칠교 조각으로 그림을 완성해 보세요.

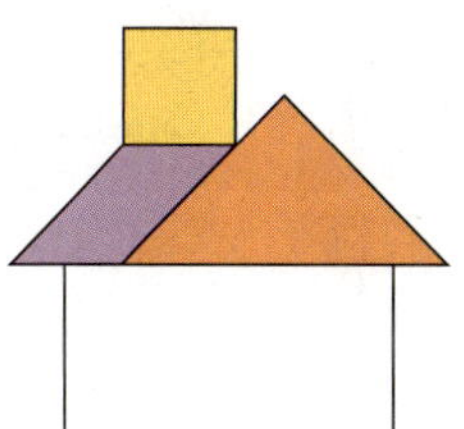

5 쌓은 모양 알아보기

13 그림의 쌓기나무는 모두 몇 개일까요?

(　　　　　　)개

14 빨간색 쌓기나무의 위에 있는 쌓기나무에 ○표 하세요.

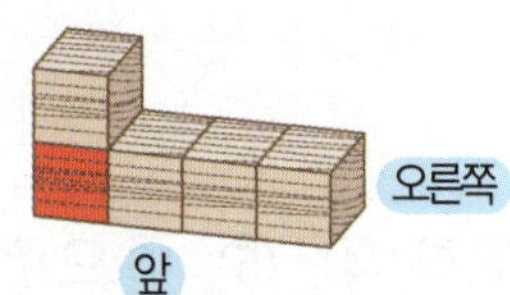

15 지영이가 설명하는 모양은 어떤 것인지 찾아 기호를 써 보세요.

지영: 빨간색 쌓기나무 1개를 놓고, 앞, 뒤, 왼쪽으로 각각 쌓기나무를 1개씩 놓았어.

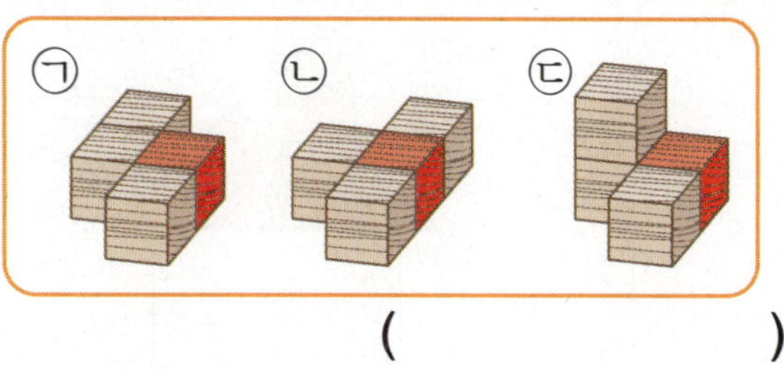

(　　　　　　)

6 여러 가지 모양으로 쌓기

16 쌓기나무 4개로 만들 수 있는 모양을 찾아 기호를 써 보세요.

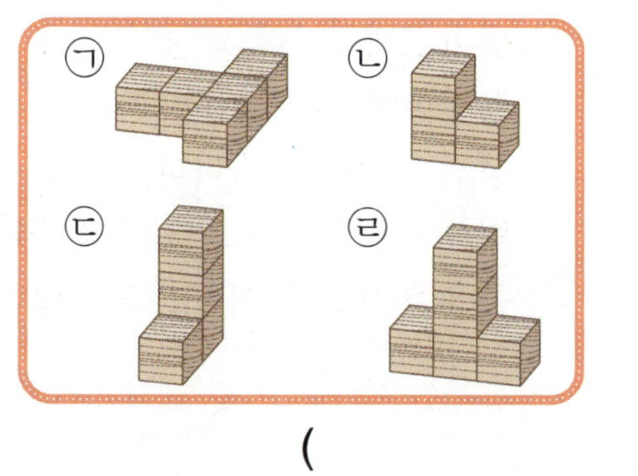

(　　　　　　)

17 왼쪽 모양에 쌓기나무 1개를 더 쌓아 오른쪽 모양을 만들려고 합니다. 어느 쌓기나무 위에 쌓아야 하는지 왼쪽 모양의 쌓기나무에 ○표 하세요.

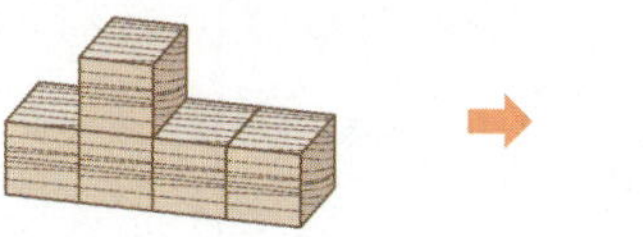

18 그림을 보고 쌓기나무를 설명한 것입니다. 틀린 부분을 찾고, 바르게 고쳐 보세요.

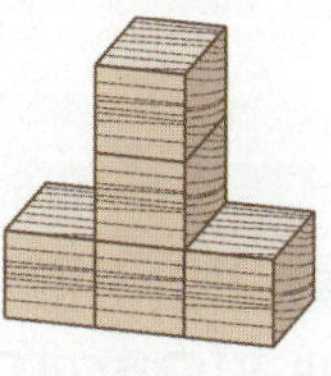

쌓기나무 3개가 옆으로 나란히 있고, 왼쪽 쌓기나무 위로 쌓기나무 2개가 있어.

틀린 부분 (　　　　　　)

바르게 고친 말 (　　　　　　)

1 도형을 보고 □ 안에 알맞은 수나 말을 써넣으세요.

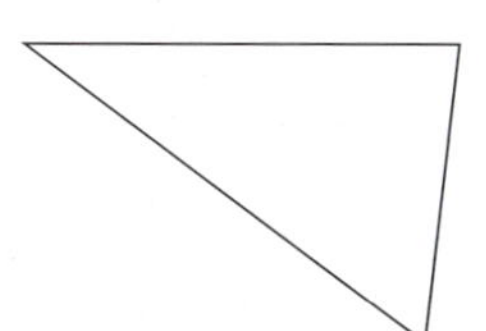

□개의 곧은 선으로 둘러싸인 도형을
□이라고 합니다.

2 삼각형은 모두 몇 개일까요?

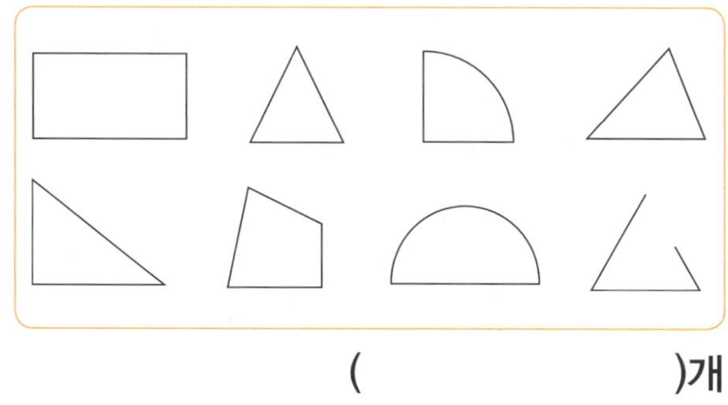

(　　　　　)개

3 도형을 보고 □ 안에 알맞은 말을 써넣으세요.

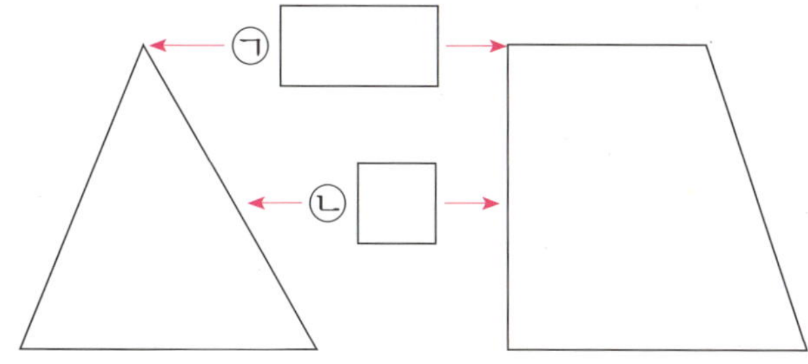

4 그림과 같은 도형의 이름을 써 보세요.

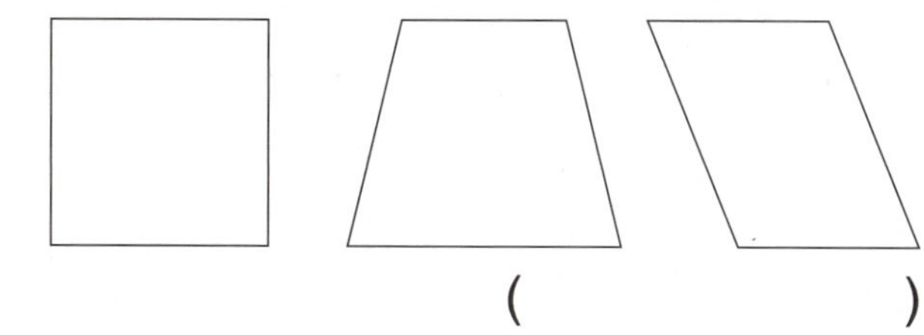

(　　　　　)

5 사각형에 대한 설명이 <u>틀린</u> 것을 찾아 기호를 써 보세요.

㉠ 곧은 선으로 둘러싸여 있습니다.
㉡ 3개의 변이 있습니다.
㉢ 4개의 꼭짓점이 있습니다.

(　　　　　)

6 서로 다른 사각형 2개를 그려 보세요.

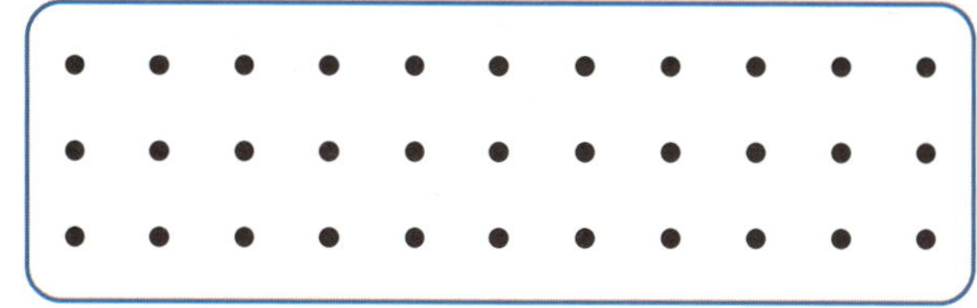

7 설명하는 도형이 다른 하나를 찾아 기호를 써 보세요.

㉠ 3개의 곧은 선으로 둘러싸여 있습니다.
㉡ 꼭짓점은 3개입니다.
㉢ 꼭짓점과 변의 수의 합이 8개입니다.
㉣ 변은 3개입니다.

( )

8 삼각형과 사각형의 공통점이 아닌 것을 찾아 기호를 써 보세요.

㉠ 곧은 선으로 둘러싸여 있습니다.
㉡ 어느 방향에서 보아도 같은 모양입니다.
㉢ 여러 가지 모양과 크기가 있습니다.
㉣ 변과 꼭짓점을 가지고 있습니다.

( )

9 원을 모두 찾아 ○표 하세요.

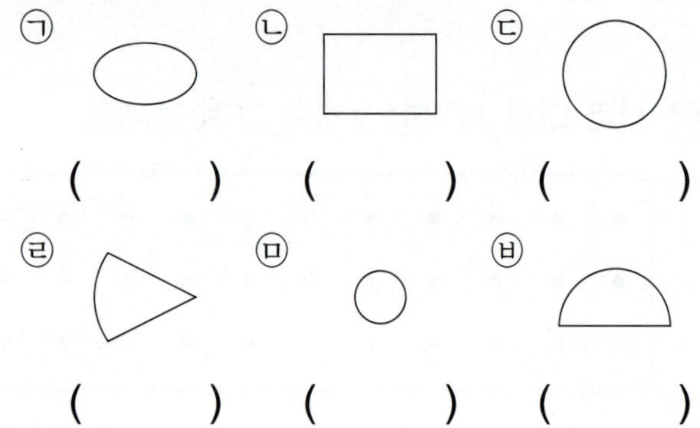

10 원에 대한 설명이 틀린 것을 찾아 기호를 써 보세요.

㉠ 변과 꼭짓점이 없습니다.
㉡ 동그란 모양입니다.
㉢ 모양이 여러 가지입니다.

( )

11 그림에서 원은 모두 몇 개일까요?

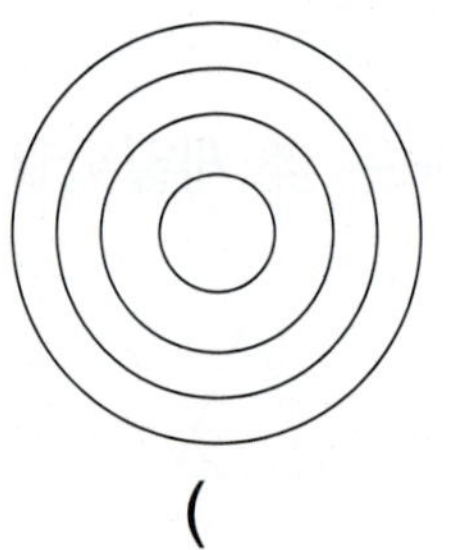

( )개

12 원이 아닌 것을 고르고, 그 이유를 써 보세요.

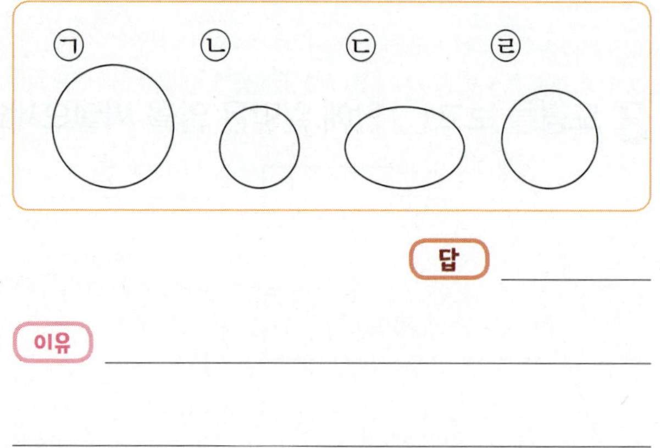

답 ______

이유 ______

2

13 ~ 15 다음 칠교판을 보고 물음에 답해 보세요.

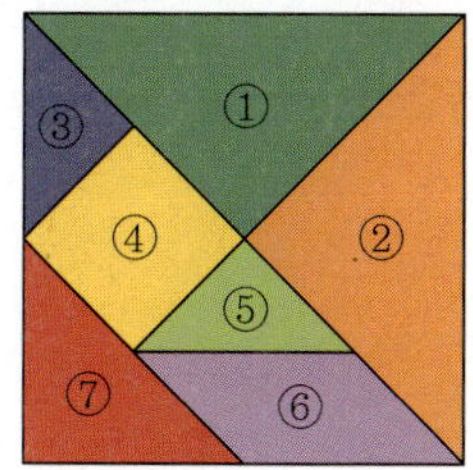

13 ①, ③, ⑤, ⑥ 4개의 조각으로 삼각형을 만들어 보세요.

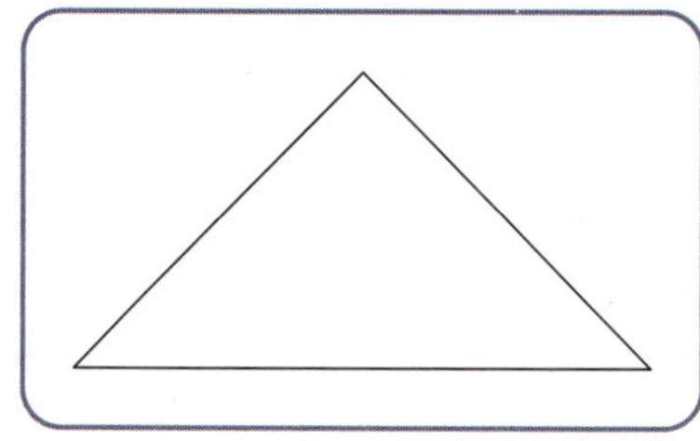

14 ③, ⑤, ⑦ 3개의 조각으로 사각형을 만들어 보세요.

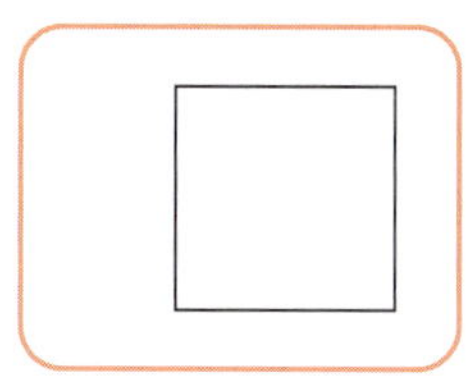

15 ①, ②, ⑦ 3개의 조각으로 사각형을 만들어 보세요.

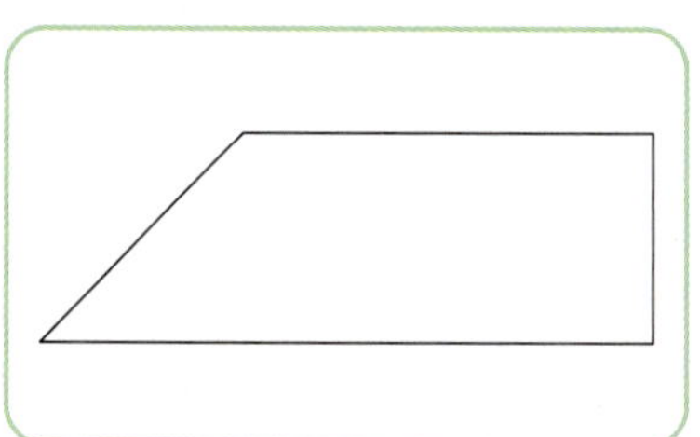

16 지은이는 칠교 조각으로 기린 모양을 만들었습니다. 지은이가 이용한 삼각형과 사각형 조각의 수를 각각 세어 보세요.

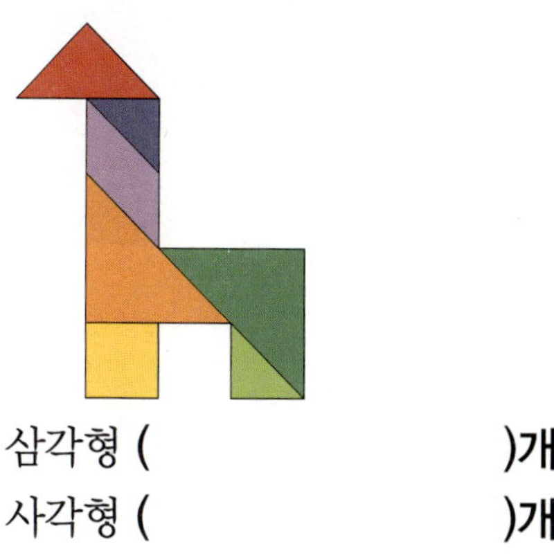

삼각형 (　　　　　)개
사각형 (　　　　　)개

17 쌓기나무의 개수가 더 많은 것을 찾아 기호를 써 보세요.

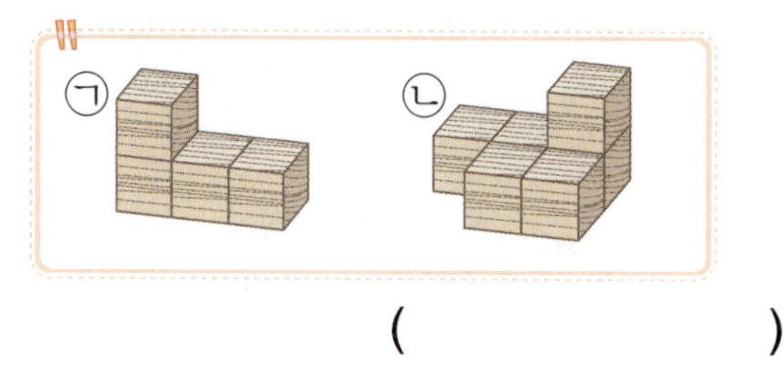

(　　　　　)

18 쌓기나무로 만든 모양에 대한 설명입니다. □ 안에 알맞은 수를 써넣으세요.

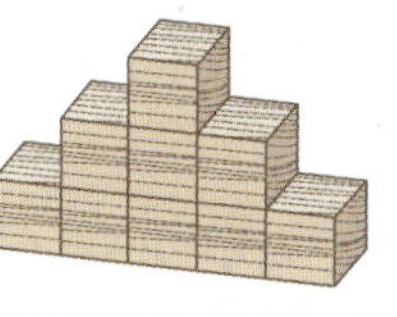

쌓기나무를 1층에 □개, 2층에 □개, 3층에 □개 쌓아 만든 시상대 모양입니다.

19 빨간색 쌓기나무의 오른쪽에 놓여진 쌓기나무를 찾아 ○표 하세요.

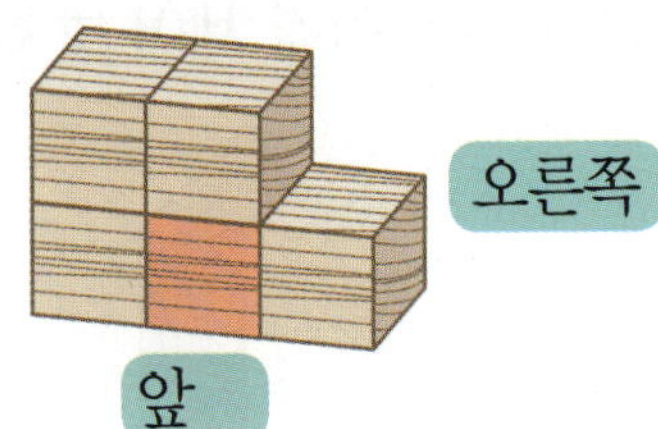

20 쌓기나무 5개로 만든 모양을 모두 찾아 ○표 하세요.

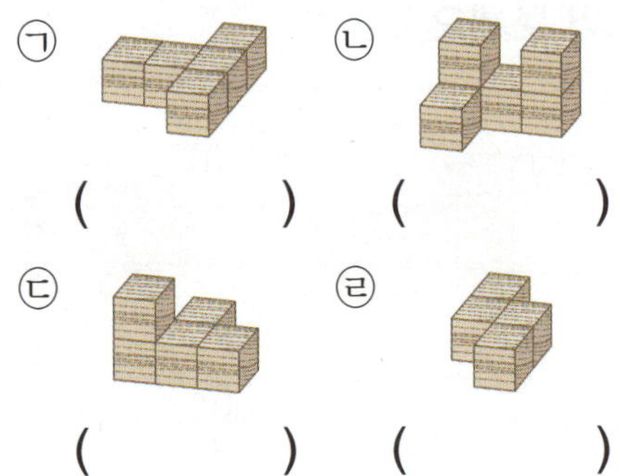

21 왼쪽과 같은 모양에 쌓기나무 1개를 더 쌓아 오른쪽과 같은 모양을 만들려고 합니다. 어느 쌓기나무 위에 쌓아야 하는지 왼쪽 모양의 쌓기나무에 ○표 하세요.

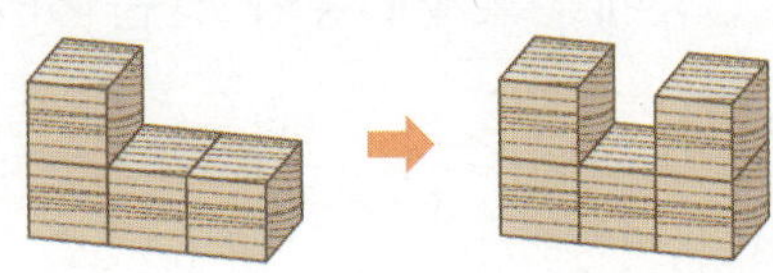

서술형

22 두 도형의 공통점과 차이점을 하나씩 써 보세요.

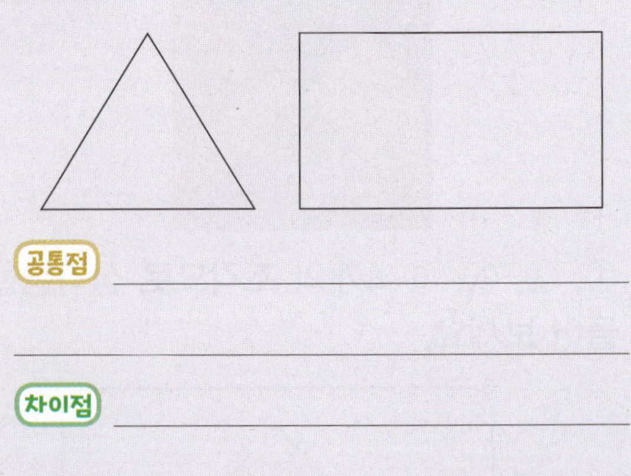

공통점 ______________________

차이점 ______________________

23 접시가 3개 있습니다. 이 중에서 원 모양이 아닌 접시는 무엇인지 기호를 쓰고, 그렇게 생각한 이유를 써 보세요.

답 ______________________

이유 ______________________

3

덧셈과 뺄셈

이 단원에서는 무엇을 배울까요?

- 덧셈을 해 볼까요
- 뺄셈을 해 볼까요
- 세 수의 계산을 해 볼까요
- 덧셈과 뺄셈의 관계를 식으로 나타내 볼까요
- □가 사용된 식을 만들고 □의 값을 구해 볼까요

일의 자리 수끼리의 합이 10을 넘는 (두 자리 수)+(한 자리 수)

18+4 계산하기

• 이어 세기로 구하기

18 19 20 21 22

18+4=22

18에서 1씩 4번 뛰어 세기를 하여 계산합니다.

• 그려서 구하기

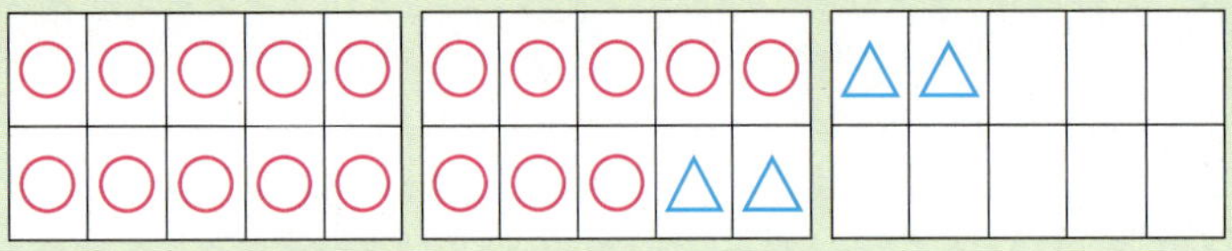

4를 2와 2로 가르기하여 그립니다.

18+4=22

그림에서 더하는 수만큼 △를 그려서 구합니다.

• 수 모형으로 구하기

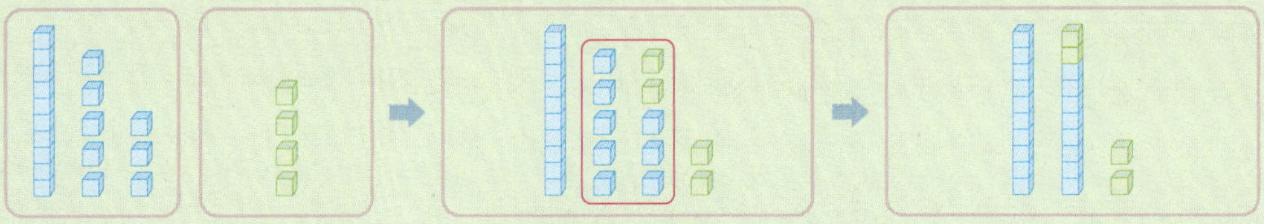

18+4=22

1 그림을 보고 □ 안에 알맞은 수를 써넣으세요.

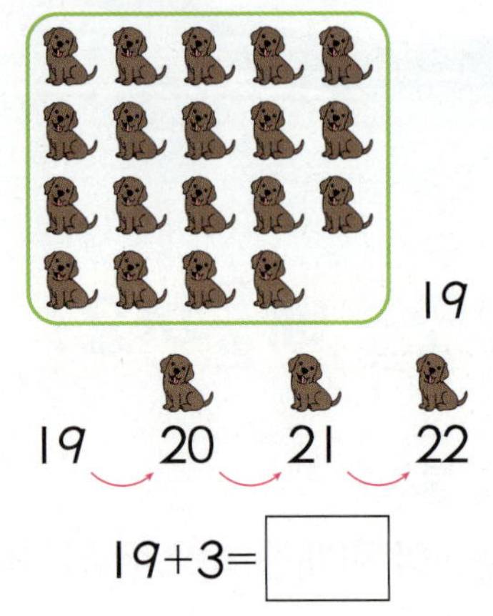

19+3=□

1-1 그림을 보고 □ 안에 알맞은 수를 써넣으세요.

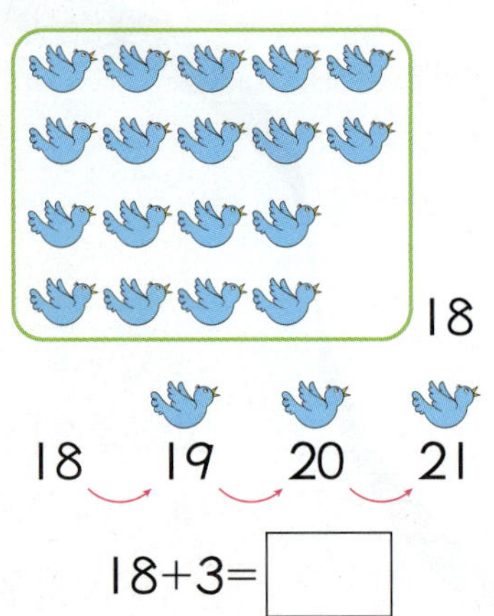

18+3=□

정답과 풀이 10쪽

2 식을 보고 빈칸에 △를 그리고, □ 안에 알맞은 수를 써넣으세요.

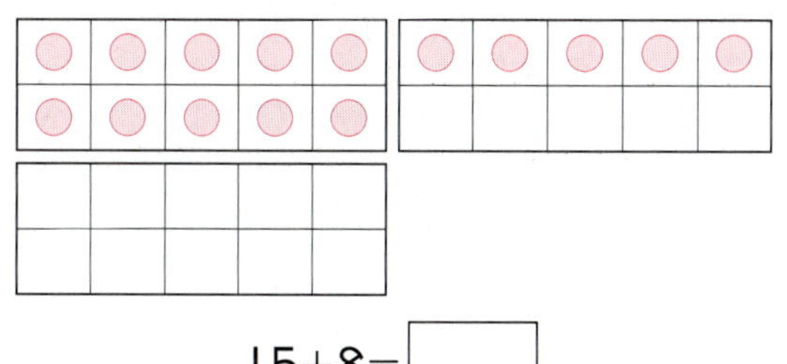

15+8=□

2-1 식을 보고 빈칸에 △를 그리고, □ 안에 알맞은 수를 써넣으세요.

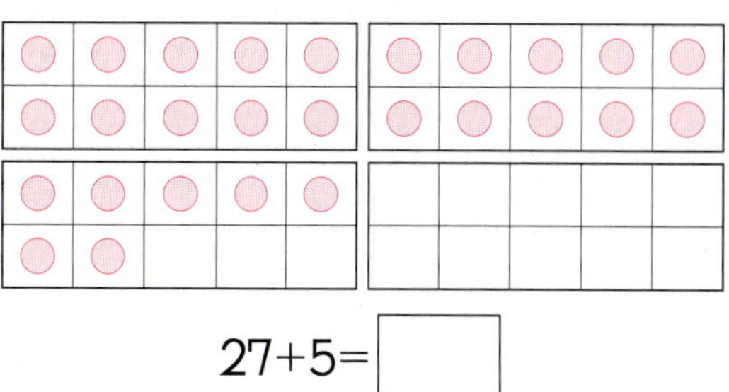

27+5=□

3 그림을 보고 □ 안에 알맞은 수를 써넣으세요.

24+8=□

3-1 그림을 보고 □ 안에 알맞은 수를 써넣으세요.

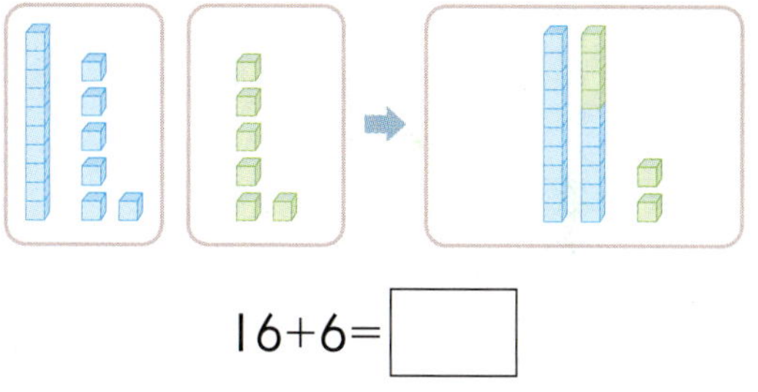

16+6=□

4 계산해 보세요.

(1) 17+8=□

(2) 37+4=□

4-1 계산해 보세요.

(1) 23+8=□

(2) 26+9=□

일의 자리 수끼리의 합이 10을 넘는 (두 자리 수)+(두 자리 수)

18+19 계산하기

• 19를 10과 9로 가르기하여 구하기

18 + 19
=18 + 10 + 9
=28 + 9
=37

• 18에 20을 더하고 1을 빼서 구하기

11	12	13	14	15	16	17	18	19	20
21	22	23	24	25	26	27	28	29	30
31	32	33	34	35	36	37	38	39	40

↓: 10씩 커져요. ←: 1씩 작아져요.

18+19=18+20−1=37

• 18을 몇십으로 바꾸어 구하기

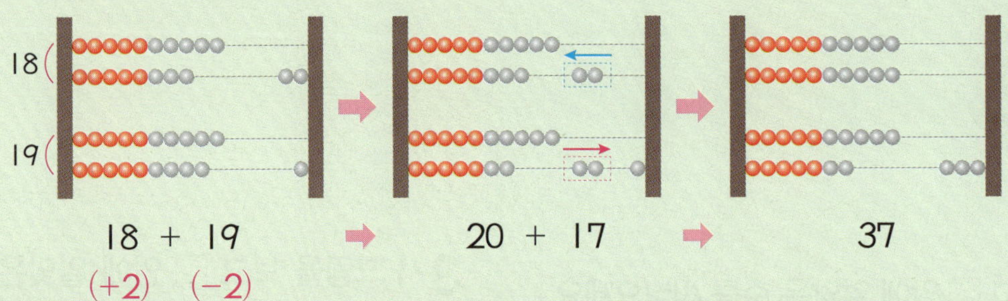

18 + 19 → 20 + 17 → 37
(+2) (−2)

• 받아올림하여 구하기

$$\begin{array}{r} 1\,8 \\ +\ 1\,9 \\ \hline \end{array}$$ 8+9=17 → $$\begin{array}{r} 1 \\ 1\,8 \\ +\ 1\,9 \\ \hline 7 \end{array}$$ 1+1+1=3 → $$\begin{array}{r} 1 \\ 1\,8 \\ +\ 1\,9 \\ \hline 3\,7 \end{array}$$

일의 자리 수끼리의 합이 10이거나 10보다 크면 10을 십의 자리로 받아올림합니다.

개념 체조하기

1 □ 안에 알맞은 수를 써넣으세요.

46 + 28

20 □

= 46 + 20 + □

= 66 + □ = □

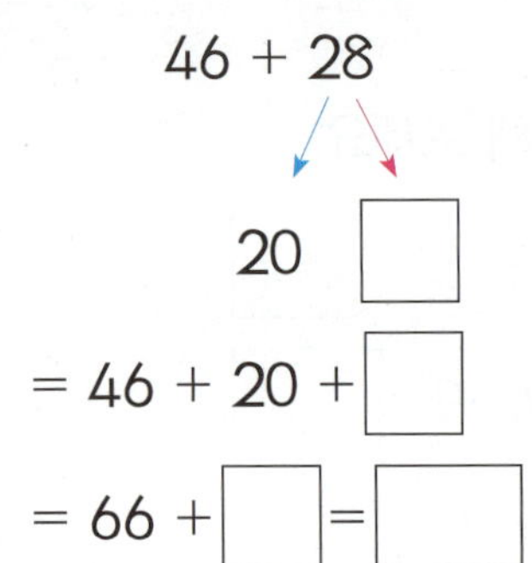

1-1 □ 안에 알맞은 수를 써넣으세요.

35 + 17

10 □

= 35 + 10 + □

= 45 + □ = □

정답과 풀이 10쪽

2 표를 보고 25+18을 계산하려고 합니다. □ 안에 알맞은 수를 써넣으세요.

21	22	23	24	25	26	27	28	29	30
31	32	33	34	35	36	37	38	39	40
41	42	43	44	45	46	47	48	49	50

=25+18

=25+20−□

=□

2-1 표를 보고 57+17을 계산하려고 합니다. □ 안에 알맞은 수를 써넣으세요.

51	52	53	54	55	56	57	58	59	60
61	62	63	64	65	66	67	68	69	70
71	72	73	74	75	76	77	78	79	80

=57+17

=57+20−□

=□

3

3 16을 몇십으로 바꾸어 계산하려고 합니다. 그림을 보고 □ 안에 알맞은 수를 써넣으세요.

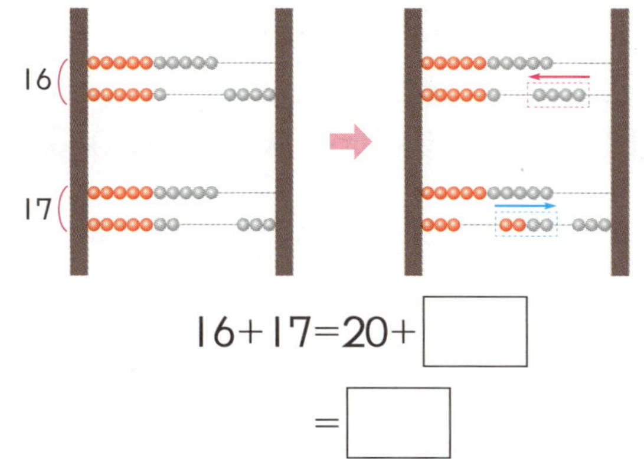

16+17=20+□

=□

3-1 28을 몇십으로 바꾸어 계산하려고 합니다. 그림을 보고 □ 안에 알맞은 수를 써넣으세요.

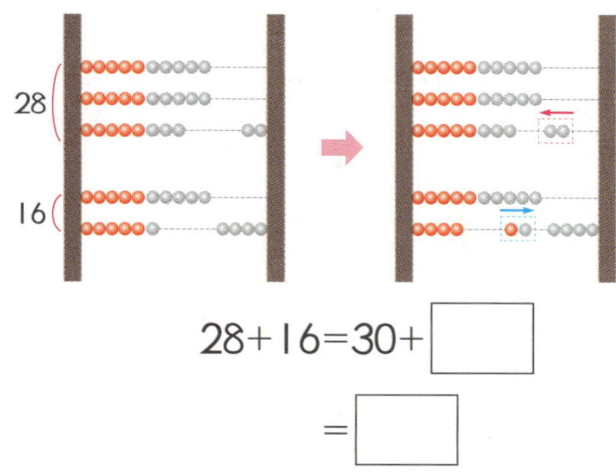

28+16=30+□

=□

4 □ 안에 알맞은 수를 써넣으세요.

(1)
```
   □
   1 8
+  3 6
-------
   □□
```

(2)
```
   □
   5 5
+  2 7
-------
   □□
```

4-1 □ 안에 알맞은 수를 써넣으세요.

(1)
```
   □
   2 8
+  1 9
-------
   □□
```

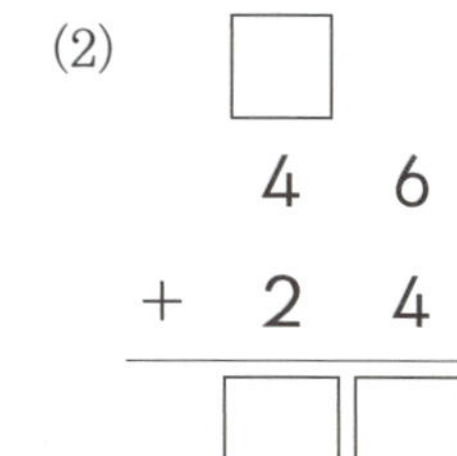

(2)
```
   □
   4 6
+  2 4
-------
   □□
```

십의 자리 수의 합이 10을 넘는 (두 자리 수)+(두 자리 수)

61+52 계산하기

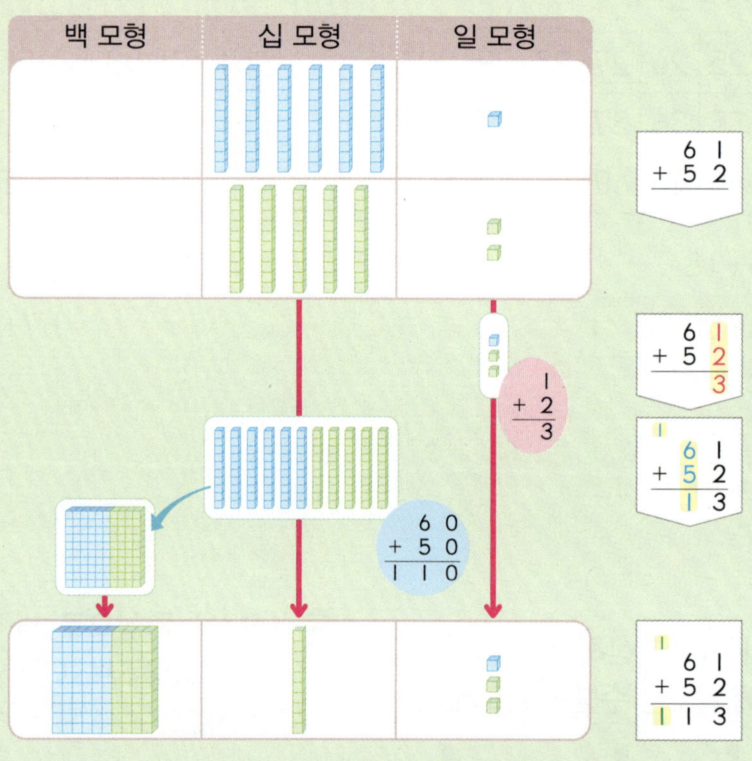

십의 자리 수끼리의 합이 10이거나 10보다 크면 10을 백의 자리로 받아올림합니다.

개념 체조하기

1 그림을 보고 □ 안에 알맞은 수를 써넣으세요.

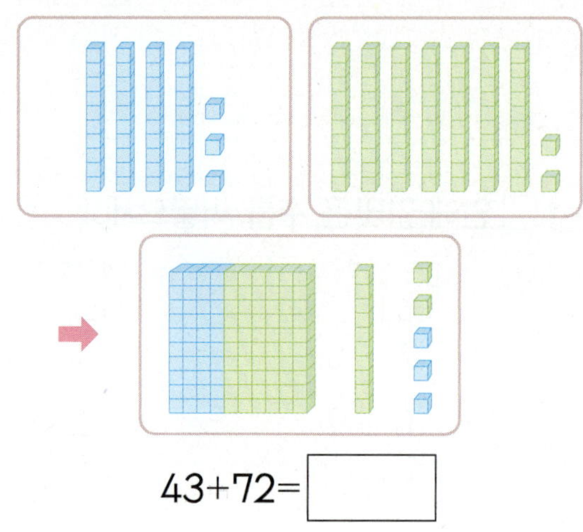

43+72=□

1-1 그림을 보고 □ 안에 알맞은 수를 써넣으세요.

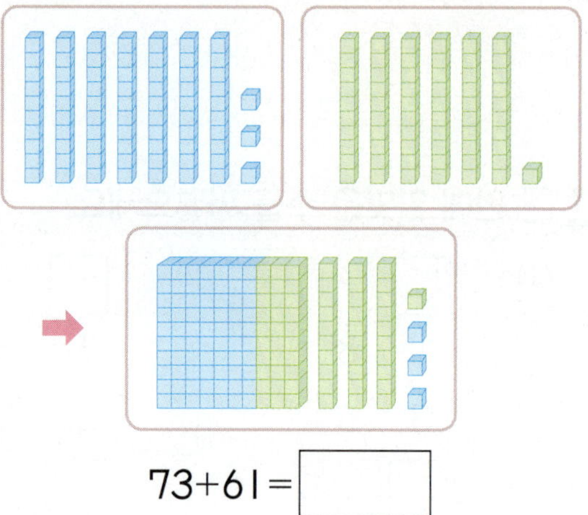

73+61=□

정답과 풀이 10쪽

2 그림을 보고 □ 안에 알맞은 수를 써넣으세요.

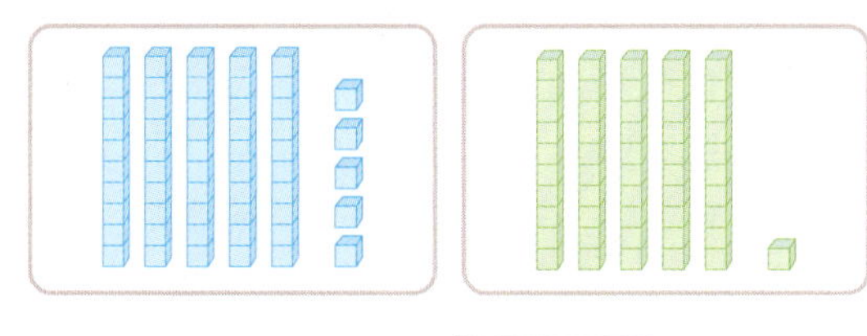

55+51=□

2-1 그림을 보고 □ 안에 알맞은 수를 써넣으세요.

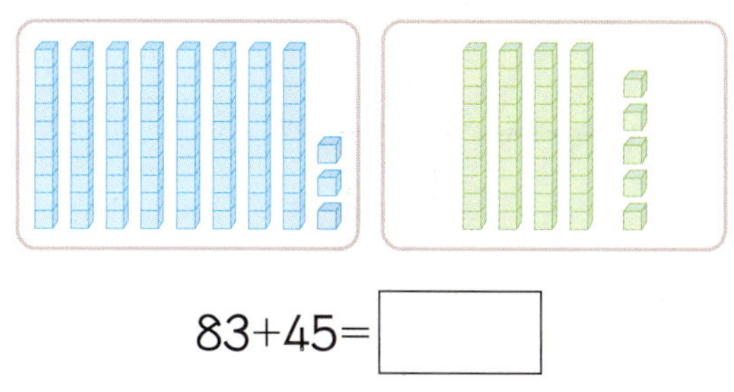

83+45=□

3 □ 안에 알맞은 수를 써넣으세요.

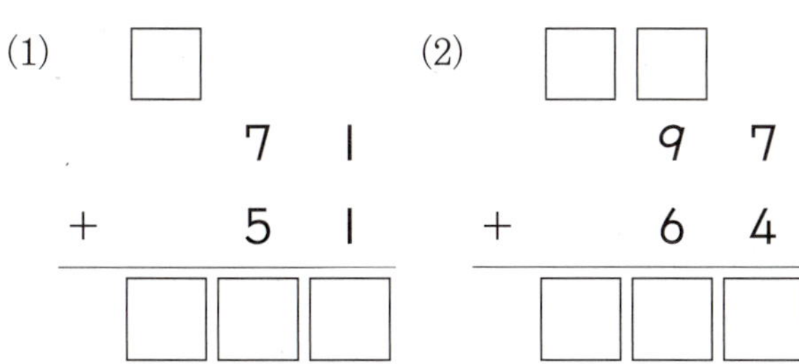

3-1 □ 안에 알맞은 수를 써넣으세요.

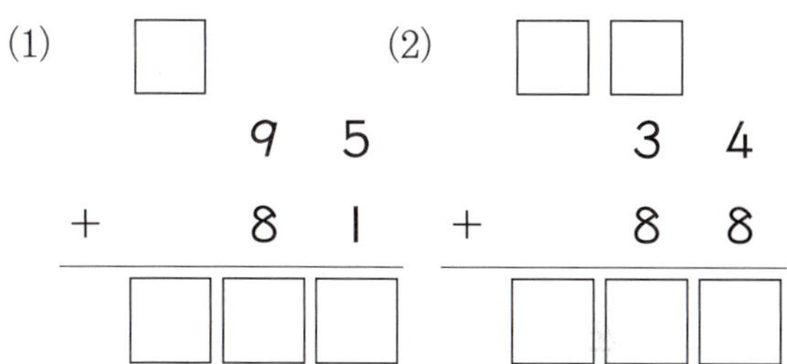

4 계산해 보세요.

(1) (2)

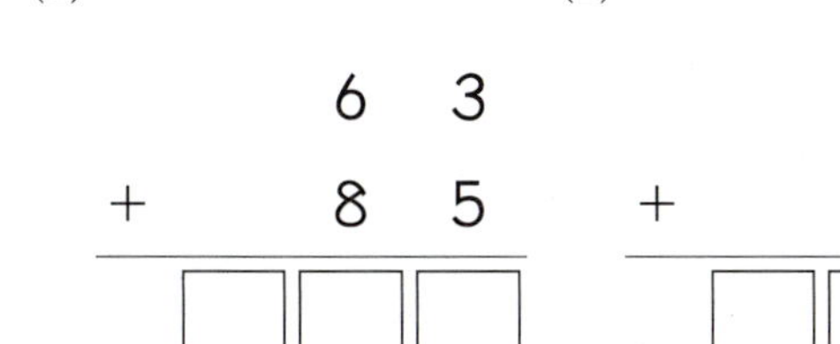

4-1 계산해 보세요.

(1) (2)

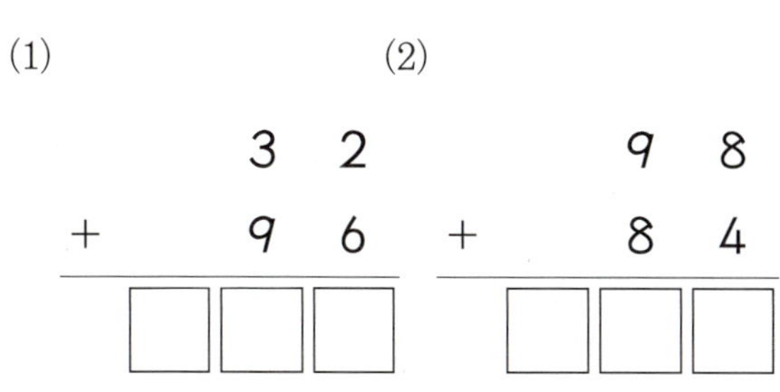

개념 점프하기

Tip

받아올림한 수를 빠뜨리
지 말고 계산해!

1 계산 결과가 같은 것끼리 이어 보세요.

(1)	57+8 •	• ㉠	67+8
(2)	69+6 •	• ㉡	6+59
(3)	9+63 •	• ㉢	66+6

각각의 식을 계산해 보고 크기를 비교합니다.

2 두 수의 합이 큰 것부터 차례로 기호를 써 보세요.

㉠ 28+8	㉡ 9+24
㉢ 29+6	㉣ 7+27

(　　　　　　)

(설현이가 가지고 있는 연필의 수)=(설현이가 가지고 있던 연필의 수)+(엄마가 주신 연필의 수)

3 설현이는 연필 24자루를 가지고 있었습니다. 엄마가 연필 6자루를 주셨다면 설현이가 가지고 있는 연필은 모두 몇 자루일까요?

(　　　　　　)자루

가로셈이 어려운 경우 세로셈으로 고쳐 계산해 봅니다.

4 계산해 보세요.

(1) 54+28=☐　　(2) 48+33=☐

(3) 29+26=☐　　(4) 16+34=☐

5 크기를 비교하여 ○ 안에 > 또는 <를 알맞게 써넣으세요.

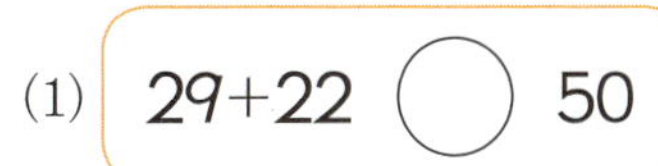
(1) 29+22 ○ 50

(2) 36+27 ○ 74

Tip

덧셈을 계산하고 양쪽의 수를 비교해 봅니다.

6 □ 안에 알맞은 수를 써넣으세요.

(1)

$$\begin{array}{r} \square \\ 7\ 1 \\ +\ 5\ 3 \\ \hline \square\square\square \end{array}$$

(2)

$$\begin{array}{r} \square\square \\ 9\ 7 \\ +\ 5\ 6 \\ \hline \square\square\square \end{array}$$

일의 자리 수에서 받아올림이 있으면 십의 자리로, 십의 자리 수에서 받아올림이 있으면 백의 자리로 받아올림합니다.

7 계산 결과가 큰 것부터 차례로 기호를 써 보세요.

㉠ 68+45　　㉡ 37+84

㉢ 56+49　　㉣ 77+58

(　　　　　　)

각각의 식을 계산해 보고 결과를 비교해 봅니다.

8 빈칸에 알맞은 수를 써넣으세요.

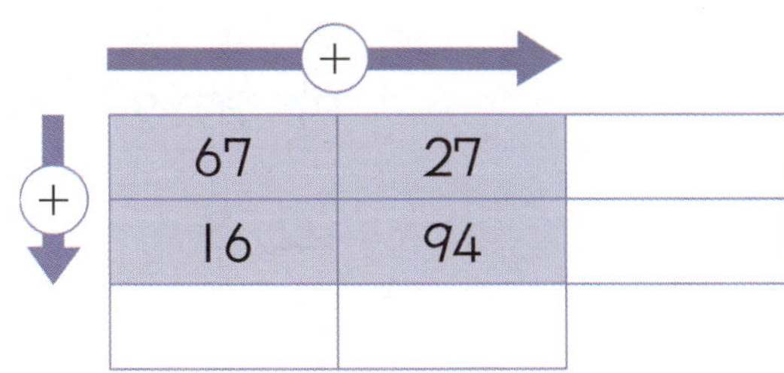

67	27	
16	94	

받아올림에 주의하여 계산합니다.

일의 자리 수끼리 뺄 수 없는 (두 자리 수)-(한 자리 수)

22-6 계산하기

• 거꾸로 세어 구하기

16 17 18 19 20 21 22

22-6 =16

빼어지는 수에서 빼는 수만큼 거꾸로 세기를 하여 계산합니다.

• 지워서 구하기

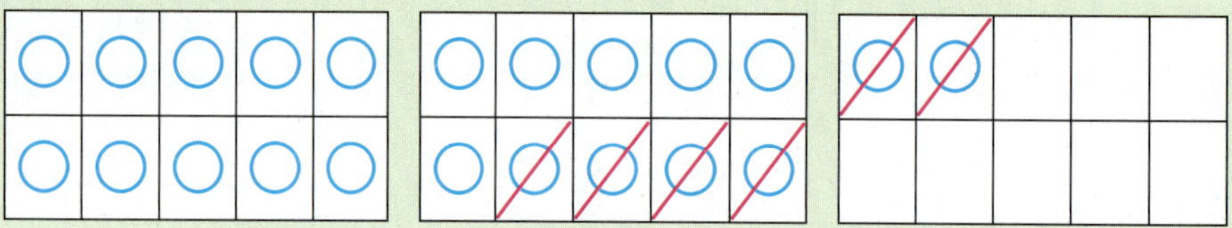

22-6=16

그림에서 빼는 수만큼 ○를 /으로 지워서 구합니다.

• 수 모형으로 구하기

22-6=16

개념 체조하기

1 그림을 보고 □ 안에 알맞은 수를 써넣으세요.

21-5=□

1-1 그림을 보고 □ 안에 알맞은 수를 써넣으세요.

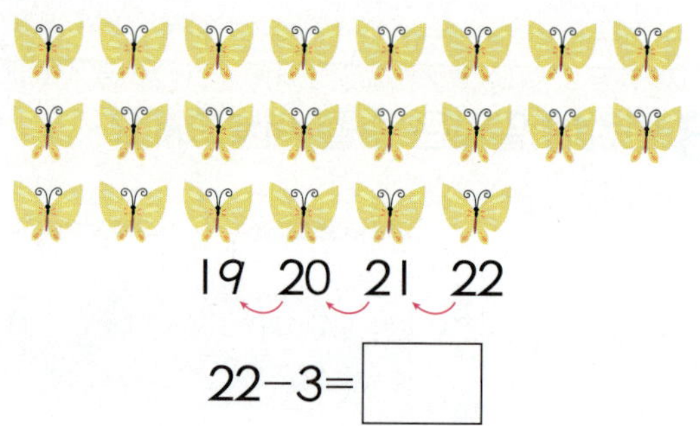

22-3=□

2 빼는 수만큼 /으로 지우고 □ 안에 알맞은 수를 써넣으세요.

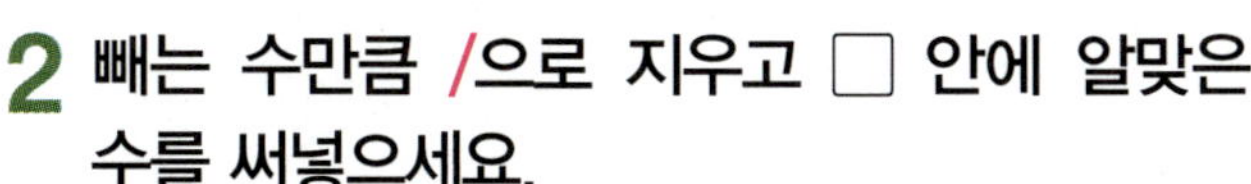

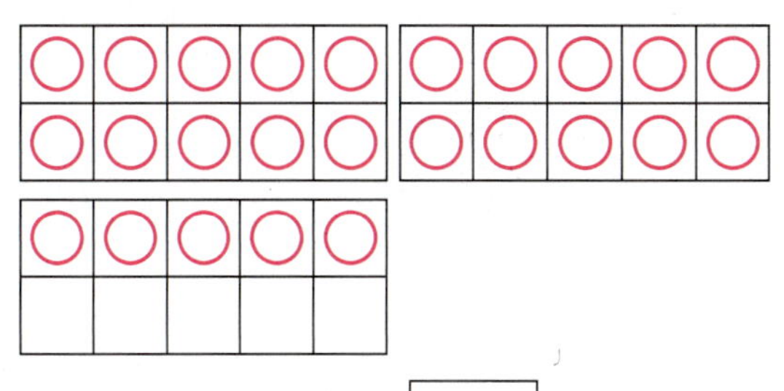

25−9=□

3 24−6을 수 모형으로 알아보려고 합니다. □ 안에 알맞은 수를 써넣으세요.

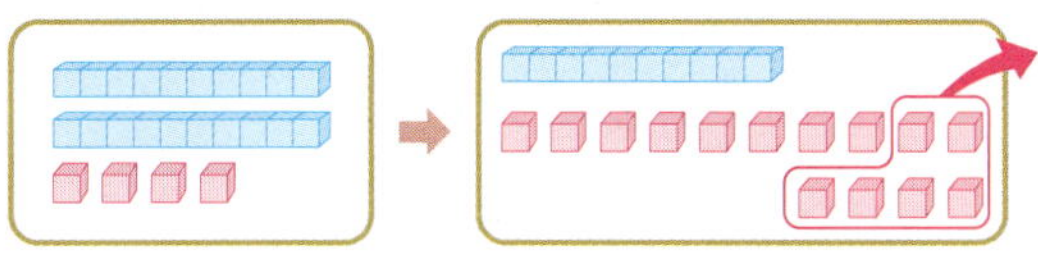

(1) 십 모형 1개를 일 모형으로 바꾸면, 십 모형은 □개가 되고 일 모형은 □개가 됩니다.

(2) (1)의 일 모형에서 6개를 덜어 내면 일 모형은 □개가 남습니다.

(3) 24−6=□

4 계산해 보세요.

(1) 43−6=□

(2) 28−9=□

2-1 빼는 수만큼 /으로 지우고 □ 안에 알맞은 수를 써넣으세요.

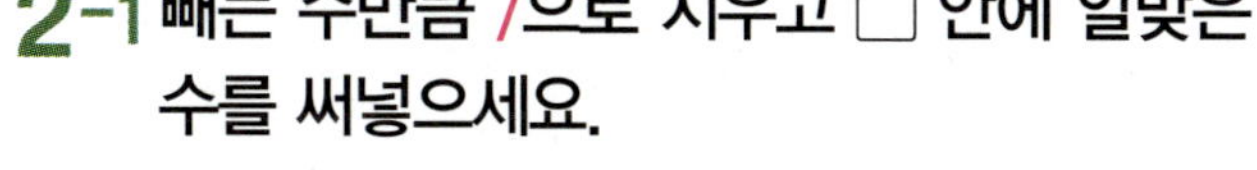

21−7=□

3-1 26−9를 수 모형으로 알아보려고 합니다. □ 안에 알맞은 수를 써넣으세요.

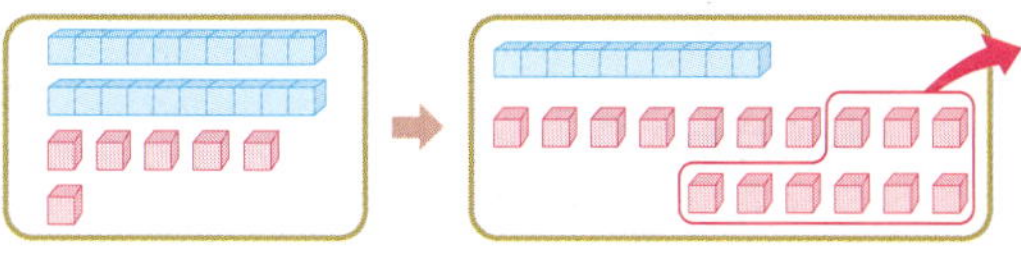

(1) 십 모형 1개를 일 모형으로 바꾸면, 십 모형은 □개가 되고 일 모형은 □개가 됩니다.

(2) (1)의 일 모형에서 9개를 덜어 내면 일 모형은 □개가 남습니다.

(3) 26−9=□

4-1 계산해 보세요.

(1) 33−7=□

(2) 72−5=□

일의 자리 수끼리 뺄 수 없는 (몇십)-(몇십몇)

✿ 30−17 계산하기

• 17을 10과 7로 가르기하여 구하기

30 − 17
=30 − 10 − 7
=20 − 7
=13

• 30에서 20을 먼저 뺀 후 3을 더하여 구하기

1	2	3	4	5	6	7	8	9	10
11	12	13	14	15	16	17	18	19	20
21	22	23	24	25	26	27	28	29	30

↑: 10씩 작아져요. →: 1씩 커져요.

30−17=30−20+3=13

• 17을 몇십으로 바꾸어 구하기

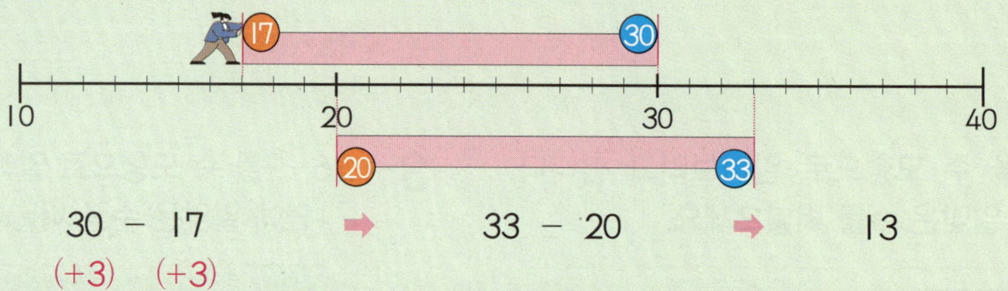

30 − 17 → 33 − 20 → 13
(+3) (+3)

• 받아내림하여 구하기

$$\begin{array}{r} 3\,0 \\ -\,1\,7 \\ \hline \end{array} \quad 30=20+10 \rightarrow \begin{array}{r} {\scriptstyle 2\,10} \\ 3\,0 \\ -\,1\,7 \\ \hline \end{array} \quad 10-7=3 \rightarrow \begin{array}{r} {\scriptstyle 2\,10} \\ 3\,0 \\ -\,1\,7 \\ \hline 3 \end{array} \quad 2-1=1 \rightarrow \begin{array}{r} {\scriptstyle 2\,10} \\ 3\,0 \\ -\,1\,7 \\ \hline 1\,3 \end{array}$$

0에서 몇을 뺄 수 없으므로 십의 자리에서 10을 일의 자리로 받아내림합니다.

개념 체조하기

1 □ 안에 알맞은 수를 써넣으세요.

40 − 28
20 □
= 40 − 20 −□
= 20 −□
= □

1-1 □ 안에 알맞은 수를 써넣으세요.

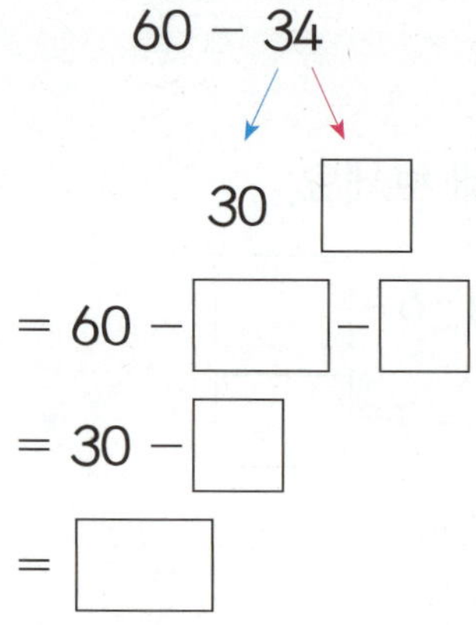

2 표를 보고 50－19를 계산하려고 합니다. □ 안에 알맞은 수를 써넣으세요.

21	22	23	24	25	26	27	28	29	30
31	32	33	34	35	36	37	38	39	40
41	42	43	44	45	46	47	48	49	50

50－19=□

2-1 표를 보고 80－16을 계산하려고 합니다. □ 안에 알맞은 수를 써넣으세요.

51	52	53	54	55	56	57	58	59	60
61	62	63	64	65	66	67	68	69	70
71	72	73	74	75	76	77	78	79	80

80－16=□

3 수직선에 40－28을 그림으로 나타내었습니다. 이 그림을 오른쪽으로 2만큼 밀었을 때 나타나는 식을 보기에서 찾고, 계산해 보세요.

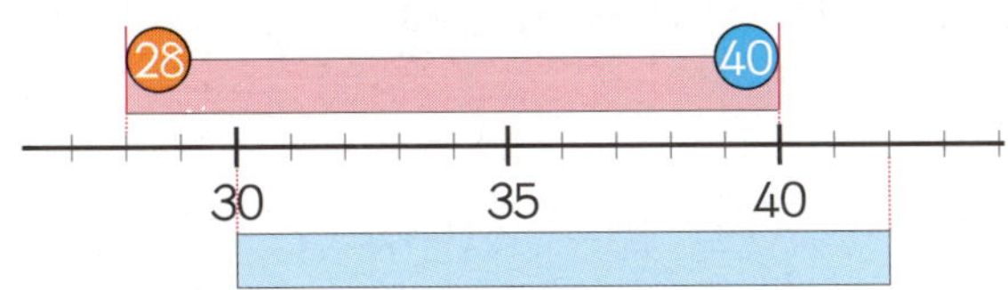

㉠ 43－30　　㉡ 42－31
㉢ 42－30　　㉣ 43－31

(　　　　,　　　　)

3-1 수직선에 70－59를 그림으로 나타내었습니다. 이 그림을 오른쪽으로 1만큼 밀었을 때 나타나는 식을 보기에서 찾고, 계산해 보세요.

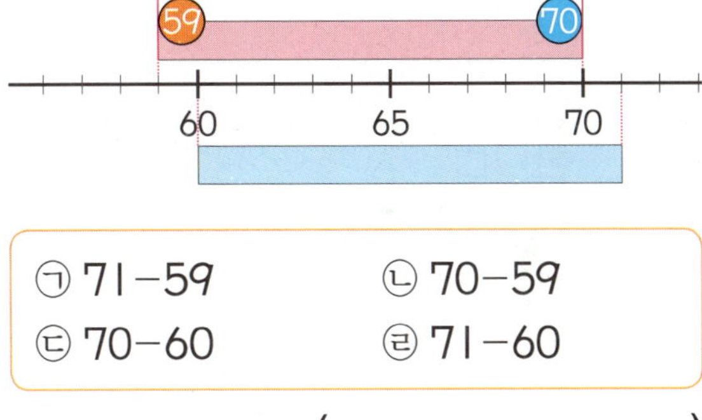

㉠ 71－59　　㉡ 70－59
㉢ 70－60　　㉣ 71－60

(　　　　,　　　　)

4 □ 안에 알맞은 수를 써넣으세요.

(1)
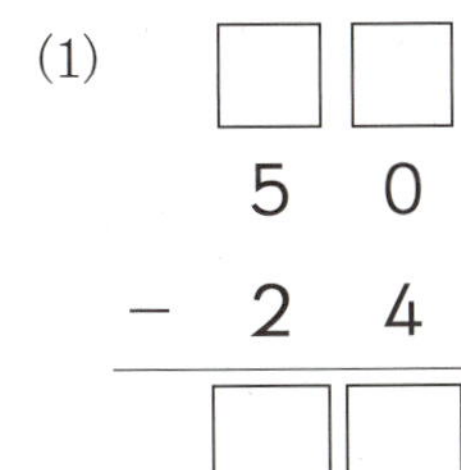

(2)
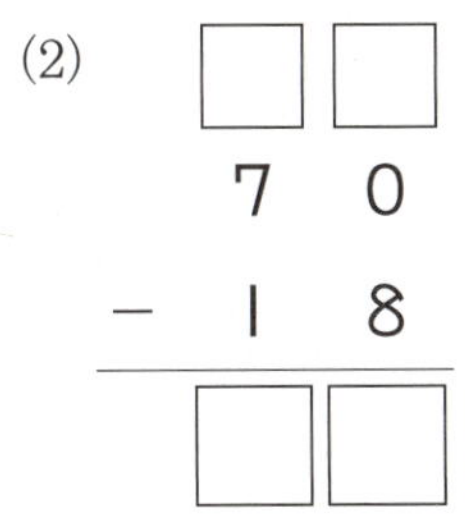

4-1 □ 안에 알맞은 수를 써넣으세요.

(1)
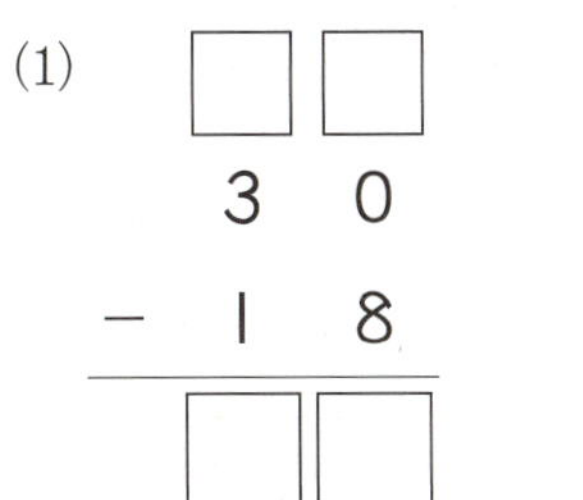

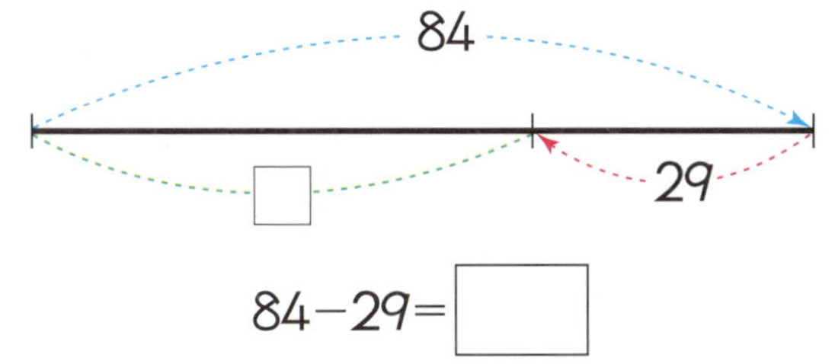

(2)
□□
8 0
－ 4 9
□□

개념 준비하기

일의 자리 수끼리 뺄 수 없는 (두 자리 수)-(두 자리 수)

✿ 56−27 계산하기

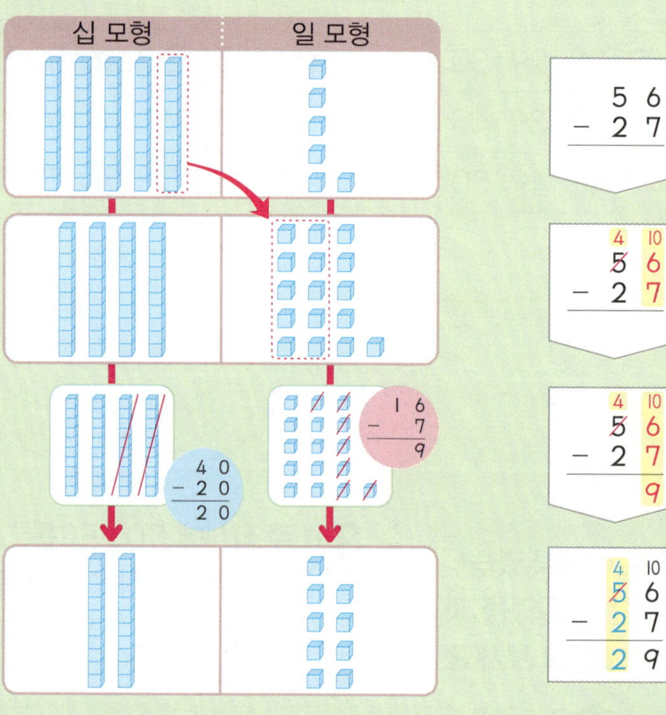

	5	6
−	2	7

	4	10
	5̸	6
−	2	7

	4	10
	5̸	6
−	2	7
		9

	4	10
	5̸	6
−	2	7
	2	9

일의 자리 수끼리 뺄 수 없으면 십의 자리에서 10을 일의 자리로 받아내림합니다.

개념 체조하기

1 계산 과정을 보고 □ 안에 알맞은 수를 써넣으세요.

				5	10		5	10
	6	3	➡	6̸	3	➡	6̸	3
−	2	5	−	2	5	−	2	5
					8		3	8

(1) 일의 자리 계산은 □+3−5=□입니다.

(2) 십의 자리 계산은 □−2=□입니다.

(3) 63−25=□

1-1 계산 과정을 보고 □ 안에 알맞은 수를 써넣으세요.

				3	10		3	10
	4	2	➡	4̸	2	➡	4̸	2
−	1	8	−	1	8	−	1	8
					4		2	4

(1) 일의 자리 계산은 □+2−8=□입니다.

(2) 십의 자리 계산은 □−1=□입니다.

(3) 42−18=□

2 그림을 보고 □ 안에 알맞은 수를 써넣으세요.

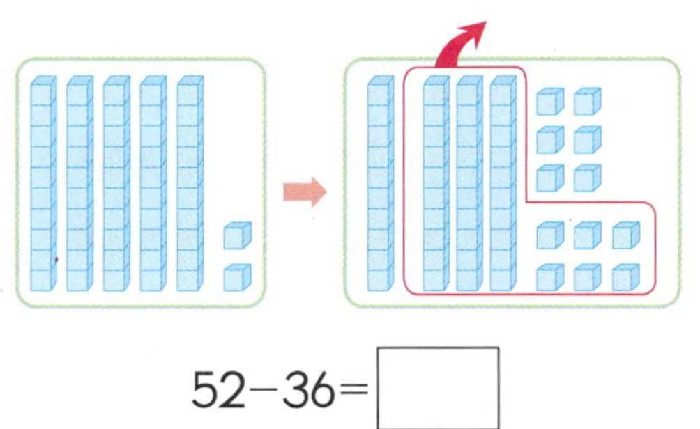

52−36=□

2-1 그림을 보고 □ 안에 알맞은 수를 써넣으세요.

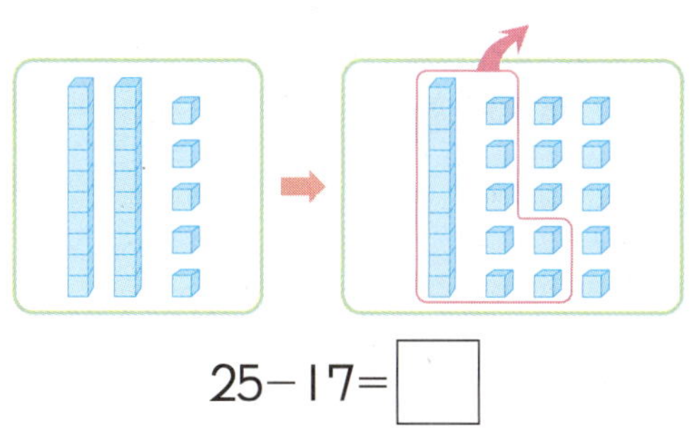

25−17=□

3 □ 안에 알맞은 수를 써넣으세요.

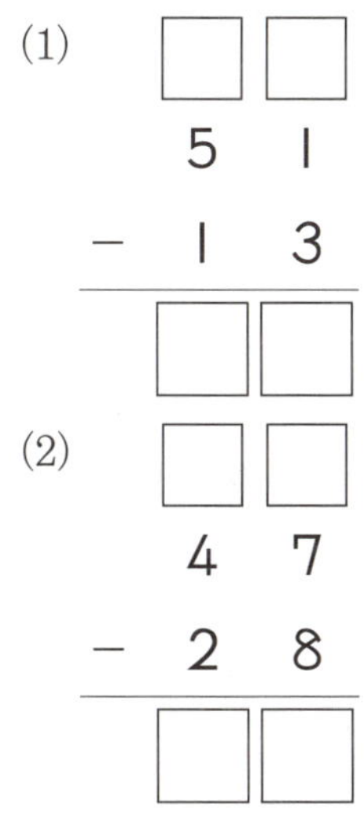

3-1 □ 안에 알맞은 수를 써넣으세요.

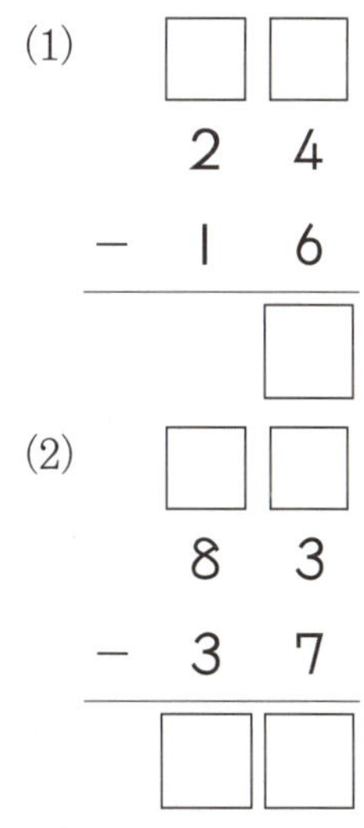

4 그림을 보고 □ 안에 알맞은 수를 써넣으세요.

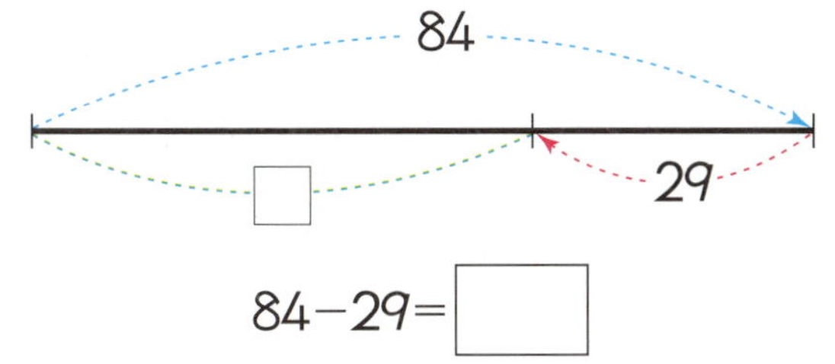

84−29=□

4-1 그림을 보고 □ 안에 알맞은 수를 써넣으세요.

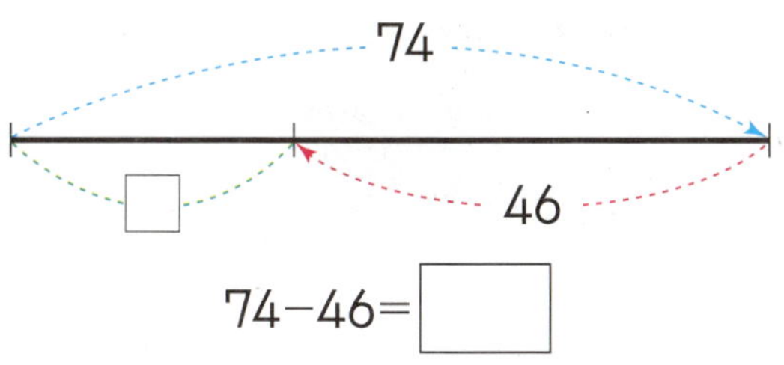

74−46=□

3

개념 점프하기

일의 자리 수끼리 뺄 수 없으면 십의 자리에서 10을 일의 자리로 받아내림합니다.

1 □ 안에 알맞은 수를 써넣으세요.

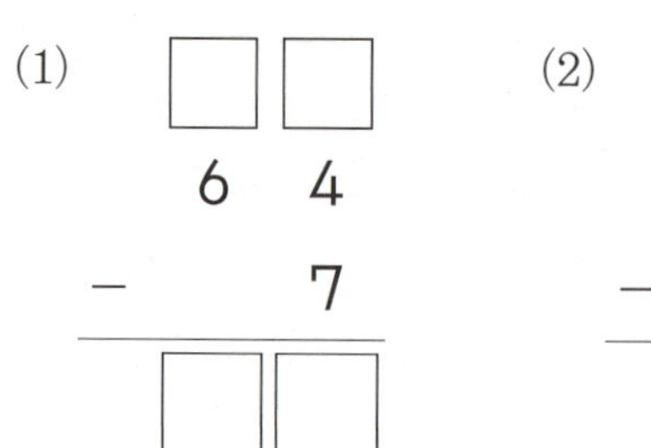

식을 계산하고 결과가 같은 것끼리 이어 봅니다.

2 계산 결과가 같은 것끼리 이어 보세요.

뺄셈을 하고 크기를 비교해 봅시다.

3 크기를 비교하여 ○ 안에 > 또는 <를 알맞게 써넣으세요.

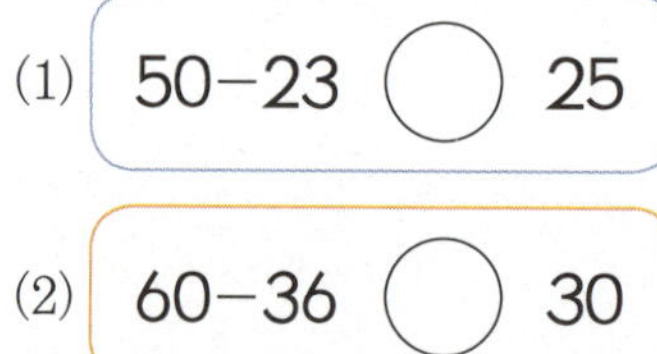

4 빈칸에 두 수의 차를 써넣으세요.

(1)

70	
28	

(2)

50	
32	

5 그림을 보고 80−57을 다르게 나타낸 식을 써 보고, 답을 구해 보세요.

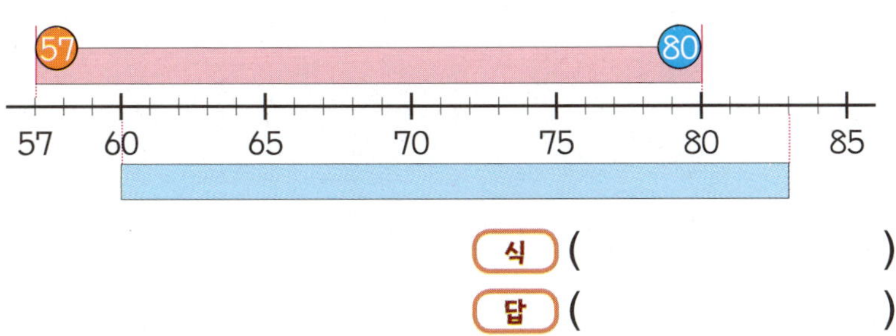

식 (　　　　　　　　)

답 (　　　　　　　　)

6 빈칸에 알맞은 수를 써넣으세요.

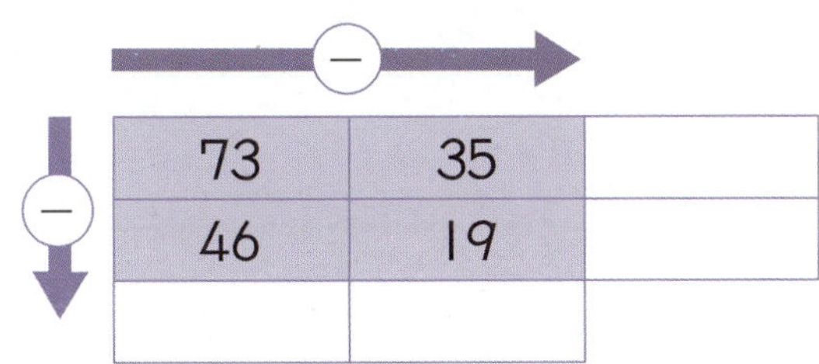

7 계산 결과가 더 작은 것에 ○표 하세요.

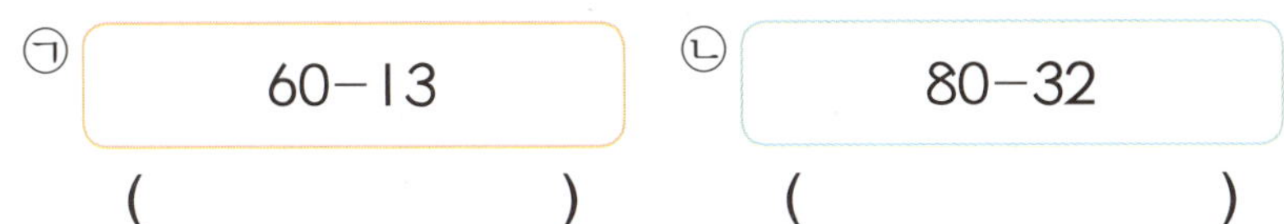

(　　　　　　)　(　　　　　　)

8 채율이는 귤 83개를 가지고 있었습니다. 그 중에서 46개를 친구들에게 주었다면 채율이에게 남아 있는 귤은 몇 개일까요?

(　　　　　　　　)개

Tip

57을 60으로 만들려면 몇 만큼 움직여야 하는지 생각해 봅니다.

받아내림에 주의하며 계산합니다.

각각의 식을 계산하고 결과를 비교합니다.

(남아 있는 귤의 수)
=(채율이가 가지고 있던 귤의 수)−(친구들에게 준 귤의 수)

개념 준비하기 세 수의 계산하기

51−24+18 계산하기

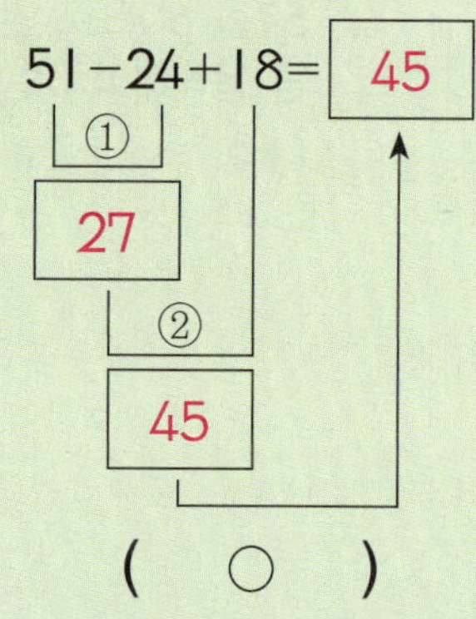

(○)

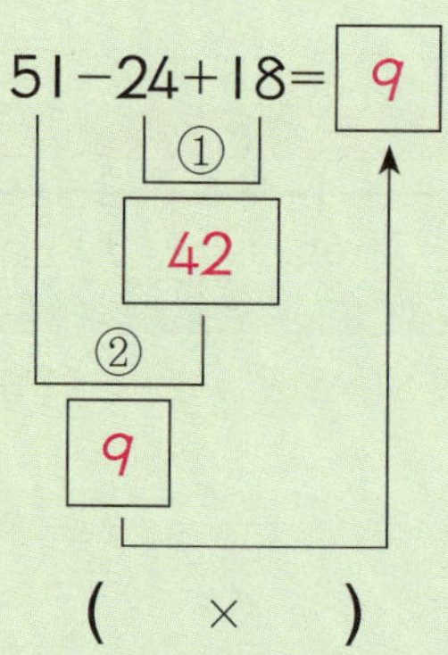

(×)

• 앞에서부터 계산하지 않으면 계산 결과가 달라질 수 있습니다.

세 수의 계산은 앞에서부터 두 수씩 차례대로 계산합니다.

개념 체조하기

1 □ 안에 알맞은 수를 써넣으세요.

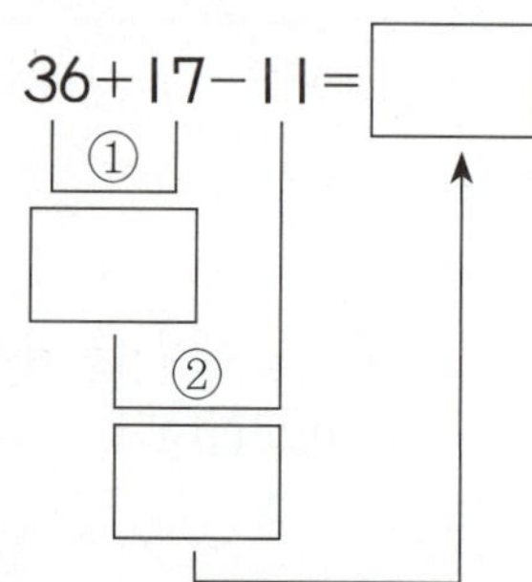

1-1 □ 안에 알맞은 수를 써넣으세요.

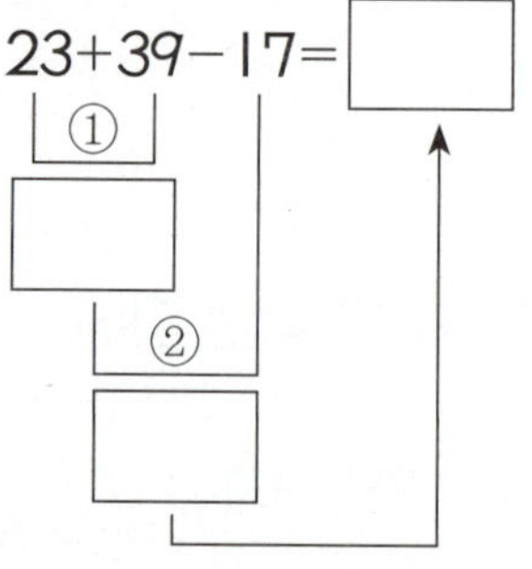

2 빈칸에 알맞은 수를 써넣으세요.

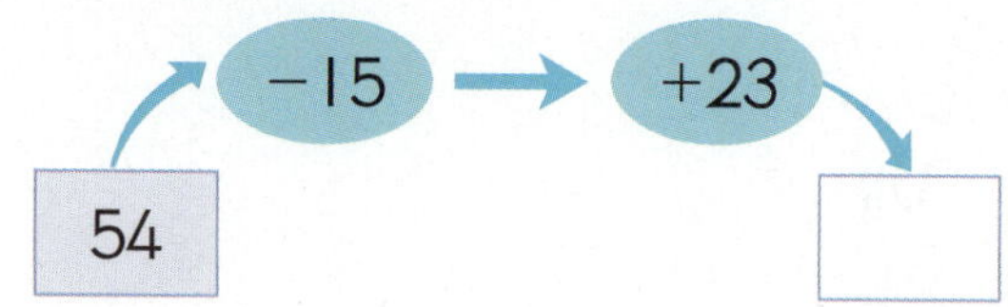

2-1 빈칸에 알맞은 수를 써넣으세요.

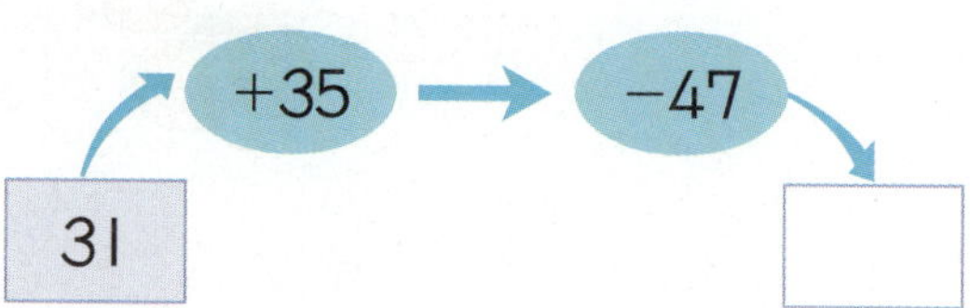

3 16+37+29를 계산하려고 합니다. □ 안에 알맞은 수를 써넣으세요.

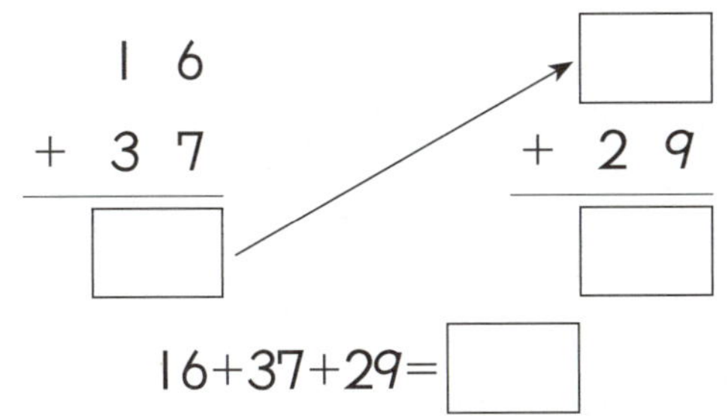

16+37+29=□

3-1 84−28−42를 계산하려고 합니다. □ 안에 알맞은 수를 써넣으세요.

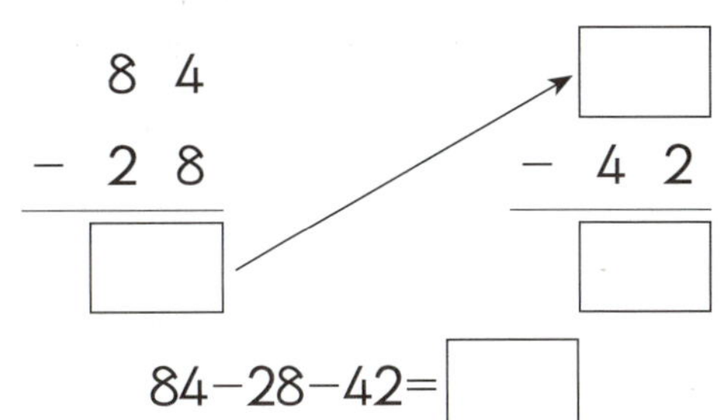

84−28−42=□

4 계산해 보세요.

(1) 34+38−23=□

(2) 63−45+34=□

(3) 17+42+28=□

4-1 계산해 보세요.

(1) 65−29+12=□

(2) 53+27−68=□

(3) 92−43−16=□

5 계산이 틀린 이유를 써 보세요.

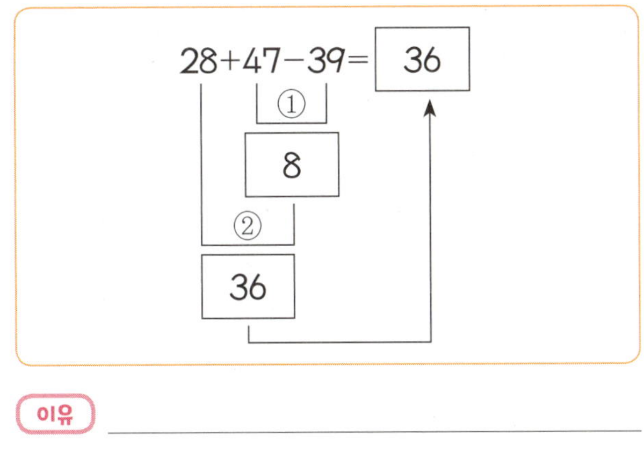

이유 ______________________

5-1 계산이 틀린 이유를 써 보세요.

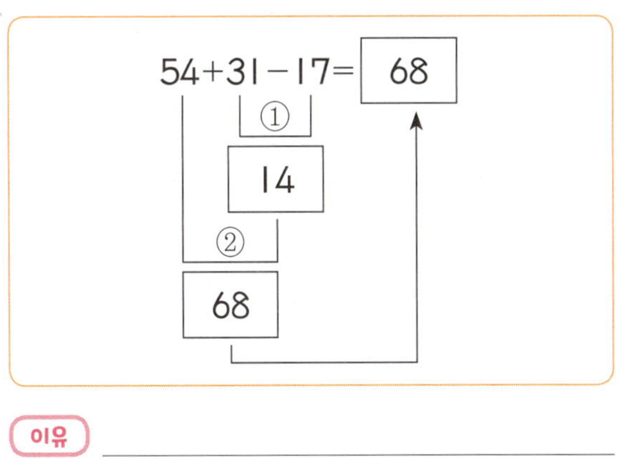

이유 ______________________

개념 준비하기 덧셈과 뺄셈의 관계를 식으로 나타내기

✿ 덧셈식을 뺄셈식으로 나타내기

25+18=43 ➡ 43−18=25, 43−25=18

• 하나의 덧셈식을 2개의 뺄셈식으로 나타낼 수 있습니다.

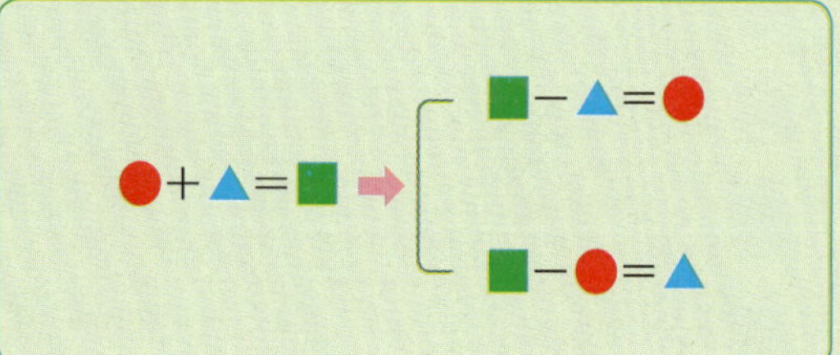

✿ 뺄셈식을 덧셈식으로 나타내기

42−27=15 ➡ 15+27=42, 27+15=42

• 하나의 뺄셈식을 2개의 덧셈식으로 나타낼 수 있습니다.

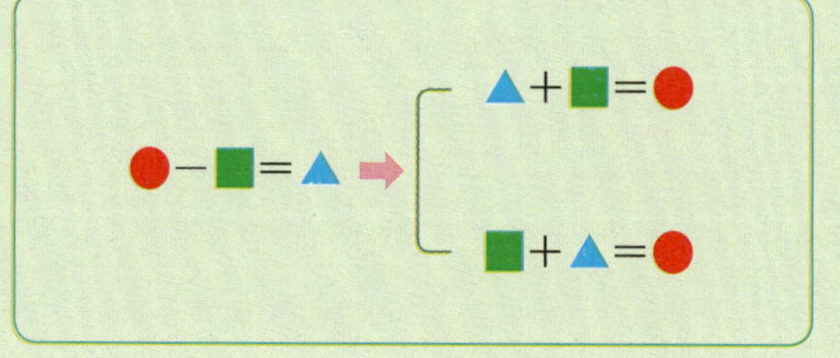

개념 체조하기

1 덧셈식을 보고 □ 안에 알맞은 수를 써넣으세요.

47+15=62

(1) 47과 15의 합은 □입니다.

(2) 62에서 □을/를 빼면 47입니다.

(3) 62에서 □을/를 빼면 15입니다.

(4) 위의 덧셈식을 뺄셈식으로 나타내 보세요.

62−□=□

62−□=□

1-1 뺄셈식을 보고 □ 안에 알맞은 수를 써넣으세요.

64−29=35

(1) 64와 29의 차는 □입니다.

(2) 35와 □을/를 더하면 64입니다.

(3) 29와 □을/를 더하면 64입니다.

(4) 위의 뺄셈식을 덧셈식으로 나타내 보세요.

35+□=□

29+□=□

2 덧셈식을 뺄셈식으로 나타내 보세요.

28+46=74

□−46=□

74−□=46

2-1 뺄셈식을 덧셈식으로 나타내 보세요.

63−37=26

□+37=63

□+26=□

3

3 그림을 보고 □ 안에 알맞은 수를 써넣으세요.

39	25
64	

□+25=□

□−39=□

3-1 그림을 보고 □ 안에 알맞은 수를 써넣으세요.

58	24
82	

□+24=□

□−58=□

4 6, 8, 14를 이용하여 덧셈식과 뺄셈식을 만들어 보세요.

(1) □+□=□

□+□=□

(2) □−□=□

□−□=□

4-1 41, 26, 15를 이용하여 덧셈식과 뺄셈식을 만들어 보세요.

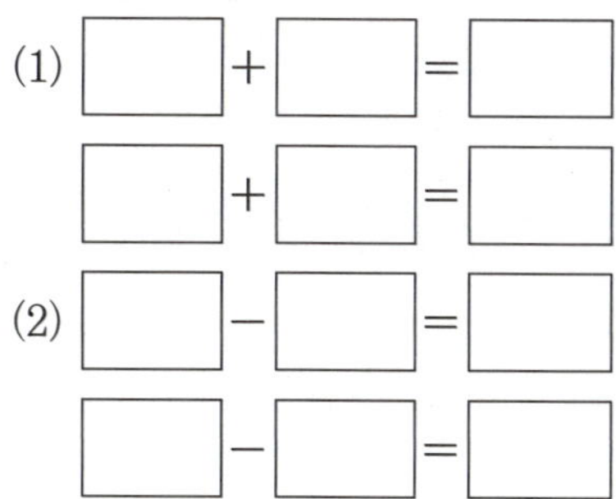

(1) □+□=□

□+□=□

(2) □−□=□

□−□=□

개념 준비하기 □가 사용된 덧셈식을 만들고 □의 값 구하기

□의 값 구하기

빵 8개가 있었는데 몇 개를 더하였더니 10개가 되었습니다.

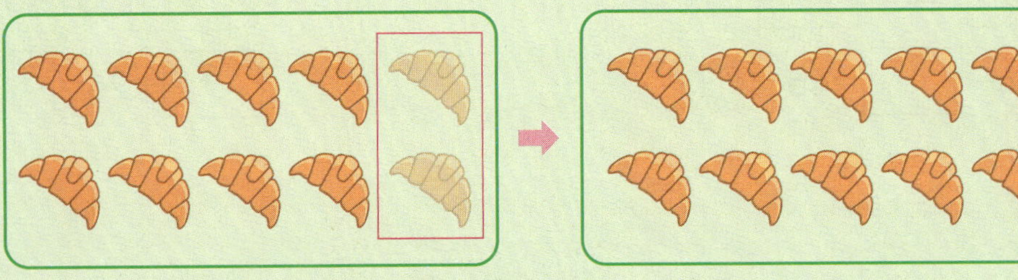

(1) 더한 빵의 수를 □로 하여 덧셈식으로 나타내기

8+□=10

(2) 덧셈과 뺄셈의 관계를 이용하여 □의 값 구하기

8+□=10 ➡ 10−8=□ ➡ □=2

(3) 더한 빵의 수를 구하기

더한 빵은 2개입니다.

모르는 수, 어떤 수를 □를 사용하여 덧셈식을 만들 수 있습니다.

개념 체조하기

1 소희는 구슬을 6개 가지고 있었는데 몇 개를 더 얻었더니 11개가 되었습니다. 얻은 구슬은 몇 개인지 구해 보세요.

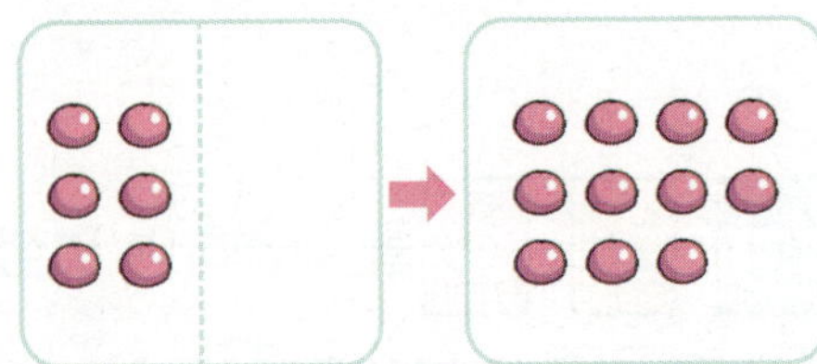

(1) 더 얻은 구슬의 수를 □로 하여 덧셈식으로 나타내 보세요.

(　　　　　　)

(2) 세운 식을 뺄셈식으로 바꿔 보세요.

(　　　　　　)

(3) 소희가 얻은 구슬은 몇 개일까요?

(　　　　　　)개

1-1 정원에 꽃이 몇 송이 있었는데 오늘 꽃을 9송이 더 심었더니 15송이가 되었습니다. 정원에 있던 꽃은 몇 송이인지 구해 보세요.

(1) 정원에 있던 꽃의 수를 □로 하여 덧셈식으로 나타내 보세요.

(　　　　　　)

(2) 세운 식을 뺄셈식으로 바꿔 보세요.

(　　　　　　)

(3) 정원에 있던 꽃은 몇 송이일까요?

(　　　　　　)송이

정답과 풀이 13쪽

2 지석이는 복숭아 4개를 가지고 있었습니다. 오늘 복숭아 몇 개를 더 얻었더니 12개가 되었습니다. 더 얻은 복숭아의 수를 □로 하여 덧셈식으로 나타내고, □의 값을 구해 보세요.

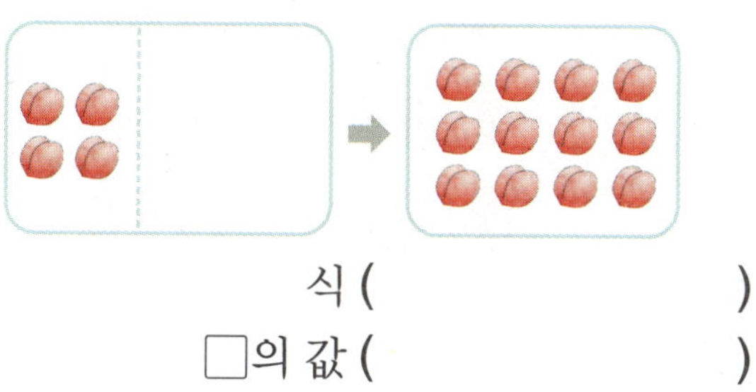

식 (　　　　　　　　)

□의 값 (　　　　　　　　)

2-1 강아지 몇 마리가 있었는데 6마리가 더 와서 13마리가 되었습니다. 더 온 강아지의 수를 □로 하여 덧셈식으로 나타내고, □의 값을 구해 보세요.

식 (　　　　　　　　)

□의 값 (　　　　　　　　)

3

3 9에 어떤 수를 더했더니 15가 되었습니다. 물음에 답해 보세요.

(1) 어떤 수를 □로 하여 식으로 나타내 보세요.

(　　　　　　　　)

(2) 어떤 수는 얼마일까요?

(　　　　　　　　)

3-1 어떤 수에 25를 더했더니 42가 되었습니다. 물음에 답해 보세요.

(1) 어떤 수를 □로 하여 식으로 나타내 보세요.

(　　　　　　　　)

(2) 어떤 수는 얼마일까요?

(　　　　　　　　)

4 □를 사용하여 그림에 알맞은 덧셈식을 만들고, □의 값을 구해 보세요.

6	□
15	

덧셈식 (　　　　　　　　)

□의 값 (　　　　　　　　)

4-1 □를 사용하여 그림에 알맞은 덧셈식을 만들고, □의 값을 구해 보세요.

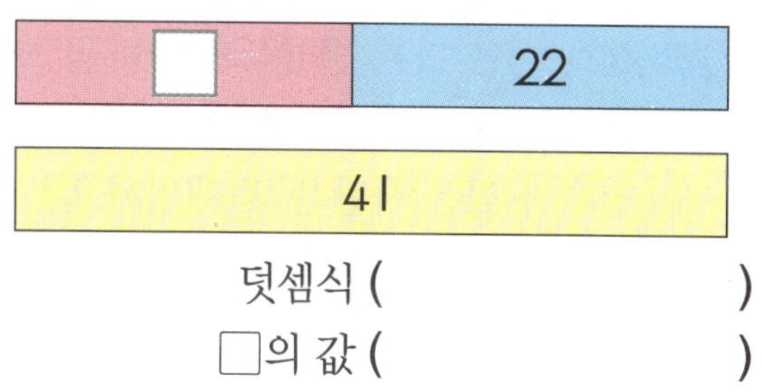

덧셈식 (　　　　　　　　)

□의 값 (　　　　　　　　)

개념 준비하기

□가 사용된 뺄셈식을 만들고 □의 값 구하기

✿ □의 값 구하기

사과 21개를 가지고 있었는데 몇 개를 먹었더니 15개가 남았습니다.

(1) 먹은 사과의 수를 □로 하여 뺄셈식으로 나타내기

21－□=15

(2) 덧셈과 뺄셈의 관계를 이용하여 □의 값 구하기

21－□=15 ➡ 21－15=□ ➡ □=6

(3) 먹은 사과의 수를 구하기

먹은 사과는 6개입니다.

모르는 수, 어떤 수를 □를 사용하여 뺄셈식을 만들 수 있습니다.

개념 체조하기

1 명수는 가지고 있던 사탕 11개 중에서 몇 개를 먹었더니 5개가 남았습니다. 명수가 먹은 사탕은 몇 개인지 구해 보세요.

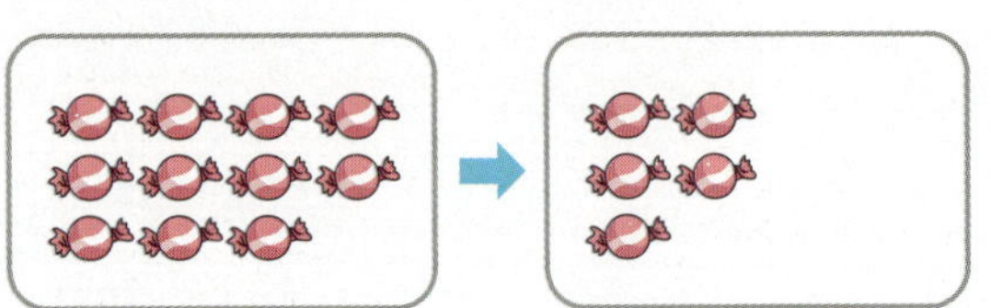

(1) 먹은 사탕의 수를 □로 하여 뺄셈식으로 나타내 보세요.

(　　　　　　　　)

(2) 세운 식을 다른 뺄셈식으로 바꿔 보세요.

(　　　　　　　　)

(3) 명수가 먹은 사탕은 몇 개일까요?

(　　　　　　　　)개

1-1 재석이는 가지고 있던 구슬 몇 개 중에 4개를 친구에게 주었더니 11개가 남았습니다. 재석이가 가지고 있던 구슬은 몇 개인지 구해 보세요.

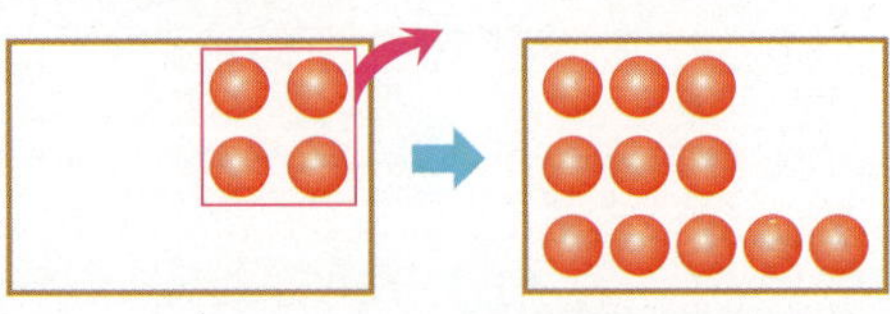

(1) 가지고 있던 구슬의 수를 □로 하여 뺄셈식으로 나타내 보세요.

(　　　　　　　　)

(2) 세운 식을 덧셈식으로 바꿔 보세요.

(　　　　　　　　)

(3) 재석이가 가지고 있던 구슬은 몇 개일까요?

(　　　　　　　　)개

2 영미는 색종이 14장을 가지고 있었는데 미술 시간에 몇 장을 사용했더니 6장이 남았습니다. 사용한 색종이의 수를 □로 하여 뺄셈식으로 나타내고, □의 값을 구해 보세요.

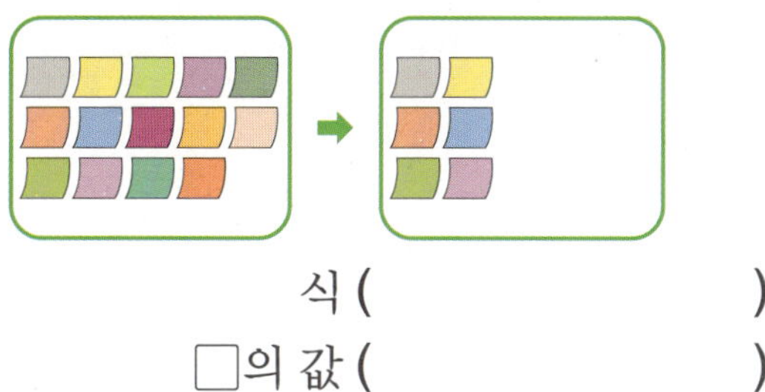

식 (　　　　　　　　)

□의 값 (　　　　　　　　)

2-1 주하는 바나나 몇 개를 가지고 있었는데 9개를 먹었더니 7개가 남았습니다. 주하가 가지고 있던 바나나의 수를 □로 하여 뺄셈식으로 나타내고, □의 값을 구해 보세요.

식 (　　　　　　　　)

□의 값 (　　　　　　　　)

3 43에서 어떤 수를 뺐더니 25가 되었습니다. 물음에 답해 보세요.

(1) 어떤 수를 □로 하여 식으로 나타내 보세요.

(　　　　　　　　)

(2) 어떤 수는 얼마일까요?

(　　　　　　　　)

3-1 어떤 수에서 6을 뺐더니 7이 되었습니다. 물음에 답해 보세요.

(1) 어떤 수를 □로 하여 식으로 나타내 보세요.

(　　　　　　　　)

(2) 어떤 수는 얼마일까요?

(　　　　　　　　)

4 □를 사용하여 그림에 알맞은 뺄셈식을 만들고, □의 값을 구해 보세요.

17

□ | 9

뺄셈식 (　　　　　　　　)

□의 값 (　　　　　　　　)

4-1 □를 사용하여 그림에 알맞은 뺄셈식을 만들고, □의 값을 구해 보세요.

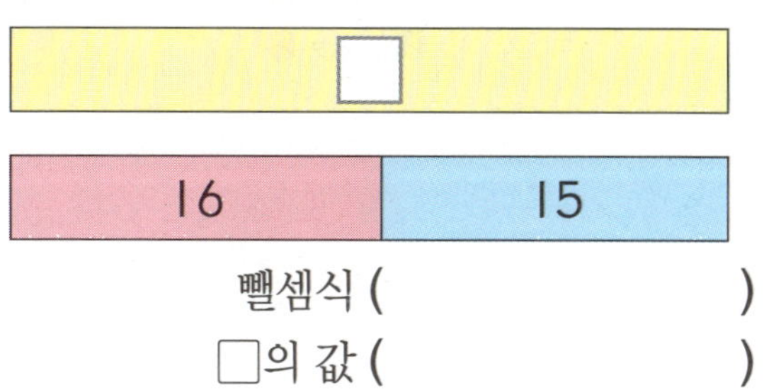

뺄셈식 (　　　　　　　　)

□의 값 (　　　　　　　　)

개념 점프하기

Tip

순서대로 계산해 봅니다.

1 빈칸에 알맞은 수를 써넣으세요.

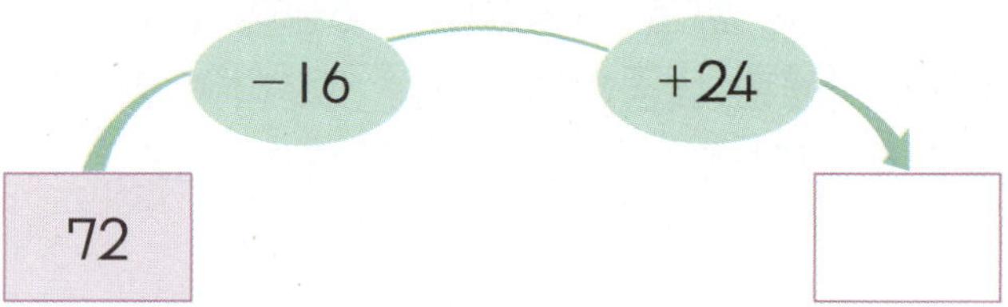

세 수의 계산은 앞에서부터 두 수씩 차례대로 계산합니다.

2 계산에서 잘못된 곳을 찾아 바르게 계산해 보세요.

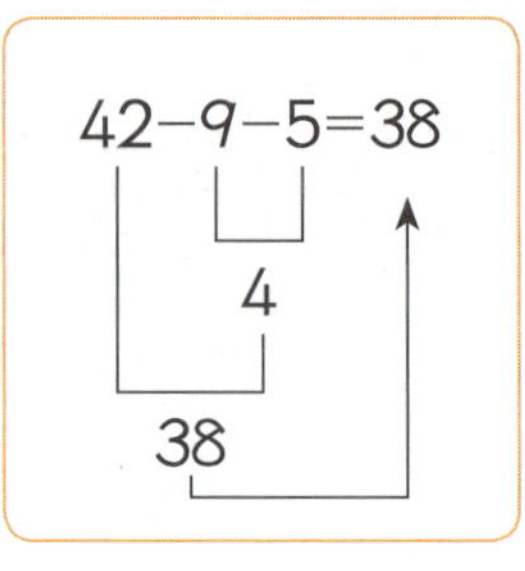

42−9−5=

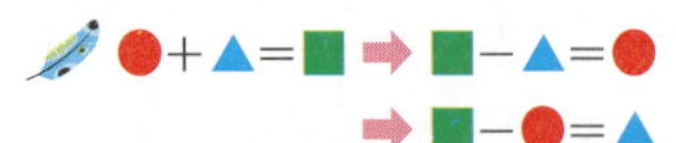

3 덧셈식을 뺄셈식으로 나타낼 때 ㉠에 알맞은 수를 구해 보세요.

19+73=92 ➡ ㉠−㉡=㉢

(　　　　　　　)

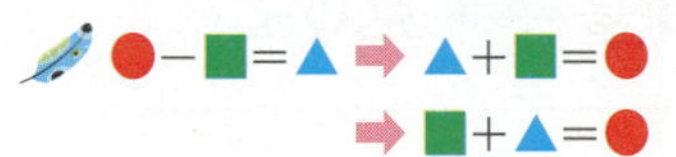

4 뺄셈식을 보고, □ 안에 알맞은 수를 써넣으세요.

93−36=57

□+36=□, □+57=□

5 그림에 알맞은 □의 값을 구해 보세요.

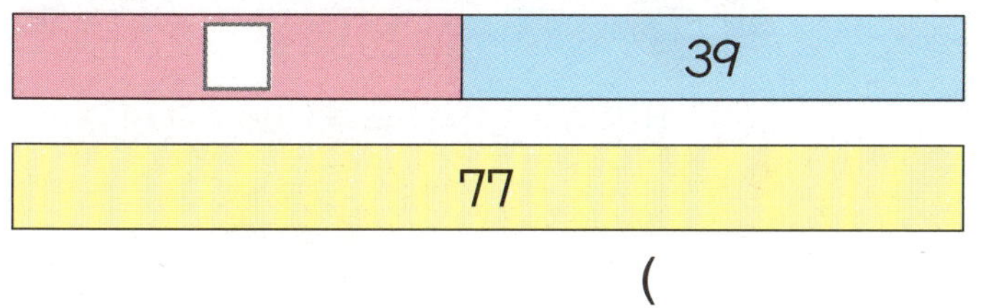

( )

Tip

□가 사용된 덧셈식을 만들어 보고 □의 값을 구해 봅니다

6 그림에 알맞은 □의 값을 구해 보세요.

70

□ 47

( )

□가 사용된 뺄셈식을 만들어 보고 □의 값을 구해 봅니다.

7 바둑돌 53개를 가지고 있었는데 몇 개를 더했더니 70개가 되었습니다. 더한 바둑돌은 몇 개인지 식을 세우고, 답을 구해 보세요.

식 ( )

답 ( )개

(가지고 있던 바둑돌의 수)+(더한 바둑돌의 수)=(바둑돌의 수)

8 젤리 28개를 가지고 있었는데 몇 개를 먹었더니 19개가 남았습니다. 젤리 몇 개를 먹었는지 식을 세우고, 답을 구해 보세요.

식 ( )

답 ( )개

(가지고 있던 젤리의 수)−(먹은 젤리의 수)=(남은 젤리의 수)

개념 높이뛰기

1 (두 자리 수)+(한 자리 수)

1 □ 안에 알맞은 수를 써넣으세요.

(1)
```
  □
  5 7
+   4
-----
 □□
```

(2)
```
  □
  4 8
+   9
-----
 □□
```

2 두 수의 합으로 알맞은 것에 ○표 하세요.

(1) 37 4

(41 , 51)

(2) 5 19

(26 , 24)

3 두 수의 합이 큰 것부터 차례로 기호를 써 보세요.

㉠ (43, 8) ㉡ (7, 47)
㉢ (8, 42) ㉣ (49, 3)

( )

2 (두 자리 수)+(두 자리 수) ①

4 빈칸에 알맞은 수를 써넣으세요.

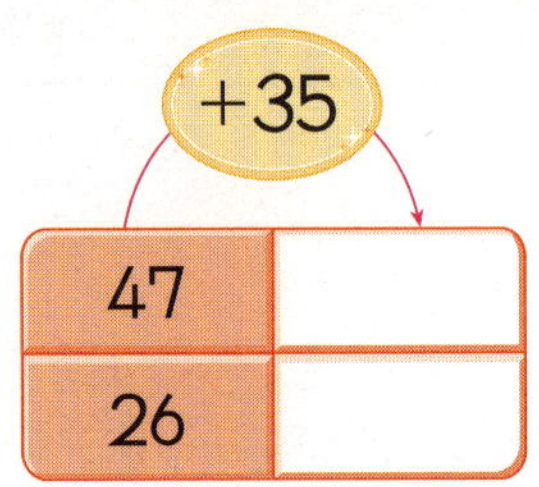

5 □ 안에 알맞은 수를 써넣으세요.

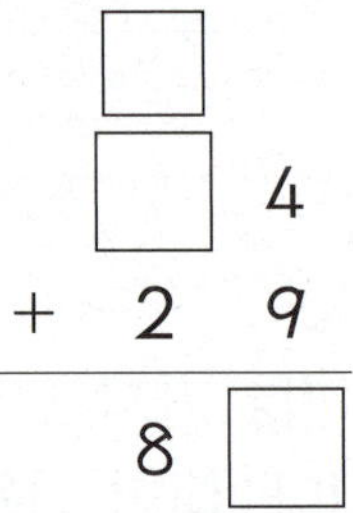

6 크기를 비교하여 ○ 안에 > 또는 <를 알맞게 써넣으세요.

(1) 37+46 ○ 85

(2) 35+27 ○ 48+19

3 (두 자리 수)+(두 자리 수) ②

7 보기의 계산에서 [1]은 실제로 얼마를 나타내는지 고르세요. ( )

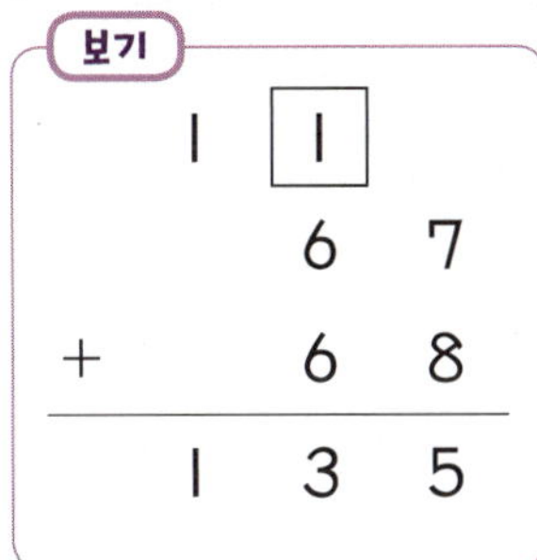

① 1 ② 10 ③ 100
④ 13 ⑤ 130

8 □ 안에 알맞은 수를 써넣으세요.

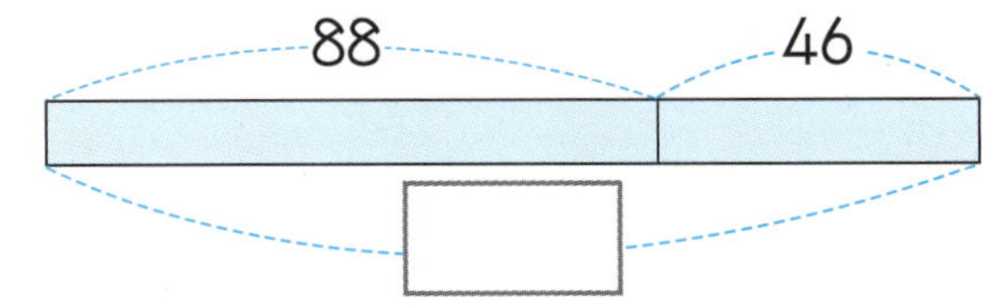

9 4개의 숫자 카드를 한 번씩 사용하여 두 자리 수를 만들려고 합니다. 만들 수 있는 가장 큰 수와 가장 작은 수의 합을 구해 보세요.

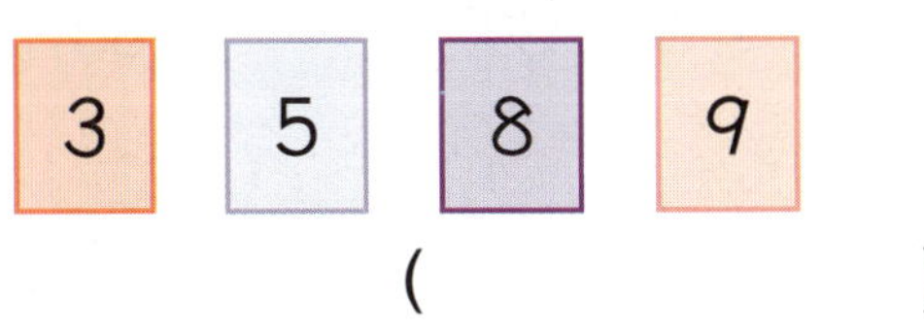

( )

4 (두 자리 수)-(한 자리 수)

10 계산 결과가 같은 것끼리 이어 보세요.

(1) 73−9 • • ㉠ 29

(2) 37−8 • • ㉡ 64

(3) 43−7 • • ㉢ 36

11 빈칸에 두 수의 차를 써넣으세요.

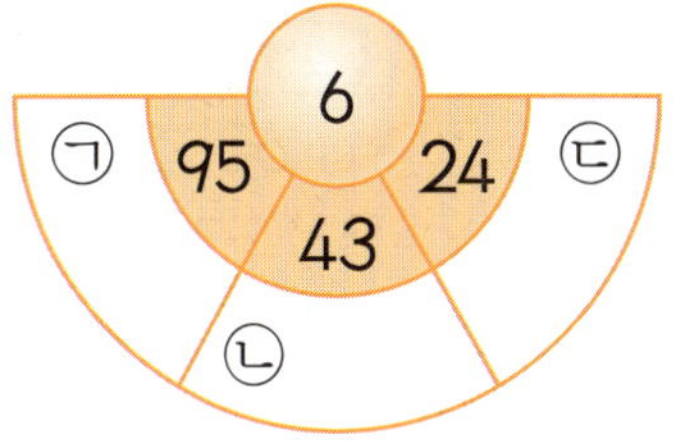

12 가장 큰 수와 가장 작은 수의 차를 구해 보세요.

48 8 9 52

( )

5 (몇십)-(몇십몇)

13 □ 안에 알맞은 수를 써넣으세요.

(1)
$$\begin{array}{r} \square\ \square \\ 5\ \ 0 \\ -\ 2\ \ 3 \\ \hline \square\ \square \end{array}$$

(2)
$$\begin{array}{r} \square\ \square \\ 8\ \ 0 \\ -\ 4\ \ 6 \\ \hline \square\ \square \end{array}$$

14 보기의 식에서 28을 30으로 바꾸어 계산하려고 합니다. 바르게 바꾼 식을 찾고, 계산해 보세요.

보기
60−28

㉠ 62−30　　㉡ 63−30
㉢ 58−30　　㉣ 61−30

(　　　　,　　　　)

15 바구니에 귤 50개가 들어 있습니다. 은채와 친구들이 24개를 먹었다면 남아 있는 귤은 몇 개일까요?

(　　　　　　)개

6 (두 자리 수)-(두 자리 수)

16 계산해 보세요.

(1) 95−46=□

(2) 52−25=□

17 계산에서 잘못된 곳을 찾아 바르게 고쳐 보세요.

$$\begin{array}{r} 9\ \ 6 \\ -\ 3\ \ 9 \\ \hline 6\ \ 7 \end{array} \Rightarrow \begin{array}{r} 9\ \ 6 \\ -\ 3\ \ 9 \\ \hline \end{array}$$

18 □ 안에 들어갈 수 있는 식을 보기에서 찾아 기호를 써 보세요.

30<□<35

보기
㉠ 56−19　　㉡ 64−28
㉢ 71−39　　㉣ 83−56

(　　　　　　)

7 세 수의 계산하기

19 □ 안에 알맞은 수를 써넣으세요.

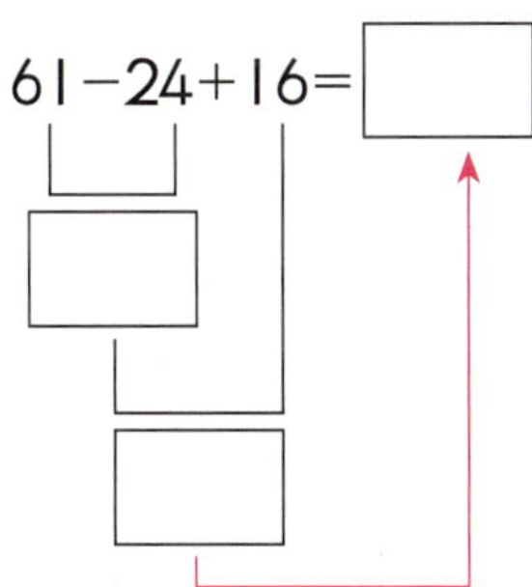

20 크기를 비교하여 ○ 안에 > 또는 <를 알맞게 써넣으세요.

(1) 63+8+7 ○ 92−5−6

(2) 85−27+15 ○ 17+35+28

21 가게에 아이스크림이 72개 있었습니다. 그중 33개가 팔리고, 18개를 새로 들여왔습니다. 가게에 있는 아이스크림은 몇 개일까요?

(　　　　　　)개

8 덧셈과 뺄셈의 관계를 식으로 나타내기

22 서로 관계있는 식끼리 이어 보세요.

(1) 23+18=41 •　　• ㉠ 41−23=18

(2) 62−34=28 •　　• ㉡ 59+29=88

(3) 88−29=59 •　　• ㉢ 62−28=34

23 □ 안에 알맞은 수를 써넣으세요.

53−17=36

□+□=53

□+□=53

24 덧셈식을 2개의 뺄셈식으로 나타내 보세요.

47+24=71

뺄셈식 1 ____________________

뺄셈식 2 ____________________

9 덧셈식에서 □의 값 구하기

25 어떤 수와 4의 합은 21입니다. 어떤 수는 얼마인지 □를 사용하여 식을 쓰고, 답을 구해 보세요.

식 (   )

□의 값 (   )

26 그림을 보고 □가 사용된 덧셈식을 만들고, □의 값을 구해 보세요.

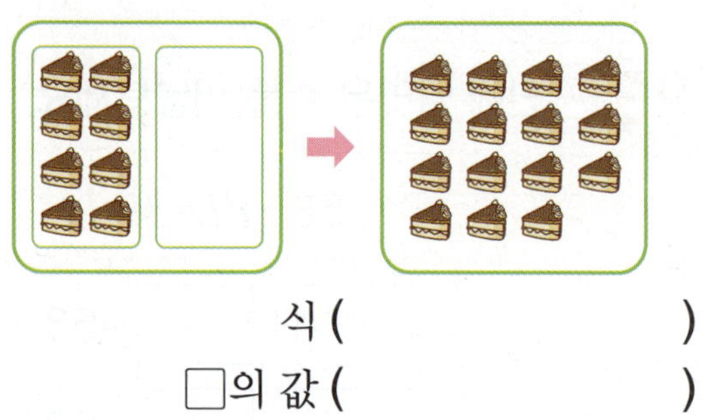

식 (   )

□의 값 (   )

27 세준이네 반 교실에 학생이 25명 있습니다. 쉬는 시간에 학생이 몇 명 더 들어오니 교실에 학생이 모두 32명이 되었습니다. 쉬는 시간에 더 들어온 학생은 몇 명인지 구해 보세요. (단, 교실 밖으로 나간 학생은 없습니다.)

(   )명

10 뺄셈식에서 □의 값 구하기

28 □ 안에 알맞은 수를 써넣으세요.

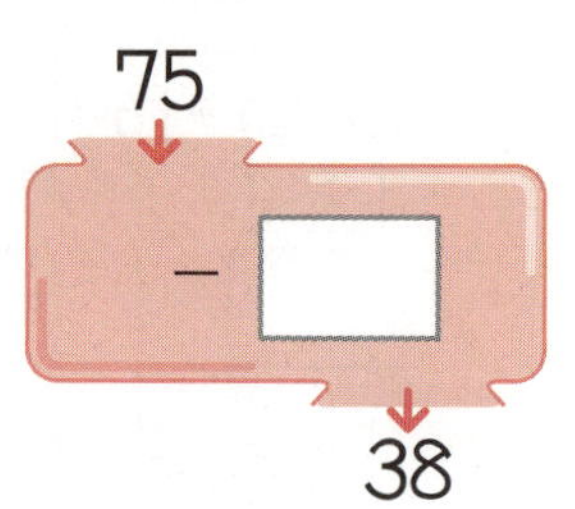

29 그림을 보고 □가 사용된 뺄셈식을 만들고, □의 값을 구해 보세요.

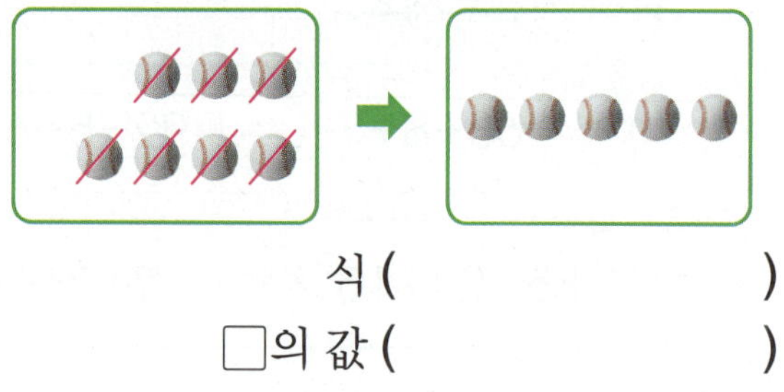

식 (   )

□의 값 (   )

30 주머니에서 구슬을 16개 꺼냈더니 5개가 남았습니다. 주머니에는 구슬이 몇 개 들어 있었는지 □를 사용하여 뺄셈식을 만들고, 답을 구해 보세요.

식 (   )

답 (   )개

1 두 수의 합을 구하여 빈칸에 써넣으세요.

(1)

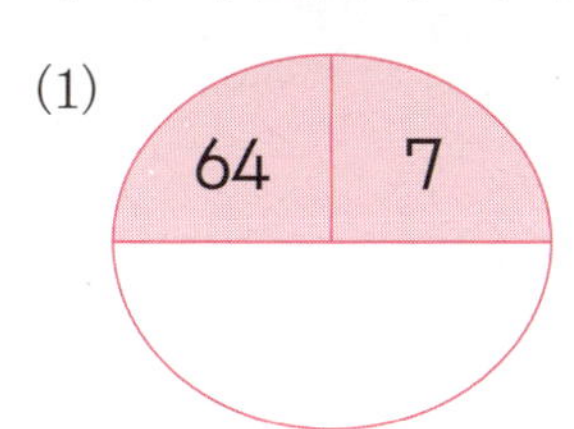

(2)

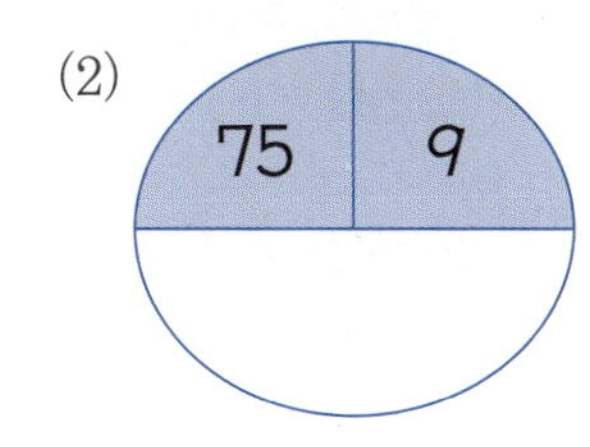

2 식을 보고 빈칸에 △를 그리고, □ 안에 알맞은 수를 써넣으세요.

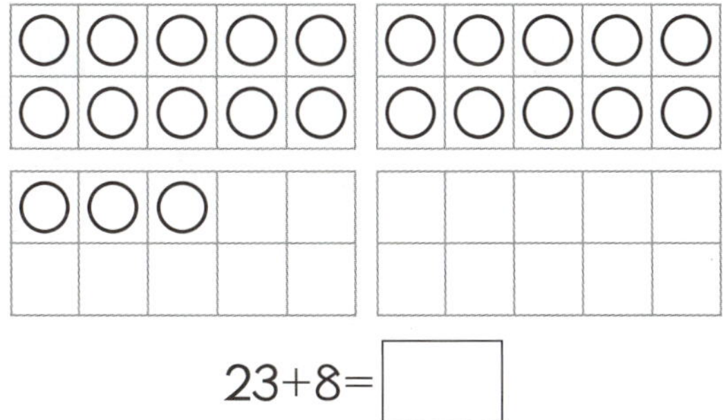

23+8=□

3 □ 안에 알맞은 수를 써넣으세요.

$$\begin{array}{r} 4\;\;5 \\ +\;\square\;\;7 \\ \hline 7\;\;2 \end{array}$$

4 구슬을 유나는 69개를 가지고 있고 동생은 28개를 가지고 있습니다. 유나와 동생이 가지고 있는 구슬은 모두 몇 개일까요?

(　　　　　　)개

5 그림을 보고 덧셈을 해 보세요.

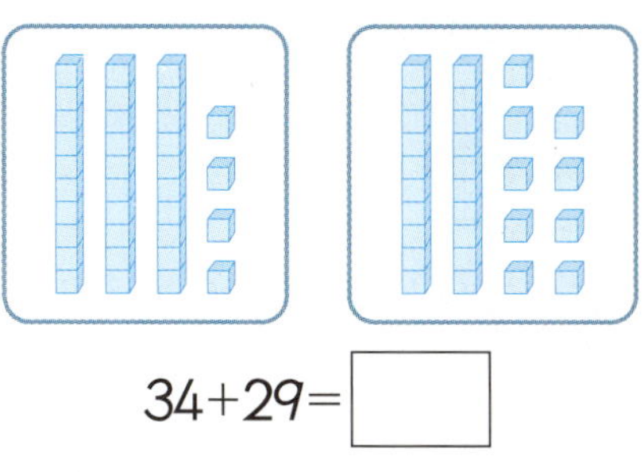

34+29=□

6 계산해 보세요.

(1) 46+58=□

(2) 84+28=□

3

7 가장 큰 수와 가장 작은 수의 합을 구해 보세요.

57　　46　　77　　66

(　　　　　　　)

8 같은 것끼리 이어 보세요.

(1) 61−7 •　　　　• ㉠ 67

(2) 73−6 •　　　　• ㉡ 56

(3) 65−9 •　　　　• ㉢ 54

9 준호는 딸기 26개 중 9개를 먹었습니다. 남은 딸기는 몇 개인지 그림에 /으로 지우면서 구해 보세요.

(　　　　　　　)개

10 계산해 보세요.

(1) 50−17=□

(2) 80−42=□

11 수직선에 70−59를 그림으로 나타내었습니다. 이 그림을 오른쪽으로 1만큼 밀었을 때 나타나는 식을 쓰고, 답을 구해 보세요.

59　　70

식 (　　　　　　　)

답 (　　　　　　　)

12 계산하여 결과가 가장 큰 식의 기호를 써 보세요.

㉠ 40−22　　㉡ 62−27

㉢ 52−16　　㉣ 70−24

(　　　　　　　)

13 민희는 가지고 있던 색종이 72장에서 39장을 사용하였습니다. 남아 있는 색종이는 몇 장일까요?

( )장

14 빈칸에 알맞은 수를 써넣으세요.

46	−18	+13	

15 빈칸에 알맞은 수를 써넣으세요.

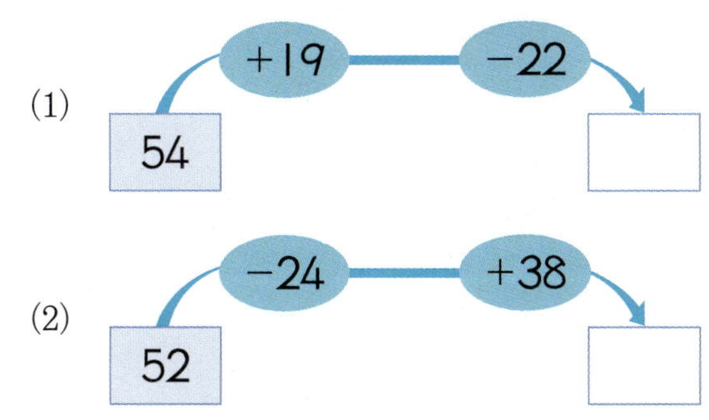

16 덧셈식을 2개의 뺄셈식으로 나타내 보세요.

28+14=42

□−□=□

□−□=□

17 세 학생이 뺄셈식을 보고 덧셈식을 만들어 보았습니다. 옳게 만든 학생에게는 ○표, 틀리게 만든 학생에게는 ×표 하세요.

62−18=44

( ) ( ) ( )

18 어떤 수에 32를 더하면 75가 됩니다. 물음에 답해 보세요.

(1) 어떤 수를 □로 하여 식으로 나타내 보세요.

( )

(2) 어떤 수를 구해 보세요.

( )

19 □를 사용하여 그림에 알맞은 덧셈식을 만들고, □의 값을 구해 보세요.

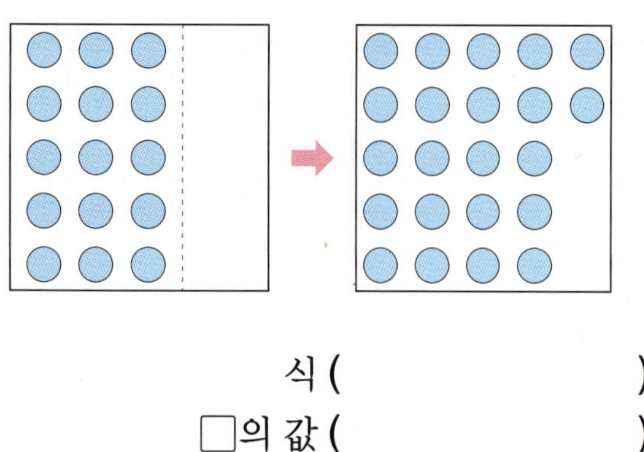

식 ( )

□의 값 ( )

20 □ 안에 들어갈 수 있는 수를 모두 찾아 ○표 하세요.

80−□ < 45

34 35 36 37 38 39

21 □ 안에 들어갈 수가 같은 것끼리 이어 보세요.

(1) 8+□=14 • • ㉠ 7+□=14

(2) □+23=30 • • ㉡ □+17=25

(3) 4+□=12 • • ㉢ □+13=19

서술형

22 농장에 돼지가 38마리, 소가 23마리 있습니다. 닭은 돼지와 소를 합한 수보다 12마리 적다면 닭은 몇 마리인지 풀이 과정을 쓰고, 답을 구해 보세요.

풀이

답 ______ 마리

23 보기 의 수 중 3개를 골라서 만들 수 있는 식을 2개 써 보세요.

보기

46 61 15 74 28

답

길이 재기

이 단원에서는 무엇을 배울까요?

- 길이를 비교하는 방법을 알아볼까요
- 1 cm를 알아볼까요
- 자로 길이를 재어 볼까요
- 여러 가지 단위로 길이를 재어 볼까요
- 자로 길이를 재는 방법을 알아볼까요
- 길이를 어림하고 어떻게 어림했는지 말해볼까요

길이를 비교하는 방법 알아보기

✿ 길이를 비교하는 방법 알아보기

- 냉장고의 ㉠과 텔레비전의 ㉡은 직접 맞대어 길이를 비교할 수 없습니다.
- 종이띠로 ㉠과 ㉡의 길이만큼 본뜬 다음 서로 맞대어 길이를 비교합니다.

➡ ㉠의 길이가 ㉡의 길이보다 더 깁니다.

직접 맞대어 길이를 비교하기 어려운 물건은 종이띠, 털실 등을 이용하여 길이를 비교합니다.

개념 체조하기

1 ①과 ②의 길이를 비교해 보고 물음에 답해 보세요.

(1) 길이가 더 긴 것의 번호를 써 보세요.

( )

(2) 어떻게 비교했는지 써 보세요.

____

____

1-1 두 나뭇가지의 길이를 비교해 보고 물음에 답해 보세요.

(1) 길이가 더 긴 것의 번호를 써 보세요.

( )

(2) 어떻게 비교했는지 써 보세요.

____

____

2 털실로 길이를 비교하기 어려운 것을 찾아 기호를 써 보세요.

㉠ 나의 팔 길이와 다리 길이
㉡ 우리 집과 학교의 높이
㉢ 모니터의 긴 쪽과 짧은 쪽의 길이

( )

2-1 종이띠로 길이를 비교하기 어려운 것을 찾아 기호를 써 보세요.

㉠ 동화책과 교과서의 긴 쪽의 길이
㉡ 우산과 내 팔의 길이
㉢ 기차와 비행기의 길이

( )

3 길이를 비교하여 □ 안에 알맞은 기호를 써넣으세요.

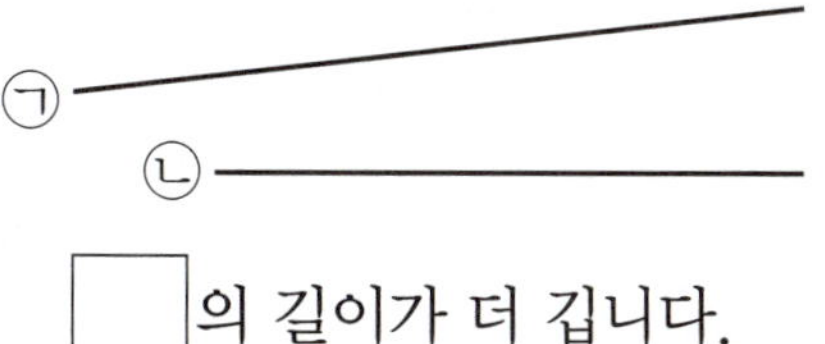

□의 길이가 더 깁니다.

3-1 길이를 비교하여 □ 안에 알맞은 기호를 써넣으세요.

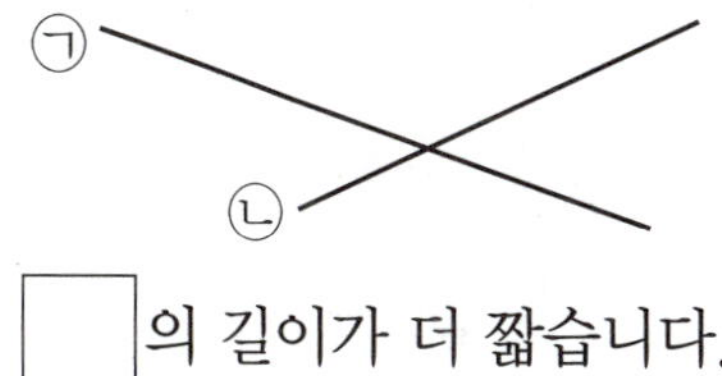

□의 길이가 더 짧습니다.

4 종이띠를 이용해 길이를 비교해 보고, 가장 긴 연필부터 차례대로 기호를 써 보세요.

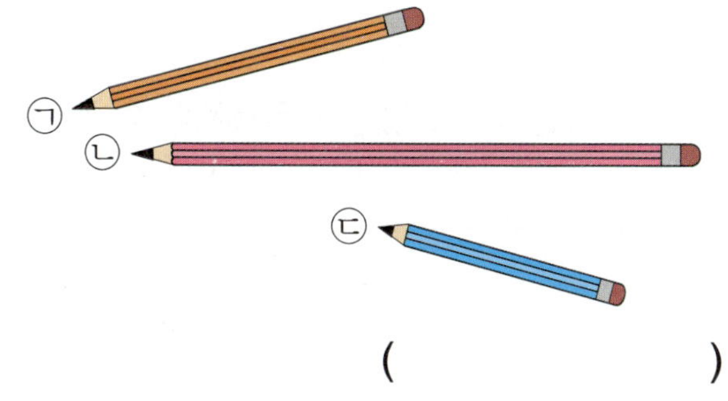

( )

4-1 종이띠를 이용해 길이를 비교해 보고, 가장 긴 학용품을 찾아 써 보세요.

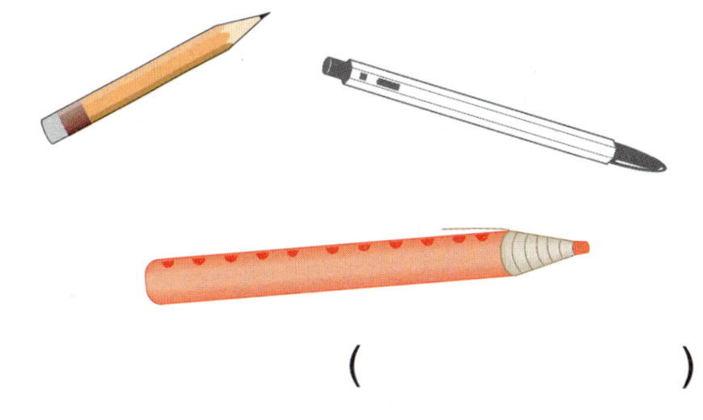

( )

여러 가지 단위로 길이 재기

✿ 길이를 잴 때 사용할 수 있는 여러 가지 단위길이

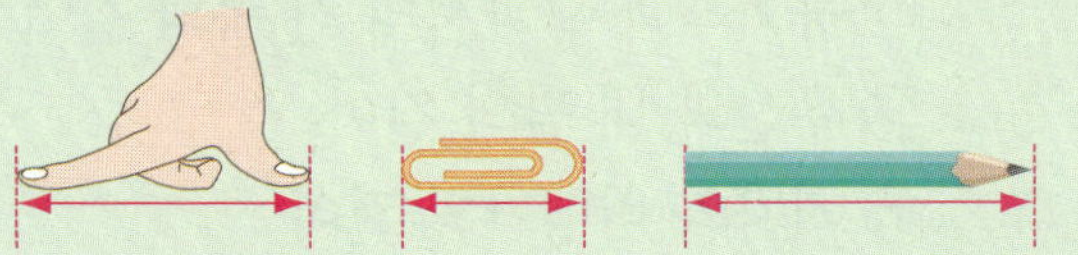

• 어떤 길이를 재는 데 기준이 되는 길이를 단위길이라고 합니다.

✿ 뼘 알아보기

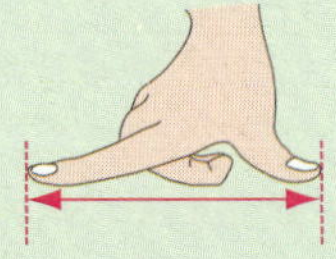

• 뼘은 엄지손가락과 검지손가락을 완전히 펴서 벌렸을 때에 두 끝 사이의 길이를 말합니다.

✿ 여러 가지 단위로 막대의 길이 재기

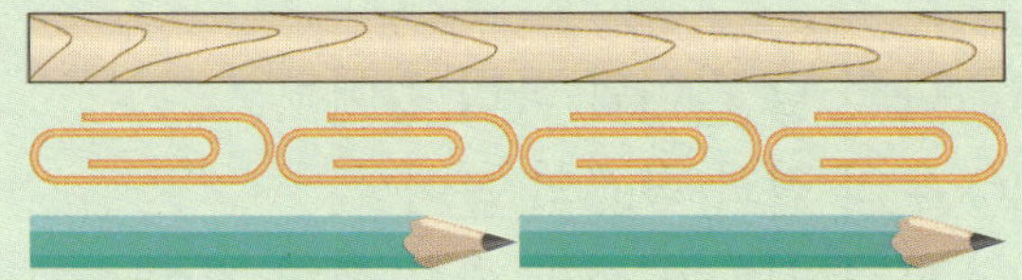

➡ 막대의 길이는 클립으로 4번입니다.

➡ 막대의 길이는 연필로 2번입니다.

• 단위의 길이가 길수록 잰 횟수는 적습니다.

• 단위의 길이가 짧을수록 잰 횟수는 많습니다.

• 단위로 길이를 재다 딱 맞게 떨어지지 않는 경우 '몇 번쯤 된다'로 표현합니다.

개념 체조하기

1 색연필의 길이를 클립과 지우개로 재었습니다. □ 안에 알맞은 수나 말을 써넣으세요.

(1) 색연필의 길이는 클립으로 □번입니다.

(2) 색연필의 길이는 지우개로 □번입니다.

(3) 클립으로 잰 횟수가 지우개로 잰 횟수보다 □.

1-1 우산의 길이를 크레파스와 연필로 재었습니다. □ 안에 알맞은 수나 말을 써넣으세요.

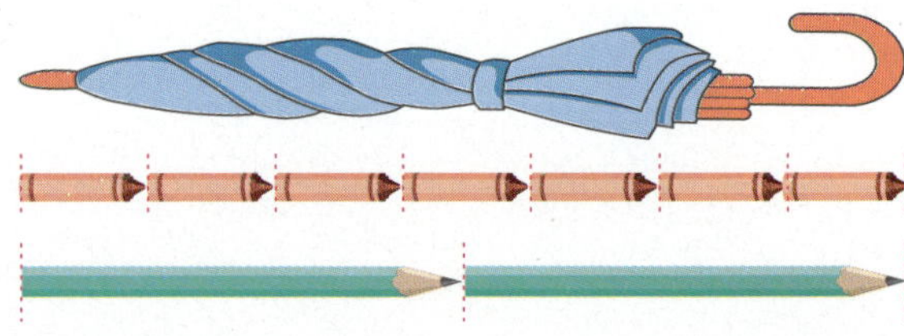

(1) 우산의 길이는 크레파스로 □번입니다.

(2) 우산의 길이는 연필로 □번입니다.

(3) 연필로 잰 횟수가 크레파스로 잰 횟수보다 □.

정답과 풀이 17쪽

2 물건의 길이를 잴 때 어떤 단위로 재면 더 좋을지 ○표 하세요.

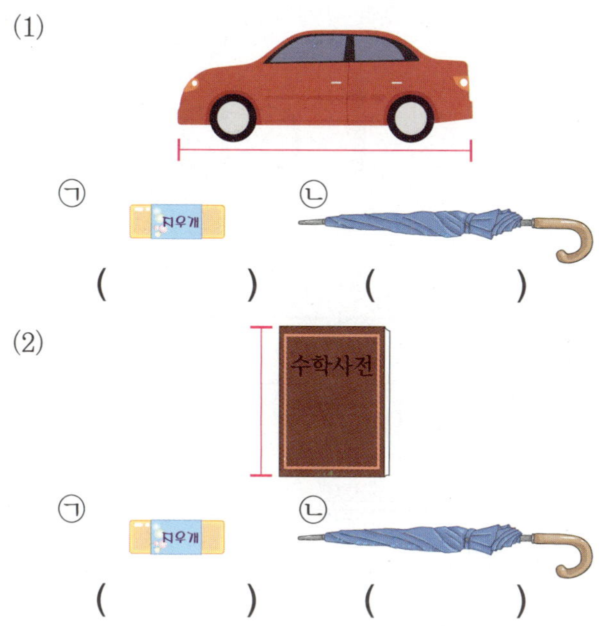

( ) ( )

( ) ( )

2-1 물건의 길이를 잴 때 어떤 단위로 재면 더 좋을지 ○표 하세요.

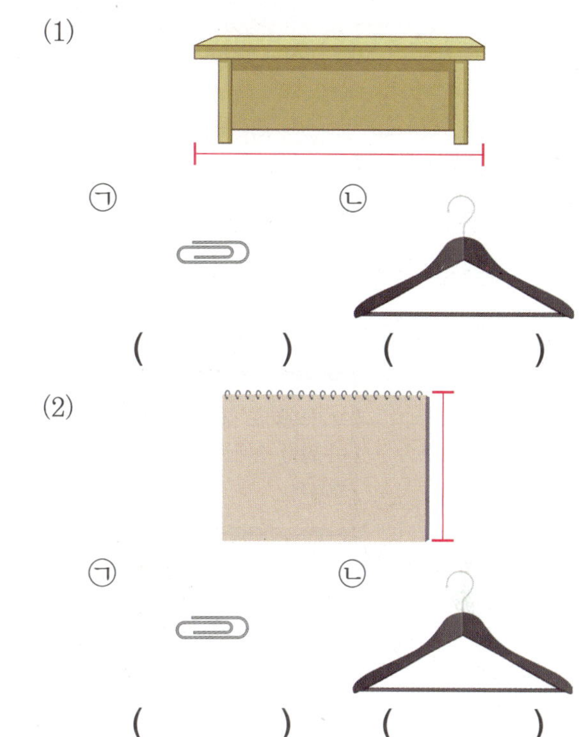

( ) ( )

( ) ( )

3 ~ 4 그림을 보고 물음에 답해 보세요.

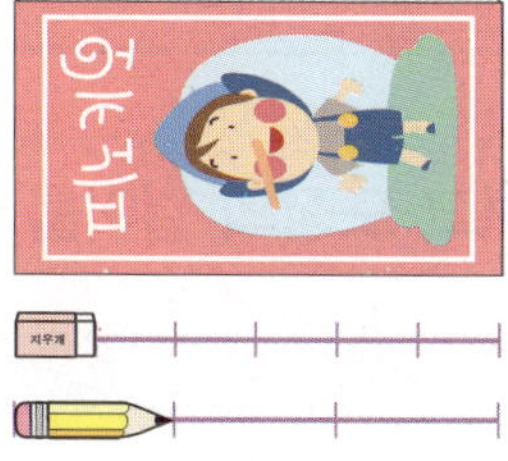

3 동화책의 긴 쪽의 길이는 지우개로 몇 번일까요?

( )번

4 동화책의 긴 쪽의 길이는 연필로 몇 번일까요?

( )번

3-1~4-1 그림을 보고 물음에 답해 보세요.

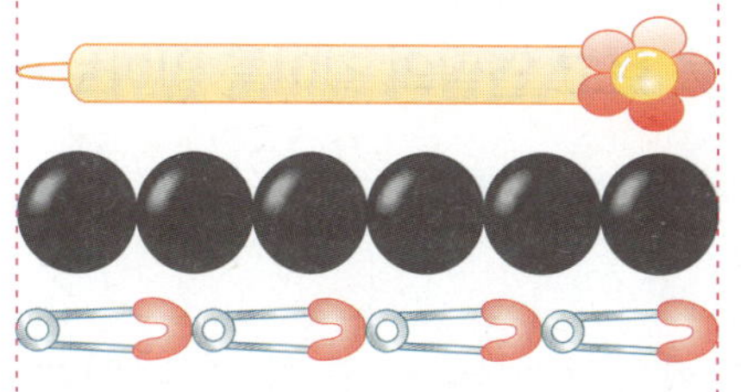

3-1 머리핀의 길이는 바둑돌로 몇 번일까요?

( )번

4-1 머리핀의 길이는 옷핀으로 몇 번일까요?

( )번

4

개념 준비하기 1 cm 알아보기

✿ 뼘의 길이 비교하기

성훈

지연

• 성훈이의 5뼘이 지연이의 5뼘보다 더 깁니다.

• 뼘으로 길이를 재면 사람마다 달라서 정확한 길이를 잴 수 없습니다.

누가 재어도 길이를 똑같이 말할 수 있는 단위가 필요해.

✿ 1 cm 알아보기

▭의 길이

쓰기 1 cm

읽기 1 센티미터

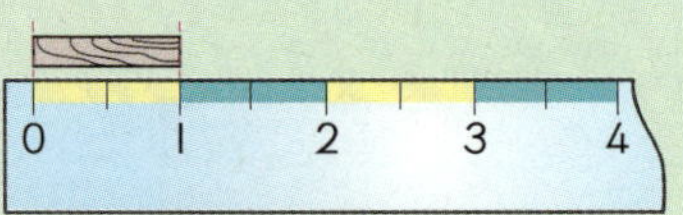

✿ 2 cm 알아보기

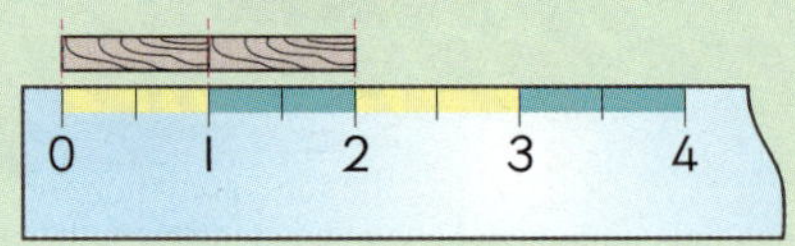

• 1 cm가 2번이면 2 cm라 쓰고 2 센티미터라고 읽습니다.

cm를 단위로 길이를 재면 누가 길이를 재더라도 길이를 같게 나타낼 수 있습니다.

개념 체조하기

1 그림을 보고 연필의 길이를 알아보세요.

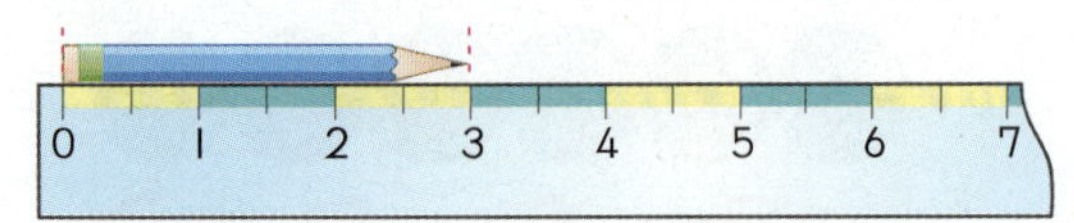

(1) 연필의 길이는 1 cm가 몇 번일까요?

( )번

(2) 연필의 길이는 ☐ cm입니다.

1-1 그림을 보고 도장의 길이를 알아보세요.

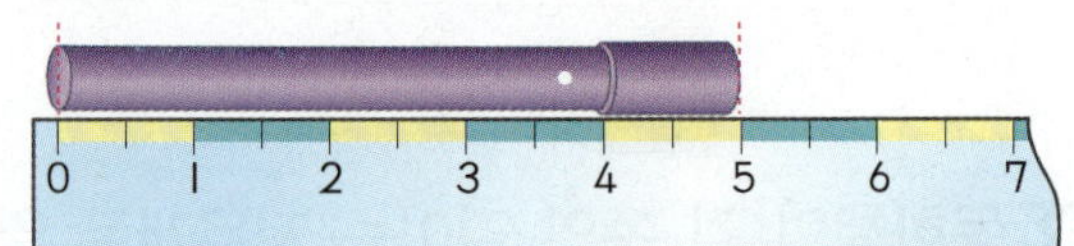

(1) 도장의 길이는 1 cm가 몇 번일까요?

( )번

(2) 도장의 길이는 ☐ cm입니다.

2 주어진 길이만큼 점선을 따라 선을 그어 보세요.

1 cm

2-1 주어진 길이만큼 점선을 따라 선을 그어 보세요.

3 cm

3 길이를 써 보세요.

(1)

(2)

6 cm

3-1 길이를 써 보세요.

(1)

12 cm

(2)

14 cm

4 길이를 읽어 보세요.

(1) 5 cm ( )

(2) 9 cm ( )

4-1 길이를 읽어 보세요.

(1) 15 cm ( )

(2) 32 cm ( )

5 물건의 길이를 재는 데 가장 정확하게 잴 수 있는 단위를 찾아 기호를 써 보세요.

㉠ 뼘 ㉡ 걸음 ㉢ 발 ㉣ cm

( )

5-1 단위를 cm로 사용했을 때 좋은 점을 바르게 말한 것을 찾아 ○표 하세요.

㉠ 누가 재더라도 길이를 같게 말할 수 있습니다. ( )

㉡ 자가 없어도 정확하게 길이를 잴 수 있습니다. ( )

4

개념 점프하기

Tip

직접 맞대어 볼 수 있는지 생각해 보고, 직접 맞대어 길이를 비교하기 어렵다면 어떻게 해야 하는지 생각해 봅니다.

1 ㉠과 ㉡의 길이를 비교하려고 합니다. 비교하는 방법으로 옳은 것에 ○표 하고, 더 긴 쪽의 기호를 써 보세요.

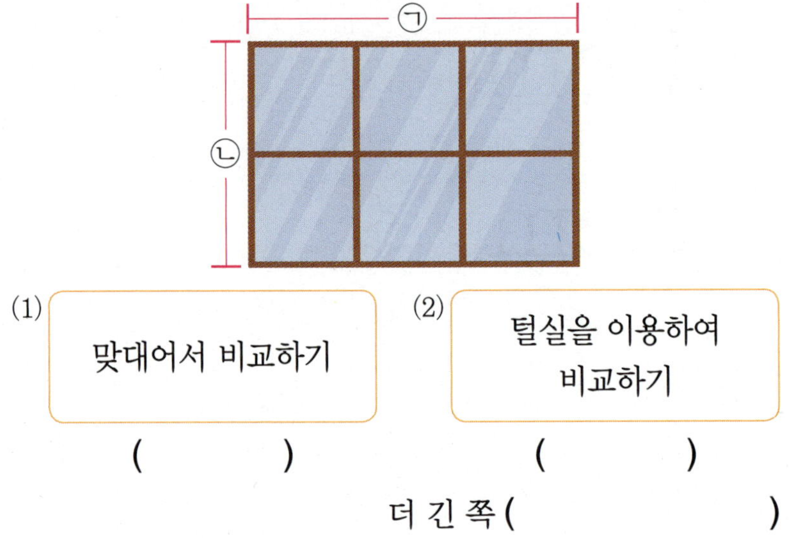

(   )   (   )

더 긴 쪽 (   )

색 테이프의 길이는 지우개와 클립으로 각각 몇 번을 재야 하는지 눈금을 세어 봅니다.

2 색 테이프의 길이는 지우개와 클립으로 각각 몇 번일까요?

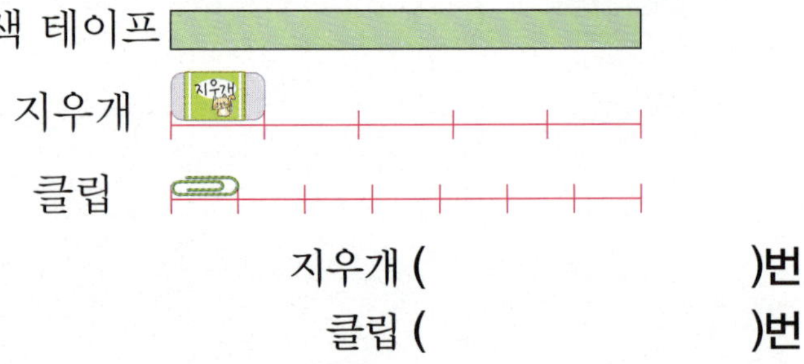

지우개 (   )번

클립 (   )번

어느 실이 가장 긴지 생각해 봅니다.

3 지우개로 실의 길이를 재려고 합니다. 지우개로 가장 많이 재어야 하는 실은 어느 것일까요?

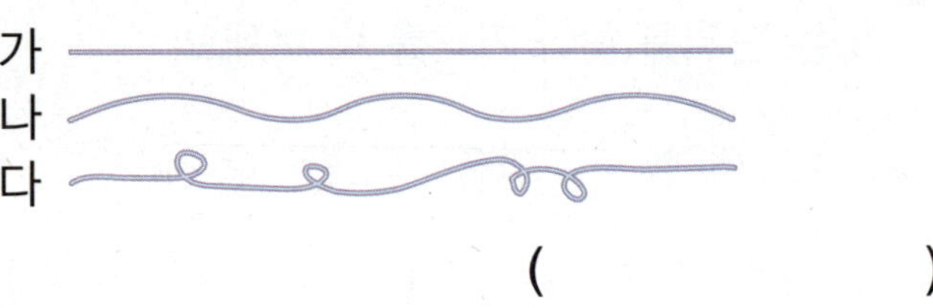

(   )

4 자를 보고 알맞은 것에 ○표 하세요.

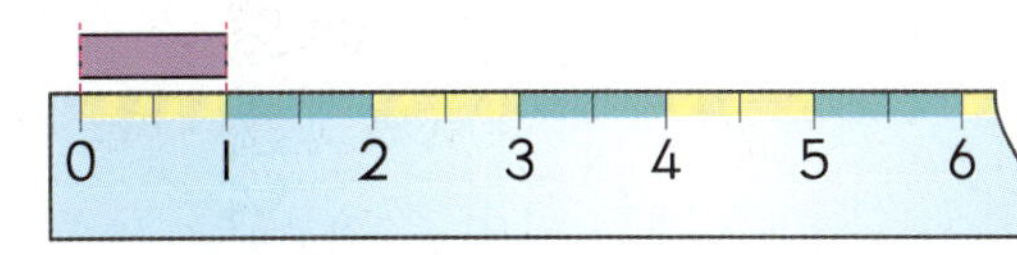

▭의 길이를 (1 cm , 1 m)라고 씁니다.

자의 한 칸은 얼마를 나타내는지 생각해 봅니다.

5 그림을 보고 □ 안에 알맞은 수를 써넣고, 테이프의 길이를 바르게 써 보세요.

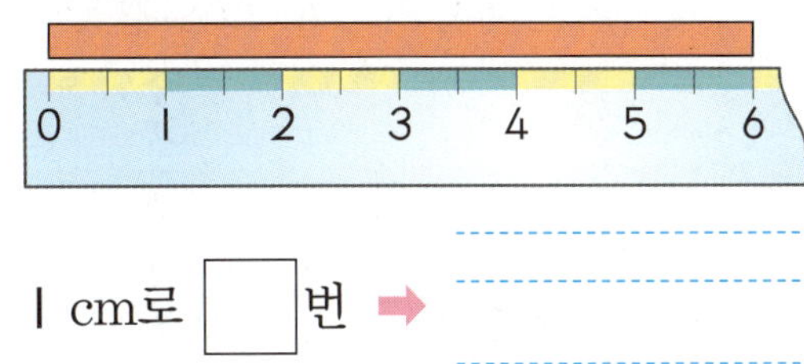

1 cm로 □번 ➡ ______

1 cm가 몇 칸인지 세어 봅니다.

6 길이가 같은 것끼리 이어 보세요.

(1) 1 cm 6번 •

(2) 1 cm 3번 •

(3) 1 cm 7번 •

• ㉠ 1 cm

• ㉡ 3 cm

• ㉢ 6 cm

• ㉣ 7 cm

1 cm가 여러 번 모이면 어떻게 되는지 생각해 봅니다.

개념 준비하기

자로 길이를 재는 방법 알아보기

✿ 물건의 길이가 자의 눈금에 있을 때 길이 재기

• 한쪽 끝을 자의 눈금 0에 맞추어 길이를 재는 방법

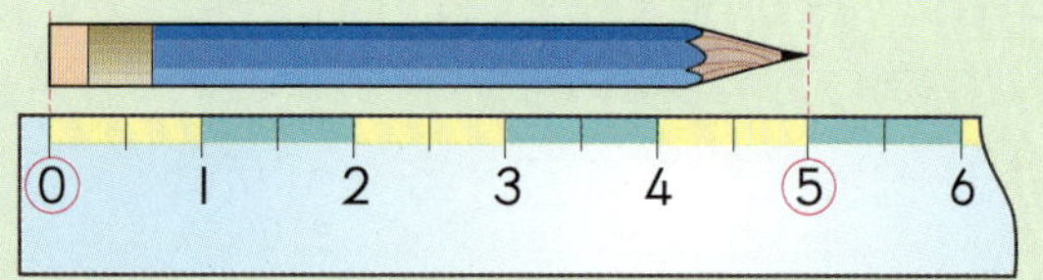

① 연필의 한쪽 끝을 자의 눈금 0에 맞춥니다.

② 연필의 다른 쪽 끝에 있는 자의 눈금을 읽습니다.

➡ 연필의 길이는 5 cm입니다.

• 한쪽 끝을 자의 눈금 0에 맞추지 않았을 때 길이를 재는 방법

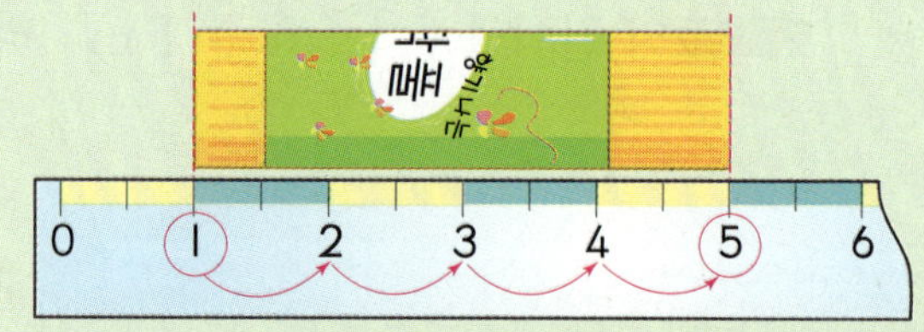

① 딱풀의 한쪽 끝이 자의 눈금 0에 놓여 있지 않을 때, 1 cm가 몇 번 들어가는지 셉니다. 1 cm가 4번 들어갑니다.

② 양쪽 끝 눈금의 차를 구해도 딱풀의 길이를 잴 수 있습니다.

5−1=4 (cm)

➡ 딱풀의 길이는 4 cm입니다.

개념 체조하기

1 그림을 보고 □ 안에 알맞게 써넣으세요.

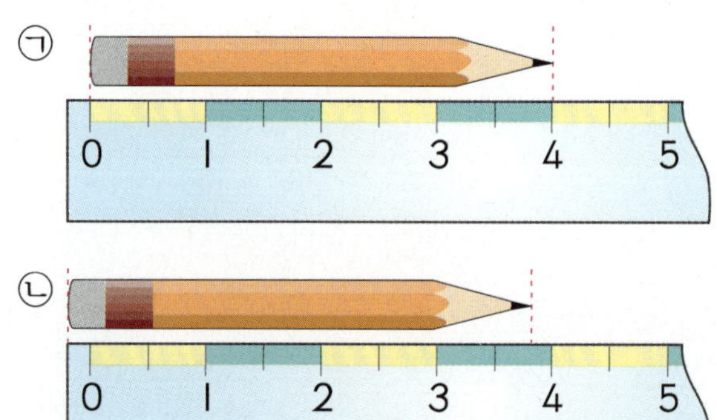

(1) 연필의 길이를 잴 때에는 연필의 한쪽 끝을 자의 눈금 □에 맞추고, 다른 쪽 끝에 있는 자의 눈금을 읽습니다.

(2) 연필의 길이를 바르게 잰 것은 □입니다.

(3) 연필의 길이는 □ cm입니다.

1-1 그림을 보고 □ 안에 알맞게 써넣으세요.

㉠

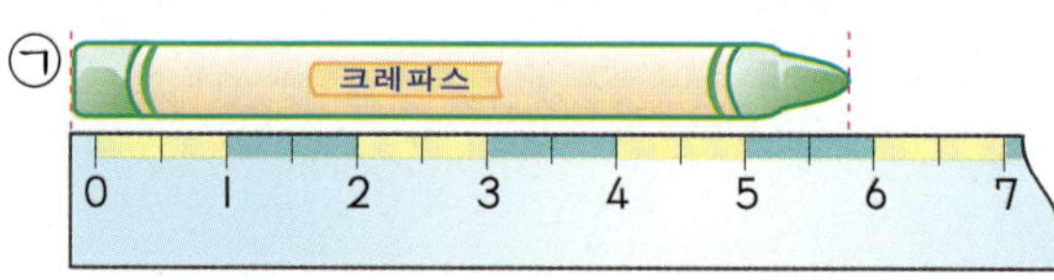

㉡

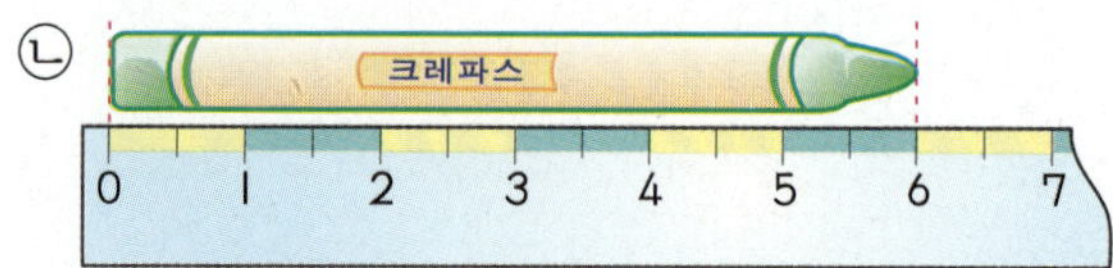

(1) 크레파스의 길이를 바르게 잰 것은 □입니다.

(2) ㉡에서 크레파스의 한쪽 끝은 자의 눈금 □에 맞추어져 있고, 다른 쪽 끝에 있는 자의 눈금은 □입니다.

(3) 크레파스의 길이는 □ cm입니다.

2 자로 클립의 길이를 재었습니다. □ 안에 알맞은 수를 써넣으세요.

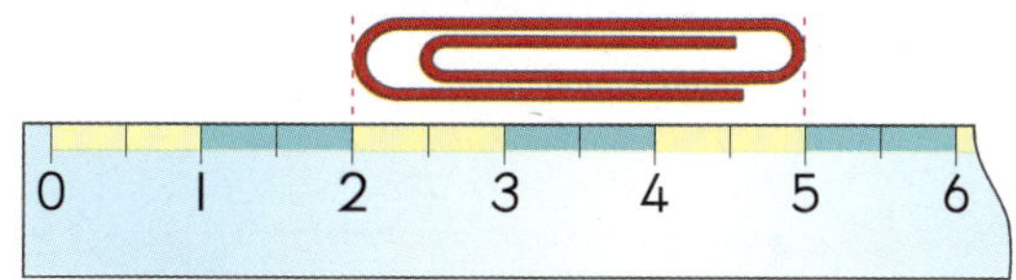

(1) 클립의 길이는 1 cm가 □번이므로 □ cm입니다.

(2) 클립의 길이는 클립의 끝 부분의 눈금 □에서 처음 부분의 눈금 □를 빼면 □ cm입니다.

2-1 자로 색연필의 길이를 재었습니다. □ 안에 알맞은 수를 써넣으세요.

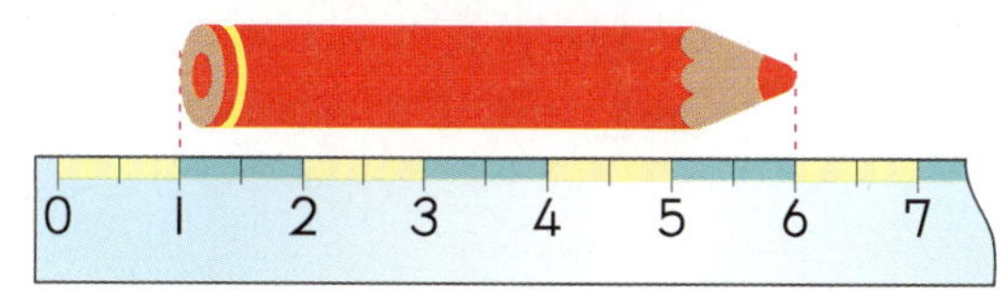

(1) 색연필의 길이는 1 cm가 □번이므로 □ cm입니다.

(2) 색연필의 길이는 색연필의 끝 부분의 눈금 □에서 처음 부분의 눈금 □을 빼면 □ cm입니다.

3 화살의 길이는 몇 cm일까요?

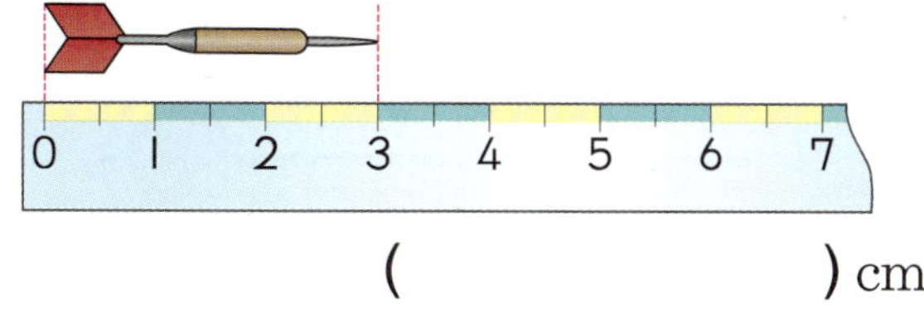

(　　　　　) cm

3-1 열쇠의 길이는 몇 cm일까요?

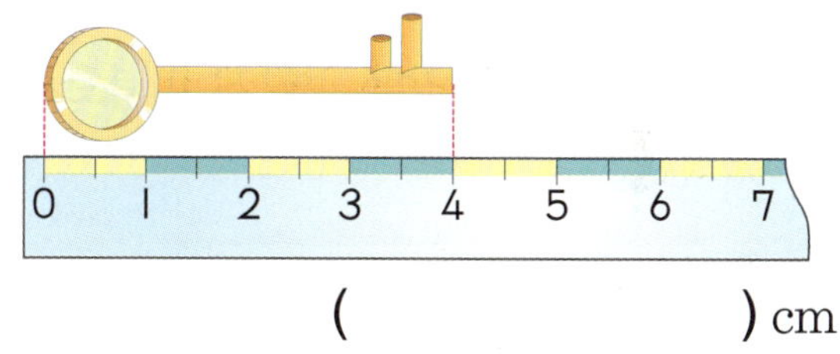

(　　　　　) cm

4 사각형의 변의 길이를 자로 재어 보고 □ 안에 알맞은 수를 써넣으세요.

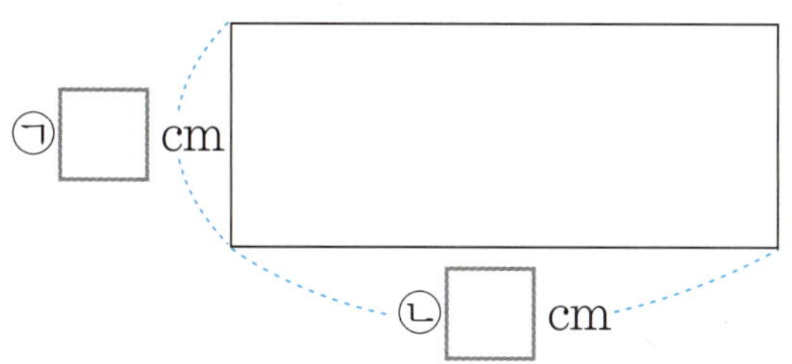

4-1 삼각형의 변의 길이를 자로 재어 보고 □ 안에 알맞은 수를 써넣으세요.

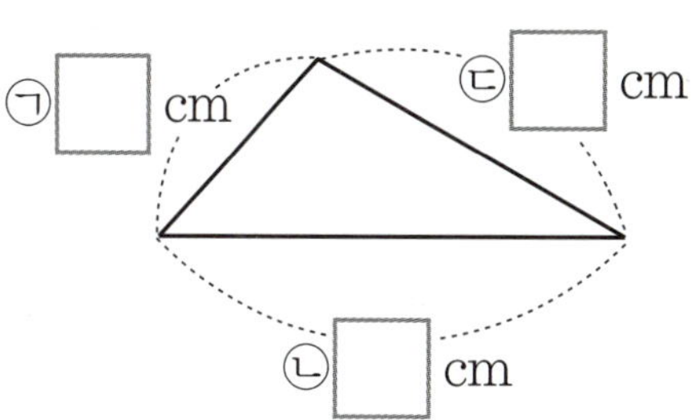

4

개념 준비하기 자로 길이 재어 보기

✿ 물건의 길이가 자의 눈금 사이에 있을 때 길이 재기

• 한쪽 끝이 0에 놓여 있는 물건의 길이 재기

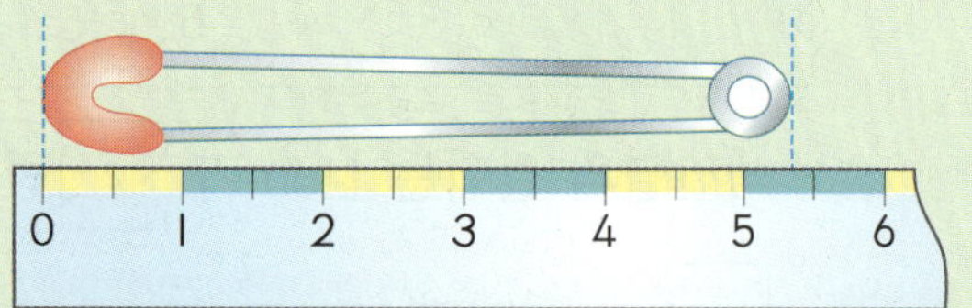

옷핀의 오른쪽 끝이 5 cm와 6 cm 사이에 있고, 5 cm에 가깝습니다.

➡ 옷핀의 길이는 약 5 cm입니다.

• 한쪽 끝이 0에 놓여 있지 않는 물건의 길이 재기

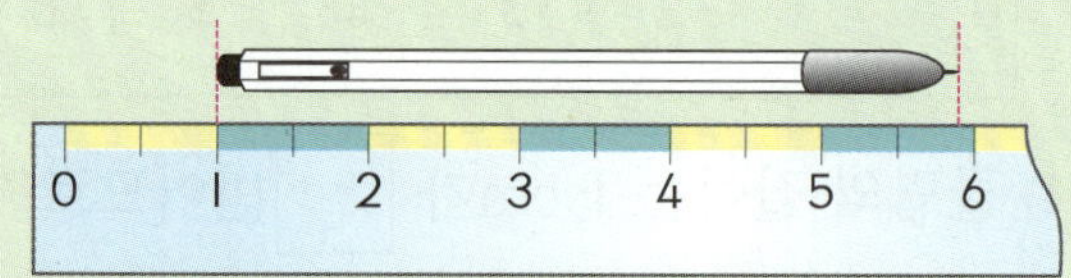

볼펜의 길이는 1 cm가 4번과 5번 사이에 있고, 5번에 가깝습니다.

➡ 볼펜의 길이는 약 5 cm입니다.

➡ 두 물건이 똑같이 약 5 cm라도 실제 길이는 다를 수 있습니다.

길이가 자의 눈금 사이에 있을 때는 눈금과 가까운 쪽에 있는 숫자를 읽고, 숫자 앞에 약을 붙여 말합니다.

개념 체조하기

1 그림을 보고 □ 안에 알맞게 써넣으세요.

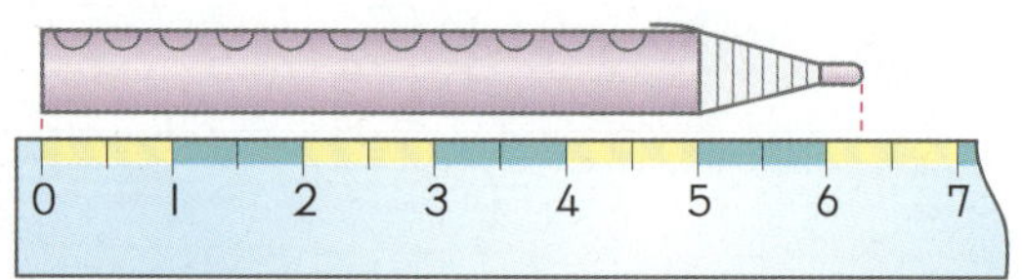

(1) 색연필의 오른쪽 끝이 6 cm와 7 cm 사이에 있고, □ cm에 가깝습니다.

(2) 색연필의 길이는 □ cm보다 조금 더 깁니다.

(3) 색연필의 길이는 약 □ cm입니다.

1-1 그림을 보고 □ 안에 알맞게 써넣으세요.

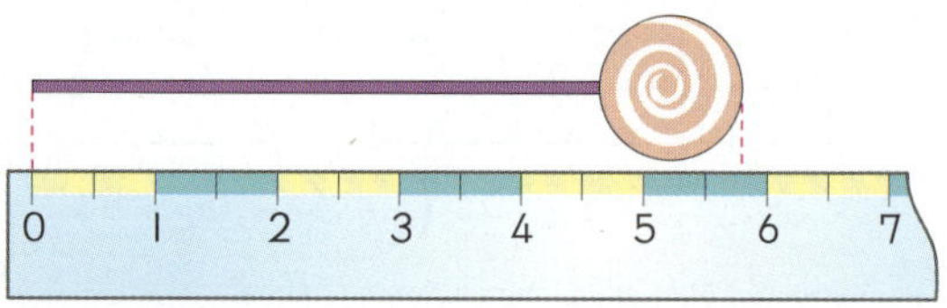

(1) 막대사탕의 한쪽 끝은 5 cm와 6 cm 사이에 있고, □ cm에 가깝습니다.

(2) 막대사탕의 길이는 □ cm보다 조금 더 짧습니다.

(3) 막대사탕의 길이는 약 □ cm입니다.

2 그림을 보고 연필의 길이는 약 몇 cm인지 □ 안에 알맞은 수를 써넣으세요.

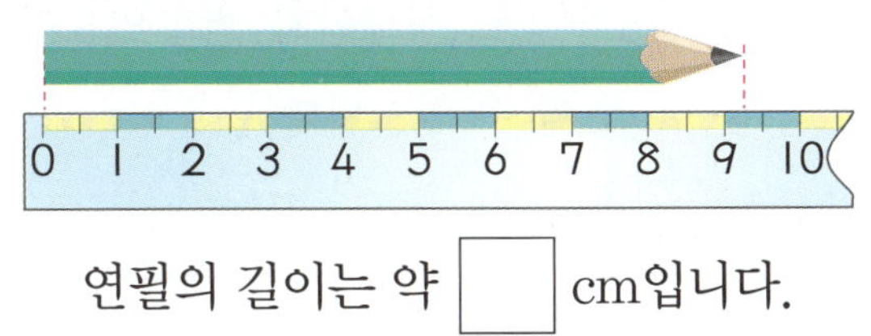

연필의 길이는 약 □ cm입니다.

2-1 지현이는 한 뼘의 길이를 자로 재었습니다. 지현이의 한 뼘의 길이는 약 몇 cm일까요?

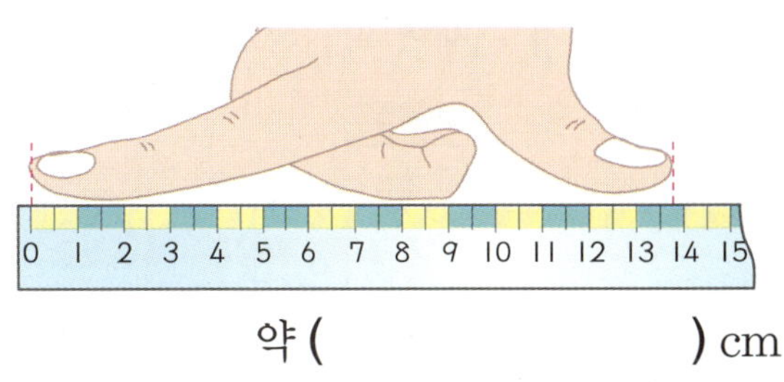

약 (　　　　　　) cm

3 지우개의 길이는 약 몇 cm일까요?

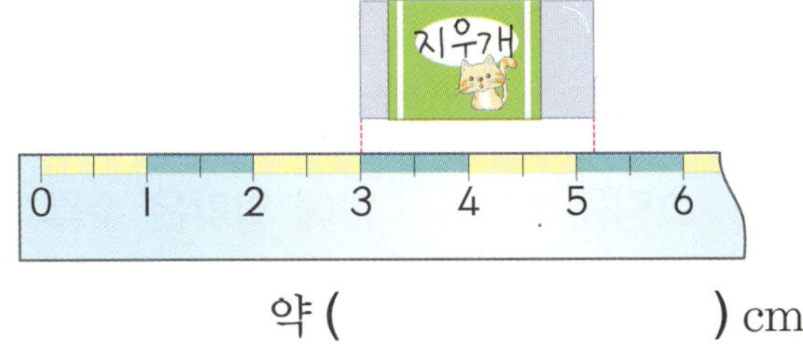

약 (　　　　　　) cm

3-1 볼펜의 길이는 약 몇 cm일까요?

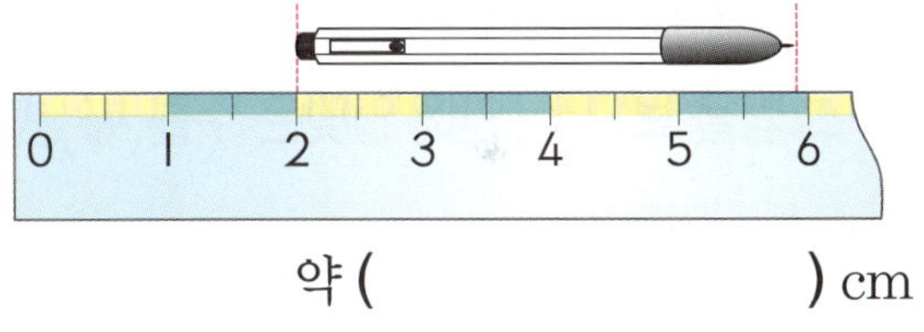

약 (　　　　　　) cm

4 자를 이용하여 머리핀의 길이를 재어 보고, 약 몇 cm인지 써 보세요.

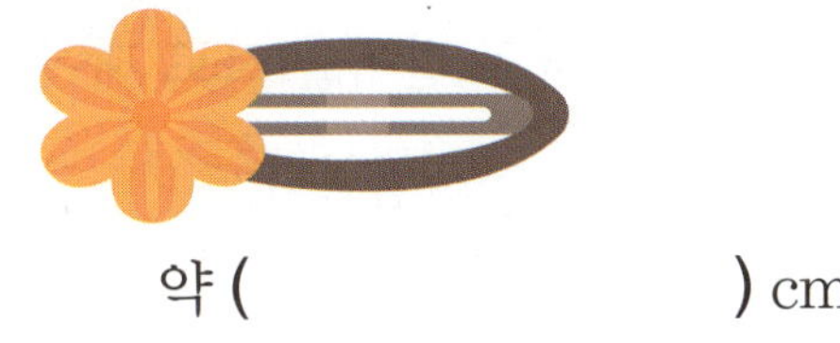

약 (　　　　　　) cm

4-1 자를 이용하여 밴드의 길이를 재어 보고, 약 몇 cm인지 써 보세요.

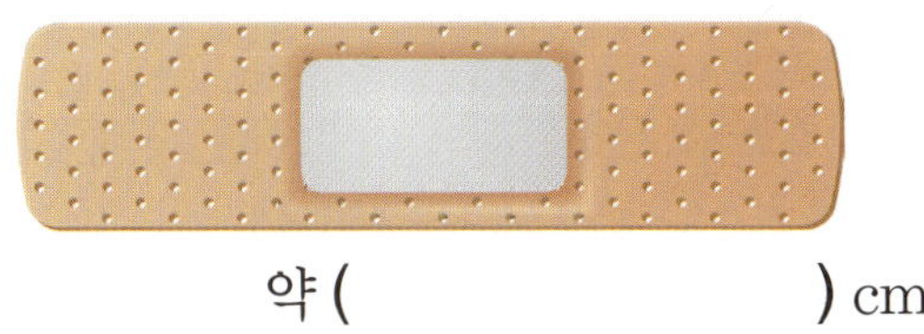

약 (　　　　　　) cm

4

개념 준비하기 길이 어림하기

✿ 어림하여 길이 말하기

• 자를 이용하지 않고 지우개의 길이 어림하고, 자로 재어 확인하기

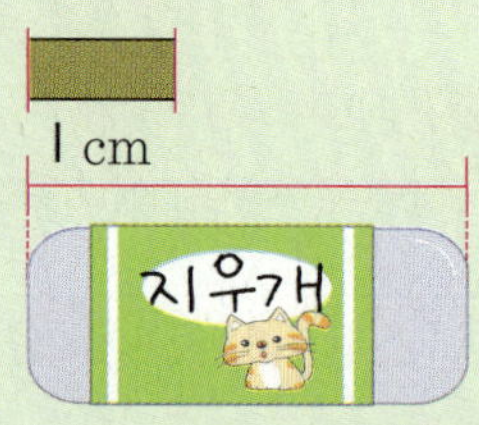

지우개의 길이는 I cm가 3번쯤입니다.

➡ 어림한 지우개의 길이: 약 3 cm

➡ 자로 잰 지우개의 길이: 3 cm

• I cm, 5 cm가 어느 정도인지 알고 있으면 어림을 좀 더 잘 할 수 있습니다.

I cm

5 cm

• 내 손가락이 약 몇 cm인지, 한 뼘이 약 몇 cm인지 알고 있으면 어림을 좀 더 잘 할 수 있습니다.

자를 사용하지 않고 물건의 길이가 얼마쯤인지 어림할 수 있습니다. 어림한 길이를 말할 때는 '약 □ cm'라고 합니다.

1 그림을 보고 □ 안에 알맞은 수를 써 넣으세요.

I cm

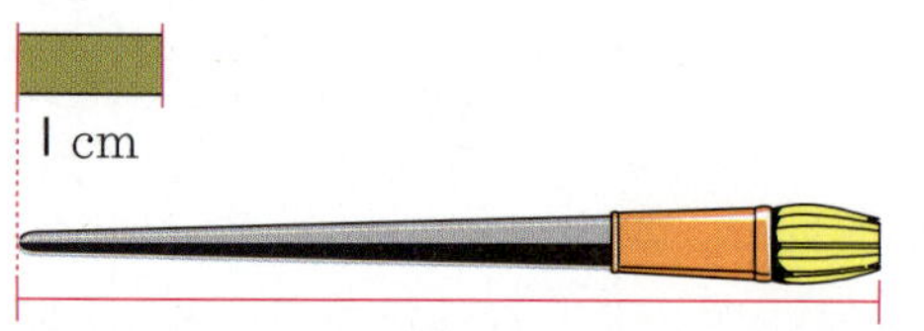

(1) 붓의 길이는 I cm가 □ 번쯤입니다.

(2) 붓의 길이를 어림하면 약 □ cm입니다.

(3) 붓의 길이를 자로 재어 확인해 보면 □ cm입니다.

1-1 그림을 보고 □ 안에 알맞은 수를 써넣으세요.

I cm

(1) 딱풀의 길이는 I cm가 □ 번쯤입니다.

(2) 딱풀의 길이를 어림하면 약 □ cm입니다.

(3) 딱풀의 길이를 자로 재어 확인해 보면 □ cm입니다.

2 종이테이프의 길이는 1 cm입니다. 클립의 길이를 어림하고, 자로 재어 확인해 보세요.

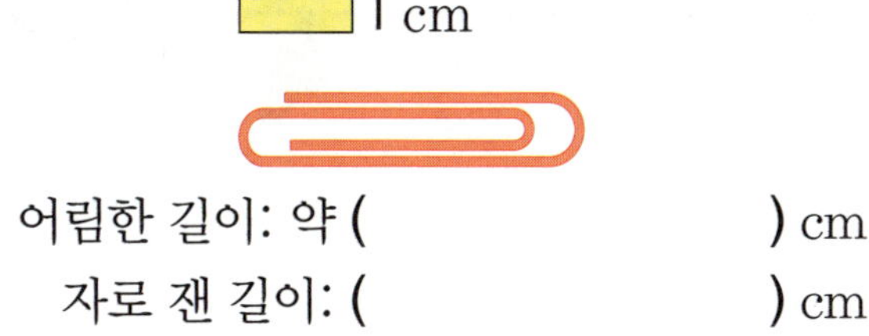

어림한 길이: 약 (　　　　　　) cm
자로 잰 길이: (　　　　　　) cm

2-1 종이테이프의 길이는 1 cm입니다. 연필의 길이를 어림하고, 자로 재어 확인해 보세요.

1 cm

어림한 길이: 약 (　　　　　　) cm
자로 잰 길이: (　　　　　　) cm

3 ㉮ 막대의 길이는 5 cm입니다. 물음에 답해 보세요.

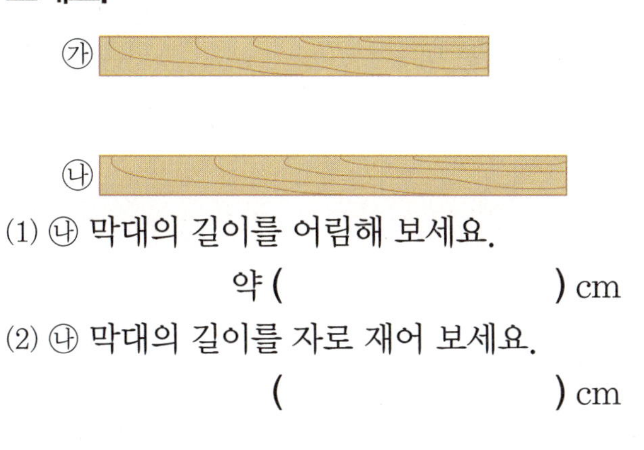

(1) ㉯ 막대의 길이를 어림해 보세요.

약 (　　　　　　) cm

(2) ㉯ 막대의 길이를 자로 재어 보세요.

(　　　　　　) cm

3-1 ㉮ 막대의 길이는 3 cm입니다. 물음에 답해 보세요.

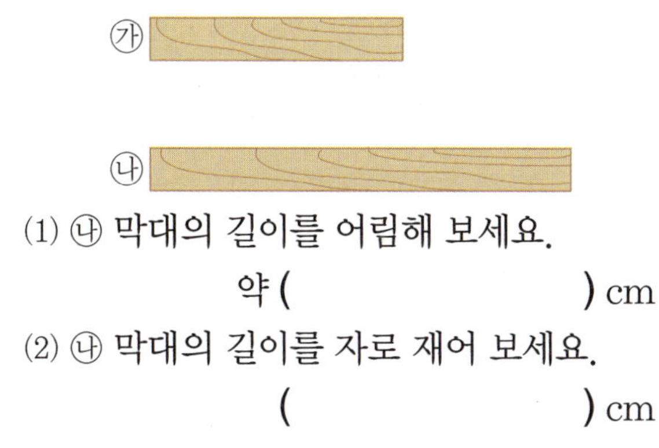

(1) ㉯ 막대의 길이를 어림해 보세요.

약 (　　　　　　) cm

(2) ㉯ 막대의 길이를 자로 재어 보세요.

(　　　　　　) cm

4 윤수는 길이가 7 cm인 길쭉한 과자에 초콜릿을 묻혔습니다. 초콜릿이 묻은 길이를 어림하고, 자로 재어 확인해 보세요.

어림한 길이: 약 (　　　　　　) cm
자로 잰 길이: (　　　　　　) cm

4-1 지현이는 길이가 7 cm인 펜을 가지고 있습니다. 펜의 뚜껑 부분의 길이를 어림하고, 자로 재어 확인해 보세요.

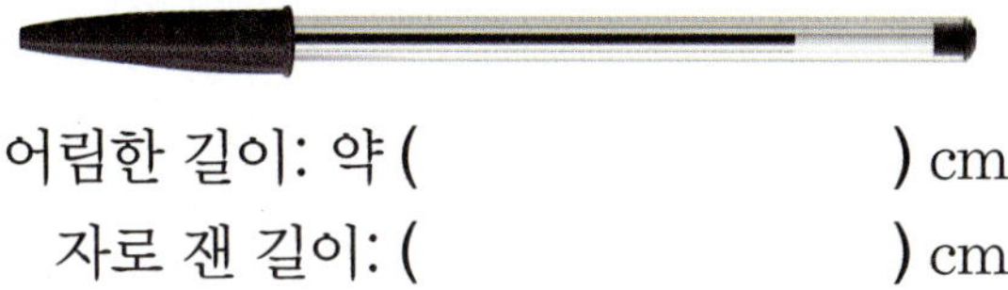

어림한 길이: 약 (　　　　　　) cm
자로 잰 길이: (　　　　　　) cm

개념 점프하기

Tip

꽃의 한쪽 끝을 자의 눈금 0에 맞추고 다른 쪽 끝에 있는 자의 눈금을 읽어봅니다.

1 꽃의 길이를 자로 재어 보세요.

( ) cm

리본의 양 끝이 어느 눈금에 맞추어져 있는지 살펴봅니다.

2 리본의 길이는 몇 cm일까요?

(1)

( ) cm

(2)

( ) cm

각각의 선의 길이를 재어 더해 봅니다.

3 개미가 지나간 길을 선으로 그었습니다. 선의 길이는 모두 몇 cm일까요?

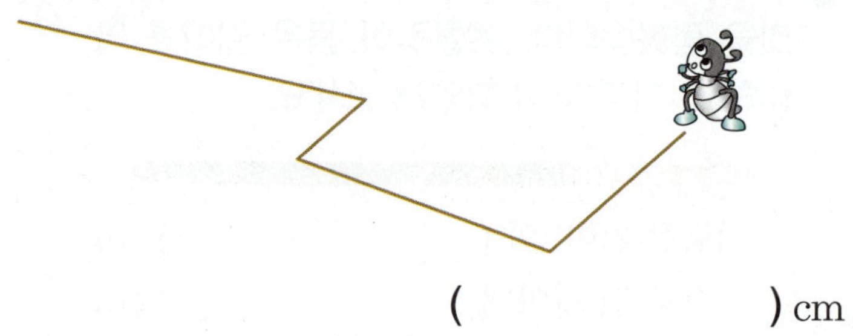

( ) cm

4 면봉과 이쑤시개의 길이를 비교해 보세요.

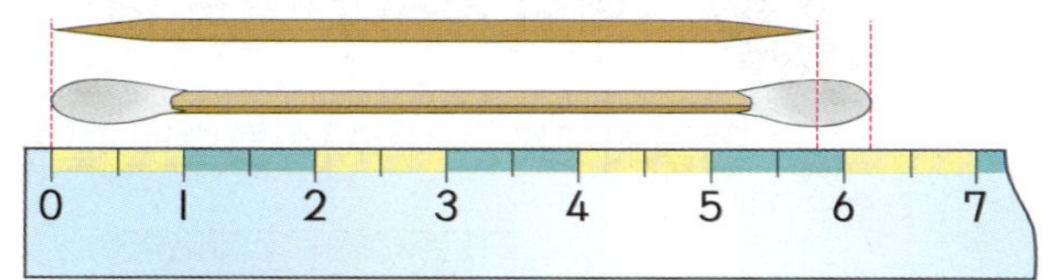

(1) 면봉의 길이는 약 ☐ cm이고, 이쑤시개의 길이는 약 ☐ cm입니다.

(2) 면봉과 이쑤시개의 실제 길이는 (같습니다 , 다릅니다).

5 연필의 길이는 약 몇 cm일까요?

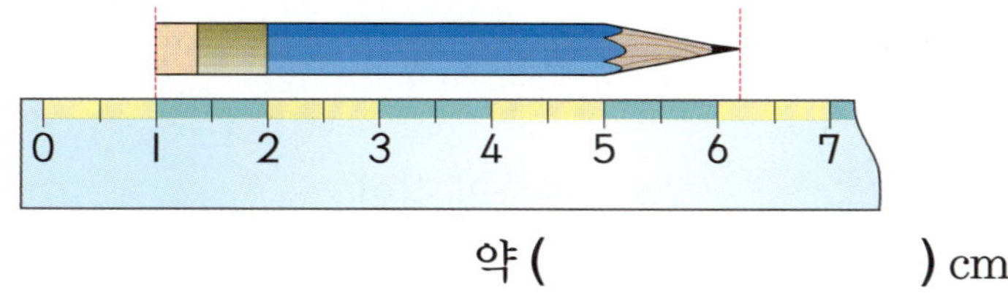

약 (　　　　　　　　) cm

6 볼펜의 길이를 소연이는 약 7 cm, 현주는 약 10 cm라고 어림했습니다. 볼펜의 실제 길이에 더 가깝게 어림한 사람은 누구일까요?

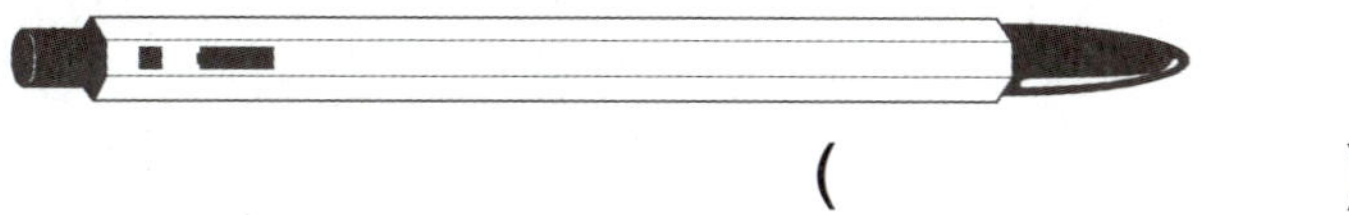

(　　　　　　　　)

Tip

한쪽 끝이 자의 눈금 0에 맞추어져 있으므로 다른 쪽 끝이 가리키는 자의 눈금을 확인합니다.

연필의 길이는 1 cm가 몇 번에 가까운지 세어 봅니다.

볼펜의 실제 길이와 어림한 길이의 차를 비교해 봅니다.

4

개념 높이뛰기

1 길이를 비교하는 방법 알아보기

1 길이를 비교하는 방법으로 옳은 것끼리 이어 보세요.

(1) 가위와 연필 • • ㉠ 종이띠를 이용해서 비교하기

(2) 공책의 긴 쪽과 짧은 쪽 • • ㉡ 맞대어서 비교하기

2 털실을 이용하여 비교하기 적절한 것을 찾아 기호를 써 보세요.

㉠ 트럭과 버스의 길이
㉡ 농구 골대와 전봇대의 높이
㉢ 창문의 긴 쪽과 짧은 쪽의 길이

( )

3 종이띠를 이용하여 길이를 비교해 보고, 길이가 가장 긴 것부터 차례대로 기호를 써 보세요.

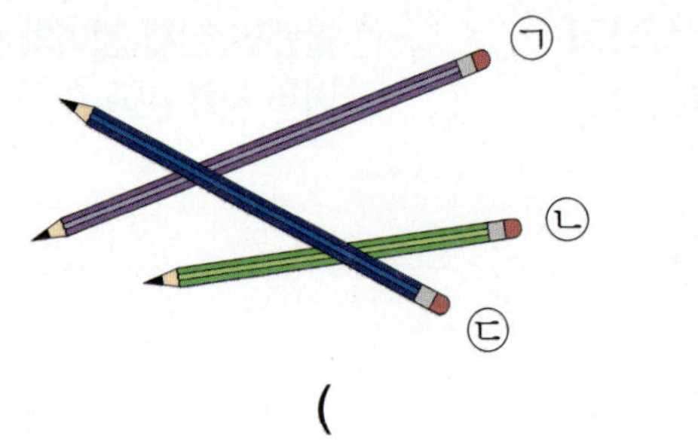

( )

2 여러 가지 단위로 길이 재기

4 연필의 길이는 엄지손톱으로 몇 번일까요?

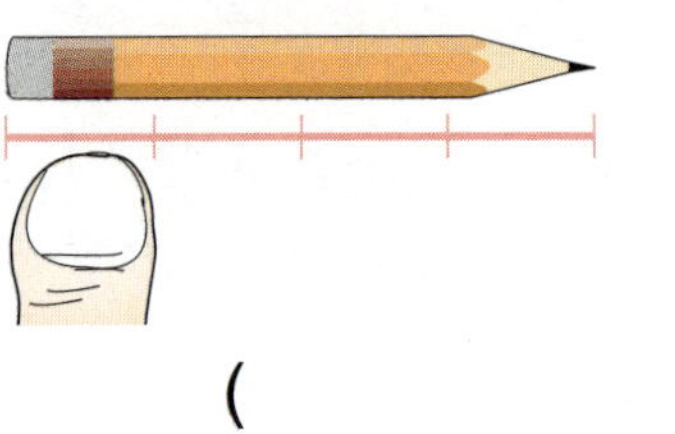

( )번

5 길이를 편리하게 재는 데 어떤 단위를 이용하면 좋을지 기호를 써 보세요.

㉠ 뼘 ㉡ 발걸음

(1) 운동장 짧은 쪽의 길이

( )

(2) 우산의 길이

( )

6 책상의 긴 쪽의 길이를 뼘으로 재었더니 다음과 같았습니다. 한 뼘의 길이가 더 긴 사람은 누구일까요?

준희	하영
7뼘	6뼘

( )

3 1 cm 알아보기

7 자에서 숫자와 숫자 사이 한 칸의 길이를 써 보세요.

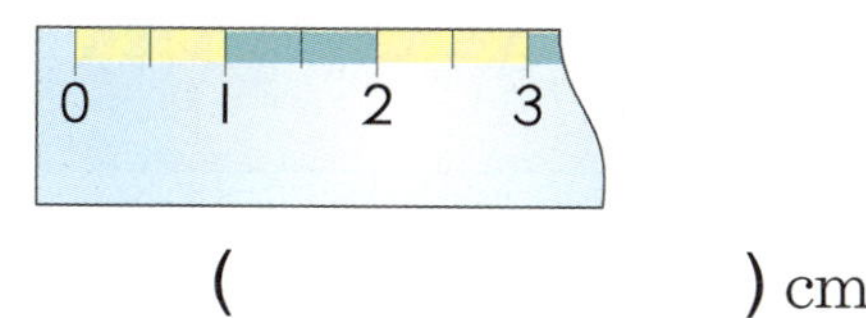

( ) cm

8 그림을 보고 □ 안에 알맞은 수를 써넣으세요.

(1)

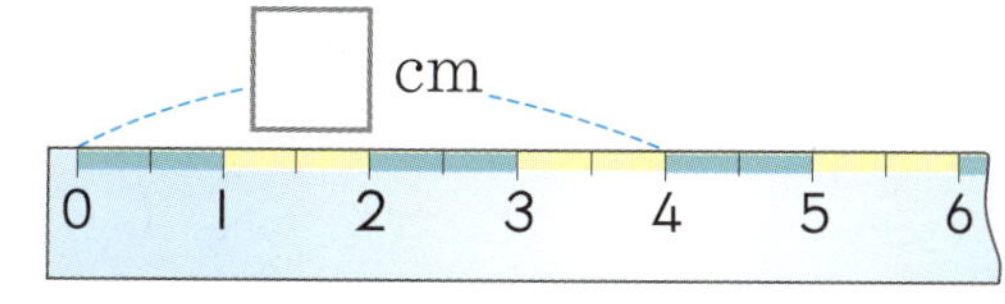

(2)

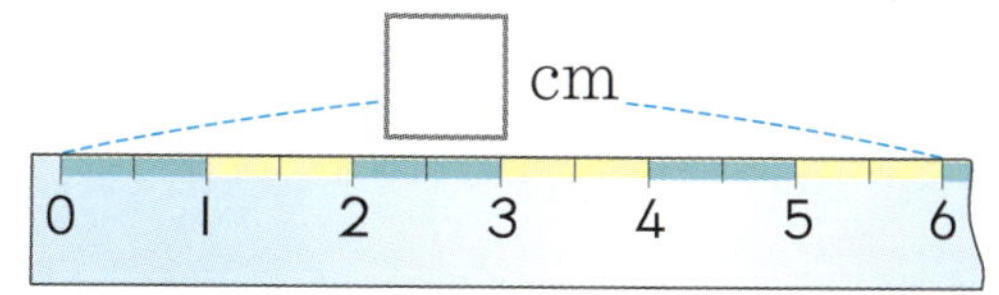

9 민지의 한 뼘은 10 cm입니다. 가위의 길이가 민지의 뼘으로 2번일 때, 가위의 길이는 몇 cm일까요?

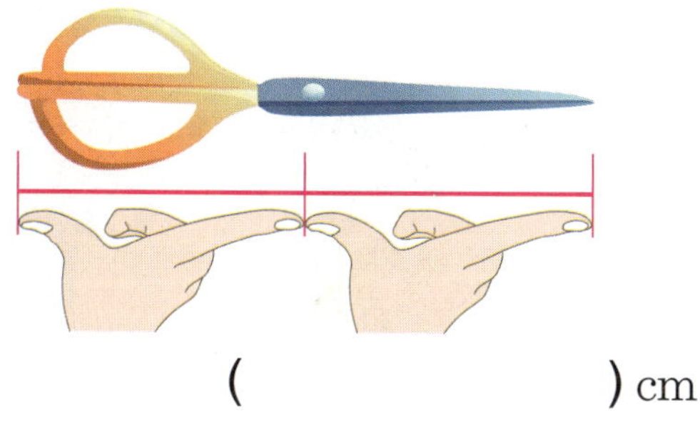

( ) cm

4 자로 길이를 재는 방법 알아보기

10 연필의 길이는 몇 cm일까요?

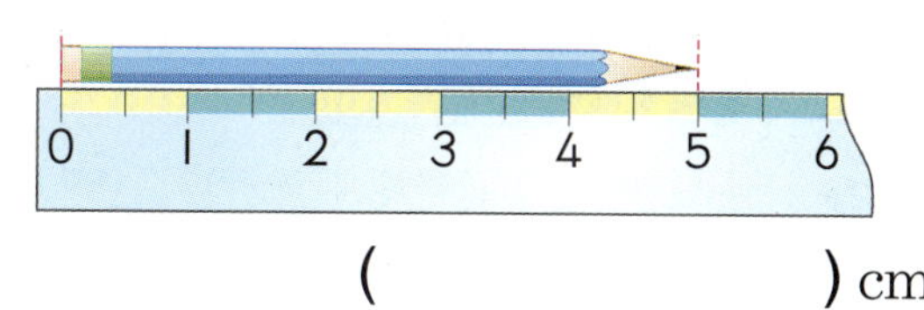

( ) cm

11 깃털의 길이를 자로 재어 보세요.

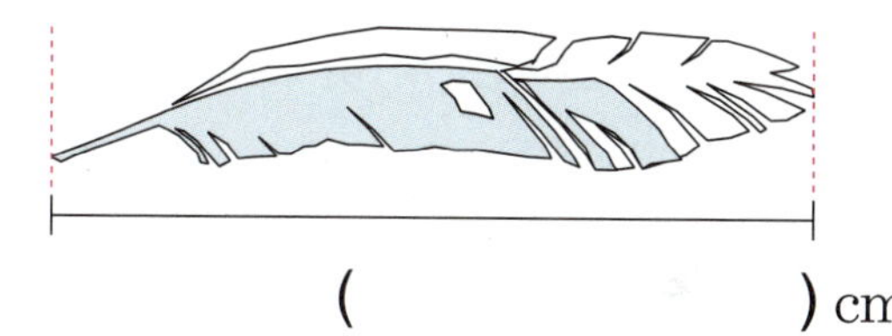

( ) cm

12 길이가 가장 긴 종이띠는 무엇인지 찾아 길이를 써 보세요.

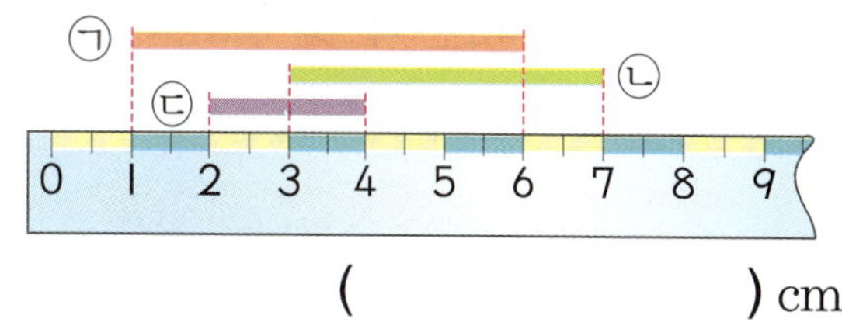

( ) cm

5 자로 길이 재어 보기

13 주사기의 길이는 약 몇 cm일까요?
●○○

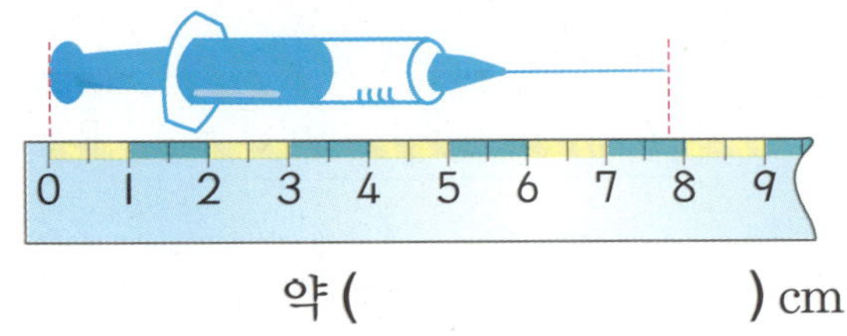

약 (　　　　　　　　) cm

14 막대의 길이는 약 몇 cm일까요?
●●○

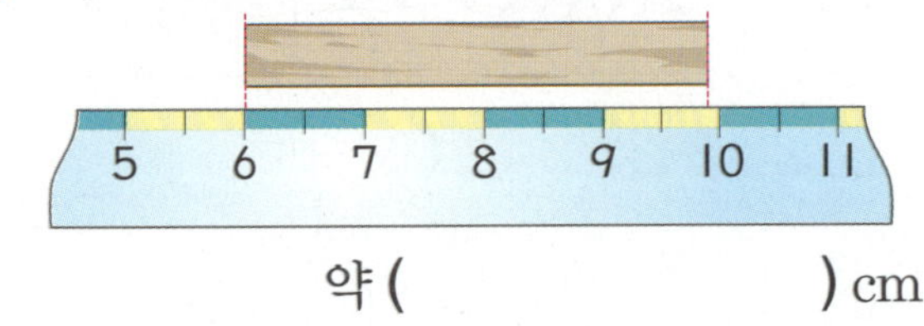

약 (　　　　　　　　) cm

15 연필의 길이는 약 몇 cm인지 자로 재어 보세요.
●●●

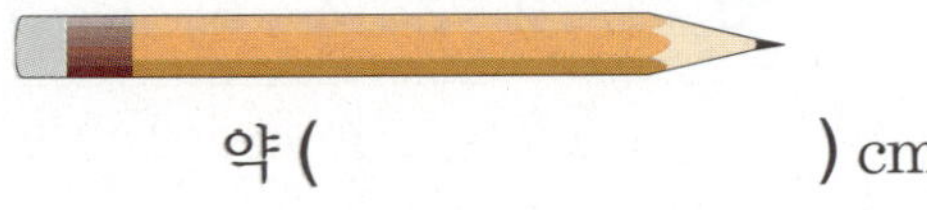

약 (　　　　　　　　) cm

6 길이 어림하기

16 자석의 길이를 어림하고, 자로 재어 확인해 보세요.
●○○

N	S

어림한 길이: 약 (　　　　　　　　) cm

자로 잰 길이: (　　　　　　　　) cm

17 보기 의 선의 길이는 4 cm입니다. 선의 길이를 어림하여 길이가 4 cm에 가장 가까운 선에 ○표 하세요.
●●○

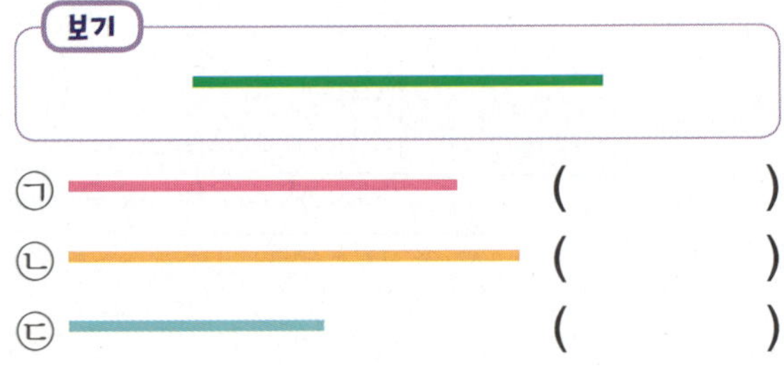

㉠ (　　　)

㉡ (　　　)

㉢ (　　　)

18 나뭇잎의 길이를 더 가깝게 어림한 사람을 찾아 써 보세요.
●●●

(　　　　　　　　)

1 액자의 ㉠과 ㉡의 길이를 비교하여 알맞은 말에 ○표 하세요.

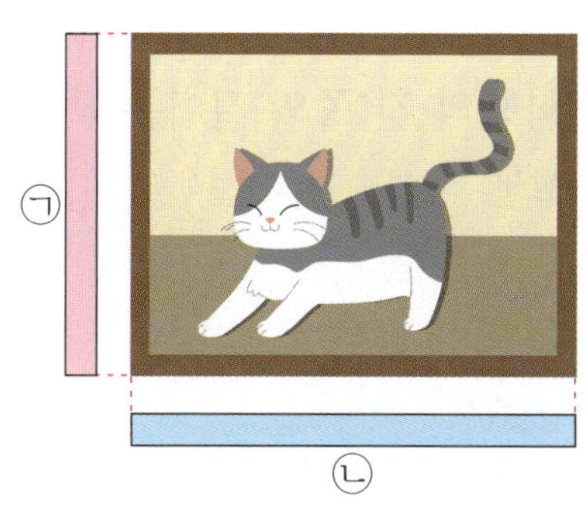

㉠과 ㉡을 직접 맞대어 비교할 수 없으므로 종이띠를 이용하여 비교하면 액자의 (㉠, ㉡)의 길이가 더 짧습니다.

2 그림을 보고 □ 안에 알맞은 수를 써넣으세요.

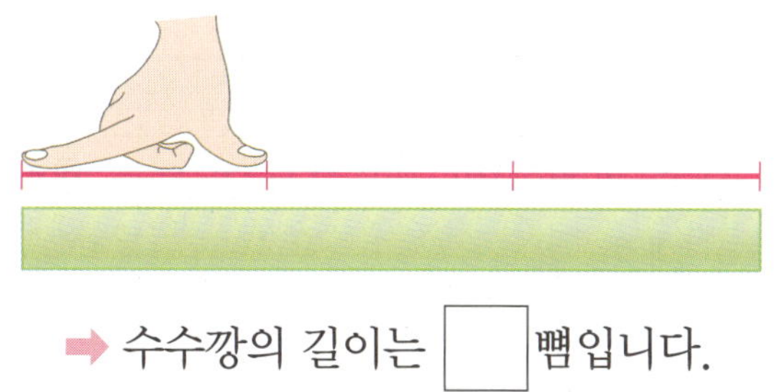

➡ 수수깡의 길이는 □뼘입니다.

3 유진이와 수지가 각각 뼘으로 3번을 재어 실을 잘랐습니다. 자른 실의 길이가 더 긴 사람은 누구일까요?

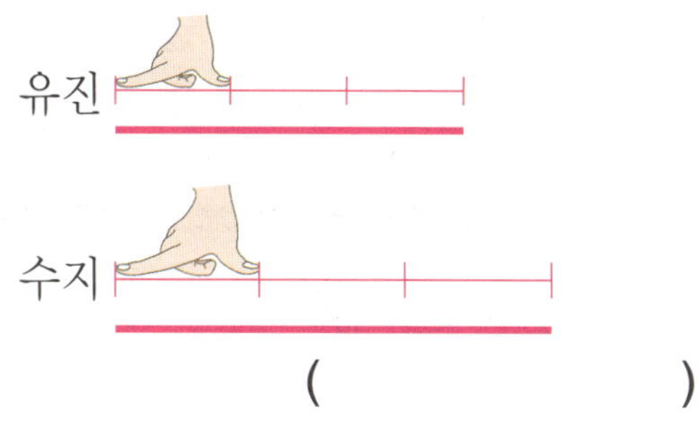

( )

4 핸드폰의 길이는 엄지손톱으로 몇 번일까요?

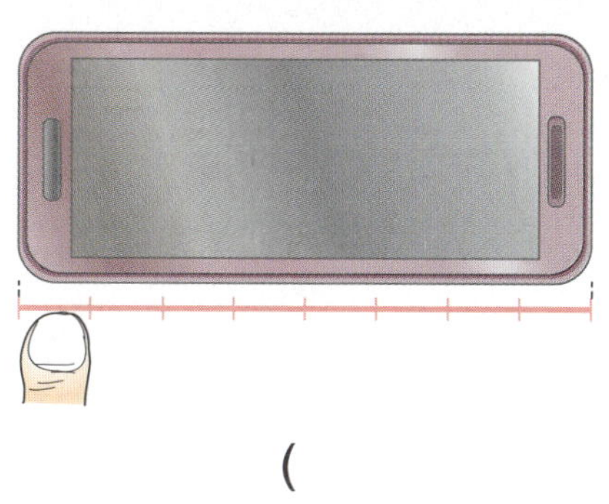

( )번

5 더 짧은 끈의 기호를 써 보세요.

㉠ 색연필로 3번인 끈
㉡ 클립으로 4번인 끈

( )

6 보기 에서 설명하는 길이만큼 막대를 색칠해 보세요.

보기
지우개로 3번입니다.

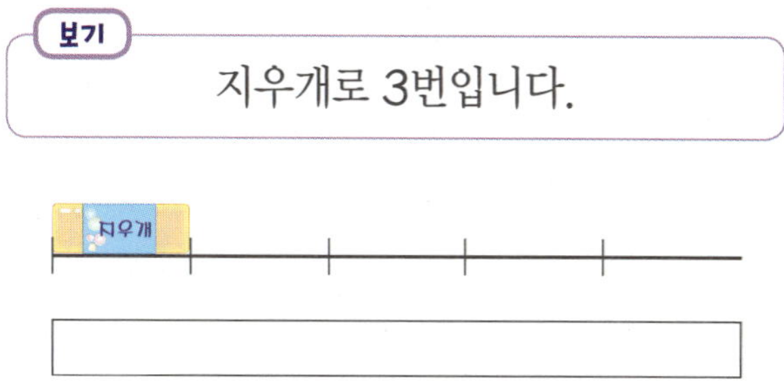

7 4 cm를 바르게 쓰고, 읽어 보세요.

읽기 (   )

8 연필의 길이를 바르게 잰 것을 찾아 기호를 써 보세요.

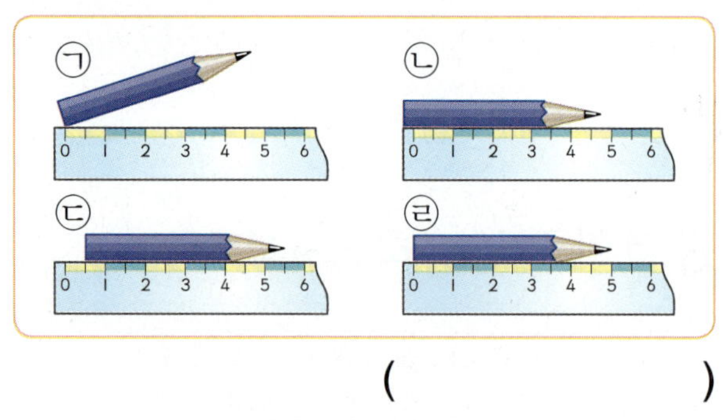

(   )

9 그림을 보고 □ 안에 알맞은 수를 써넣으세요.

(1)

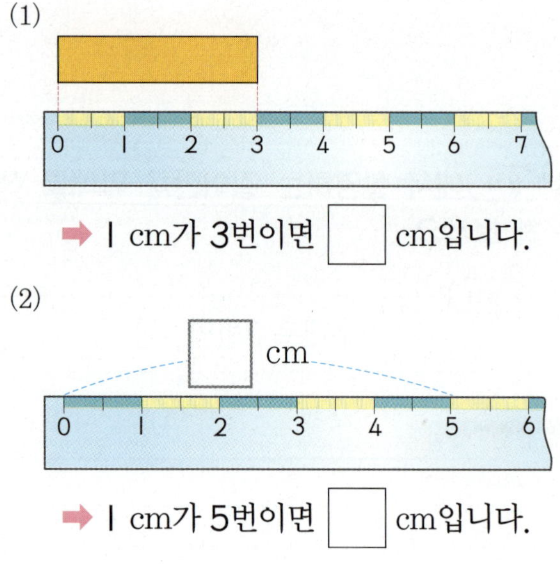

➡ 1 cm가 3번이면 □ cm입니다.

(2)

□ cm

➡ 1 cm가 5번이면 □ cm입니다.

10 동화책의 긴 쪽의 길이는 27 cm이고, 짧은 쪽의 길이는 22 cm입니다. 물음에 답해 보세요.

(1) 동화책의 긴 쪽의 길이는 1 cm로 몇 번일까요?

(   )번

(2) 동화책의 짧은 쪽의 길이는 1 cm로 몇 번일까요?

(   )번

11 1 cm, 2 cm, 3 cm 막대가 있습니다. 이 막대들을 여러 번 사용하여 서로 다른 방법으로 7 cm를 색칠해 보세요.

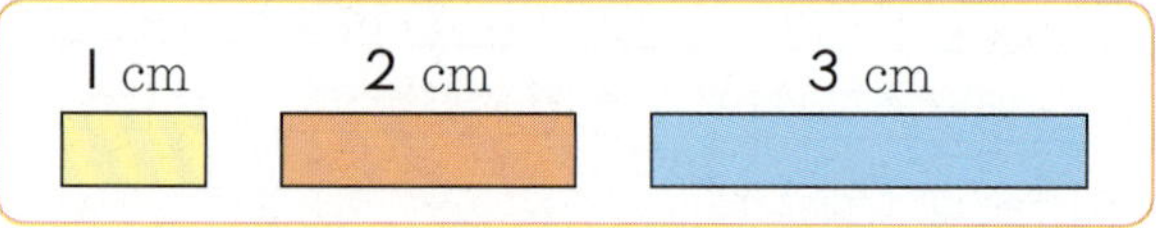

(1) 두 가지 색만 사용하여 7 cm를 색칠해 보세요.

(2) 세 가지 색을 모두 사용하여 7 cm를 색칠해 보세요.

12 형석이가 사 온 과자의 길이가 8 cm입니다. 과자의 길이는 1 cm로 몇 번일까요?

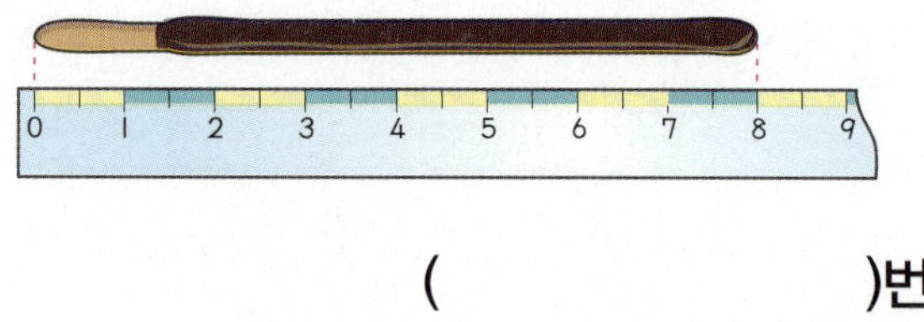

(   )번

13 시곗줄의 길이는 몇 cm일까요?

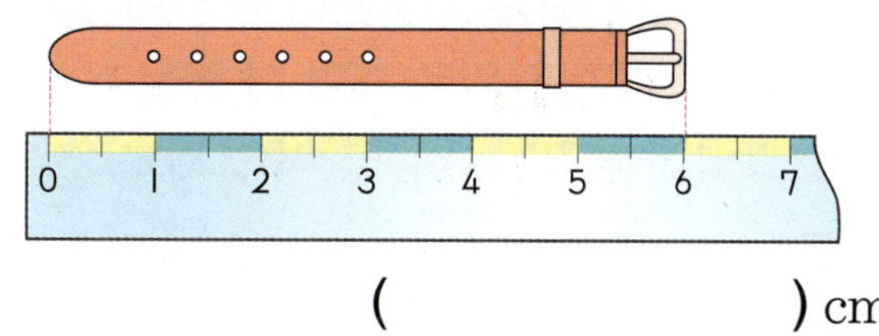

( ) cm

14 예지와 찬우의 색연필의 길이를 자로 재어 보고, □ 안에 알맞은 수나 말을 써넣으세요.

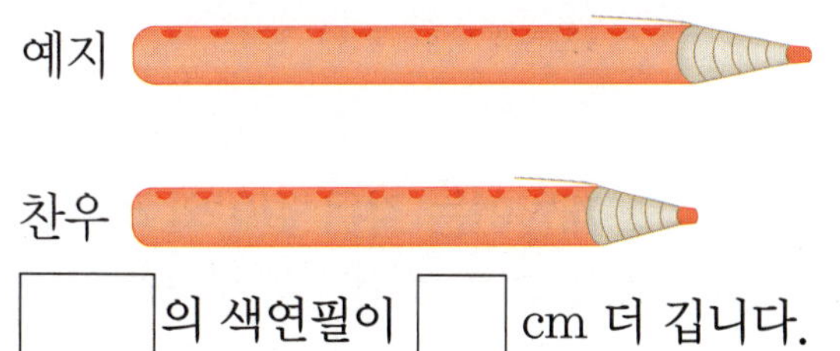

□의 색연필이 □ cm 더 깁니다.

15 길이가 5 cm인 사탕을 찾아 기호를 써 보세요.

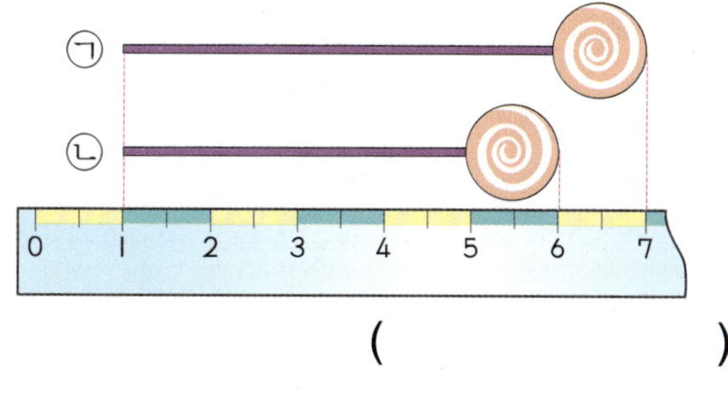

( )

16 과자의 길이를 재어 보고 인규는 약 5 cm, 예진이는 약 6 cm라고 했습니다. 과자의 길이를 바르게 잰 사람은 누구일까요?

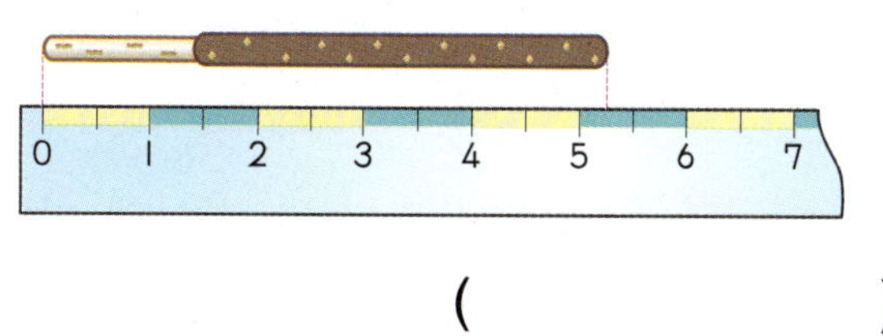

( )

17 빨대의 길이는 약 몇 cm인지 자로 재어 보세요.

약 ( ) cm

18 소영이가 인형 가게에서 여러 인형들을 구경했습니다. 구경한 곰인형의 길이를 어림하고, 자로 재어 확인해 보세요.

어림한 길이:
약 ( ) cm

자로 잰 길이:
( ) cm

19 그림을 보고 □ 안에 알맞은 기호나 말을 써 넣으세요.

㉠ ⟷

㉡ ⟩——⟨

(1) ㉠과 ㉡의 빨간색 선의 길이를 어림하여 비교하면 □의 길이가 더 깁니다.

(2) 자로 재어 보면 ㉠과 ㉡의 빨간색 선의 길이는 □.

20 박물관에 간 지민이는 우리나라의 여러 가지 유물들을 구경했습니다. 박물관에서 구경한 유물의 길이를 어림하고, 자로 재어 확인해 보세요.

어림한 길이: 약 (　　　　) cm

자로 잰 길이: (　　　　) cm

21 못의 길이를 희영이는 5 cm, 준호는 8 cm 라고 어림하였습니다. 더 가깝게 어림한 사람은 누구일까요?

(　　　　)

서술형

22 해원이는 우산의 길이를 재려고 합니다. 클립이나 뼘을 사용하여 우산의 길이를 잴 때 어떤 단위로 재면 더 좋은지 쓰고, 그렇게 생각한 이유를 써 보세요.

답 ____________

이유 ____________

23 민주와 채원이는 같은 길이의 리본을 만들려고 합니다. 다음 중 사용해야 하는 단위를 찾고, 그렇게 생각한 이유를 써 보세요.

뼘 　cm 　발걸음

답 ____________

이유 ____________

분류하기

이 단원에서는 무엇을 배울까요?

- 분류는 어떻게 할까요
- 기준에 따라 분류해 볼까요
- 분류하고 세어 볼까요
- 분류한 결과를 말해 볼까요

분류하는 방법 알아보기

분류 기준을 정하는 방법 알아보기

• 맛있는 것과 맛없는 것으로 분류하기

	맛있는 것	맛없는 것
유진		
태영		

➡ 분류하는 사람에 따라 결과가 다를 수 있습니다.

• 색깔에 따라 분류하기

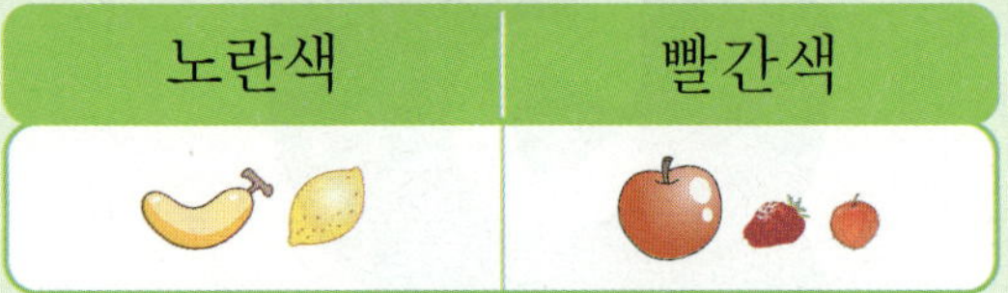

노란색	빨간색

➡ 누가 분류하더라도 같은 결과가 나옵니다.

분류할 때 기준은 누가 분류하더라도 결과가 같아지는 분명한 기준을 정해야 합니다.

개념 체조하기

1 분류 기준으로 알맞은 것에 ○표 하세요.

㉠ 편한 옷과 불편한 옷 ( )

㉡ 위에 입는 옷과 아래에 입는 옷 ( )

㉢ 좋아하는 옷과 좋아하지 않는 옷 ( )

1-1 분류 기준으로 알맞은 것을 모두 찾아 ○표 하세요.

㉠ 하늘을 날 수 있는 것과 날 수 없는 것 ( )

㉡ 다리가 있는 것과 없는 것 ( )

㉢ 좋아하는 것과 좋아하지 않는 것 ( )

2 진혁이는 돈을 분류하려고 합니다. 분류 기준으로 알맞은 것을 찾아 기호를 써 보세요.

㉠ 지폐와 동전
㉡ 크기가 큰 것과 작은 것
㉢ 금액이 큰 것과 작은 것

( )

3 해준이는 동물을 분류하였습니다. 분류한 기준을 찾아 기호를 써 보세요.

㉠ 좋아하는 것과 좋아하지 않는 것
㉡ 날 수 있는 것과 날 수 없는 것
㉢ 물에 사는 것과 땅에 사는 것

( )

2-1 신발을 분류하려고 합니다. 분류 기준을 알맞게 말한 사람을 찾아 써 보세요.

( )

3-1 유정이는 탈것을 분류하였습니다. 분류한 기준을 써 보세요.

분류 기준 ____________________

5

기준에 따라 분류하기

✿ 도형을 기준에 따라 분류하기

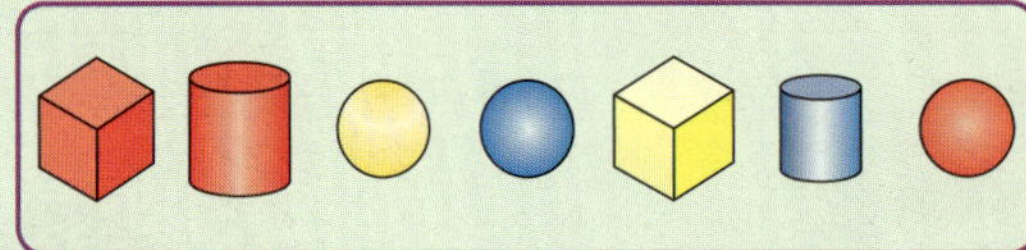

• 정해진 기준에 따라 분류하기

분류 기준	색깔

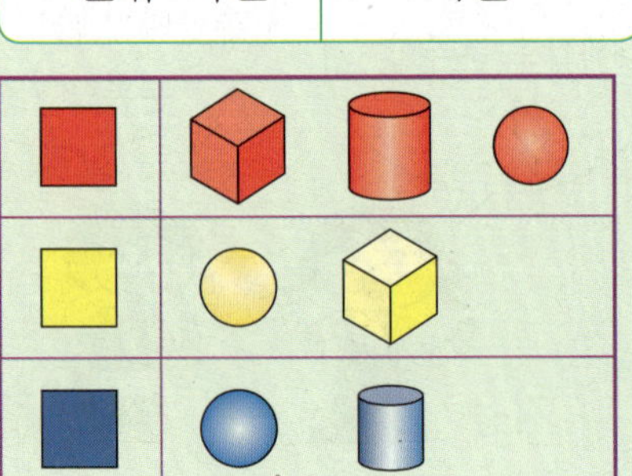

• 스스로 정한 기준에 따라 분류하기

분류 기준	모양

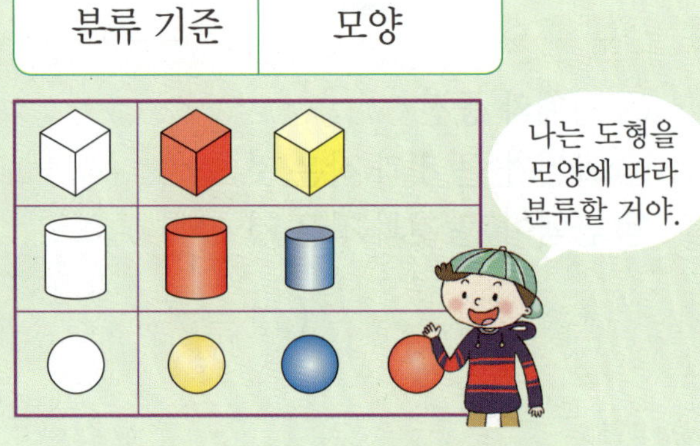

분류할 때는 색깔, 모양, 같은 크기 등의 분명한 기준에 따라 분류할 수 있습니다.

개념 체조하기

1 동물을 다리의 수에 따라 분류해 보세요.

다리 0개	
다리 2개	
다리 4개	

1-1 옷을 종류에 따라 분류해 보세요.

윗옷	
바지	
치마	

2 ~ 3 그림을 보고 물음에 답해 보세요.

2 꽃을 종류에 따라 분류해 보세요.

장미	
코스모스	
백합	

3 다른 기준을 정하여 분류해 보세요.

분류 기준	

4 물건이 잘못 분류된 것의 기호를 찾아 써 보세요.

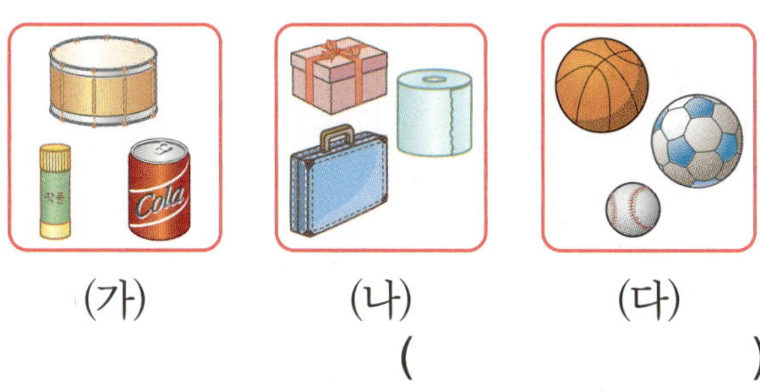

(가) (나) (다)

( )

2-1~3-1 그림을 보고 물음에 답해 보세요.

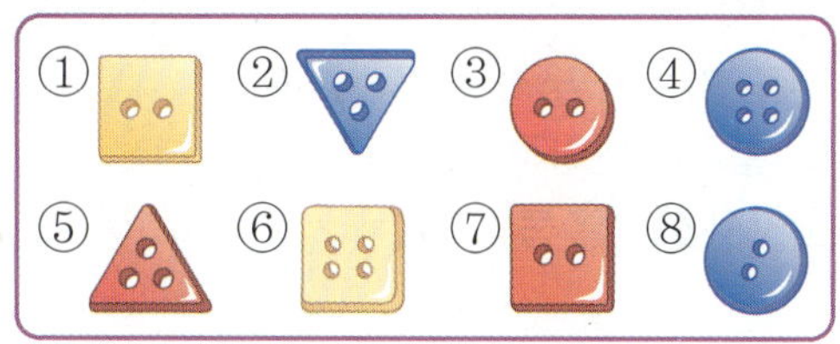

2-1 단추를 색깔에 따라 분류해 보세요.

빨간색	노란색	파란색

3-1 다른 기준을 정하여 분류해 보세요.

분류 기준	

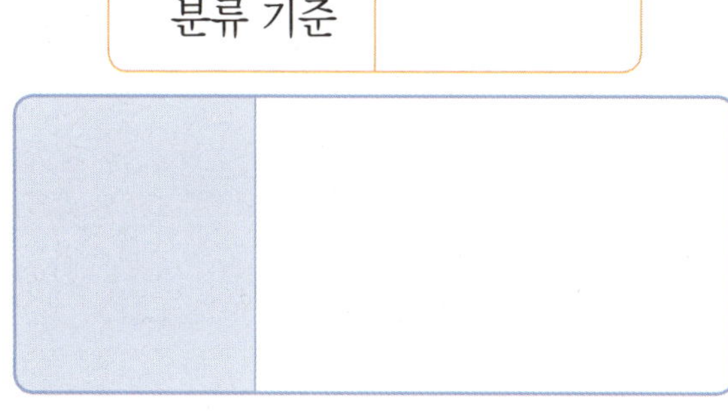

4-1 동물이 잘못 분류된 것의 기호를 찾아 써 보세요.

(가) 날 수 없는 동물 (나) 날 수 있는 동물

( )

5

개념 점프하기

Tip

분류 기준이 누가 분류하더라도 결과가 같아지는 분명한 기준인지 생각해 봅니다.

1 옷을 분류할 수 있는 기준으로 알맞은 것에 ○표 하세요.

㉠	㉡	㉢
편한 옷과 불편한 옷	위에 입는 옷과 아래에 입는 옷	좋아하는 옷과 좋아하지 않는 옷
(　　)	(　　)	(　　)

모자의 모양과 색깔을 살펴보고 분류하기 알맞은 기준을 찾아봅니다.

2 모자를 분류하려고 합니다. 모양과 색깔 중 분류 기준으로 알맞은 것을 써 보세요.

(　　　　　　)

누가 분류하더라도 결과가 같아지는 분명한 기준을 정해야 합니다.

3 동물을 분류할 수 있는 기준을 써 보세요.

(　　　　　　)

4 동물을 활동하는 곳에 따라 분류해 보세요.

바다	
땅	

5 젤리를 분류할 수 있는 기준을 2가지 써 보세요.

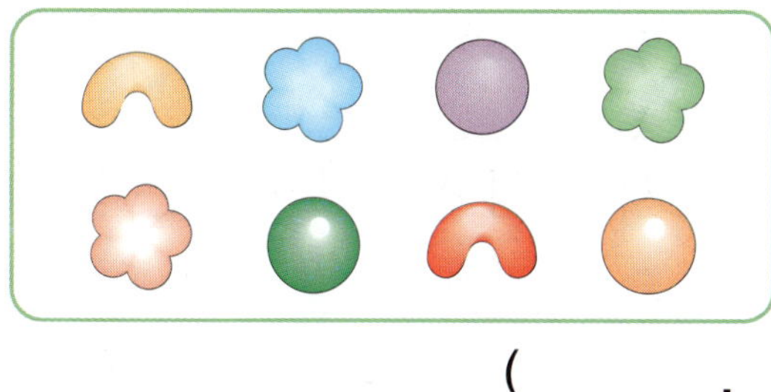

(,)

6 칠판에 여러 가지 자석이 붙어 있습니다. 기준을 정하여 분류해 보세요.

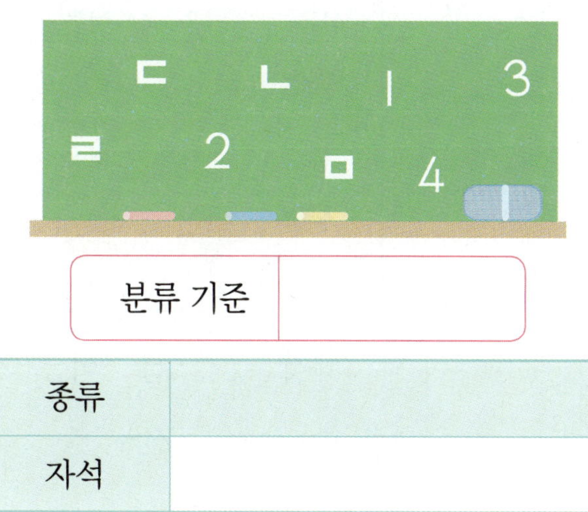

분류 기준	

종류	
자석	

Tip

바다에서 활동하는 동물과 땅에서 활동하는 동물이 무엇인지 살펴봅니다.

젤리를 분류할 수 있는 분명한 기준을 생각해 봅니다.

분명한 기준을 정하고 기준에 따라 분류해 봅니다.

개념 준비하기 분류하고 세어 보기

✿ 친구들이 좋아하는 음식을 분류하고 세어 보기

음식	피자	햄버거	떡볶이
세면서 표시하기	////(卌)	////	///
학생의 수(명)	5	4	3

• 중복되거나 빠뜨리지 않도록 그림에 ○, ×, √, / 등의 표시를 하면서 세어 봅니다.

• 분류한 것을 셀 때 / 표시를 하면서 수를 세어 봅니다.

• 각 음식의 수와 전체 수를 살펴보고 빠짐없이 잘 세었는지 확인합니다.

분류하고 세어 보면 어떤 것이 가장 많은지, 가장 적은지, 전체는 몇 개인지 등을 쉽게 알 수 있습니다.

개념 체조하기

1 진영이네 집의 신발을 조사하였습니다. 신발을 종류에 따라 분류하고, 그 수를 세어 보세요.

운동화	구두	운동화	실내화
실내화	구두	운동화	실내화
운동화	구두	구두	운동화

신발	운동화	실내화	구두
세면서 표시하기	////(卌)		
신발의 수(켤레)	5		

1-1 친구들이 좋아하는 계절을 조사하였습니다. 계절에 따라 분류하고, 그 수를 세어 보세요.

여름	겨울	여름	가을
봄	여름	겨울	여름
봄	가을	여름	가을

계절	봄	여름	가을	겨울
세면서 표시하기	//			
학생의 수(명)	2			

정답과 풀이 21쪽

2 공을 종류에 따라 분류하고, 그 수를 세어 보세요.

종류			
세면서 표시하기			
공의 수(개)			

2-1 구슬을 색깔에 따라 분류하고, 그 수를 세어 보세요.

종류	빨간색	노란색	초록색	파란색	보라색
세면서 표시하기					
구슬의 수(개)					

3 ~ 4 여러 가지 모양의 단추를 분류하려고 합니다. 물음에 답해 보세요.

3 모양에 따라 분류하고, 그 수를 세어 보세요.

종류	원	사각형	별
세면서 표시하기			
단추의 수(개)			

4 구멍의 수에 따라 분류하고, 그 수를 세어 보세요.

구멍의 수	2개	4개
세면서 표시하기		
단추의 수(개)		

3-1~4-1 저금통에 들어 있는 돈을 분류하려고 합니다. 물음에 답해 보세요.

3-1 지폐와 동전으로 분류하고, 그 수를 세어 보세요.

종류	지폐	동전
세면서 표시하기		
돈의 수(개)		

4-1 지폐의 금액에 따라 분류하고, 그 수를 세어 보세요.

종류	오천 원	천 원
세면서 표시하기		
지폐의 수(장)		

분류한 결과를 말해 보기

친구들이 좋아하는 아이스크림을 분류하고 결과 말해 보기

• 모양에 따라 분류하기

모양	(바)	(콘)
학생의 수(명)	4	6

• 맛에 따라 분류하기

맛	초콜릿 맛	딸기 맛
학생의 수(명)	7	3

• 더 많은 친구들이 좋아하는 아이스크림 모양은 콘입니다.
• 더 많은 친구들이 좋아하는 아이스크림 맛은 초콜릿 맛입니다.
• 친구들에게 아이스크림을 나누어 주려면 초콜릿 맛 콘 아이스크림을 가장 많이 준비하는 것이 좋습니다.

개념 체조하기

1 도영이네 반에 있는 화분의 색깔을 조사하였습니다. 색깔에 따라 분류하고, 그 수를 세어 보세요.

색깔	빨강	노랑	파랑	초록	보라
화분의 수(개)					

1-1 소영이네 반 친구들이 태어난 계절을 조사하였습니다. 계절에 따라 분류하고, 그 수를 세어 보세요.

봄	봄	겨울	가을	여름
여름	봄	가을	여름	겨울
가을	겨울	여름	여름	가을

계절	봄	여름	가을	겨울
학생의 수(명)				

정답과 풀이 21쪽

2 ~ 4 문방구에서 일주일 동안 팔린 색연필을 조사하였습니다. 물음에 답해 보세요.

2 색연필을 색깔에 따라 분류하고, 그 수를 세어 보세요.

색깔	빨간색	노란색	파란색	초록색
세면서 표시하기				
색연필의 수 (자루)				

3 일주일 동안 가장 많이 팔린 색깔의 색연필은 무엇일까요?

( )

4 문방구에서 색연필을 더 많이 팔기 위해서 어떤 색깔의 색연필을 가장 많이 준비하면 좋을까요?

( )

2-1~4-1 학교 앞 과일 가게에서 소율이네 반 학생들이 지난 주에 산 과일을 조사하였습니다. 물음에 답해 보세요.

소율	지애	준혁	태희
찬우	정호	소현	정원
혁찬	민철	고운	유경
철수	주현	유미	한아

2-1 지난 주에 산 과일의 종류에 따라 분류하고, 그 수를 세어 보세요.

종류	사과	바나나	포도	딸기
세면서 표시하기				
학생의 수 (명)				

3-1 가장 많은 학생들이 산 과일은 무엇일까요?

( )

4-1 이번 주에 과일 가게 주인이 과일을 더 많이 팔기 위해 가장 많이 준비해야 할 과일은 무엇일까요?

( )

5

개념 점프하기

Tip

각 음식별 학생의 수와 전체 학생의 수를 살펴보고 빠짐없이 잘 세었는지 확인합니다.

5월의 날씨를 조사한 것을 보고 날씨의 종류에는 어떤 것이 있는지 생각해 봅니다.

맑은 날에 ×, 흐린 날에 √, 비 온 날에 / 등으로 표시하여 날수를 세어 봅니다.

1 예진이네 반 학생들이 좋아하는 음식을 조사하였습니다. 좋아하는 음식에 따라 분류하고, 그 수를 세어 보세요.

음식	김밥	자장면	피자	햄버거	떡볶이
학생의 수 (명)					

2 ~ 3 어느 해 5월의 날씨를 조사하였습니다. 물음에 답해 보세요.

맑은 날 흐린 날 비 온 날

2 날씨의 종류를 빈칸에 써넣으세요.

날씨의 종류			

3 날씨의 종류에 따라 날수를 세어 빈칸에 써넣으세요.

날씨	맑은 날	흐린 날	비 온 날
날수(일)			

4~7 유진이네 반 학생들이 좋아하는 운동을 조사하였습니다. 물음에 답해 보세요.

4 좋아하는 운동에 따라 분류하고, 그 수를 세어 보세요.

운동	축구	수영	야구	농구
세면서 표시하기				
학생의 수 (명)				

Tip

좋아하는 운동에 따라 분류하고, 그 수를 세어 봅니다.

5 가장 많은 학생들이 좋아하는 운동은 무엇일까요?

( )

좋아하는 학생 수가 가장 많은 종목을 찾아봅니다.

6 가장 적은 학생들이 좋아하는 운동은 무엇일까요?

( )

좋아하는 학생 수가 가장 적은 종목을 찾아봅니다.

7 체육 시간에 야구와 농구 중 어떤 운동을 하면 더 많은 학생이 좋아할까요?

( )

야구와 농구 중 더 많은 학생이 좋아하는 운동은 무엇인지 알아봅니다.

5

개념 높이뛰기

1 분류하는 방법 알아보기

1 옷을 분류하였습니다. 분류 기준으로 알맞은 것을 찾아 기호를 써 보세요.

㉠ 남자 옷과 여자 옷
㉡ 옷의 팔의 길이
㉢ 예쁜 옷과 예쁘지 않은 옷

( )

2 ~ 3 지원이는 스티커 5장을 모았습니다. 물음에 답해 보세요.

2 스티커를 분류할 수 있는 기준을 써 보세요.

( )

3 지원이는 스티커를 예쁜 것과 안 예쁜 것으로 분류하려고 합니다. 분류 기준으로 적절한지 말하고, 그 이유를 써 보세요.

답 ______

이유 ______

2 기준에 따라 분류하기

4 동물을 먹이에 따라 분류해 보세요.

먹이	동물
풀	
고기	

5 ~ 6 그림을 보고 물음에 답해 보세요.

5 옷을 색깔에 따라 분류해 보세요.

하늘색	갈색	노란색	분홍색

6 다른 기준을 정하여 분류해 보세요.

분류 기준	

7 ~ 8 칠판에 여러 가지 자석이 붙어 있습니다. 물음에 답해 보세요.

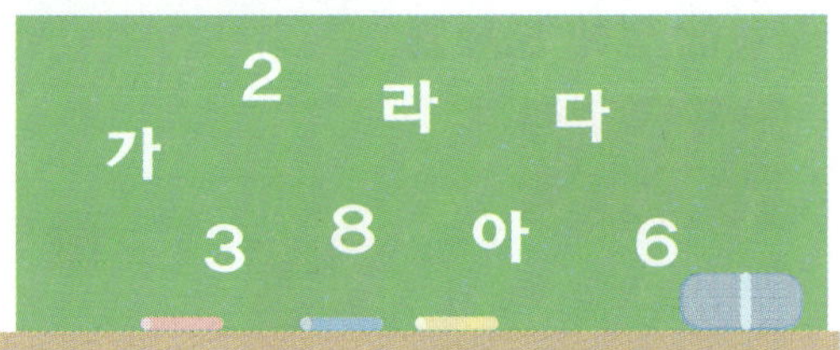

7 ●○○ 자석을 분류할 수 있는 기준을 써 보세요.

분류 기준	

8 ●●○ 7번에서 정한 분류 기준에 따라 분류해 보세요.

자석	

9 ●●● 다음 카드를 쓰여진 글자와 숫자, 카드 색깔에 따라 분류하여 기호를 써 보세요.

㉠	㉡	㉢	㉣
ㅣ	ㅁ	ㅇ	2
㉤	㉥	㉦	㉧
ㅈ	5	ㅊ	8

색깔	(노란색)	(보라색)	(초록색)
글자			
숫자			

3 분류하고 세어 보기

10 ~ 12 우산을 보고 물음에 답해 보세요.

10 ●○○ 우산을 무늬에 따라 분류하고, 그 수를 세어 보세요.

무늬	줄무늬	무늬 없음	물방울 무늬
세면서 표시하기			
우산의 수(개)			

11 ●●○ 우산을 색깔에 따라 분류하고, 그 수를 세어 보세요.

색깔	빨간색	노란색	초록색
세면서 표시하기			
우산의 수 (개)			

12 ●●● 빨간색이면서 물방울 무늬인 우산은 모두 몇 개일까요?

( )개

4 분류한 결과를 말해 보기

13 ~ 15 냉장고에 들어 있는 주스를 조사하였습니다. 물음에 답해 보세요.

포도 주스	딸기 주스	오렌지주스	딸기 주스	딸기 주스
오렌지주스	포도 주스	포도 주스	딸기 주스	딸기 주스

13 냉장고에 들어 있는 주스는 모두 몇 종류일까요?

( )종류

14 주스의 종류에 따라 분류하고, 그 수를 세어 보세요.

주스	포도	딸기	오렌지
세면서 표시하기			
주스의 수(병)			

15 주스가 모두 같은 수만큼 있게 하려면 어떤 주스를 각각 몇 병 더 사야 하는지 구해 보세요.

( )주스 ( )병

( )주스 ( )병

16 ~ 18 동윤, 유빈, 채은이는 빈칸에 색칠을 하고, 각 칸에 적힌 수만큼 점수를 얻는 놀이를 했습니다. 물음에 답해 보세요.

1 (동윤)	3 (동윤)	2 (채은)	3 (채은)
2 (유빈)	1 (유빈)	1 (유빈)	2 (동윤)
3 (유빈)	2 (채은)	1 (유빈)	3 (채은)
1 (동윤)	1 (채은)	2 (유빈)	1 (동윤)

동윤: 빨강
유빈: 초록
채은: 노랑

16 칸을 칠한 학생에 따라 분류하고, 그 수를 세어 보세요.

학생	동윤	유빈	채은
세면서 표시하기			
칸의 수(칸)			

17 세 학생이 칠한 칸을 각각 점수에 따라 분류하고, 그 수를 세어 보세요.

점수	1점	2점	3점
동윤			
유빈			
채은			

18 가장 높은 점수를 얻은 학생은 누구일까요?

( )

5. 분류하기

정답과 풀이 22쪽

1 분류 기준으로 알맞은 것에 ○표 하세요.

(색깔 , 모양 , 크기)

2 크기를 기준으로 분류할 수 있는 것에 ○표 하세요.

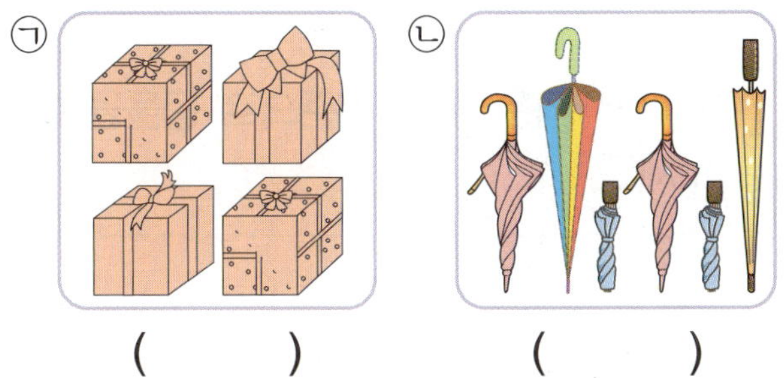

㉠ ( ) ㉡ ( )

3 분류 기준을 알맞게 말한 사람을 찾아 써 보세요.

( )

4 풍선을 분류하려고 합니다. 모양과 색깔 중 분류 기준으로 알맞은 것을 써 보세요.

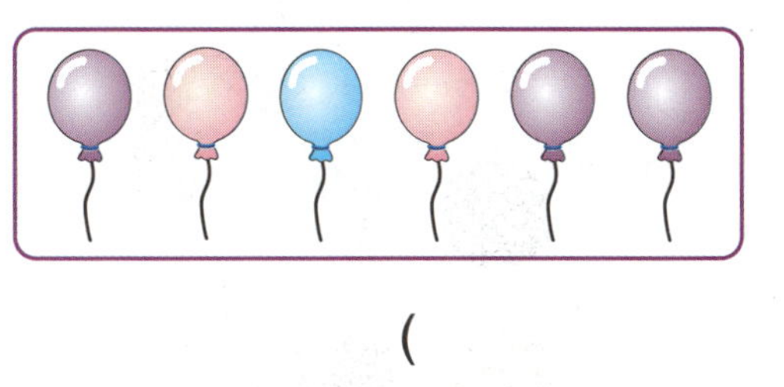

( )

5~6 이동 수단을 기준에 따라 분류하려고 합니다. 물음에 답해 보세요.

5 바퀴의 수에 따라 분류해 보세요.

바퀴 0개	
바퀴 2개	
바퀴 4개	

6 분류 기준을 써 보고, 기준에 따라 분류해 보세요.

분류 기준	

사람의 힘	
엔진의 힘	

7 ~ 9 과자를 보고 물음에 답해 보세요.

7 과자를 모양에 따라 분류해 보세요.

사각형	
원	

8 과자를 색깔에 따라 분류해 보세요.

검은색	
노란색	
갈색	

9 다른 기준을 정하여 분류해 보세요.

분류 기준	

10 ~ 11 그림을 보고 물음에 답해 보세요.

10 동물을 분류할 수 있는 기준을 써 보세요.

(　　　　　　)

11 10에서 세운 분류 기준으로 동물을 분류해 보세요.

12 승용이네 모둠 친구들이 좋아하는 운동을 조사하였습니다. 같은 운동을 기준으로 분류할 때, 몇 가지로 분류할 수 있을까요?

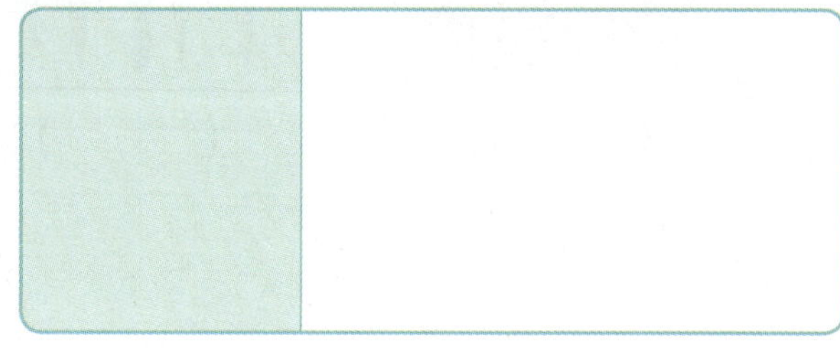

(　　　　　　)가지

13 ~ 15 수정이가 가지고 있는 단추를 보고 물음에 답해 보세요.

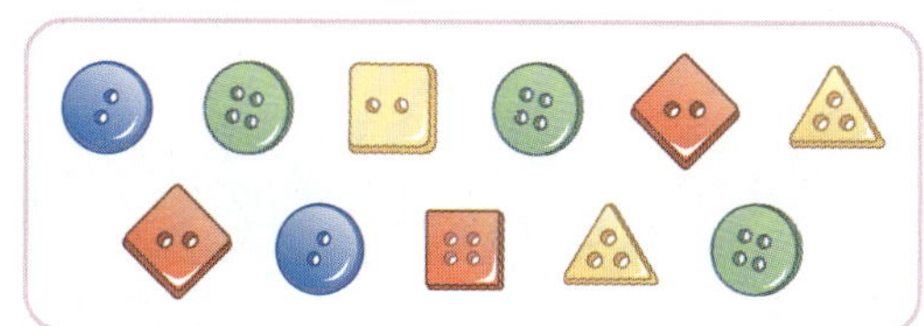

13 단추를 모양에 따라 분류하고, 그 수를 세어 보세요.

모양	○	□	△
세면서 표시하기			
단추의 수 (개)			

14 단추를 구멍의 수에 따라 분류하고, 그 수를 세어 보세요.

구멍의 수	2개	3개	4개
세면서 표시하기			
단추의 수 (개)			

15 단추의 구멍이 2개이고 사각형 모양인 빨간색 단추는 모두 몇 개일까요?

( )개

16 ~ 18 해변가의 모습을 보고 물음에 답해 보세요.

16 물 안에 있는 사람과 모래사장에 있는 사람에 따라 분류하고, 그 수를 세어 보세요.

장소	물 안에 있는 사람	모래사장에 있는 사람
사람의 수 (명)		

17 활동하고 있는 모습에 따라 분류하고, 그 수를 세어 보세요.

활동	수영	공놀이	모래성 쌓기
사람의 수 (명)			

18 다른 기준을 정하여 분류하고, 그 수를 세어 보세요.

분류 기준	

사람의 수 (명)	

5

19 ~ 21 소은이네 학교 앞 음식점에서 소은이와 친구들이 사 먹은 음식을 조사하였습니다. 물음에 답해 보세요.

김밥	떡볶이	햄버거	케이크	햄버거	케이크	떡볶이
케이크	떡볶이	김밥	치킨	떡볶이	김밥	치킨

19 사 먹은 음식을 종류에 따라 분류할 때, 몇 가지로 분류할 수 있을까요?

( )가지

20 사 먹은 음식을 종류에 따라 분류하고, 그 수를 세어 보세요.

음식	세면서 표시하기	학생의 수(명)
김밥		
떡볶이		
햄버거		
케이크		
치킨		

21 소은이네 학교 앞 음식점에서 어떤 음식이 가장 많이 팔릴까요?

( )

서술형

22 과일을 다음과 같이 분류하였습니다. 분류 기준으로 알맞지 않은 이유를 써 보세요.

좋아하는 과일	좋아하지 않는 과일

이유

23 준성이는 여러 가지 물건을 분류하였습니다. 잘못 분류된 것을 찾아 ○표 하고, 그렇게 생각한 이유를 써 보세요.

㉠	㉡

이유

곱셈

- 여러 가지 방법으로 세어 볼까요
- 묶어 세어 볼까요
- 몇의 몇 배를 알아볼까요
- 몇의 몇 배로 나타내 볼까요
- 곱셈을 알아볼까요
- 곱셈식으로 나타내 볼까요

여러 가지 방법으로 세어 보기

도넛의 수를 여러 가지 방법으로 세어 보기

- 하나씩 세기

1, 2, 3, ⋯ , 11, 12 ➡ 하나씩 세어 보면 모두 12개입니다.

- 뛰어 세기

2씩 뛰어 세기

0 1 2 3 4 5 6 7 8 9 10 11 12

3씩 뛰어 세기

0 1 2 3 4 5 6 7 8 9 10 11 12

➡ 뛰어 세어 보면 모두 12개입니다.

- 묶어 세기

2개씩 묶어 세기

➡ 2개씩 6묶음이므로 모두 12개입니다.

물건의 수가 많을 때 하나씩 세면 시간이 오래 걸리므로 묶어서 세는 것이 더 편리합니다.

개념 체조하기

1 감은 모두 몇 개인지 하나씩 세어 보세요.

( )개

1-1 사탕은 모두 몇 개인지 하나씩 세어 보세요.

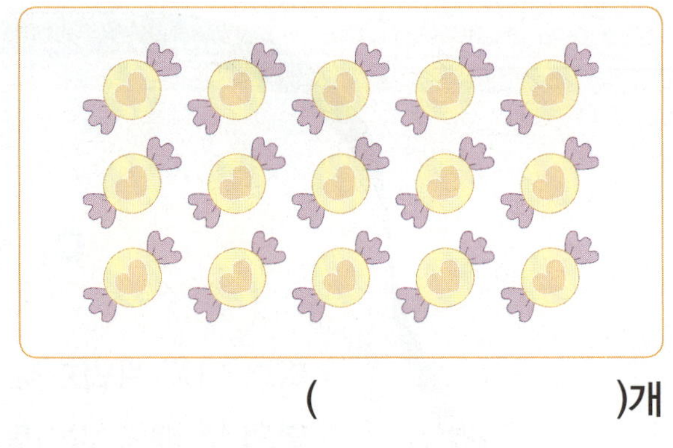

( )개

정답과 풀이 23쪽

2 구슬은 모두 몇 개인지 2씩 뛰어 세어 보세요.

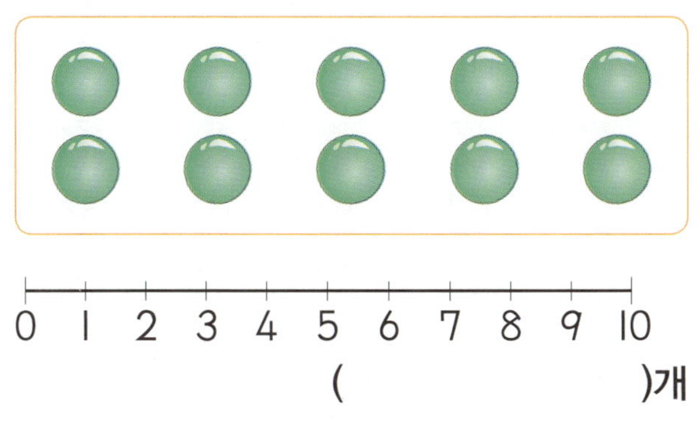

0 1 2 3 4 5 6 7 8 9 10

( )개

2-1 옥수수는 모두 몇 개인지 3씩 뛰어 세어 보세요.

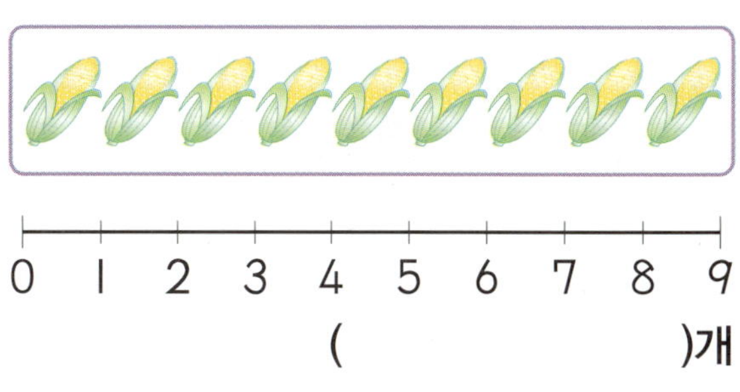

0 1 2 3 4 5 6 7 8 9

( )개

3 ~ 4 그림을 보고 물음에 답해 보세요.

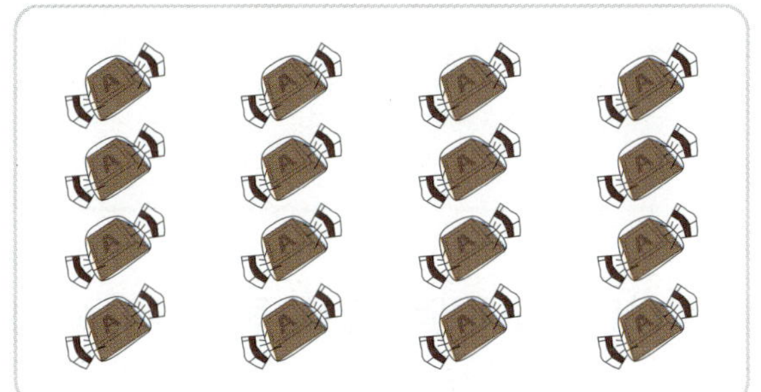

3 □ 안에 알맞은 수를 써넣으세요.

초콜릿을 4개씩 묶어 세면 4개씩 □묶음입니다. 초콜릿은 모두 □개입니다.

4 □ 안에 알맞은 수를 써넣으세요.

초콜릿을 3개씩 묶어 세면 3개씩 □묶음에 낱개 □개가 됩니다. 초콜릿은 모두 □개입니다.

3-1~4-1 그림을 보고 물음에 답해 보세요.

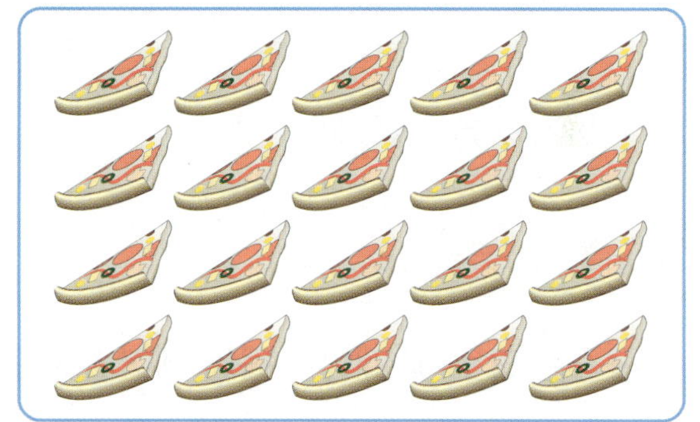

3-1 □ 안에 알맞은 수를 써넣으세요.

피자를 5조각씩 묶어 세면 5조각씩 □묶음입니다. 피자는 모두 □조각입니다.

4-1 □ 안에 알맞은 수를 써넣으세요.

피자를 6조각씩 묶어 세면 6조각씩 □묶음에 낱개 □조각이 됩니다. 피자는 모두 □조각입니다.

개념 준비하기 묶어 세기

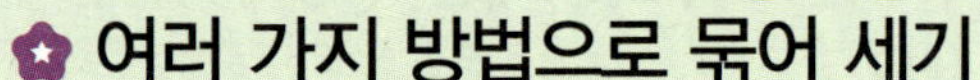

여러 가지 방법으로 묶어 세기

• 5씩 묶어 세기

5

5

5

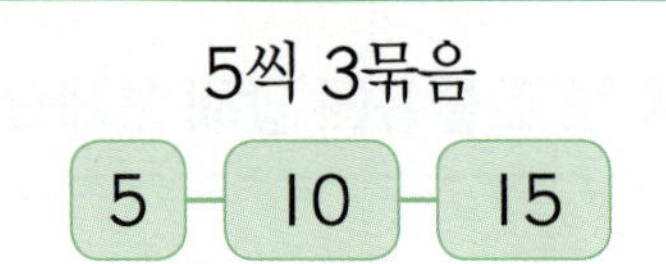

5씩 3묶음

5 - 10 - 15

➡ 딸기는 모두 15개입니다.

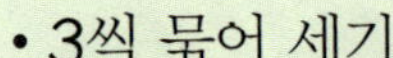

• 3씩 묶어 세기

3 3 3 3 3

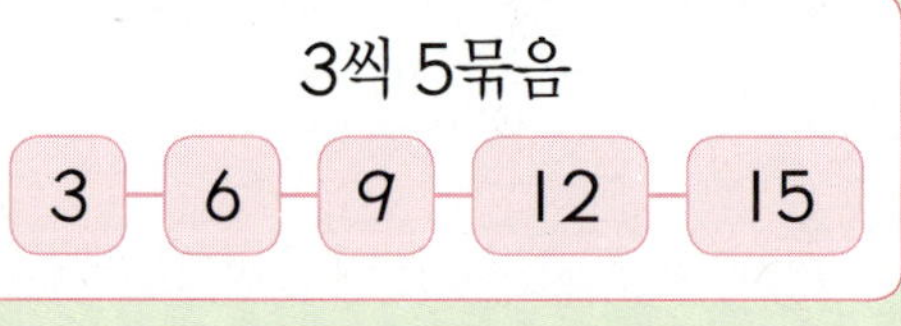

3씩 5묶음

3 - 6 - 9 - 12 - 15

➡ 딸기는 모두 15개입니다.

개념 체조하기

1 축구공은 모두 몇 개인지 묶어 세어 보세요.

(1) 5씩 묶어 세어 보세요.

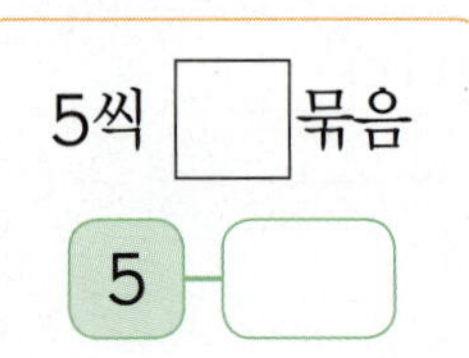

5씩 □ 묶음

5 - □

축구공은 모두 □ 개입니다.

(2) 2씩 묶어 세어 보세요.

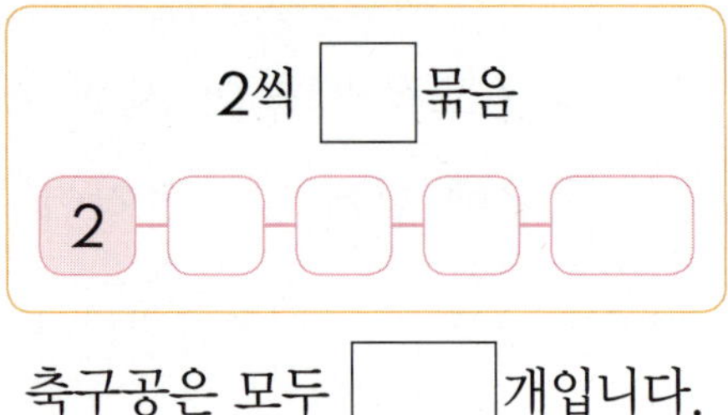

2씩 □ 묶음

2 - □ - □ - □ - □

축구공은 모두 □ 개입니다.

1-1 토마토는 모두 몇 개인지 묶어 세어 보세요.

(1) 4씩 묶어 세어 보세요.

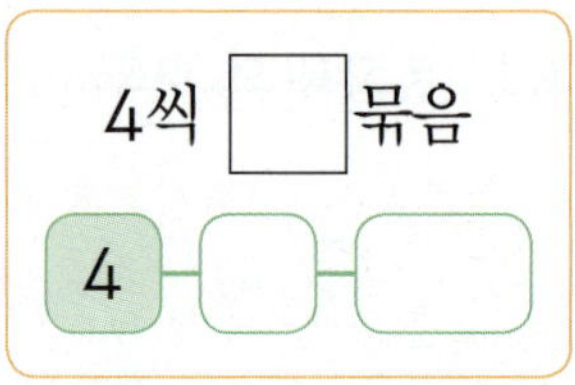

4씩 □ 묶음

4 - □ - □

토마토는 모두 □ 개입니다.

(2) 3씩 묶어 세어 보세요.

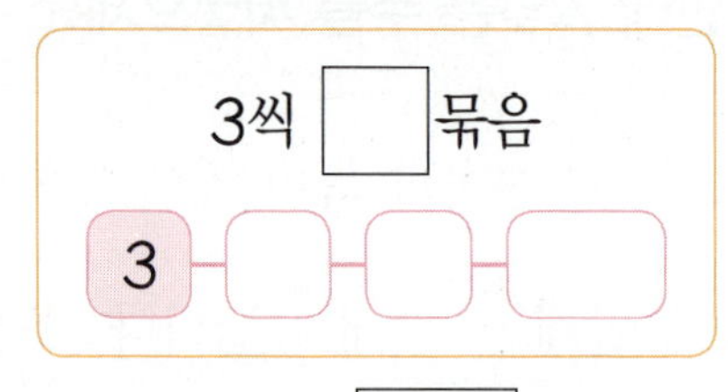

3씩 □ 묶음

3 - □ - □ - □

토마토는 모두 □ 개입니다.

2 그림을 보고 물음에 답해 보세요.

(1) 귤을 묶어 세어 보고, □ 안에 알맞은 수를 써넣으세요.

6씩 □ 묶음

4씩 □ 묶음

(2) 다른 방법으로 묶어 세어 보세요.

□씩 □묶음

□씩 □묶음

(3) 귤은 모두 몇 개일까요?

(　　　　　　)개

2-1 그림을 보고 물음에 답해 보세요.

(1) 바나나를 묶어 세어 보고, □ 안에 알맞은 수를 써넣으세요.

6씩 □ 묶음

3씩 □ 묶음

(2) 다른 방법으로 묶어 세어 보세요.

□씩 □묶음

□씩 □묶음

(3) 바나나는 모두 몇 개일까요?

(　　　　　　)개

3 강아지는 모두 몇 마리인지 묶어 세어 보세요.

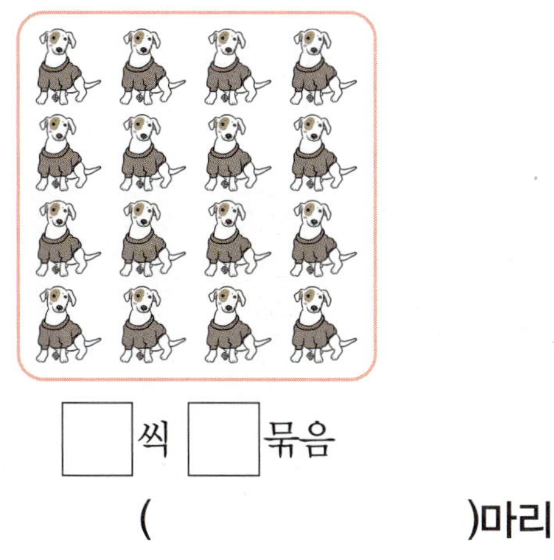

□씩 □묶음

(　　　　　　)마리

3-1 밤은 모두 몇 개인지 묶어 세어 보세요.

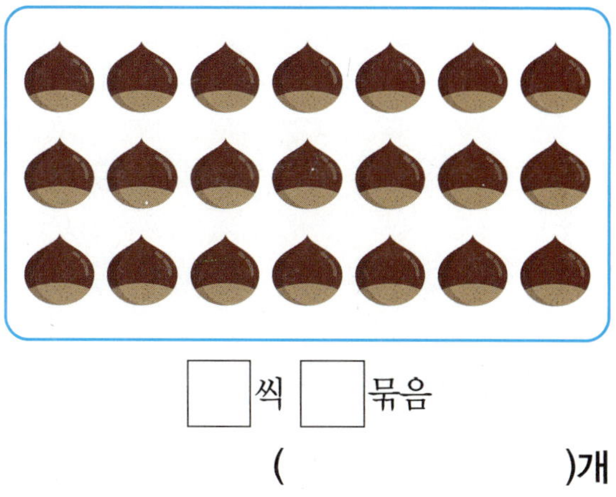

□씩 □묶음

(　　　　　　)개

개념 준비하기 몇의 몇 배 알아보기

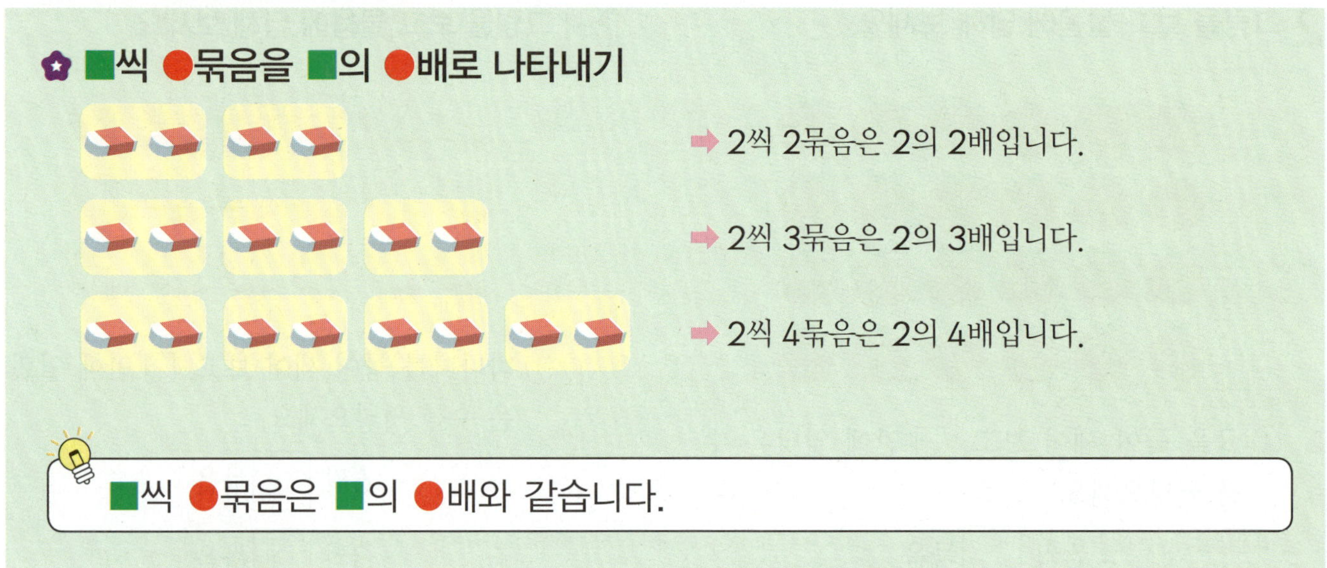

✿ ■씩 ●묶음을 ■의 ●배로 나타내기

➡ 2씩 2묶음은 2의 2배입니다.

➡ 2씩 3묶음은 2의 3배입니다.

➡ 2씩 4묶음은 2의 4배입니다.

■씩 ●묶음은 ■의 ●배와 같습니다.

개념 체조하기

1 그림을 보고 □ 안에 알맞은 수를 써넣으세요.

(1) ➡ 4씩 2묶음은 4의 □배입니다.

(2) ➡ 4씩 3묶음은 4의 □배입니다.

(3) ➡ 4씩 4묶음은 4의 □배입니다.

(4) ➡ 4씩 5묶음은 4의 □배입니다.

1-1 그림을 보고 □ 안에 알맞은 수를 써넣으세요.

(1) ➡ 3씩 2묶음은 3의 □배입니다.

(2) ➡ 3씩 3묶음은 3의 □배입니다.

(3) ➡ 3씩 4묶음은 3의 □배입니다.

2 그림을 보고 □ 안에 알맞은 수를 써넣으세요.

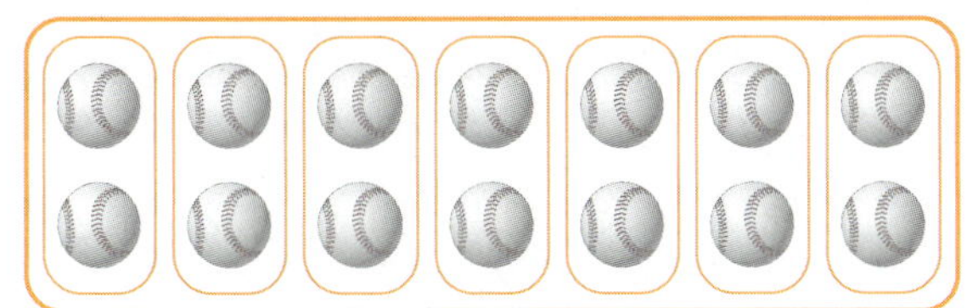

2씩 □ 묶음은 2의 □ 배입니다.

2-1 그림을 보고 □ 안에 알맞은 수를 써넣으세요.

6씩 □ 묶음은 6의 □ 배입니다.

3 그림을 보고 □ 안에 알맞은 수를 써넣으세요.

□씩 □묶음 → □의 □배
□씩 □묶음 → □의 □배

3-1 그림을 보고 □ 안에 알맞은 수를 써넣으세요.

□씩 □묶음 → □의 □배
□씩 □묶음 → □의 □배

4 복숭아의 수는 5의 몇 배일까요?

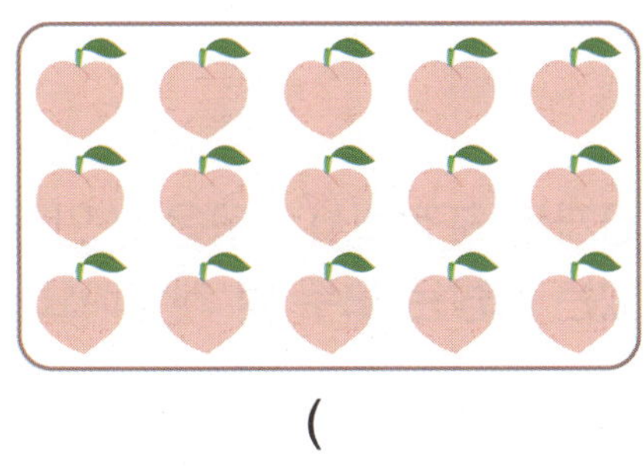

(　　　　　)배

4-1 종이학의 수는 3의 몇 배일까요?

(　　　　　)배

개념 점프하기

Tip

쿠키의 수를 4씩 뛰어 세기와 묶어 세기의 방법으로 세어 봅니다.

1 그림을 보고 물음에 답해 보세요.

(1) 쿠키의 수를 4씩 뛰어 세어 보고, 빈칸에 알맞은 수를 써넣으세요.

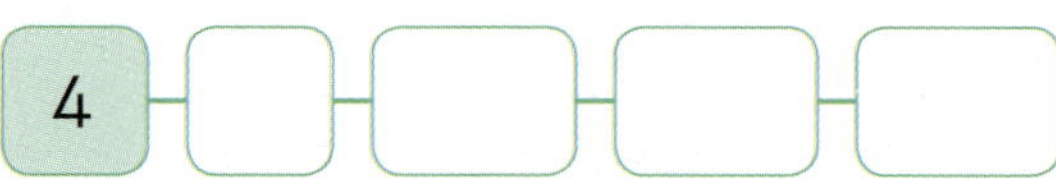

(2) 쿠키의 수를 4씩 묶어 세어 보고, □ 안에 알맞은 수를 써넣으세요.

4씩 묶어 세면 4씩 □묶음입니다.

(3) 쿠키의 수는 모두 몇 개일까요?

( )개

포도를 8씩, 5씩, 4씩 묶어 몇씩 몇 묶음인지 알아봅니다.

2 그림을 보고 잘못 말한 사람을 찾아 써 보세요.

재민: 포도는 8씩 3묶음이야.
주현: 포도는 5씩 5묶음이야.
슬기: 포도는 4씩 6묶음이야.

( )

상현이가 가지고 있는 사탕은 3씩 6묶음입니다.

3 상현이는 사탕을 3개씩 포장해서 6묶음을 만들었습니다. 상현이가 가지고 있는 사탕은 모두 몇 개일까요? (단, 남은 사탕은 없습니다.)

( )개

4 딸기는 모두 몇 개인지 두 가지 방법으로 묶어 세어 보세요.

(1) 4씩 묶고 모두 몇 묶음인지 구해 보세요.

( )묶음

(2) 5씩 묶고 모두 몇 묶음인지 구해 보세요.

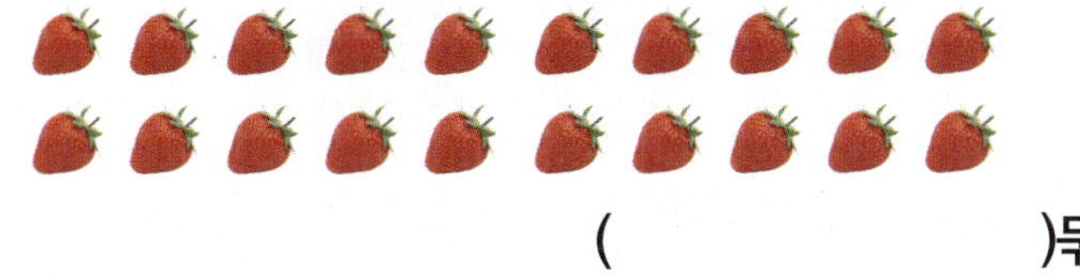

( )묶음

(3) 딸기는 모두 몇 개일까요?

( )개

여러 가지 방법으로 묶어 셀 수 있습니다.

5 같은 것끼리 이어 보세요.

(1)	5씩 3묶음	㉠	3의 4배	①	8
(2)	3씩 4묶음	㉡	5의 3배	②	15
(3)	4씩 2묶음	㉢	4의 2배	③	12

■씩 ●묶음은 ■의 ●배와 같습니다.

6 연아는 과자를 4씩 4묶음만큼 가지고 있고, 영지는 과자를 5의 3배만큼 가지고 있습니다. 과자를 더 많이 가지고 있는 사람은 누구일까요?

( )

4씩 4묶음과 5의 3배가 각각 몇인지 구해 보고 크기를 비교해 봅니다.

6

몇의 몇 배로 나타내기

✿ 개수를 몇의 몇 배로 나타내기

• 성우가 가진 구슬의 수는 미연이가 가진 구슬의 수의 3배입니다.

✿ 길이를 몇의 몇 배로 나타내기

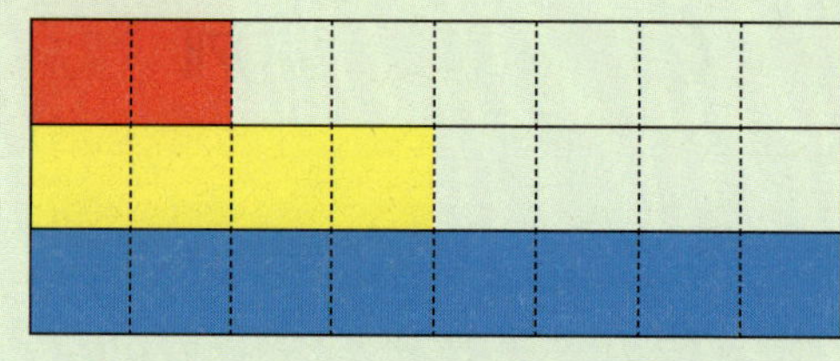

• 노란색 막대의 길이는 빨간색 막대의 길이를 2번 이어 붙인 것과 같습니다.
➡ 노란색 막대의 길이는 빨간색 막대의 길이의 2배입니다.

• 파란색 막대의 길이는 빨간색 막대의 길이를 4번 이어 붙인 것과 같습니다.
➡ 파란색 막대의 길이는 빨간색 막대의 길이의 4배입니다.

개념 체조하기

1 그림을 보고 □ 안에 알맞은 수를 써넣으세요.

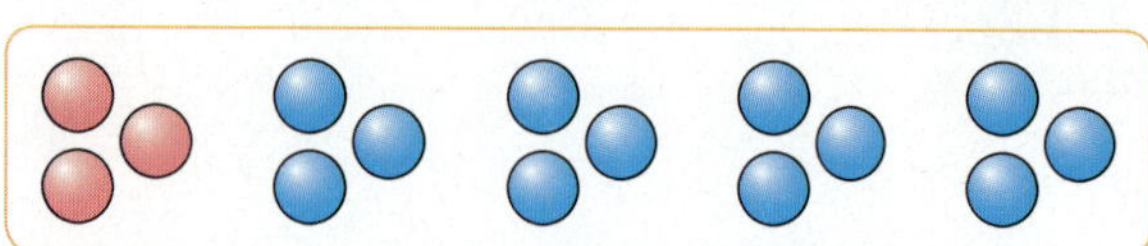

(1) 빨간색 구슬은 3씩 □ 묶음입니다.

(2) 파란색 구슬은 3씩 □ 묶음입니다.

(3) 파란색 구슬의 수는 빨간색 구슬의 수의 □ 배입니다.

1-1 그림을 보고 □ 안에 알맞은 수를 써넣으세요.

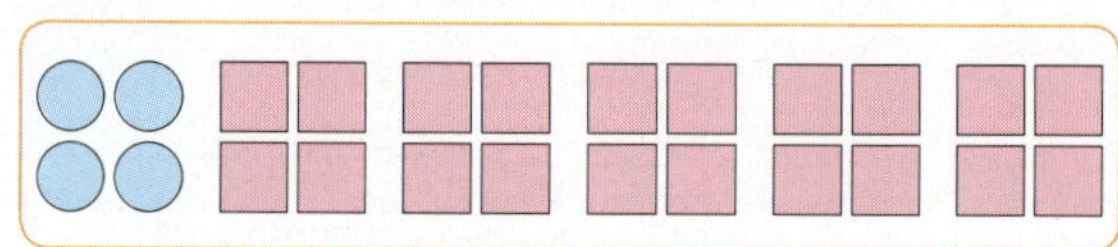

(1) 원은 4씩 □ 묶음입니다.

(2) 사각형은 4씩 □ 묶음입니다.

(3) 사각형의 수는 원의 수의 □ 배입니다.

2 지혁이는 윤진이가 가진 도넛 수의 5배를 가지고 있을 때, 지혁이가 가진 도넛의 수만큼 ○를 그려 보세요.

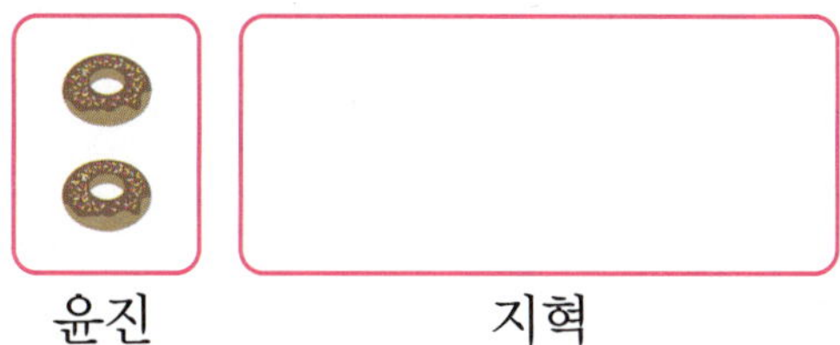

2-1 태호는 동하가 가진 사탕 수의 4배를 가지고 있을 때, 태호가 가진 사탕의 수만큼 ○를 그려 보세요.

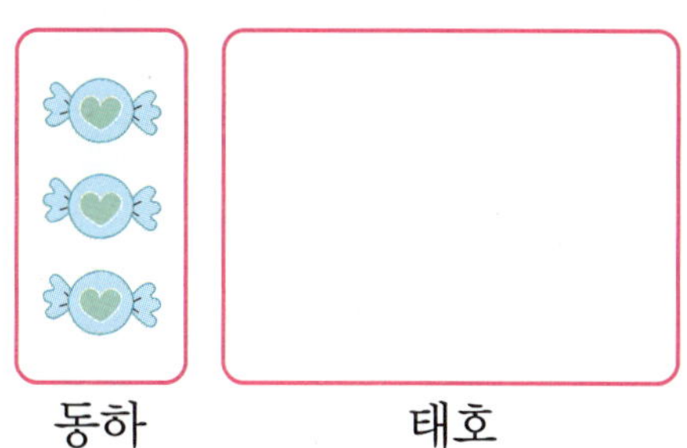

3 파란색 막대의 길이는 빨간색 막대의 길이의 몇 배일까요?

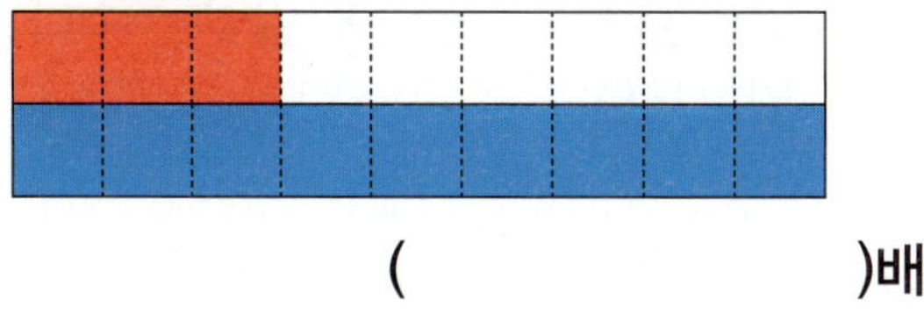

(　　　　　　　)배

3-1 초록색 막대의 길이는 노란색 막대의 길이의 몇 배일까요?

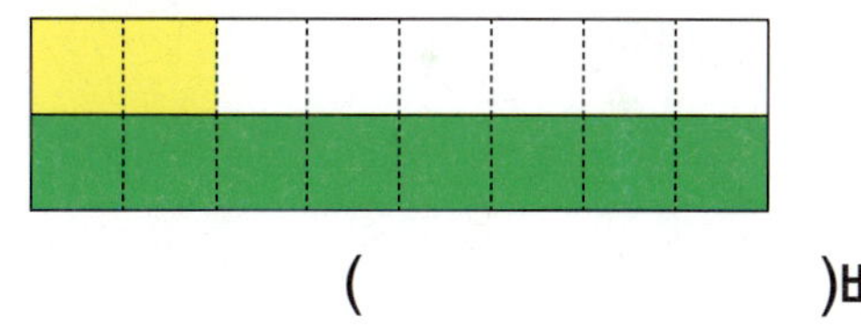

(　　　　　　　)배

4 주황색 막대의 길이의 3배만큼 빈칸에 색칠해 보세요.

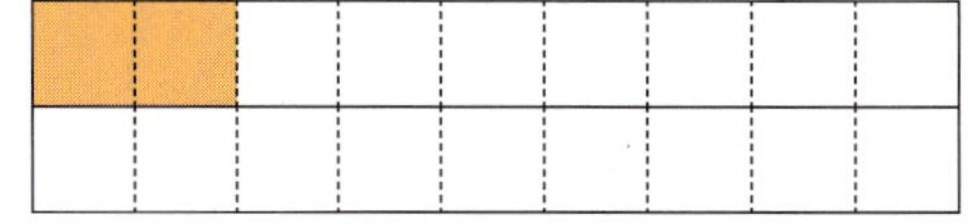

4-1 보라색 막대의 길이의 2배만큼 빈칸에 색칠해 보세요.

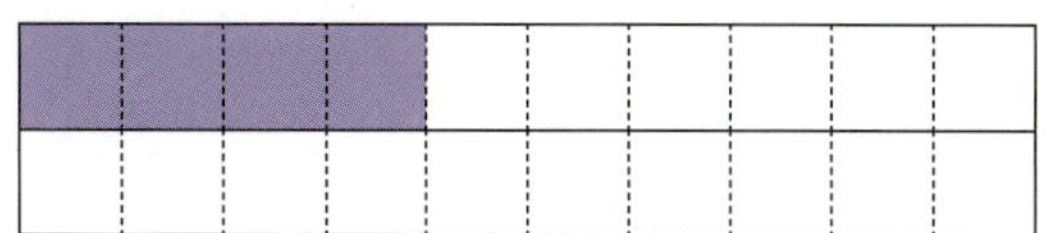

6

개념 준비하기 곱셈 알아보기

2의 4배를 곱셈으로 나타내기

- 2씩 4묶음 ➡ 2의 4배 ➡ 2×4
- 2의 4배를 2×4라고 씁니다.
- 2×4는 2 곱하기 4라고 읽습니다.
- 2+2+2+2는 2×4와 같습니다.
- 2×4=8
- 2×4=8은 2 곱하기 4는 8과 같습니다라고 읽습니다.
- 2와 4의 곱은 8입니다.

2의 4배
쓰기 2×4 읽기 2 곱하기 4

■의 ●배는 ■×●로 나타내고 ■를 ●번 더한 수와 같습니다.

개념 체조하기

1 그림을 보고 □ 안에 알맞은 수나 말을 써넣으세요.

(1) 꽃이 5씩 □묶음이므로 5의 □배입니다.

(2) 5의 □배는 5×□(이)라고 씁니다.

(3) 5×□은/는 5 □ □(이)라고 읽습니다.

1-1 그림을 보고 □ 안에 알맞은 수나 말을 써넣으세요.

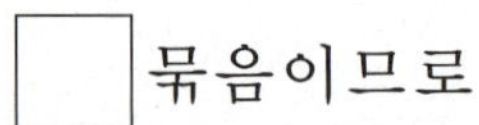

(1) 클로버가 □씩 □묶음이므로 □의 □배입니다.

(2) □의 □배는 □×□(이)라고 씁니다.

(3) □×□은/는 □ □ □(이)라고 읽습니다.

2 빵의 수는 모두 몇 개인지 알아보려고 합니다. □ 안에 알맞은 수를 써넣으세요.

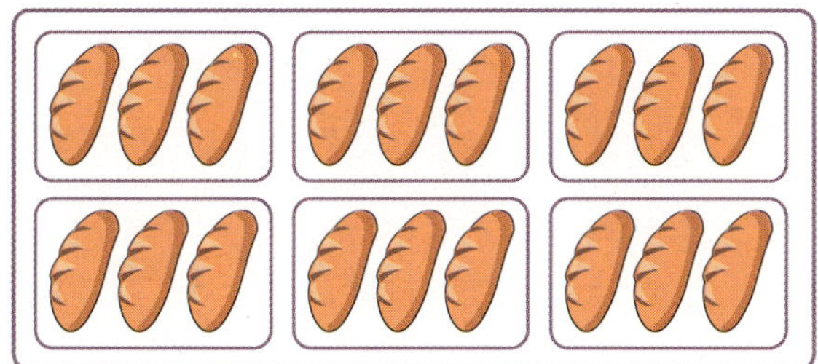

(1) 빵의 수를 덧셈식으로 나타내면

3+□+□+□+□+□

=□

(2) 빵의 수를 곱셈식으로 나타내면

3×□=□입니다.

(3) 빵은 모두 □개입니다.

2-1 연필의 수는 모두 몇 개인지 알아보려고 합니다. □ 안에 알맞은 수를 써넣으세요.

(1) 연필의 수를 덧셈식으로 나타내면

5+□+□=□

(2) 연필의 수를 곱셈식으로 나타내면

5×□=□입니다.

(3) 연필은 모두 □개입니다.

6

3 구슬의 수를 곱셈으로 나타내 보고, 바르게 읽어 보세요.

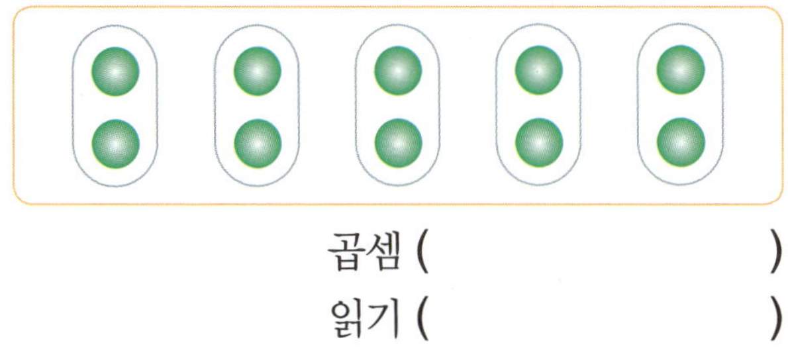

곱셈 (　　　　　　　)

읽기 (　　　　　　　)

3-1 복숭아의 수를 곱셈으로 나타내 보고, 바르게 읽어 보세요.

곱셈 (　　　　　　　)

읽기 (　　　　　　　)

4 나타내는 수가 나머지 셋과 다른 것을 찾아 기호를 써 보세요.

㉠ 2+2+2	㉡ 2의 3배
㉢ 2×2	㉣ 2 곱하기 3

(　　　　　　　)

4-1 나타내는 수가 나머지 셋과 다른 것을 찾아 기호를 써 보세요.

㉠ 4+4+4+4+4	㉡ 4+5
㉢ 4×5	㉣ 4 곱하기 5

(　　　　　　　)

여러 가지 곱셈식으로 나타내기

여러 가지 곱셈식으로 나타내기

• 2의 8배

덧셈식:

2+2+2+2+2+2+2+2

=16

곱셈식: 2×8=16

• 8의 2배

덧셈식: 8+8=16

곱셈식: 8×2=16

• 4의 4배

덧셈식: 4+4+4+4=16

곱셈식: 4×4=16

➡ 야구공은 모두 16개입니다.

개념 체조하기

1 그림을 보고 □ 안에 알맞은 수를 써넣으세요.

(1) 사탕의 수는 9의 □배입니다.

(2) 9의 □배를 덧셈식으로 나타내면

□+□=□입니다.

(3) 9의 □배를 곱셈식으로 나타내면

□×□=□입니다.

(4) 사탕은 모두 □개입니다.

1-1 그림을 보고 □ 안에 알맞은 수를 써넣으세요.

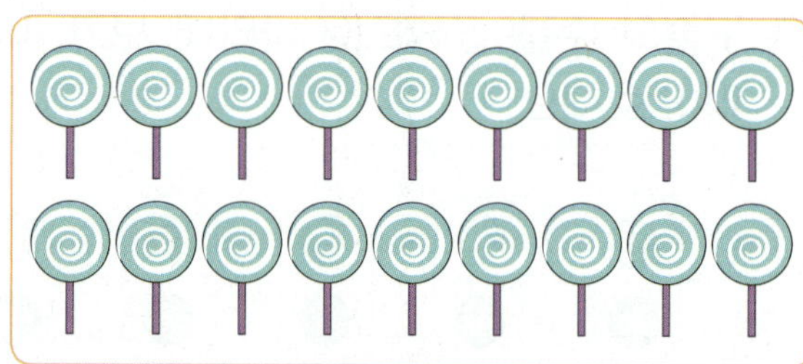

(1) 사탕의 수는 6의 □배입니다.

(2) 6의 □배를 덧셈식으로 나타내면

□+□+□=□입니다.

(3) 6의 □배를 곱셈식으로 나타내면

□×□=□입니다.

(4) 사탕은 모두 □개입니다.

2 아이스크림의 수를 덧셈식과 곱셈식으로 나타내 보세요.

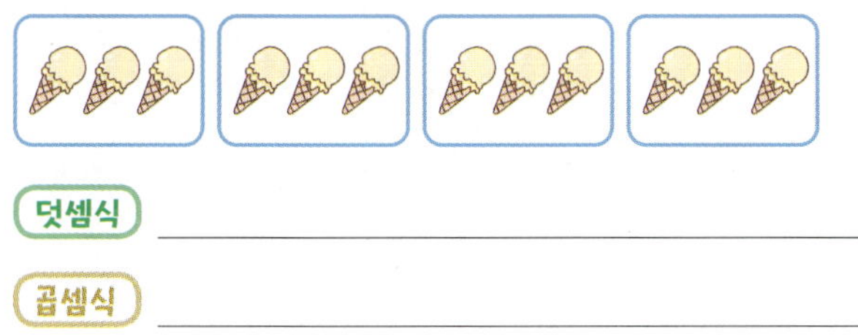

덧셈식 ______

곱셈식 ______

2-1 초콜릿의 수를 덧셈식과 곱셈식으로 나타내 보세요.

덧셈식 ______

곱셈식 ______

3 자전거 8대의 바퀴 수를 곱셈식으로 나타내 보세요.

곱셈식 ______

3-1 자동차 7대의 바퀴 수를 곱셈식으로 나타내 보세요.

곱셈식 ______

4 나뭇잎의 수를 두 가지 곱셈식으로 나타내 보세요.

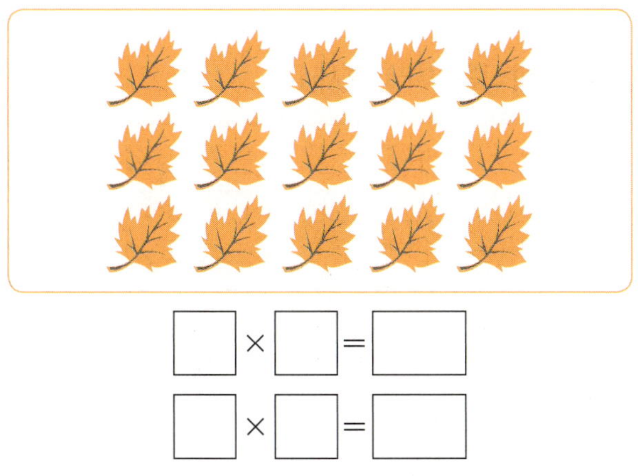

$\square \times \square = \square$

$\square \times \square = \square$

4-1 야구공의 수를 두 가지 곱셈식으로 나타내 보세요.

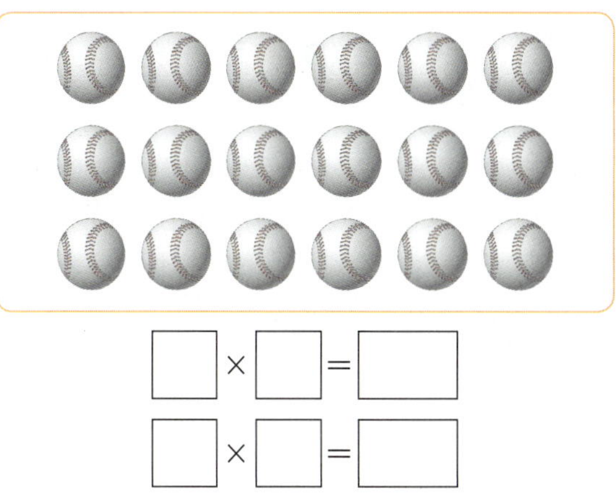

$\square \times \square = \square$

$\square \times \square = \square$

개념 점프하기

Tip

1 딸기의 수는 바나나의 수의 몇 배인지 말해 보세요.

딸기의 수는 바나나의 수의 ☐배입니다.

빨간색 막대를 2번, 4번 이어 붙인 길이와 같은 막대를 찾아 봅니다.

2 그림을 보고 빨간색 막대의 길이의 2배인 막대와 4배인 막대를 각각 찾아 기호를 써 보세요.

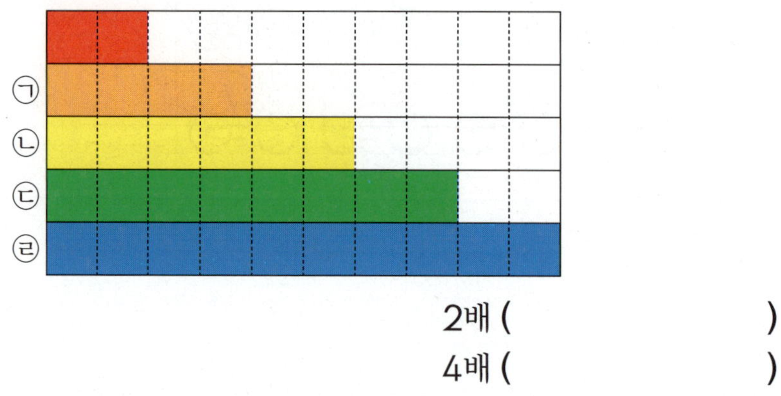

2배 (　　　　　　)
4배 (　　　　　　)

3씩 묶어서 3×■=●로 나타내 봅니다.

3 빈칸에 알맞은 곱셈식을 써넣으세요.

★★★	★★★ ★★★	★★★ ★★★ ★★★	★★★ ★★★ ★★★ ★★★	★★★ ★★★ ★★★ ★★★ ★★★
3×1=3	3×2=6			

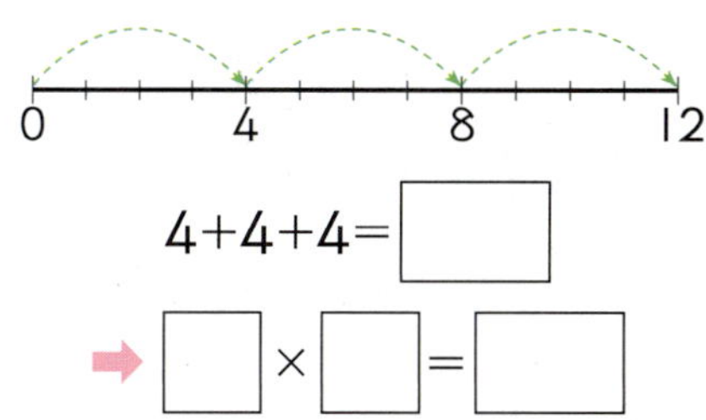

4 관계있는 것끼리 이어 보세요.

(1) 7 곱하기 5 •   • ㉠ 3×6

(2) 8+8+8+8 •   • ㉡ 7×5

(3) 3씩 6묶음 •   • ㉢ 8×4

5 수현이는 성냥개비로 다음과 같은 도형을 만들었습니다. 성냥개비를 모두 몇 개 사용했는지 곱셈식으로 구해 보세요.

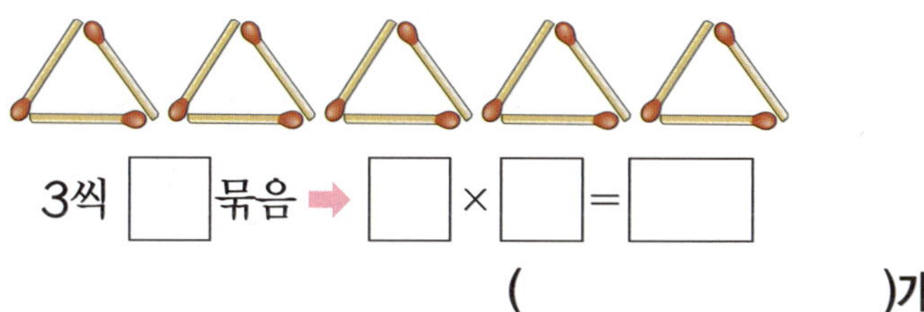

3씩 □묶음 ➡ □×□=□

( )개

6 세발자전거가 7대 있습니다. 세발자전거의 바퀴 수는 모두 몇 개인지 곱셈식을 쓰고, 답을 구해 보세요.

식 ______

답 ( )개

7 18개의 사탕을 지원이는 3개씩 6봉지에 담았고, 민식이는 9개씩 2봉지에 담았습니다. 지원이와 민식이가 담은 방법을 각각 곱셈식으로 나타내 보세요.

지원 ( )

민식 ( )

Tip

- 같은 수를 여러 번 더한 것은 곱하기로 나타낼 수 있습니다.
- 3씩 몇 묶음인지 알아봅니다.
- 바퀴가 몇 개씩 몇 묶음 있는지 생각해 봅니다.
- 사탕 18개를 여러 가지 방법으로 나누어 담을 수 있습니다.

6

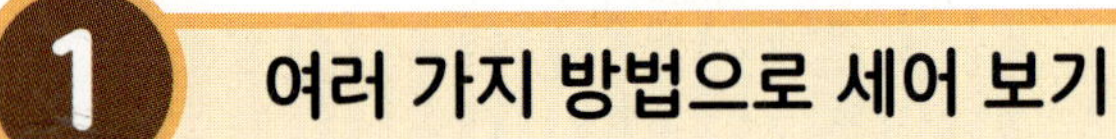

1 여러 가지 방법으로 세어 보기

1 구슬은 모두 몇 개인지 2씩 뛰어 세어 보세요.

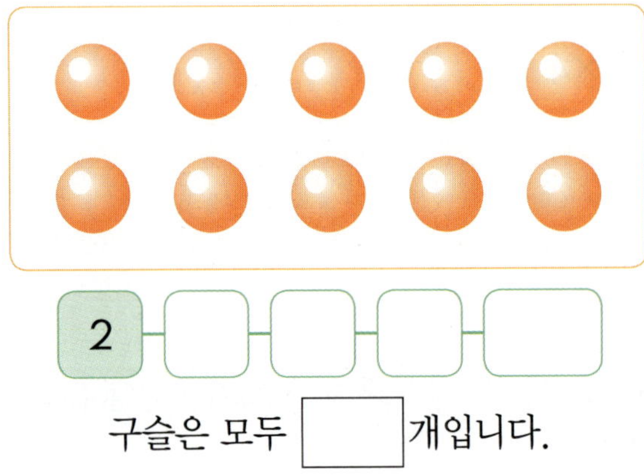

2 - ☐ - ☐ - ☐ - ☐

구슬은 모두 ☐ 개입니다.

2~3 그림을 보고 물음에 답해 보세요.

2 도토리를 3개씩 묶어 세면 몇 묶음인지 구해 보세요.

( )묶음

3 도토리를 5개씩 묶어 세어 보려고 합니다. 풀이 과정을 쓰고, 답을 구해 보세요.

2 묶어 세기

4 그림을 보고 ☐ 안에 알맞은 수를 써넣으세요.

☐ 씩 ☐ 묶음

컵케이크는 모두 ☐ 개입니다.

5 단추를 두 가지 방법으로 묶어 세어 보세요.

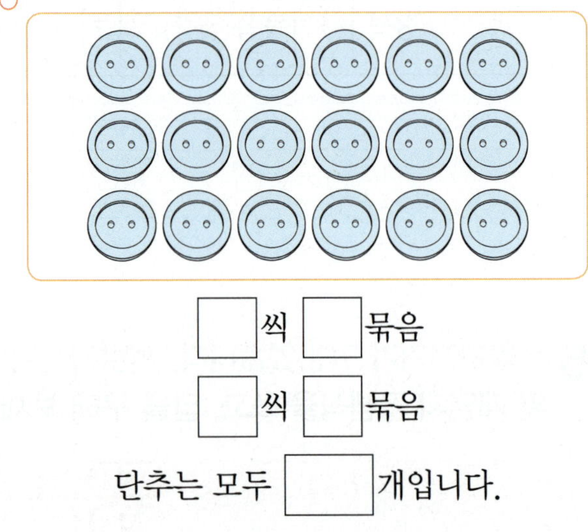

☐ 씩 ☐ 묶음

☐ 씩 ☐ 묶음

단추는 모두 ☐ 개입니다.

6 찬혁이는 연필을 3씩 5묶음 가지고 있고, 예원이는 연필을 4씩 4묶음 가지고 있습니다. 연필을 더 많이 가지고 있는 사람은 누구일까요?

( )

3 몇의 몇 배 알아보기

7 그림을 보고 □ 안에 알맞은 수를 써넣으세요.

병아리는 □씩 □묶음이므로

□의 □배입니다.

8 그림을 보고 □ 안에 알맞은 수를 써넣으세요.

(1) 우표의 수는 3의 □배입니다.

(2) 우표의 수는 6의 □배입니다.

9 사과를 보고 틀리게 말한 사람을 찾아 써 보세요.

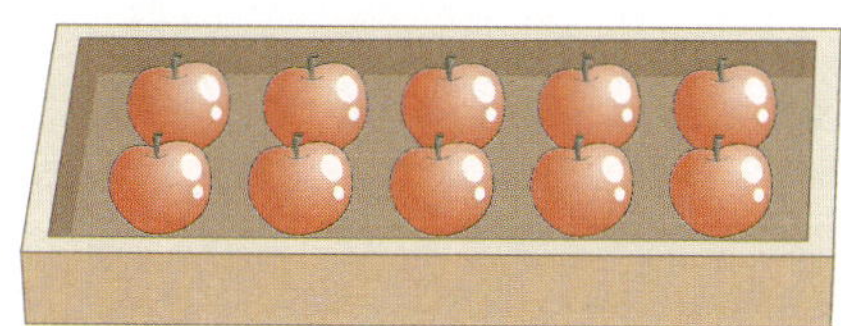

세은: 사과는 2씩 5묶음 있어.
주영: 사과는 5의 2배만큼 있어.
영호: 사과는 3의 3배만큼 있어.

( )

4 몇의 몇 배로 나타내기

10 ~ 11 현우, 세미, 민준이가 가진 아이스크림을 보고 물음에 답해 보세요.

현우 

세미 

민준   

10 세미가 가진 아이스크림의 수는 현우가 가진 아이스크림의 수의 몇 배일까요?

( )배

11 아이스크림의 수를 잘못 말한 사람을 찾아 써 보세요.

현우: 나는 아이스크림을 3씩 1묶음 가지고 있어.
세미: 나는 아이스크림 6개를 가지고 있어.
민준: 내 아이스크림의 수는 세미의 3배야.

( )

12 그림엽서를 준성이는 3장 가지고 있고, 형은 준성이의 4배를 가지고 있습니다. 형이 가지고 있는 그림엽서는 몇 장일까요?

( )장

6

5 곱셈 알아보기

13 □ 안에 알맞은 수를 써넣으세요.

(1) 6의 2배는 □입니다.

➡ □×□=□

(2) 5와 7의 곱은 □입니다.

➡ □×□=□

14 그림을 보고 풍선의 수를 구하는 식으로 알맞은 것을 모두 고르세요. (　　　)

① 6+6+6+6　② 4+4+4+4+4
③ 6×4　④ 6+6+6
⑤ 6+4

15 나비 모양이 규칙적으로 그려진 이불 위에 강아지가 누워 있습니다. 이불에 그려진 나비는 모두 몇 마리일까요?

(　　　　　)마리

6 곱셈식으로 나타내기

16 그림을 보고 □ 안에 알맞은 수를 써넣으세요.

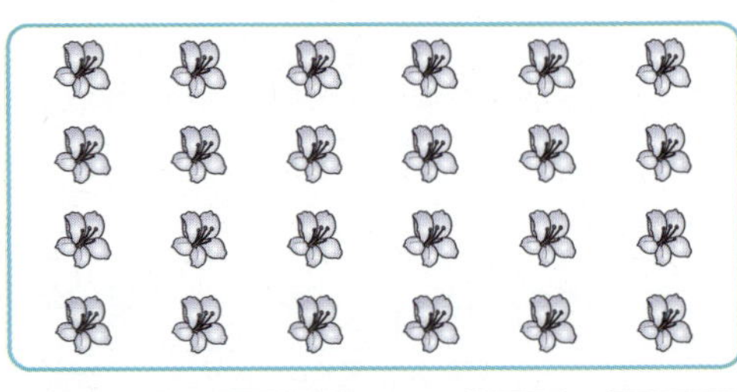

3×□=□, 8×□=□

4×□=□, 6×□=□

17 계산한 값이 다른 것을 고르세요. (　　)

① 3×6　② 9×2
③ 2×9　④ 2×6
⑤ 6×3

18 민정이는 아래의 티셔츠와 바지를 하나씩 입으려고 합니다. 모두 몇 가지 방법으로 입을 수 있는지 구해 보세요.

(　　　　　)가지

1 모자를 4씩 묶어 세어 보세요.

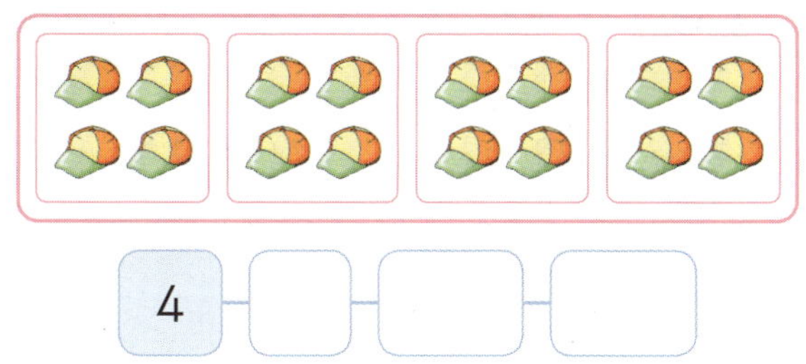

4 - □ - □ - □

2 구슬을 3씩 묶어 세려고 합니다. 빈칸에 알맞은 수를 써넣고, 모두 몇 개인지 구해 보세요.

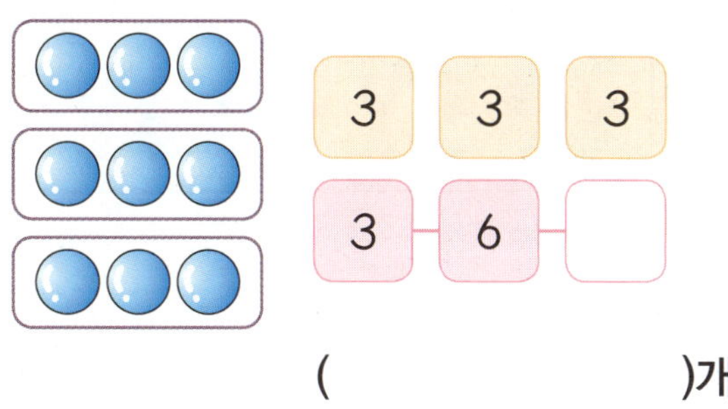

3 3 3

3 - 6 - □

( )개

3 그림을 보고 □ 안에 알맞은 수를 써넣으세요.

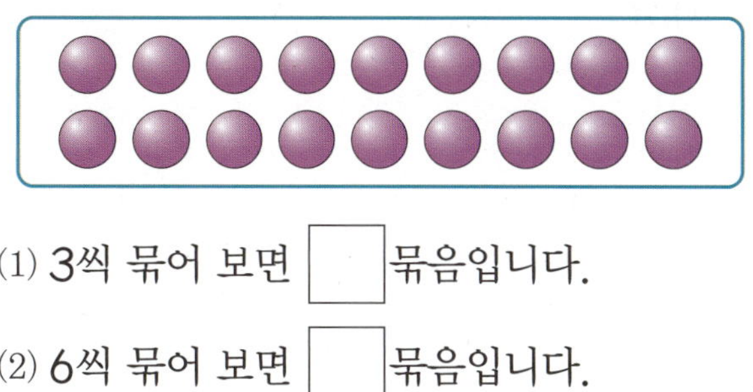

(1) 3씩 묶어 보면 □ 묶음입니다.

(2) 6씩 묶어 보면 □ 묶음입니다.

(3) 9씩 묶어 보면 □ 묶음입니다.

(4) 구슬은 모두 □ 개입니다.

4 그림을 보고 □ 안에 알맞은 수를 써넣으세요.

5씩 □ 묶음은 □ 의 □ 배와 같습니다.

5 같은 것끼리 이어 보세요.

(1) 4씩 2묶음 •

(2) 3의 3배 •

• ㉠ 8

• ㉡ 9

• ㉢ 10

6 그림을 보고 □ 안에 알맞은 수를 써넣으세요.

토마토는 6씩 □ 묶음입니다.

토마토의 수는 □ 의 □ 배입니다.

7 배의 수는 사과의 수의 몇 배일까요?

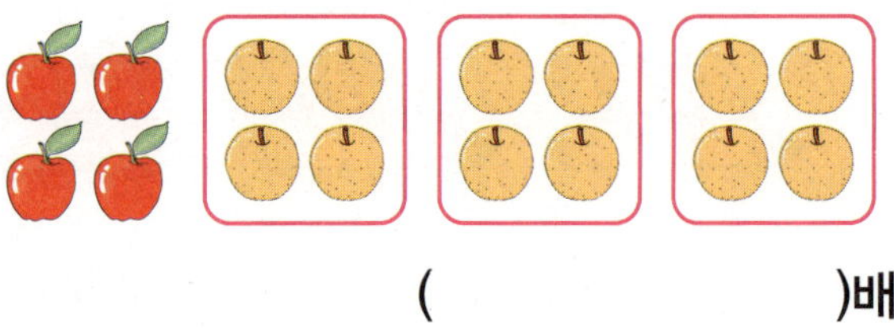

(　　　　　　)배

8 빨간색 막대의 길이의 3배인 막대를 찾아 기호를 써 보세요.

㉠
㉡
㉢
㉣

(　　　　　　)

9 의 6배만큼 △를 그려 보세요.

10 나타내는 수가 더 큰 것을 찾아 기호를 써 보세요.

㉠ 7씩 3묶음　　　　㉡ 4의 6배

(　　　　　　)

11 그림을 보고 25는 5의 몇 배인지 써 보세요.

(　　　　　　)배

12 그림을 보고 빈칸에 알맞은 곱셈식을 써넣으세요.

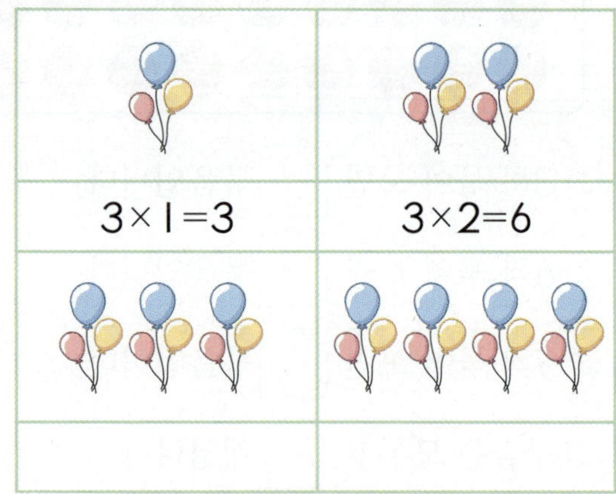

13 수직선을 보고 □ 안에 알맞은 수를 써넣으세요.

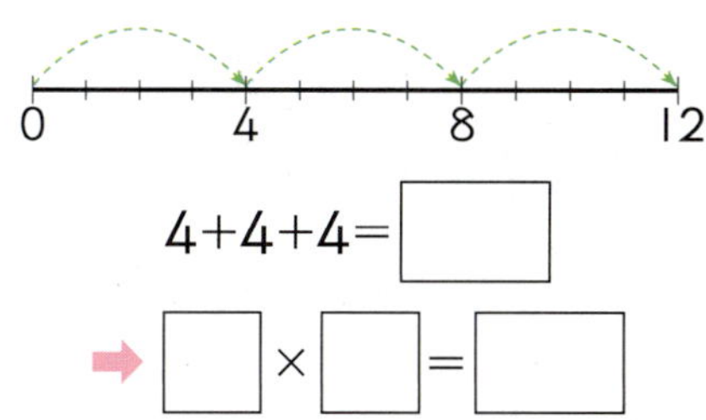

4+4+4=□

➡ □×□=□

14 농구공의 수를 덧셈식과 곱셈식으로 나타내 보세요.

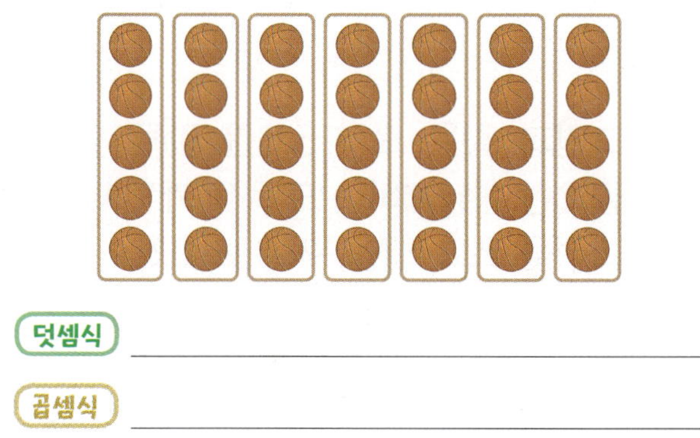

덧셈식 ____________________

곱셈식 ____________________

15 ○ 안에 > 또는 <를 알맞게 써넣으세요.

(1) 9의 5배 ○ 7 곱하기 6

(2) 7의 7배 ○ 9 곱하기 3

16 그림을 보고 □ 안에 알맞은 수를 써넣으세요.

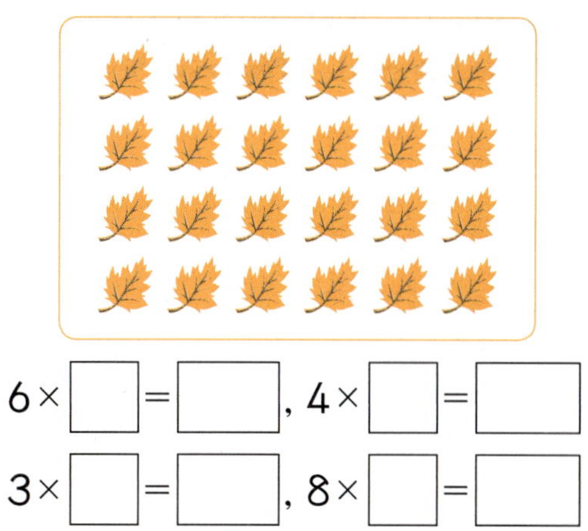

6×□=□, 4×□=□

3×□=□, 8×□=□

17 나타내는 수가 가장 큰 것부터 차례로 기호를 써 보세요.

㉠ 7의 5배	㉡ 3 곱하기 8
㉢ 6씩 5묶음	㉣ 4+4+4+4

( )

18 그림을 보고 만들 수 있는 곱셈이 아닌 것을 모두 고르세요. ( )

① 3×8　② 2×6
③ 6×4　④ 5×8
⑤ 8×3

19 빵이 한 봉지에 7개씩 들어 있습니다. 2봉지에 들어 있는 빵은 모두 몇 개인지 덧셈식과 곱셈식으로 쓰고, 답을 구해 보세요.

덧셈식 ____________________

곱셈식 ____________________

답 ________ 개

20 그림과 같은 화분이 8개 있다면 꽃은 모두 몇 송이인지 덧셈식과 곱셈식으로 쓰고, 답을 구해 보세요.

덧셈식 ____________________

곱셈식 ____________________

답 ________ 송이

21 수민이는 한 묶음에 3자루인 볼펜을 4묶음 샀고, 세은이는 한 묶음에 5자루인 볼펜을 6묶음 샀습니다. 수민이와 세은이가 산 볼펜은 모두 몇 자루일까요?

( )자루

서술형

22 꽃의 수는 나비의 수의 몇 배인지 풀이 과정을 쓰고, 답을 구해 보세요.

풀이 ____________________

답 ________ 배

23 그림과 같은 모양 5개를 만들기 위해 필요한 성냥개비는 모두 몇 개인지 풀이 과정을 쓰고, 답을 구해 보세요.

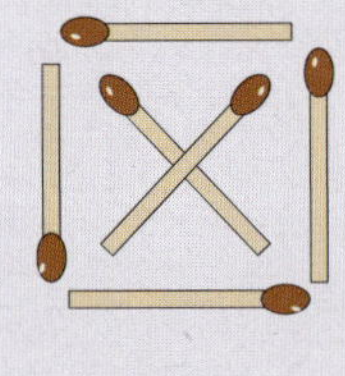

풀이 ____________________

답 ________ 개

유형
BOOK

초등 수학 개념 기본서
기본편
2·1

유형
BOOK

세 자리 수

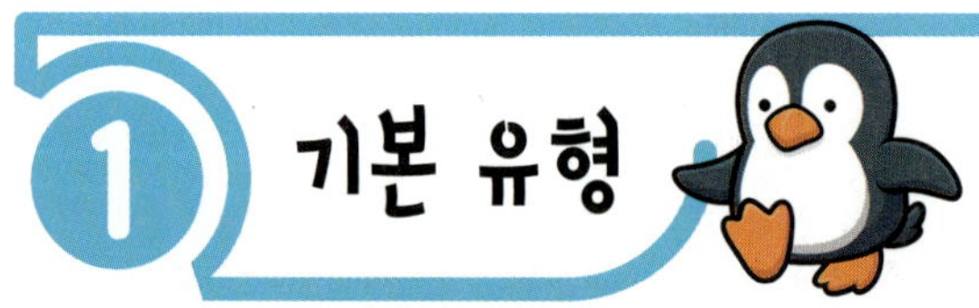

유형 1 백 알아보기

- 90보다 10만큼 더 큰 수를 100이라고 쓰고, 백이라고 읽습니다.
- 10이 10개이면 100입니다.

1 동전은 모두 얼마일까요?

( )원

2 100에 대해 잘못 말한 사람을 찾아 써 보세요.

지수: 99보다 1만큼 더 큰 수
희서: 60보다 40만큼 더 큰 수
주현: 90보다 1만큼 더 큰 수
태훈: 10이 10개인 수

( )

3 과일 가게에 복숭아가 10개씩 7줄, 사과가 10개씩 3줄 있습니다. 과일 가게에 있는 복숭아와 사과는 모두 몇 개일까요?

( )개

유형 2 몇백 알아보기

수	쓰기 (읽기)	수	쓰기 (읽기)
100이 2	200 (이백)	100이 6	600 (육백)
100이 3	300 (삼백)	100이 7	700 (칠백)
100이 4	400 (사백)	100이 8	800 (팔백)
100이 5	500 (오백)	100이 9	900 (구백)

4 수 모형이 나타내는 수를 쓰고, 읽어 보세요.

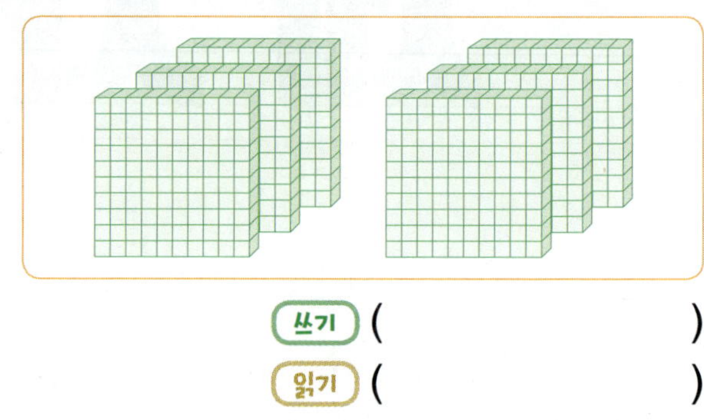

쓰기 ( )
읽기 ( )

5 300원이 되도록 동전을 묶어 보세요.

6 저금통에 100원짜리 동전 3개와 10원짜리 동전 60개가 있습니다. 저금통에 들어 있는 동전은 모두 얼마일까요?

( )원

1

유형 3 세 자리 수 알아보기

백 모형	십 모형	일 모형
100이 3 삼백	10이 4 사십	1이 8 팔

7 □ 안에 알맞은 수를 써넣으세요.

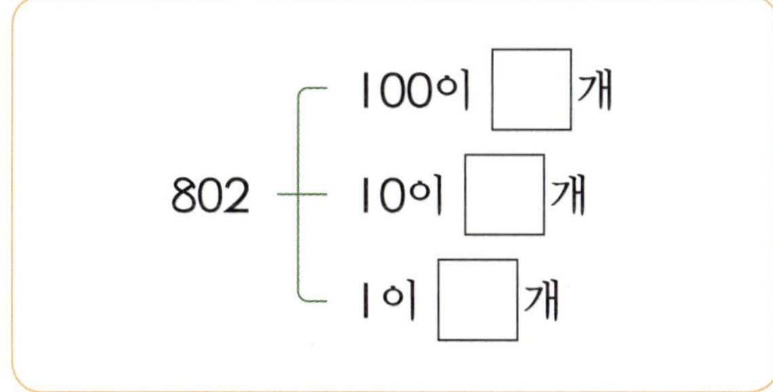

8 다음 수를 쓰고, 읽어 보세요.

100이 7개, 10이 0개, 1이 8개인 수

쓰기 (   )
읽기 (   )

9 다음 중 수를 잘못 읽은 사람은 누구일까요?

소영: 396은 삼백구십육이라고 읽어.
효빈: 504는 오백영사라고 읽어.
민철: 743은 칠백사십삼이라고 읽어.

(   )

유형 4 각 자리의 숫자가 나타내는 값

• 792의 자리와 자릿값

	7	9	2
자리	백의 자리	십의 자리	일의 자리
자릿값	100	10	1
나타내는 수	700	90	2

792=700+90+2

10 보기와 같이 세 자리 수의 각 자리의 숫자가 나타내는 수를 □ 안에 써넣으세요.

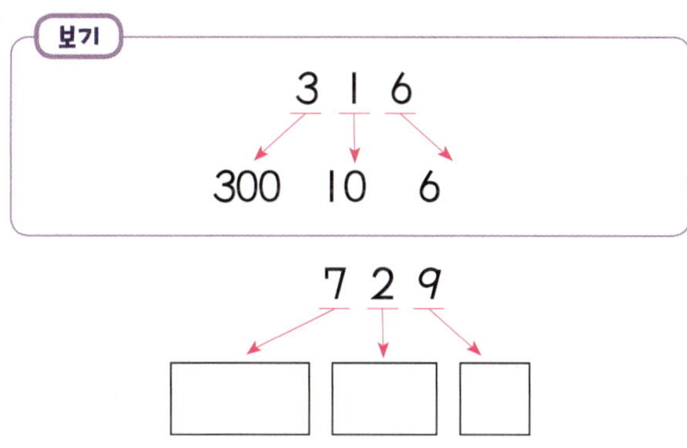

11 843에서 8이 나타내는 수는 얼마일까요?

(   )

12 숫자 5가 나타내는 수가 가장 큰 것을 찾아 기호를 써 보세요.

㉠ 405 ㉡ 251 ㉢ 502 ㉣ 853

(   )

유형 5 뛰어 세기

- 100씩 뛰어 세기
  100−200−300−400−500−600−700−800−900
- 10씩 뛰어 세기
  910−920−930−940−950−960−970−980−990
- 1씩 뛰어 세기
  991−992−993−994−995−996−997−998−999

13 10씩 뛰어 세어 보세요.

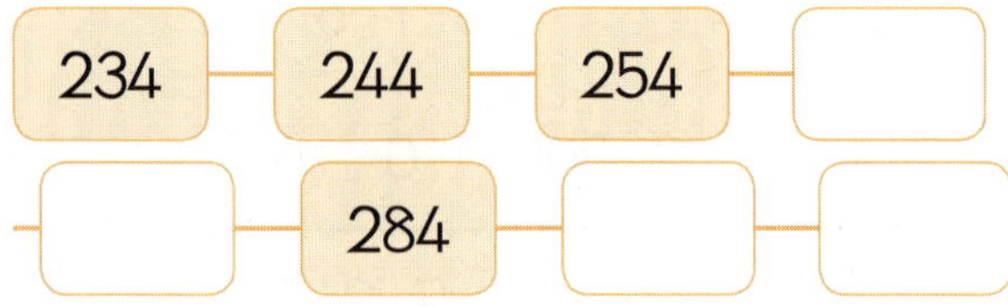

14 100씩 거꾸로 뛰어 세어 보세요.

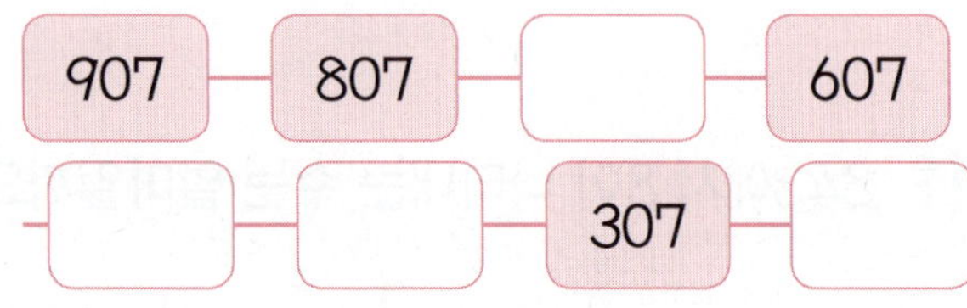

15 뛰어 세는 규칙을 찾아 빈칸에 알맞은 수를 써넣으세요.

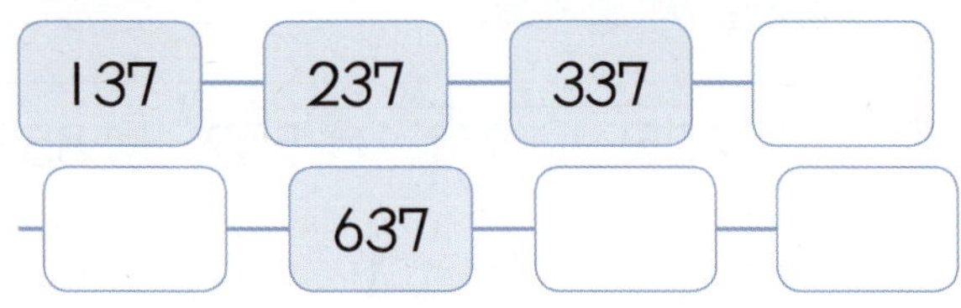

16 뛰어 세는 규칙이 다른 것을 찾아 기호를 써 보세요.

㉠ 550−560−570−580−590−600−610−620
㉡ 375−385−395−405−415−425−435−445
㉢ 702−712−722−732−742−752−762−772
㉣ 324−374−424−474−524−574−624−674

( )

17 빈칸에 알맞은 수를 써넣으세요.

수	1만큼 더 큰 수	10만큼 더 큰 수	100만큼 더 큰 수
639			

18 수연이는 수학 문제를 하루에 10문제씩 풀고 있습니다. 수연이가 지금까지 푼 문제가 430문제라면 5일 후 수연이가 푼 문제는 모두 몇 문제일까요?

( )문제

유형 6 수의 크기 비교하기

- 백의 자리 수가 더 큰 수가 큽니다.
- 백의 자리 수가 같다면 십의 자리 수가 더 큰 수가 큽니다.
- 백의 자리 수와 십의 자리 수가 같다면 일의 자리 수가 더 큰 수가 큽니다.

19 알맞은 것에 ○표 하세요.

㉠ 753 > 759	㉡ 711 < 799
(　　　　)	(　　　　)

20 두 수의 크기를 비교하여 ○ 안에 > 또는 <를 알맞게 써넣으세요.

육백육십팔 ○ 670

21 수 카드를 한 번씩 사용하여 만든 세 자리 수 중에서 가장 큰 수와 가장 작은 수를 써 보세요.

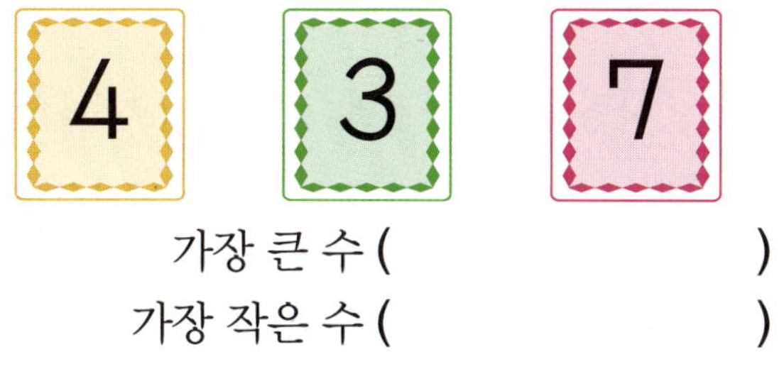

가장 큰 수 (　　　　)
가장 작은 수 (　　　　)

22 동욱이네 학교 2학년 학생 중 남학생은 174명 여학생은 168명입니다. 남학생과 여학생 중에서 어느 쪽이 더 많을까요?

(　　　　)

23 보기 의 수 중에서 가장 큰 수와 가장 작은 수를 찾아 써 보세요.

보기

487	294	385	209	189
758	290	721	699	190

가장 큰 수 (　　　　)
가장 작은 수 (　　　　)

24 1부터 9까지의 수 중에서 □ 안에 들어갈 수 있는 수를 모두 써 보세요.

34□ > 344

(　　　　)

2 단원 마무리 1. 세 자리 수

1 99보다 1만큼 더 큰 수를 쓰고, 읽어 보세요.

쓰기 (　　　　　　)
읽기 (　　　　　　)

2 □ 안에 알맞은 수를 써넣으세요.

10개씩 10묶음은 98보다 □ 큰 수와 같습니다.

3 100에 대한 설명으로 옳은 것을 찾아 기호를 써 보세요.

㉠ 90보다 10만큼 더 작은 수입니다.
㉡ 10이 10개인 수입니다.
㉢ 80보다 10만큼 더 큰 수입니다.

(　　　　　　)

4 수 모형이 나타내는 수를 써 보세요.

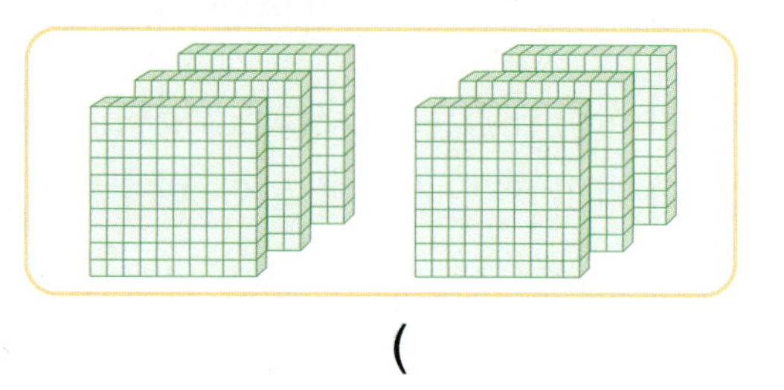

(　　　　　　)

5 □ 안에 알맞은 수나 말을 써넣으세요.

10이 80개이면 100이 □개인 수와 같습니다. 이 수를 □이라고 쓰고, □이라고 읽습니다.

6 사탕이 300개 있습니다. □ 안에 알맞은 수를 써넣으세요.

사탕을 한 봉지에 100개씩 나눠 담으면 □봉지가 되고, 한 봉지에 10개씩 나눠 담으면 □봉지가 됩니다.

7 수 모형이 나타내는 수를 써 보세요.

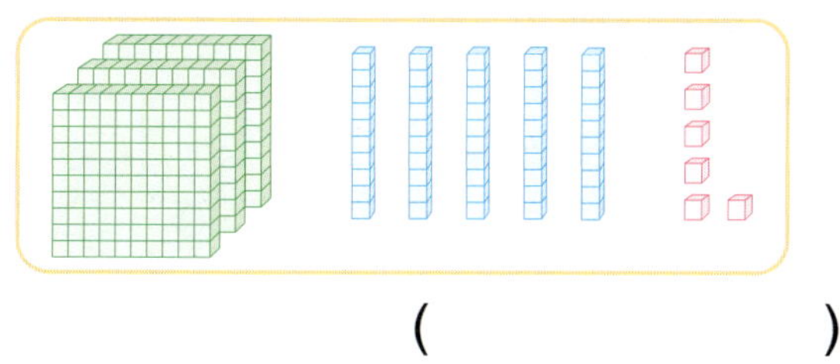

( )

8 □ 안에 알맞은 수를 써넣으세요.

100이 4개
10이 9개 이면 □입니다.
1이 8개

서술형

9 보기 와 같이 주어진 수를 넣어 이야기를 만들어 보세요.

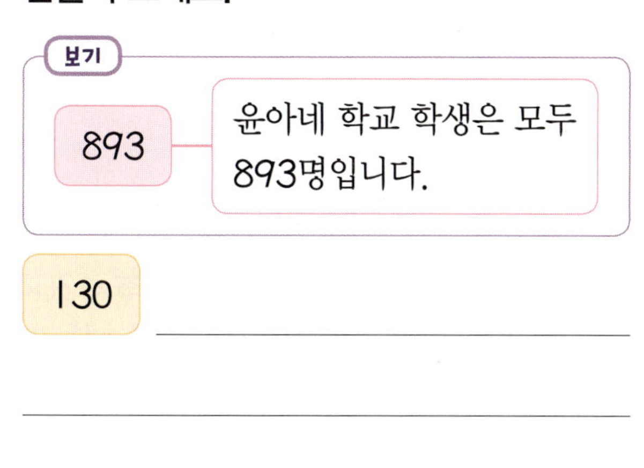

보기
893
윤아네 학교 학생은 모두 893명입니다.
130

10 □ 안에 알맞은 수나 말을 써넣으세요.

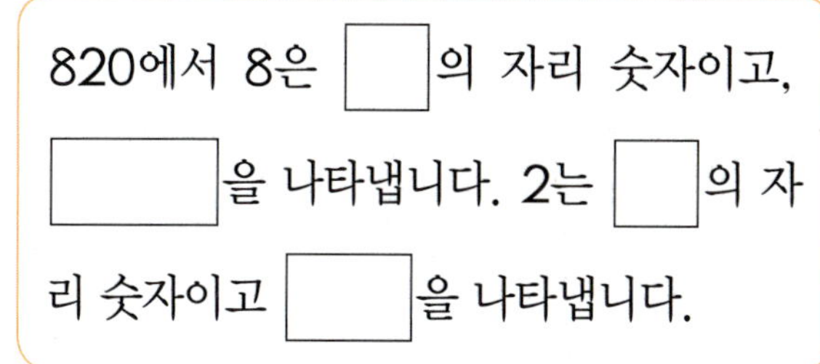

820에서 8은 □의 자리 숫자이고, □을 나타냅니다. 2는 □의 자리 숫자이고 □을 나타냅니다.

11 돼지 저금통에 돈이 843원 들어 있습니다. 100원짜리, 10원짜리, 1원짜리 동전은 각각 몇 개씩 들어 있을까요?(단, 각각의 동전의 수는 9개를 넘지 않습니다.)

100원짜리 동전 ( )개

10원짜리 동전 ( )개

1원짜리 동전 ( )개

12 십의 자리 숫자가 5인 수를 모두 찾아 ○표 하세요.

536 258 325 596 750

13~14 **수 카드를 한 번씩만 사용하여 세 자리 수를 만들려고 합니다. 물음에 답해 보세요.**

2 5 7

13 일의 자리 숫자가 5인 수 중에서 가장 작은 수는 얼마일까요?

(　　　　　)

14 백의 자리 숫자가 7인 수 중에서 가장 큰 수는 얼마일까요?

(　　　　　)

15 □ 안에 알맞은 수를 써넣으세요.

759보다
- 1만큼 더 큰 수는 □
- 10만큼 더 큰 수는 □
- 100만큼 더 큰 수는 □

16 뛰어 세는 규칙을 찾아 빈칸에 알맞은 수를 써넣으세요.

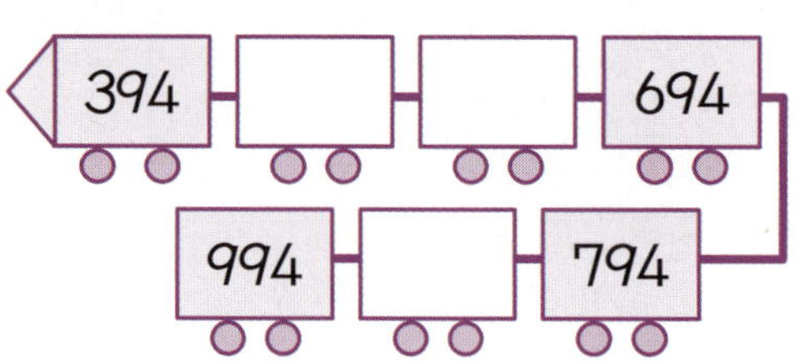

17 어떤 수보다 10만큼 더 작은 수는 845입니다. 어떤 수보다 100만큼 더 작은 수는 얼마일까요?

(　　　　　)

18 민지는 380부터 뛰어 세기를 시작했습니다. 뛰어 세기를 5번 하고 난 후 430이 되었다면 민지는 몇씩 뛰어 세기를 했을까요?

(　　　　　)

19 수정, 미현, 성준이가 모은 칭찬스티커의 개수입니다. 칭찬스티커를 가장 많이 모은 사람은 누구일까요?

수정: 삼백사 개
미현: 이백십팔 개
성준: 삼백사십 개

( )

20 두 수의 크기를 잘못 비교한 것을 찾아 기호를 써 보세요.

㉠ 634 < 685	㉡ 324 > 563
㉢ 418 < 712	㉣ 487 > 485

( )

서술형

21 윤진이와 승우는 은행에서 번호표를 뽑았습니다. 두 사람 중 번호표를 더 일찍 뽑은 사람은 누구인지 풀이 과정을 쓰고, 답을 구해 보세요.

풀이

답

서술형

22 지민이는 500원짜리 동전 1개, 100원짜리 동전 1개, 10원짜리 동전 8개를 가지고 있고, 민정이는 100원짜리 동전 6개, 10원짜리 동전 5개, 1원짜리 동전 9개를 가지고 있습니다. 둘 중에 더 많은 돈을 가지고 있는 사람은 누구인지 풀이 과정을 쓰고, 답을 구해 보세요.

풀이

답

23 백의 자리 숫자가 8인 세 자리 수 중에서 896보다 더 큰 수를 모두 써 보세요.

( )

24 두 수에 얼룩이 묻어서 일의 자리 숫자가 보이지 않습니다. 다음 중 옳게 말한 사람은 누구일까요?

㉠ 38
㉡ 32

채원: 두 수 중에 ㉠이 더 큰 수야.
찬우: 두 수 중에 ㉡이 더 큰 수야.
민규: 두 수 중에 어느 것이 더 큰 수인지 알 수 없어.

( )

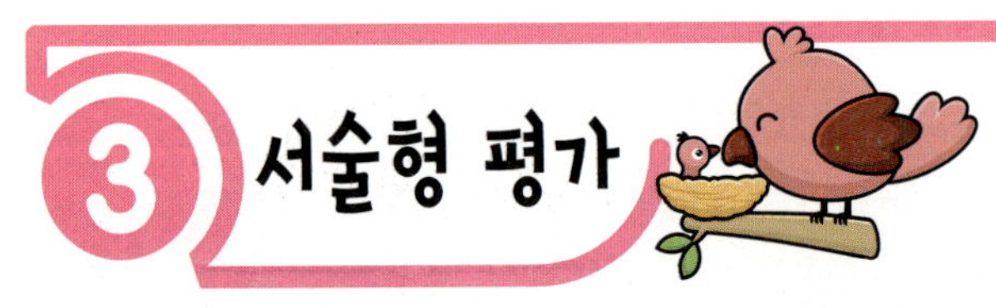

1 문방구에 색종이가 100장씩 들어 있는 묶음이 6개, 10장씩 들어 있는 묶음이 13개, 낱개로 7장이 있습니다. 문방구에 있는 색종이는 모두 몇 장인지 풀이 과정을 쓰고, 답을 구해 보세요.

풀이

답 ______ 장

2 다음 보기 를 읽고 어떤 수는 무엇인지 풀이 과정을 쓰고, 답을 구해 보세요.

보기
- 어떤 수는 세 자리 수입니다.
- 어떤 수의 백의 자리 수는 300을 나타냅니다.
- 어떤 수의 십의 자리 수는 6보다 크고 8보다 작습니다.
- 어떤 수는 371보다 작습니다.

풀이

답 ______

3 다음 보기 를 보고 세 자리 수는 모두 몇 개인지 풀이 과정을 쓰고, 답을 구해 보세요.

보기

517보다 크고 521보다 작은 세 자리 수입니다.

풀이

답 ________ 개

4 6, 2, 5 중에서 실제로 나타내는 수가 가장 작은 수를 고르고, 그렇게 생각한 이유를 써 보세요.

625

답 ________

이유

5 다음 중 가장 큰 수와 가장 작은 수를 찾아 쓰고, 그렇게 생각한 이유를 써 보세요.

512 832 321 803 319

가장 큰 수 ______

가장 작은 수 ______

이유

6 하경이는 324에서 100씩 3번 뛰어 세기를 했고, 수호는 597에서 10씩 4번 뛰어 세기를 했습니다. 하경이와 수호 중 누구의 결과가 더 큰 수인지 풀이 과정을 쓰고, 답을 구해 보세요.

풀이

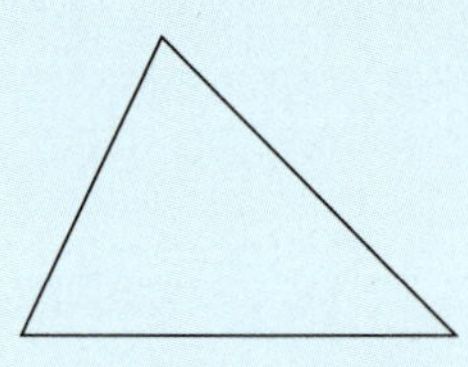

답 ______

여러 가지 도형

유형 1 삼각형 알아보기

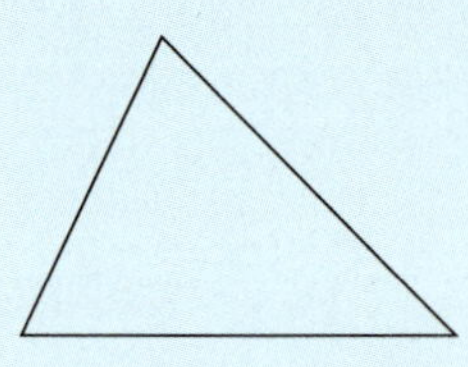

- 곧은 선 3개로 둘러싸인 도형입니다.
- 변이 3개, 꼭짓점이 3개 있습니다.

1 삼각형의 꼭짓점을 모두 찾아 ○표 하세요.

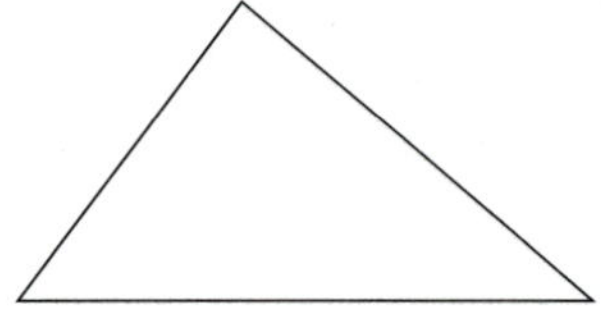

2 삼각형이 아닌 것을 찾아 기호를 써 보세요.

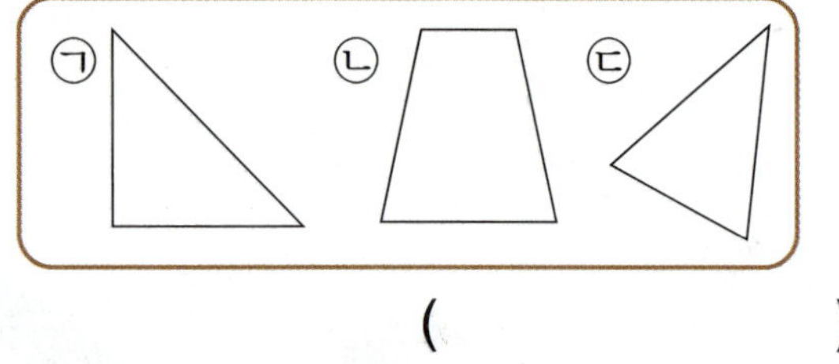

( )

3 다음 그림에서 크고 작은 삼각형은 모두 몇 개일까요?

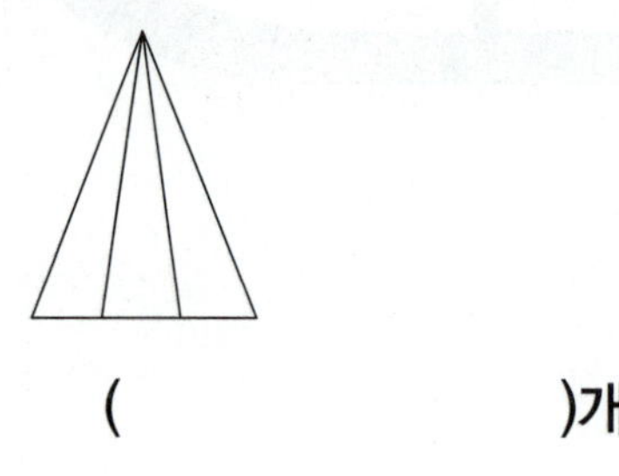

( )개

유형 2 사각형 알아보기

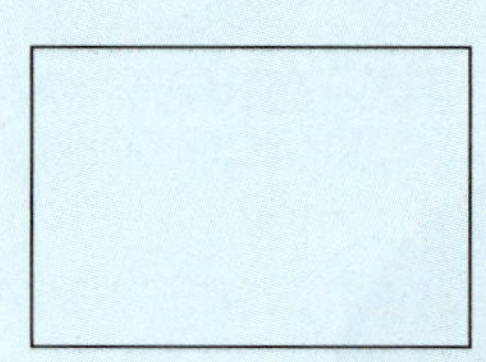

- 곧은 선 4개로 둘러싸인 도형입니다.
- 변이 4개, 꼭짓점이 4개 있습니다.

4 그림과 같은 도형의 이름을 써 보세요.

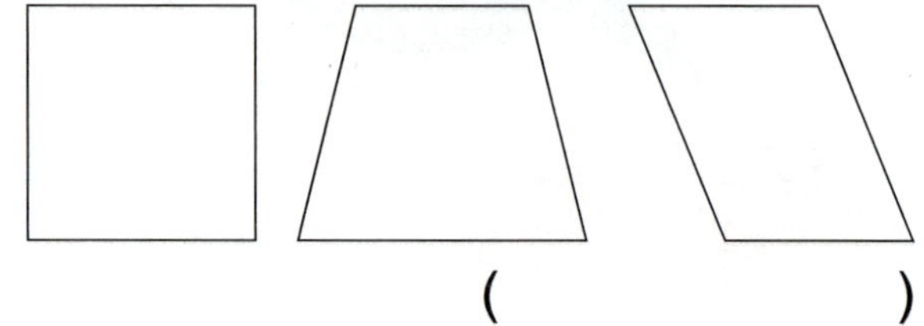

( )

5 보기 중 사각형에 대한 설명으로 옳은 것을 모두 찾아 기호를 써 보세요.

보기
㉠ 변이 3개 있습니다.
㉡ 변이 4개 있습니다.
㉢ 꼭짓점이 3개 있습니다.
㉣ 꼭짓점이 4개 있습니다.
㉤ 곧은 선으로 둘러싸여 있습니다.

( )

6 색종이를 점선을 따라 자르면 사각형이 모두 몇 개 생길까요?

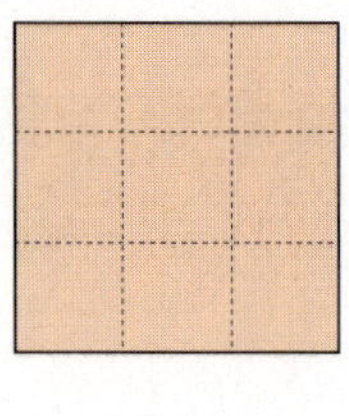

( )개

2

유형 3 원 알아보기

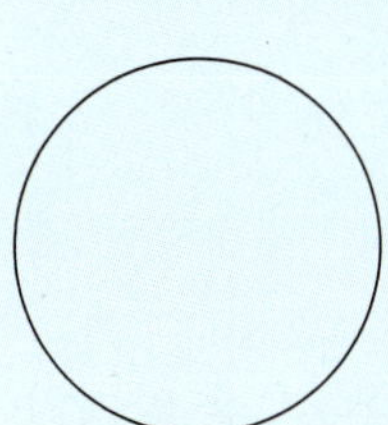

- 굽은 선으로만 둘러싸인 도형입니다.
- 어느 방향에서 보아도 항상 모양이 똑같습니다.

7 본을 떠서 원을 그릴 수 있는 물건이 아닌 것을 고르세요. (　　)

①  
② 
③ 
④ 
⑤ 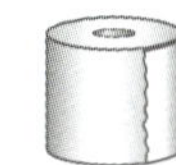

8 도형이 원이 아닌 이유를 써 보세요.

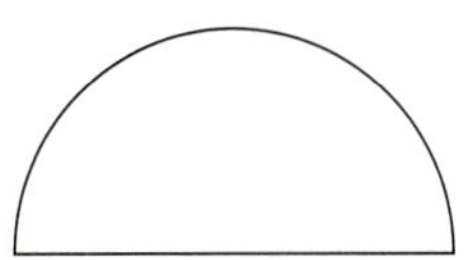

이유 ______________________

____

9 원은 모두 몇 개인지 구해 보세요.

(1) 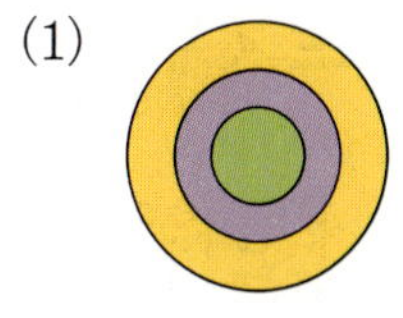

(　　　　　)개

(2) 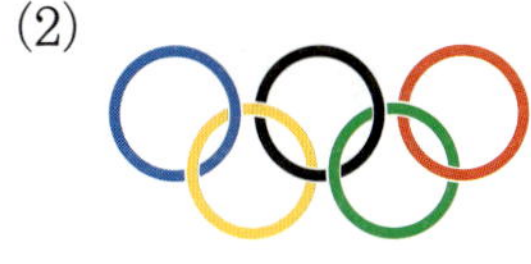

(　　　　　)개

10 보기 중 원에 대한 설명으로 옳은 것을 모두 찾아 기호를 써 보세요.

보기
㉠ 곧은 선으로 둘러싸여 있습니다.
㉡ 어느 방향에서 보아도 항상 모양이 똑같습니다.
㉢ 꼭짓점이 없습니다.
㉣ 변이 있습니다.

(　　　　　)

11 그림에서 가장 많이 이용한 도형의 이름과 개수를 써 보세요.

도형 (　　　　　)개
개수 (　　　　　)개

12 삼각형, 사각형, 원을 각각 모두 찾아 기호를 써 보세요.

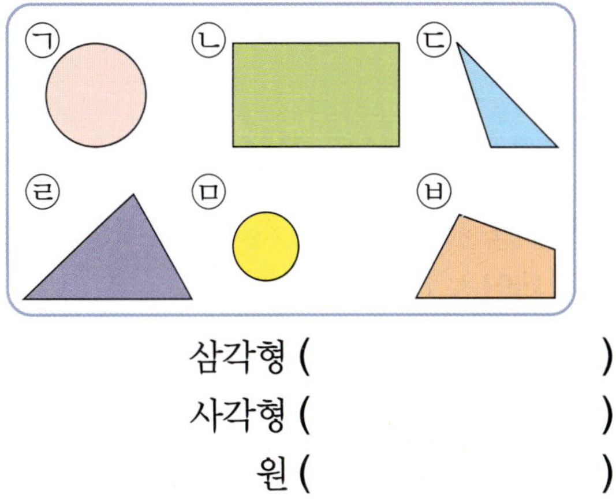

삼각형 (　　　　　)
사각형 (　　　　　)
원 (　　　　　)

유형 4 칠교판 알아보기

• 삼각형 5개와 사각형 2개로 이루어져 있습니다.

13~14 칠교판을 보고 물음에 답해 보세요.

13 칠교 조각 중에서 삼각형과 사각형을 구분하여 각각 번호를 써 보세요.

도형	번호
삼각형	
사각형	

14 칠교 조각으로 나무 모양을 만들어 보세요.

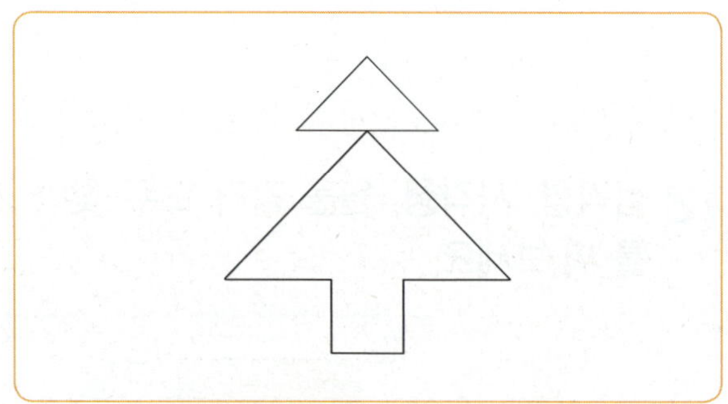

15 이용한 삼각형과 사각형 조각의 수를 각각 세어 보세요.

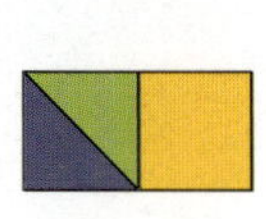

삼각형	□개
사각형	□개

유형 5 쌓은 모양 알아보기

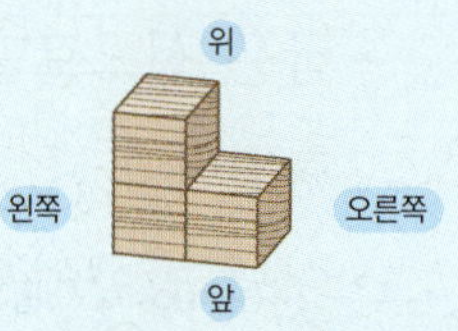

• 쌓기나무의 방향을 설명할 때는 기준 쌓기나무에서 앞, 뒤, 왼쪽, 오른쪽, 위, 아래 등으로 설명할 수 있습니다.

16 똑같은 모양으로 쌓으려면 쌓기나무가 몇 개 필요한지 써 보세요.

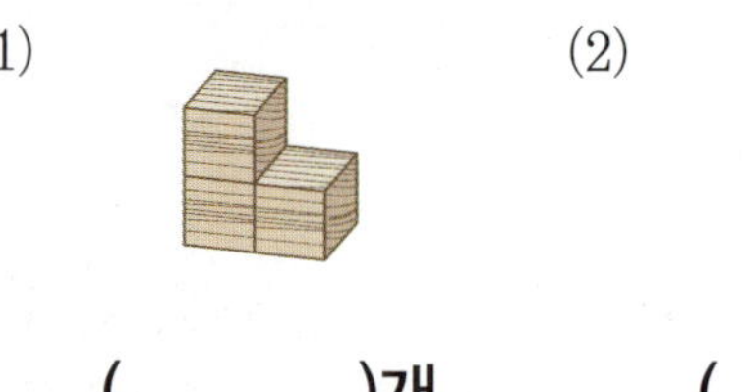

(1) (　　　)개 (2) (　　　)개

17 ○표 된 곳의 위에는 ☆표, 오른쪽에는 △표 하세요.

(1)

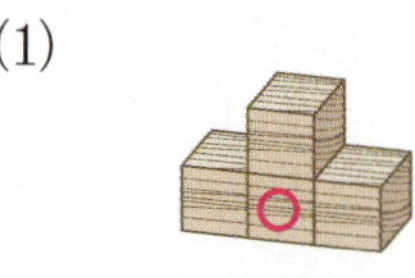

(2)

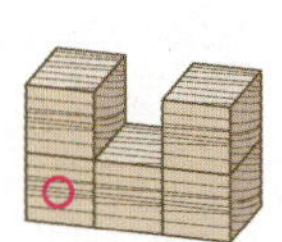

18 □ 안에 알맞은 수를 써넣어 오른쪽에 쌓은 쌓기나무를 설명해 보세요.

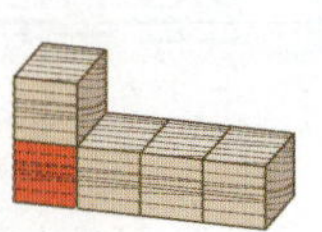

빨간색 쌓기나무 오른쪽으로 쌓기나무 □개가 있고, 위로 쌓기나무 □개가 있습니다.

2

유형 6 쌓은 모양 설명하기

• 쌓기나무의 모양을 설명할 때는 전체적인 모양, 이용된 쌓기나무의 개수, 쌓기나무를 놓은 위치나 방향 등을 이용하여 설명합니다.

19 모양에 대한 설명을 보고 보기 에서 쌓은 모양의 기호를 찾아 써 보세요.

보기

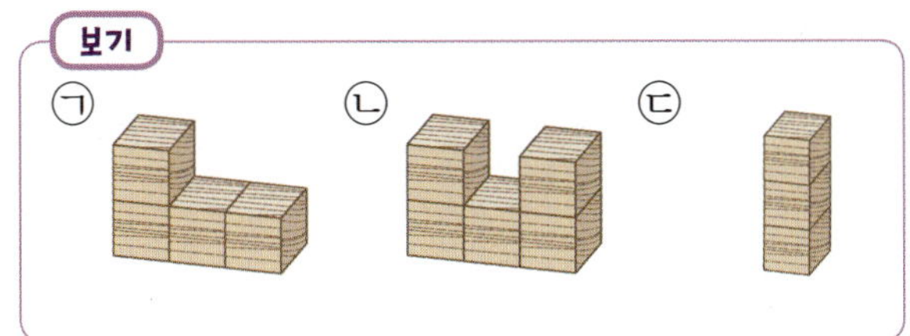

(1) 기둥 모양으로 1층에 1개, 2층에 1개, 3층에 1개를 놓았습니다.

( )

(2) 1층에 3개를 놓고, 왼쪽 쌓기나무의 위에 1개를 쌓았습니다.

( )

(3) 1층에 3개를 놓고, 왼쪽과 오른쪽 쌓기나무의 위에 1개씩 쌓았습니다.

( )

20 쌓기나무 4개로 만들 수 있는 모양을 찾아 기호를 써 보세요.

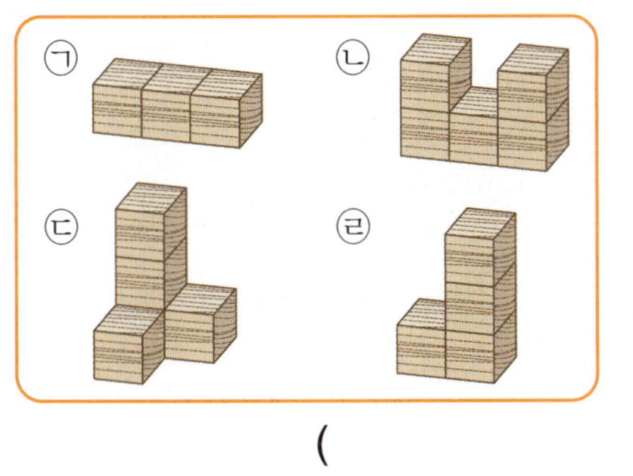

( )

21 쌓기나무 5개로 만들 수 있는 모양이 아닌 것을 고르세요. ( )

① 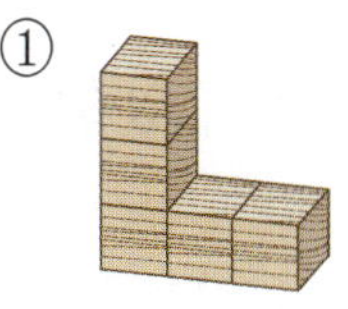

② 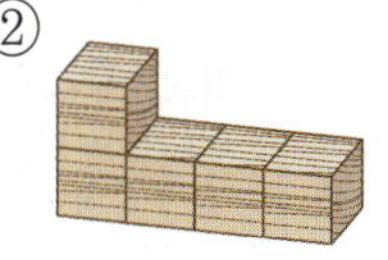

③ 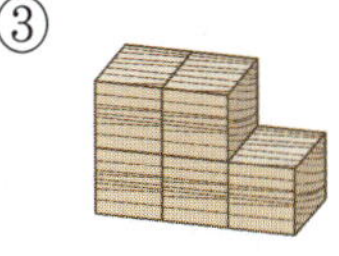

④ 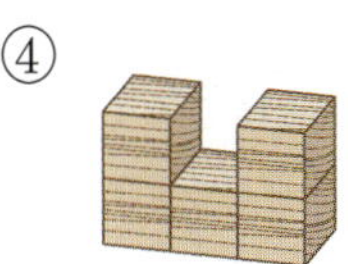

⑤ 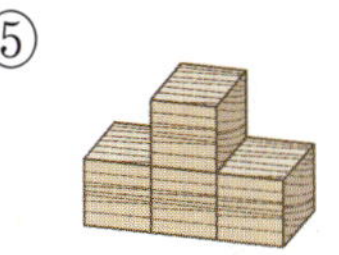

22 설명대로 쌓은 모양을 찾아 ○표 하세요.

쌓기나무 3개를 옆으로 나란히 놓고 가장 왼쪽 쌓기나무 위에 쌓기나무를 1개 쌓습니다.

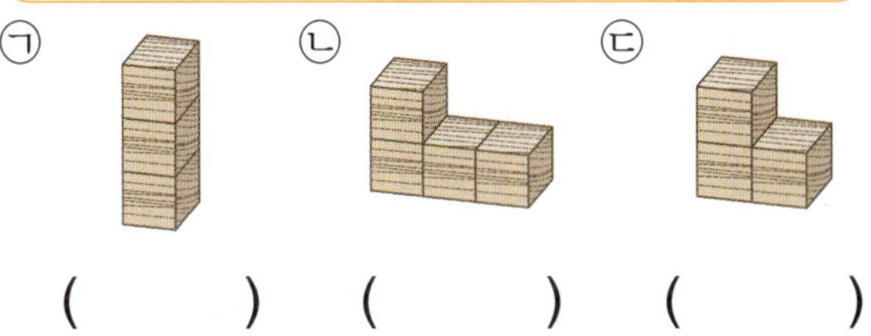

( ) ( ) ( )

23 왼쪽 모양을 오른쪽 모양으로 만들려고 합니다. 왼쪽의 모양에서 옮겨야 할 쌓기나무는 어느 것인지 ○표 하세요.

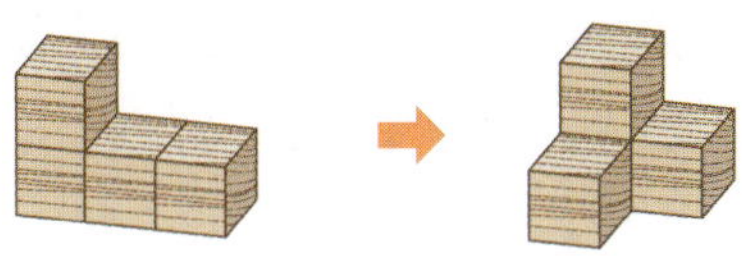

2. 여러 가지 도형

1 설명하는 도형의 이름은 무엇일까요?

- 굽은 선이 없습니다.
- 3개의 변과 3개의 꼭짓점이 있습니다.
- 모양이 다양합니다.

( )

2 도형을 보고 □ 안에 알맞은 말을 써넣으세요.

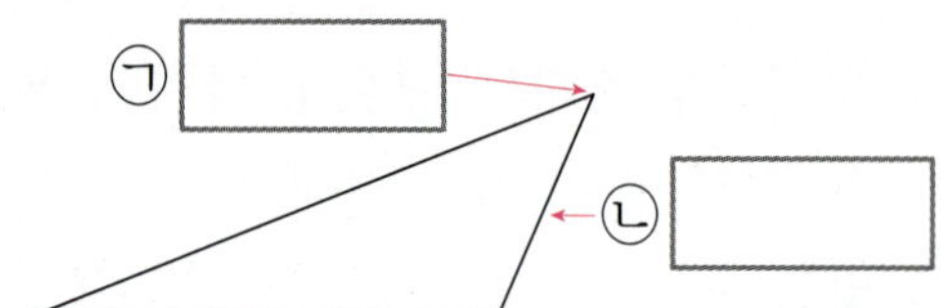

3 서로 다른 삼각형을 2개 그려 보세요.

4 ~ 5 도형을 보고 물음에 답해 보세요.

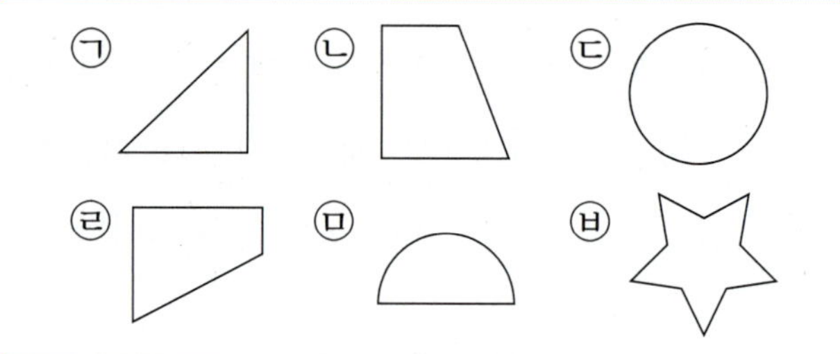

4 삼각형을 찾아 기호를 써 보세요.

( )

5 사각형을 모두 찾아 기호를 써 보세요.

( )

6 도형을 보고 □ 안에 알맞은 수나 말을 써넣으세요.

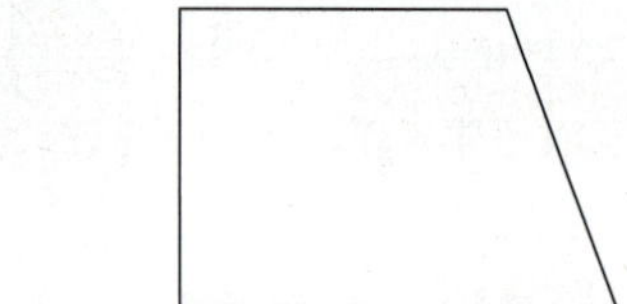

□개의 곧은 선으로 둘러싸인 도형을 □이라고 합니다.

7 꼭짓점이 아닌 것의 기호를 써 보세요.

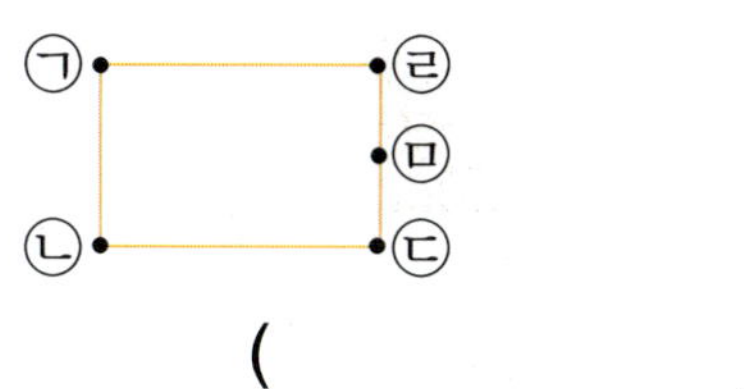

( )

8 종이를 점선을 따라 자르면 어떤 도형이 모두 몇 개 생길까요?

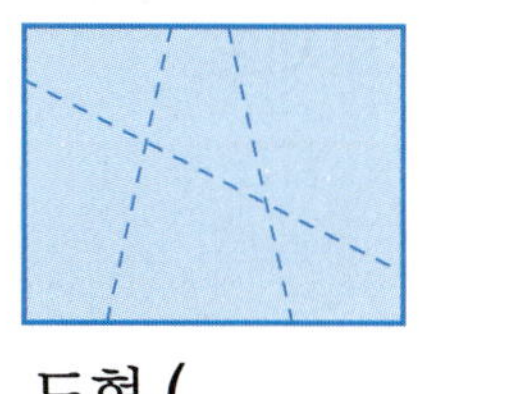

도형 ( )개
개수 ( )개

9 원을 모두 찾아 기호를 써 보세요.

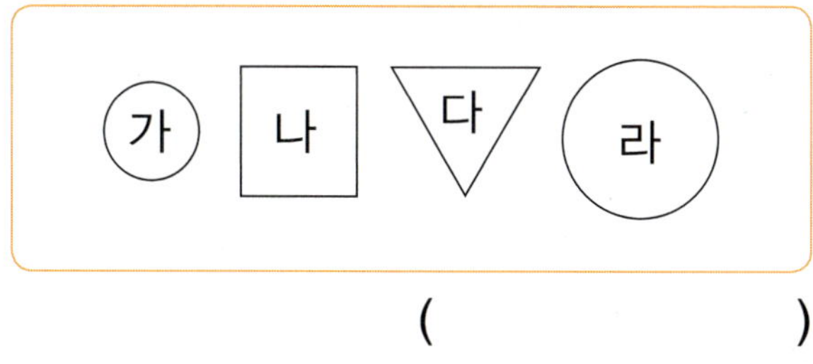

( )

10 ~ 11 도형을 보고 물음에 답해 보세요.

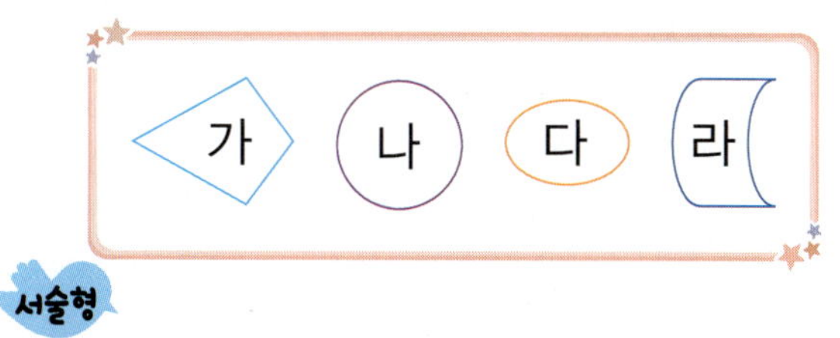

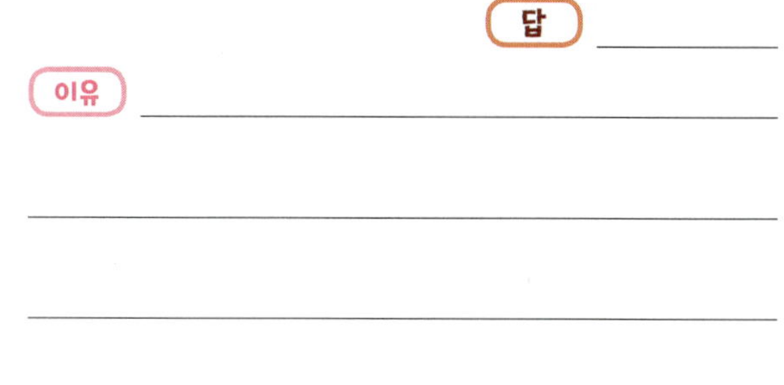

10 원을 찾아 기호를 써 보고, 나머지 도형들이 원이 아닌 이유를 써 보세요.

답 ______

이유 ______

11 곧은 선으로 둘러싸인 도형을 찾아 기호를 쓰고, 그 도형의 이름도 써 보세요.

(,)

12 그림에서 원은 모두 몇 개일까요?

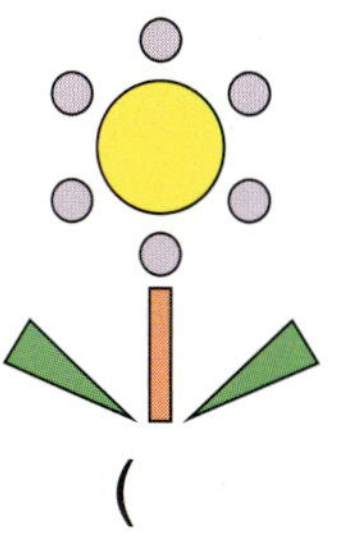

( )개

13 원에 대한 설명으로 옳은 것을 찾아 기호를 써 보세요.

㉠ 변이 3개입니다.
㉡ 꼭짓점이 3개입니다.
㉢ 변과 꼭짓점이 없습니다.

( )

14~15 그림을 보고 물음에 답해 보세요.

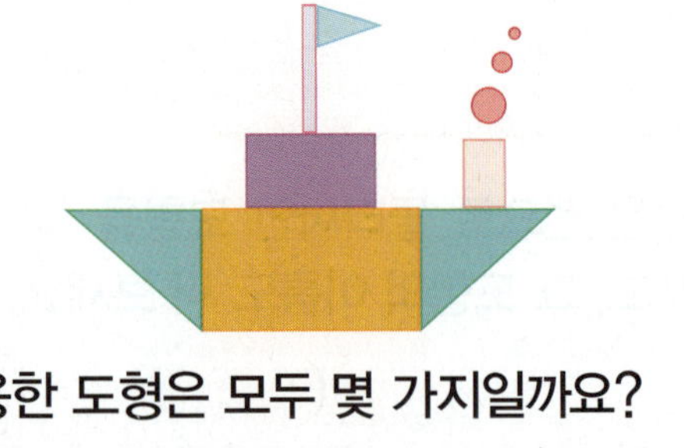

14 이용한 도형은 모두 몇 가지일까요?

( )가지

15 가장 많이 이용한 도형은 무엇일까요?

( )

16 칠교 조각이 아닌 것을 고르세요. ( )

① 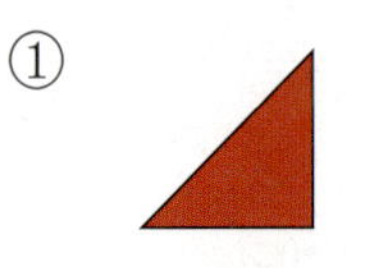
② 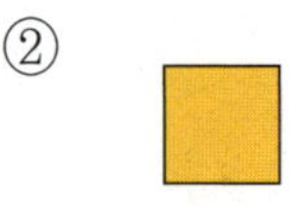
③ 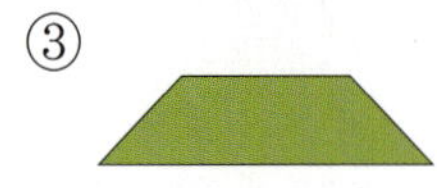
④ 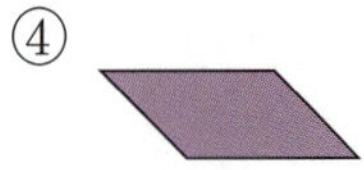
⑤ 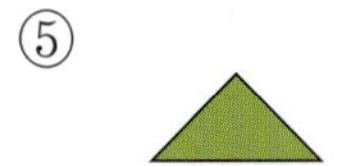

17 ▱, △, ▲ 3개의 칠교 조각으로 도형을 만들어 보세요.

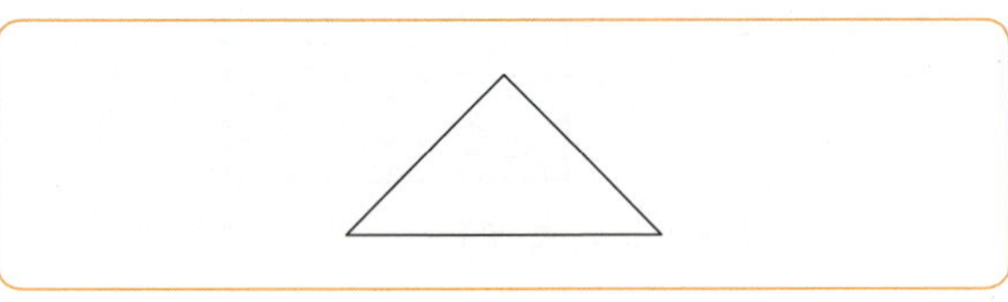

18 칠교 조각에 대해 바르게 말한 사람은 누구일까요?

지영: 칠교 조각은 모두 8조각이야.
하니: 삼각형 5개와 사각형 2개로 이루어져 있어.
민재: 칠교 조각 중에는 삼각형, 사각형, 원이 있어.

( )

정답과 풀이 31쪽

2

19 □ 안에 알맞은 말이나 수를 써넣어 오른쪽에 쌓은 쌓기나무를 설명해 보세요.

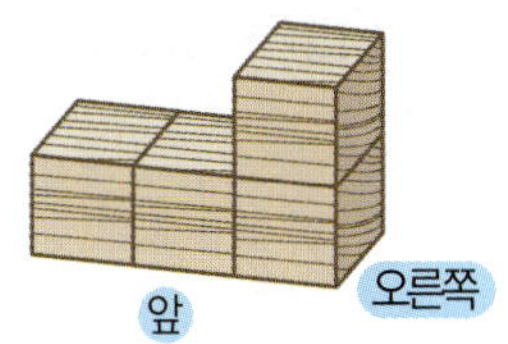

1층에 쌓기나무 □개를 옆으로 나란히 놓고 1층 쌓기나무의 맨 오른쪽 □에 쌓기나무 □개를 쌓습니다.

20 쌓기나무의 개수가 더 많은 것을 찾아 기호를 써 보세요.

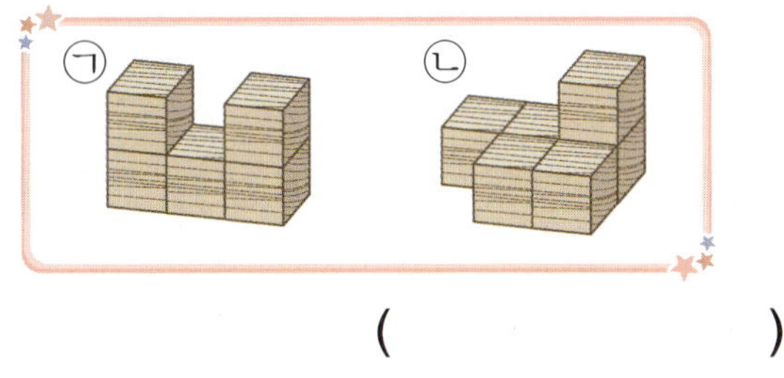

(　　　　　　　　)

21 소율이와 윤경이가 다음과 같이 쌓기나무를 쌓았습니다. 두 사람이 이용한 쌓기나무는 모두 몇 개일까요?

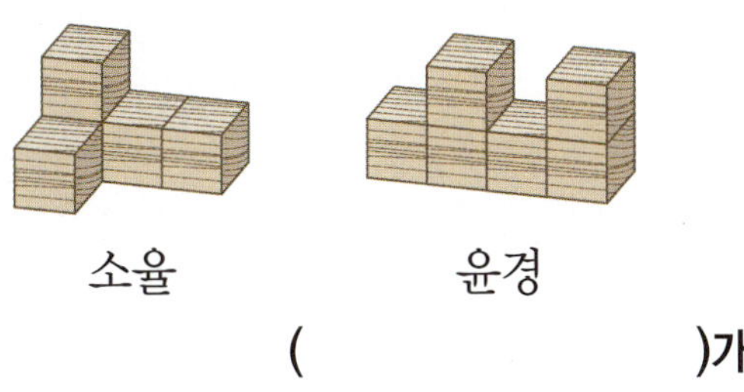

(　　　　　　　　)개

22 그림을 보고 쌓기나무의 모양을 설명해 보세요.

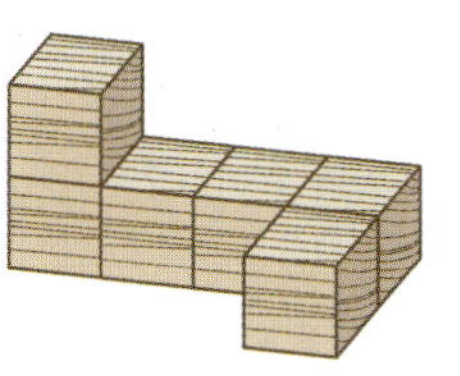

설명 ________________________________

____

____

____

서술형

23 초록색 쌓기나무의 위치를 빨간색 쌓기나무를 기준으로 설명해 보세요.

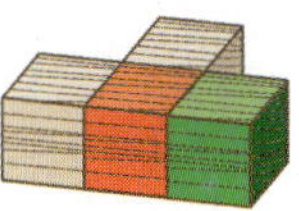

설명 ________________________________

____

____

24 왼쪽 모양을 오른쪽 모양과 같게 만들기 위해서 빼내야 할 쌓기나무를 모두 찾아 기호를 써 보세요.

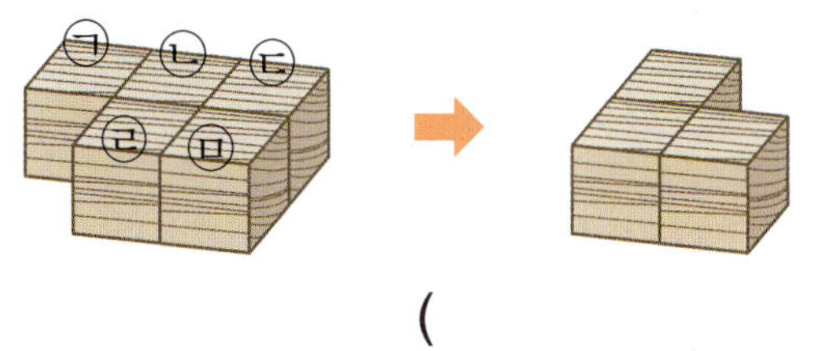

(　　　　　　　　)

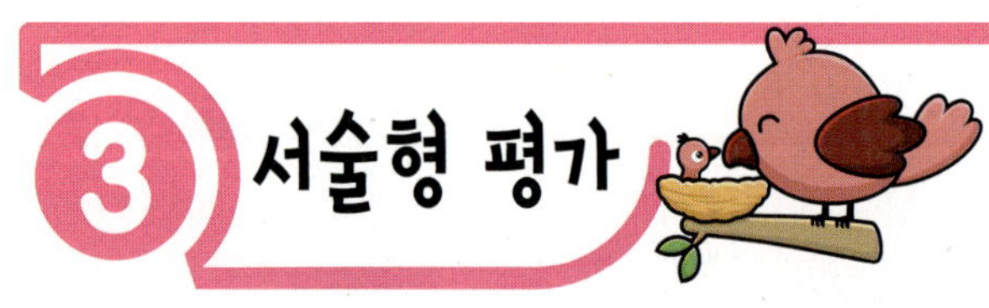

1 보기 의 도형을 보고 알맞은 말에 ○표 하고, 그렇게 생각한 이유를 써 보세요.

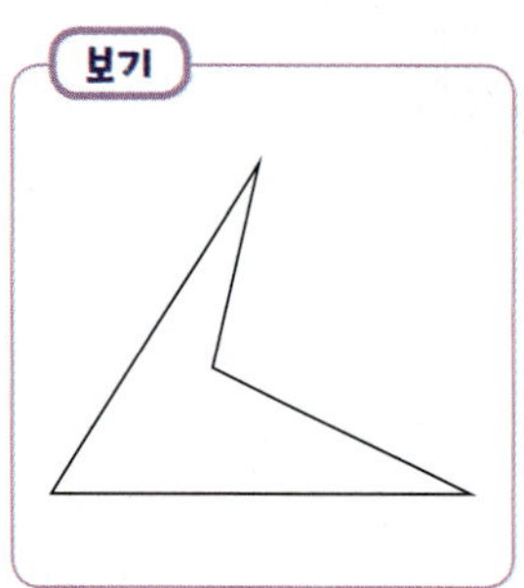

보기 의 도형은 사각형이 (맞습니다 , 아닙니다).

이유 ______________________

2 도형을 보고 자전거 바퀴의 모양으로 사용하기 가장 좋은 도형의 기호를 써 보고, 그렇게 생각한 이유를 써 보세요.

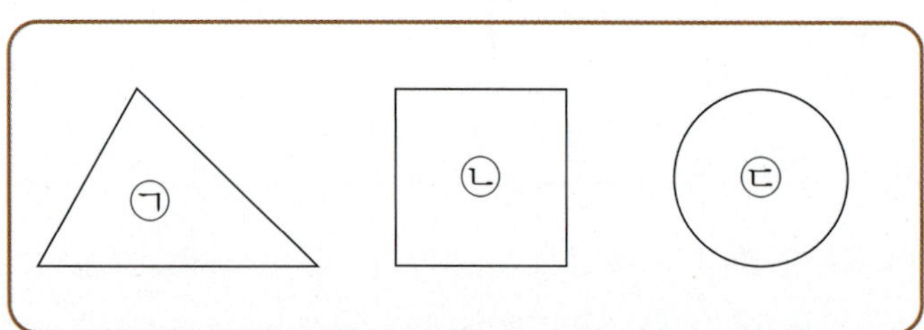

답 ______________________

이유 ______________________

2

3 우리 주변에서 볼 수 있는 삼각형, 사각형, 원 모양의 물건을 하나씩 찾아 써 보세요.

답

4 하늘이는 쌓기나무 10개 중 일부를 이용해서 보기 와 같은 모양을 만들었습니다. 남은 쌓기나무로 만들 수 있는 모양을 찾아 기호를 쓰고, 그렇게 생각한 이유를 써 보세요.

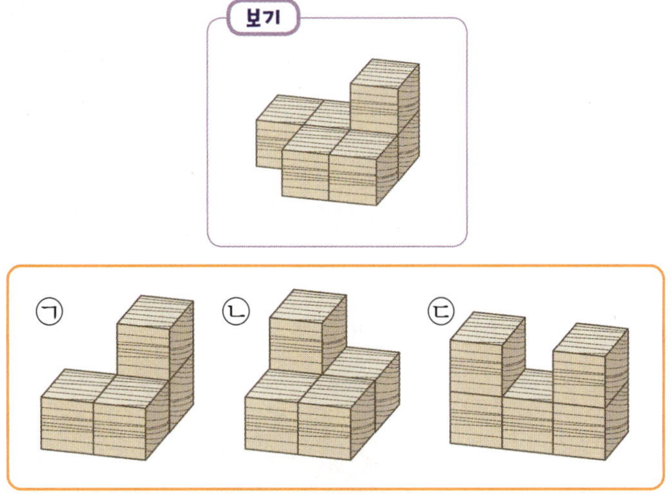

답

이유

5 쌓기나무로 다음과 같은 모양을 만들었습니다. 이용한 쌓기나무의 개수를 세어 보고, 어떻게 세었는지 1층과 2층으로 구별하여 설명해 보세요.

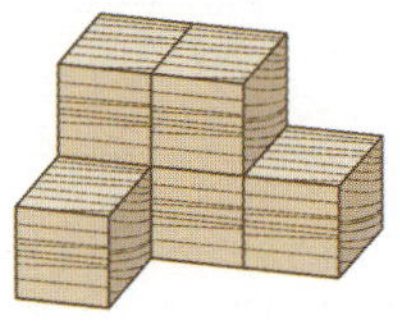

답 ______ 개

이유 ______

6 쌓기나무로 보기 와 같은 모양을 만들었습니다. 빨간색 쌓기나무를 기준으로 어떻게 쌓은 모양인지 설명해 보세요.

보기

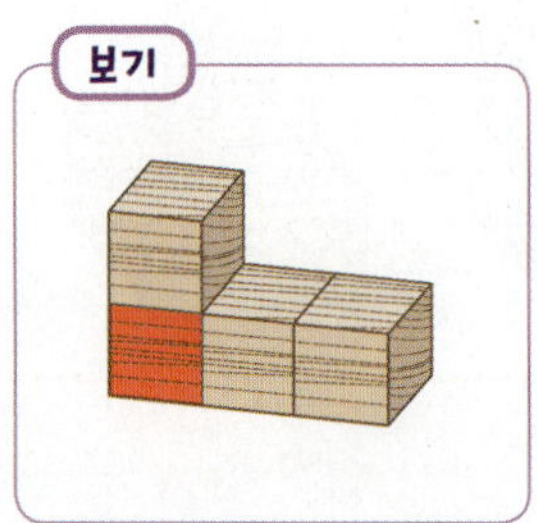

설명 ______

덧셈과 뺄셈

유형 1 (두 자리 수)+(한 자리 수)

- 이어 세기로 구하기
- 그려서 구하기
- 수 모형으로 구하기

1 수 모형을 보고 □ 안에 알맞은 수를 써넣으세요.

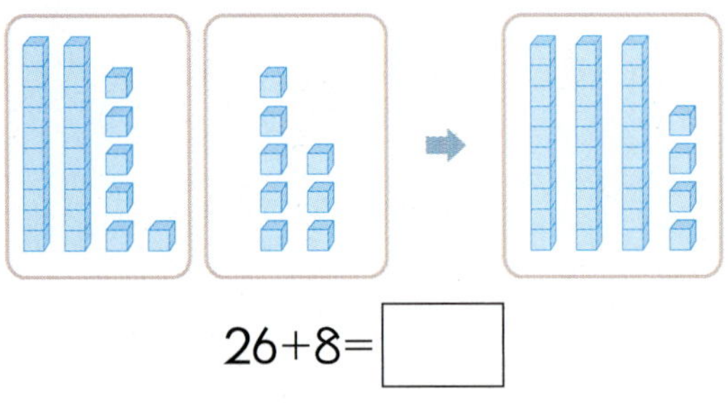

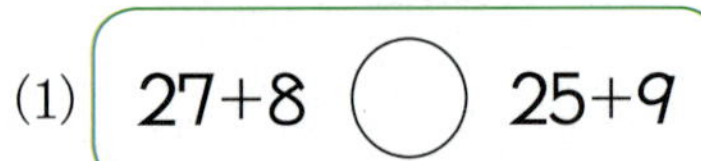

2 크기를 비교하여 ○ 안에 > 또는 <를 알맞게 써넣으세요.

(1) 27+8 ○ 25+9

(2) 42+9 ○ 6+46

3 계산한 값이 큰 것부터 차례로 기호를 써 보세요.

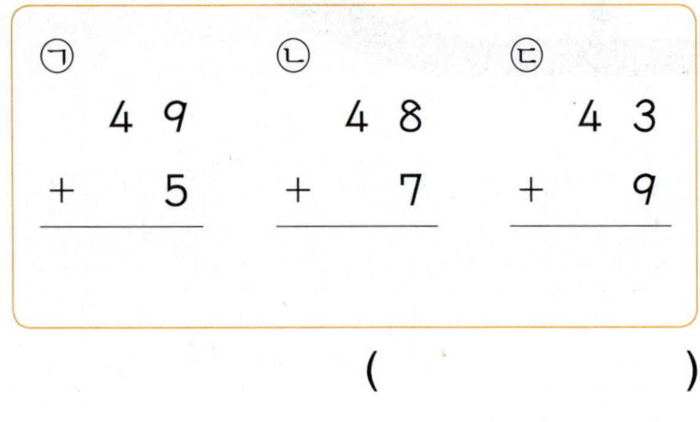

(　　　　　　　　)

유형 2 (두 자리 수)+(두 자리 수) ①

- 수를 가르기하여 구하기
- 더하고 빼서 구하기
- 몇십으로 바꾸어 구하기
- 받아올림하여 구하기

4 □ 안에 알맞은 수를 써넣으세요.

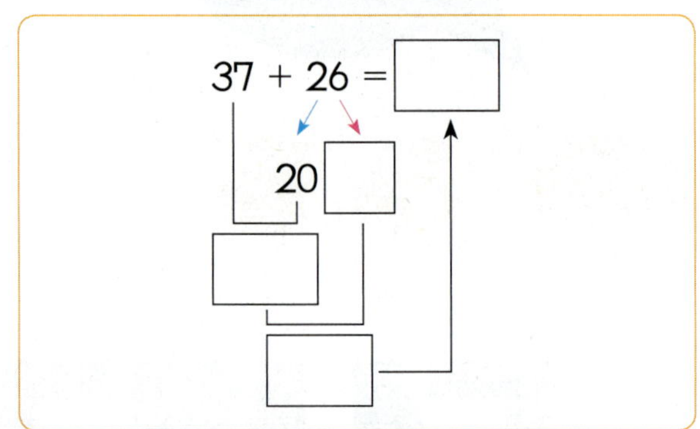

5 계산 결과가 같은 것끼리 이어 보세요.

(1) 68+18 •　　　　• ㉠ 39+29

(2) 49+19 •　　　　• ㉡ 36+36

(3) 27+45 •　　　　• ㉢ 47+39

6 재혁이네 농장에는 수탉이 24마리, 암탉이 57마리 있습니다. 재혁이네 농장에 있는 닭은 모두 몇 마리일까요?

(　　　　　　　　)마리

유형 3 (두 자리 수)+(두 자리 수) ②

- 일의 자리를 더했을 때 10이거나 10보다 크면 10을 십의 자리로 받아올림합니다.
- 십의 자리를 더했을 때 10이거나 10보다 크면 10을 백의 자리로 받아올림합니다.

7 수 모형을 보고 □ 안에 알맞은 수를 써넣으세요.

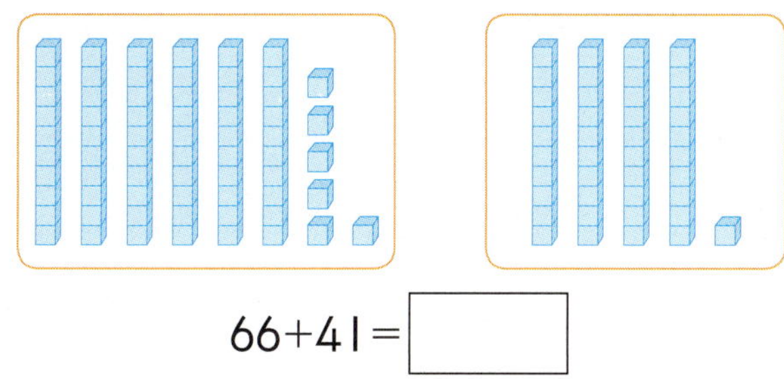

66+41=□

8 계산해 보세요.

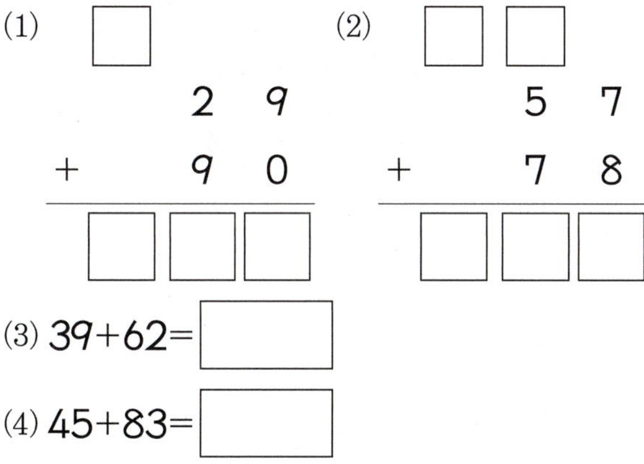

(1) 29 + 90 = □□□

(2) 57 + 78 = □□□

(3) 39+62=□

(4) 45+83=□

9 운동장에 남학생이 68명, 여학생이 54명 있습니다. 운동장에 있는 학생들은 모두 몇 명일까요?

(　　　　　　)명

유형 4 (두 자리 수)−(한 자리 수)

- 거꾸로 세기로 구하기
- 지워서 구하기
- 수 모형으로 구하기

10 식을 보고 빼는 수만큼 /으로 지워 계산해 보세요.

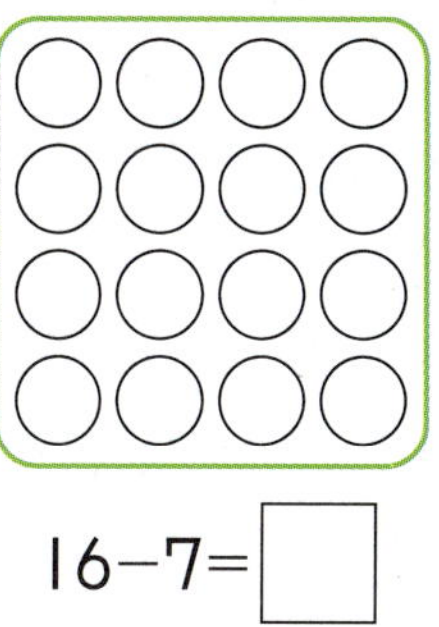

16−7=□

11 두 수의 차를 빈칸에 써넣으세요.

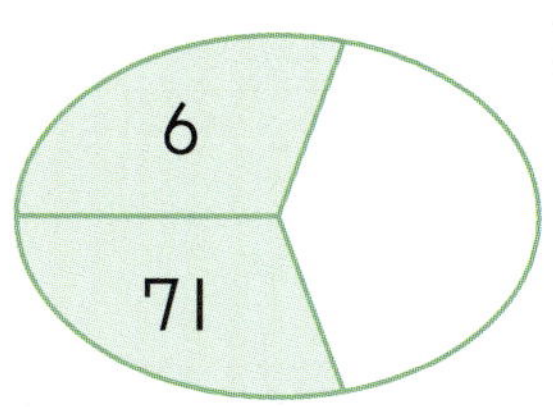

12 계산한 값이 가장 작은 것을 찾아 기호를 써 보세요.

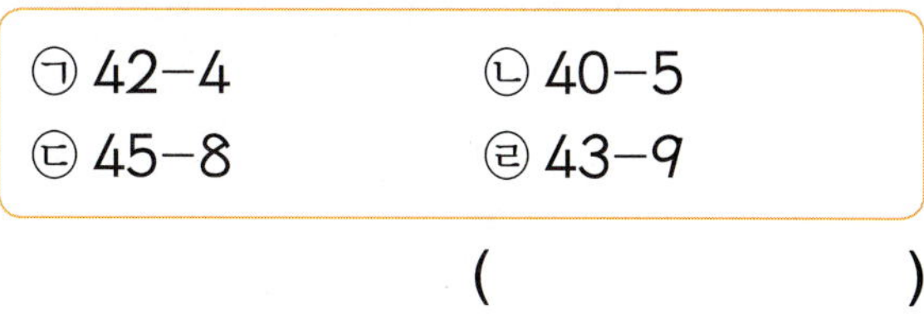

㉠ 42−4　　㉡ 40−5
㉢ 45−8　　㉣ 43−9

(　　　　　　)

유형 5 (몇십)−(몇십몇)

• 0에서 몇은 뺄 수 없으므로 십의 자리에서 10을 일의 자리로 받아내림합니다.

13 □ 안에 알맞은 수를 써넣으세요.

(1)
$$\begin{array}{r} \square\ \square \\ 9\ \ 0 \\ -\ 4\ \ 8 \\ \hline \square\ \square \end{array}$$

(2)
$$\begin{array}{r} \square\ \square \\ 7\ \ 0 \\ -\ 3\ \ 8 \\ \hline \square\ \square \end{array}$$

14 □ 안에 알맞은 수를 써넣으세요.

$$\begin{array}{r} \square\ \ 0 \\ -\ 2\ \ 8 \\ \hline 3\ \ \square \end{array}$$

15 친구들이 가지고 있는 구슬의 수를 조사했습니다. 가장 많이 가지고 있는 친구는 가장 적게 가지고 있는 친구보다 몇 개를 더 가지고 있을까요?

이름	민우	선주	세진
구슬의 수(개)	51	60	47

식 (   )

답 (   )개

유형 6 (두 자리 수)−(두 자리 수)

• 일의 자리 수끼리 뺄 수 없으면 십의 자리에서 10을 일의 자리로 받아내림합니다.

16 계산 결과가 가장 작은 것을 고르세요.

(   )

① 86−47 ② 73−39
③ 91−56 ④ 51−15
⑤ 82−45

17 빈칸에 알맞은 수를 써넣으세요.

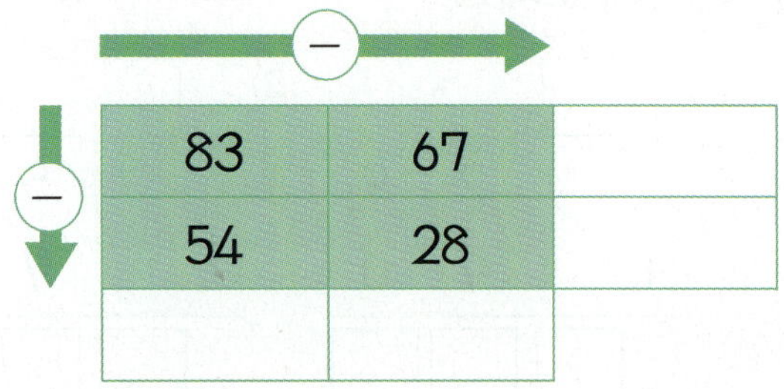

18 서점에 소설책이 84권, 만화책이 69권 있습니다. 소설책은 만화책보다 몇 권 더 많을까요?

(   )권

유형 7 세 수의 계산

• 세 수의 계산은 앞에서부터 두 수씩 차례대로 계산합니다.

19 식을 계산할 때 먼저 계산해야 하는 것부터 차례로 기호를 써 보세요.

62−15+37 (㉠: −, ㉡: +)

(　　　　　　　)

20 □ 안에 알맞은 수를 써넣으세요.

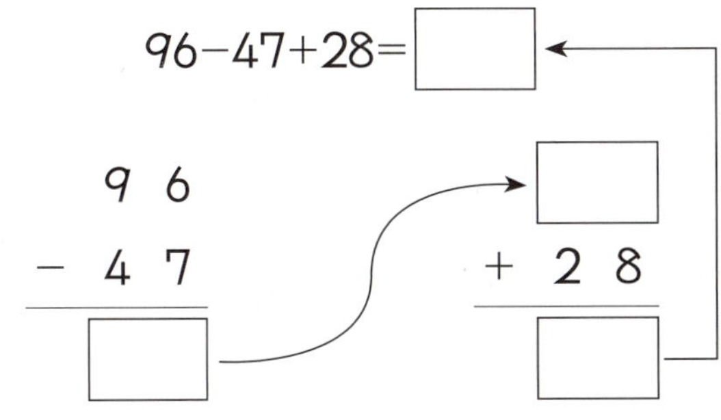

21 준수네 과일 가게에 포도가 63상자 있었습니다. 오늘 18상자를 들여오고, 47상자를 팔았습니다. 팔고 남아 있는 포도는 몇 상자일까요?

(　　　　　　　)상자

22 계산을 해 보세요.

(1) 96−49+18=□

(2) 45+17−26=□

23 빈칸에 알맞은 수를 써넣으세요.

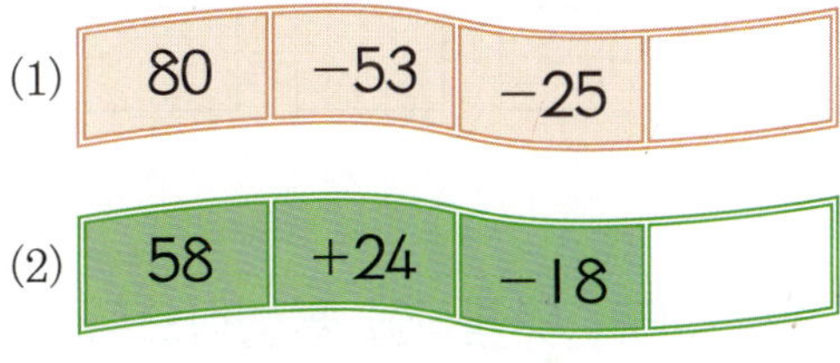

24 아영이는 스티커를 77장 모았습니다. 그중에서 48장은 동생에서 주고 27장을 새로 샀습니다. 지금 아영이가 가지고 있는 스티커는 몇 장일까요?

(　　　　　　　)장

유형 8 덧셈과 뺄셈의 관계를 식으로 나타내기

• 덧셈식을 뺄셈식으로 나타내기

●+▲=■ ➡ ■−▲=●

➡ ■−●=▲

• 뺄셈식을 덧셈식으로 나타내기

●−■=▲ ➡ ■+▲=●

➡ ▲+■=●

25 뺄셈식을 덧셈식 2개로 나타내 보세요.

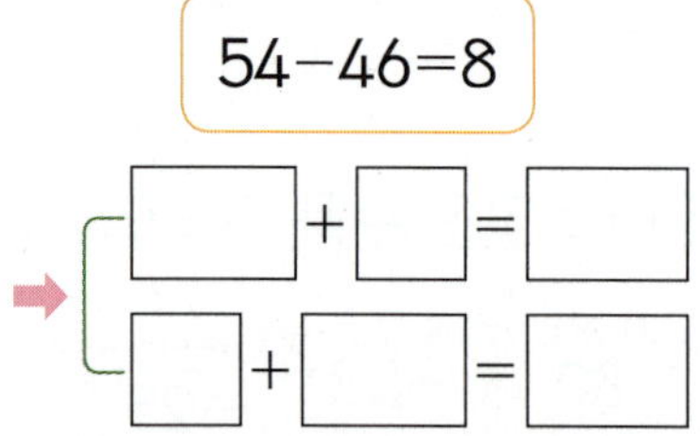

54−46=8

➡ □+□=□

□+□=□

26 덧셈을 하고, 덧셈식을 뺄셈식으로 나타내 보세요.

32+18=□

➡ □−□=32

27 수 카드를 보고 물음에 답해 보세요.

47 63 16

(1) 알맞은 덧셈식을 2개 만들어 보세요.

(,)

(2) 알맞은 뺄셈식을 2개 만들어 보세요.

(,)

유형 9 덧셈식에서 □의 값 구하기

• 모르는 수, 어떤 수는 □로 나타냅니다.

• ●+□=▲에서 덧셈과 뺄셈의 관계를 이용하여 □=●−▲로 나타내어 □의 값을 구합니다.

28 그림을 보고 □를 사용하여 덧셈식을 만들고, □의 값을 구해 보세요.

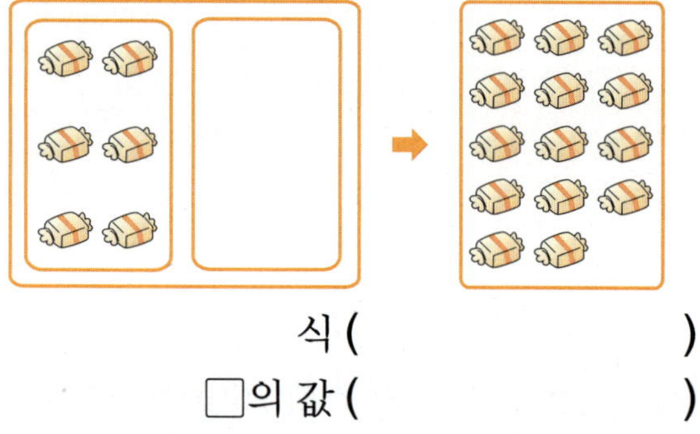

식 ( )

□의 값 ( )

29 □ 안에 알맞은 수를 써넣으세요.

(1) □+5=12

(2) 28+□=53

30 재용이는 어제 책을 43쪽 읽었습니다. 오늘 몇 쪽을 더 읽어서 모두 90쪽을 읽으려고 합니다. 오늘 읽어야 하는 책은 몇 쪽인지 식을 세우고, 답을 구해 보세요.

식 ( )

답 ( )쪽

유형 10 뺄셈식에서 □의 값 구하기

• 모르는 수, 어떤 수는 □로 나타냅니다.

• ●−□=▲에서 덧셈과 뺄셈의 관계를 이용하여 □=●−▲로 나타내어 □의 값을 구합니다.

31 어떤 수를 □로 하여 알맞은 식을 써 보세요.

(1) 47에서 어떤 수를 빼면 19입니다.

( )

(2) 어떤 수에서 37을 빼면 42입니다.

( )

32 수직선을 보고 □를 사용하여 덧셈식으로 나타내고, □의 값을 구해 보세요.

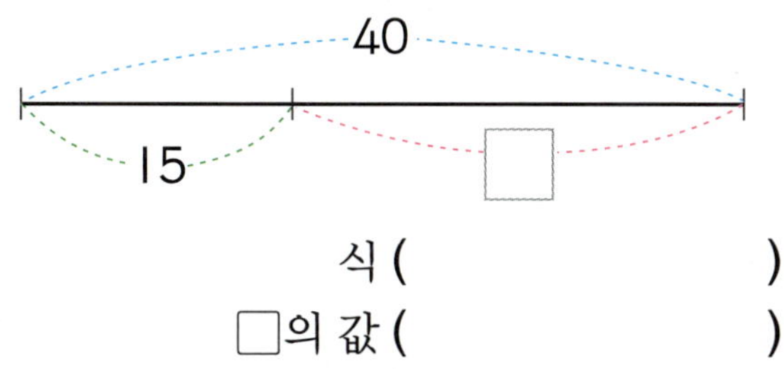

식 ( )

□의 값 ( )

33 빈칸에 알맞은 수를 써넣으세요.

61	−		=	15

34 사탕 51개를 가지고 있었는데 몇 개를 먹었더니 25개가 남았습니다. 물음에 답해 보세요.

(1) 먹은 사탕의 수를 □로 하여 바르게 만든 식에 ○표 하세요.

㉠ 51−□=25 ㉡ 25+51=□

( ) ( )

(2) 사탕은 몇 개를 먹었을까요?

( )개

35 ★의 값을 구하는 과정입니다. □ 안에 알맞은 수를 써넣으세요.

43−★=15

➡ ★=43−□=□

36 준형이는 쿠키 62개를 가지고 있었습니다. 일주일 동안 몇 개를 먹었더니 쿠키가 28개 남았다면 준형이가 일주일 동안 먹은 쿠키는 몇 개일까요?

( )개

1 □ 안에 알맞은 수를 써넣으세요.

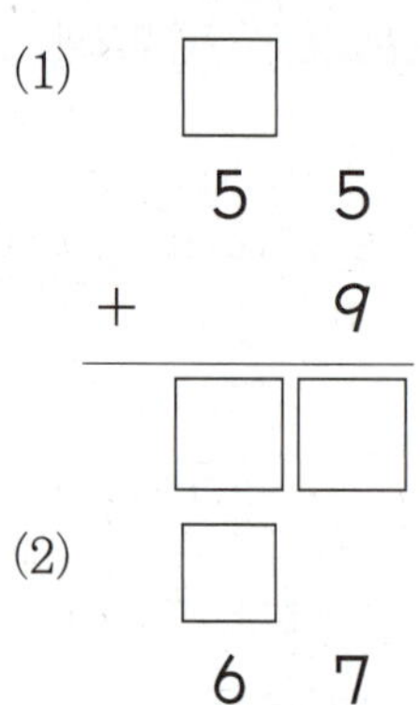

(1) □ / 5 5 + 9 = □□

(2) □ / 6 7 + 8 = □□

2 동물원에 원숭이가 35마리 있었습니다. 올해 원숭이 9마리가 태어났다면 동물원에 있는 원숭이는 모두 몇 마리일까요?

( )마리

3 빈칸에 알맞은 수를 써넣으세요.

+26

18	36	28

4 빈칸에 알맞은 수를 써넣으세요.

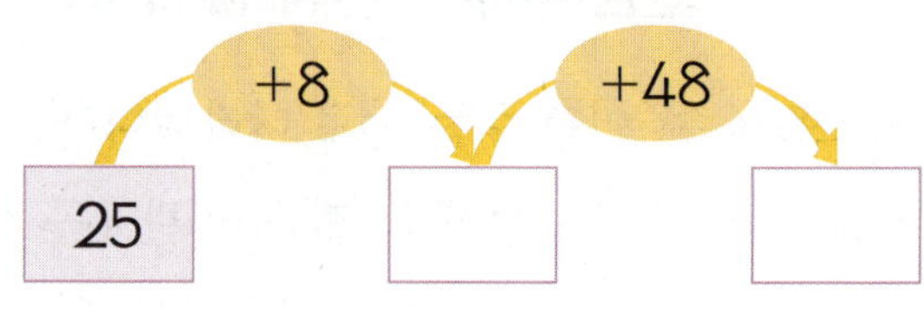

5 계산한 값이 큰 것부터 차례로 기호를 써 보세요.

㉠ 54+27　　㉡ 77+15
㉢ 48+68　　㉣ 68+27

( )

6 빈칸에 알맞은 수를 써넣으세요.

+	+	
67	45	
57	86	

7 수 모형이 나타내는 식을 찾아보고, 답을 구해 보세요.

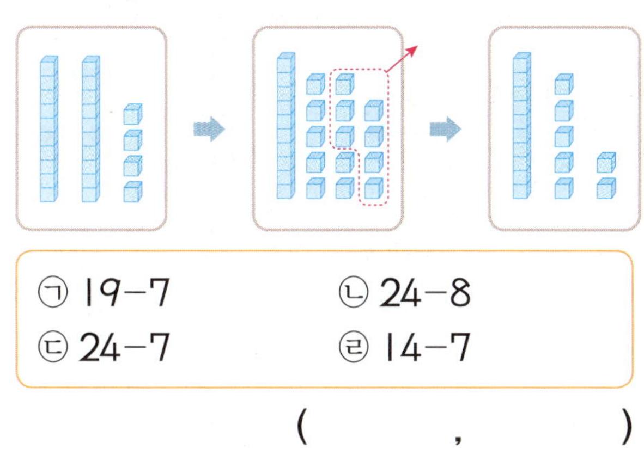

㉠ 19−7	㉡ 24−8
㉢ 24−7	㉣ 14−7

(,)

8 빈칸에 알맞은 수를 써넣으세요.

9 청팀과 백팀이 운동회를 하고 있습니다. 청팀은 72점이고, 백팀은 청팀에게 18점을 지고 있습니다. 현재 백팀의 점수는 몇 점일까요?

( )점

10 계산해 보세요.

(1) 70−17= ☐

(2) 80−49= ☐

11 가장 큰 수와 가장 작은 수의 차를 구해 보세요.

54 63 26 18

( )

서술형

12 민호는 농장에서 토마토를 83개 땄습니다. 그중에서 35개를 골라 상자에 담았습니다. 상자에 담지 않은 토마토는 몇 개인지 풀이 과정을 쓰고, 답을 구해 보세요.

풀이 ______

답 ______ 개

13 계산한 값이 큰 것부터 차례로 기호를 써 보세요.

㉠ 84−57	㉡ 62−17
㉢ 15+96	㉣ 34+28

( )

14 계산해 보세요.

(1) 59+33−45=☐

(2) 46−27+19=☐

15 버스에 승객이 29명 타고 있었습니다. 첫 번째 정류장에서 12명이 타고 두 번째 정류장에서 8명이 내렸습니다. 현재 버스에 타고 있는 승객은 몇 명일까요?

( )명

16 빈칸에 알맞은 수를 써넣으세요.

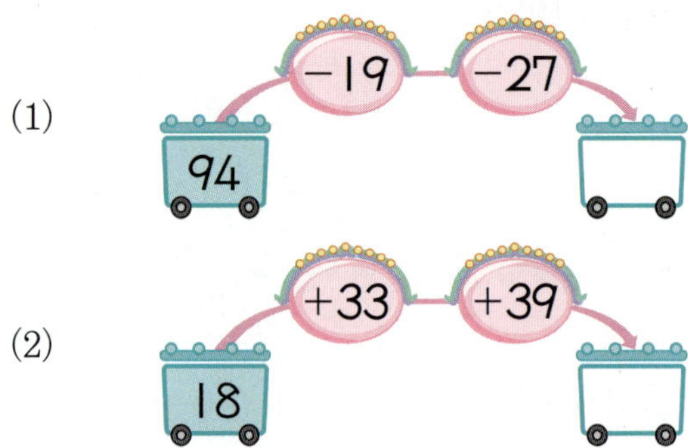

17 주어진 카드를 사용하여 덧셈식과 뺄셈식을 각각 1개씩 만들어 보세요.

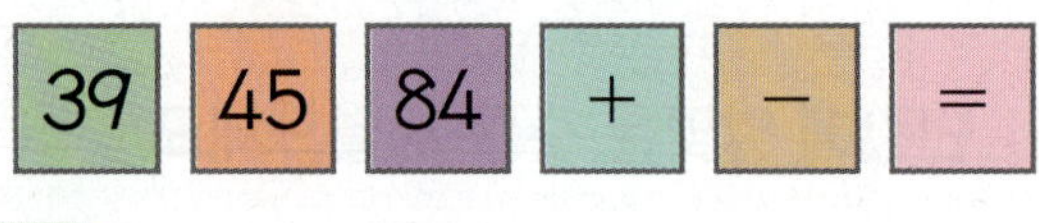

덧셈식 ______

뺄셈식 ______

18 보기 의 문장을 덧셈식으로 써 보고, 그 식을 이용하여 뺄셈식 2개를 만들어 보세요.

보기

상자에 사과 17개와 귤 28개가 들어 있습니다. 상자에 들어 있는 과일은 모두 45개입니다.

덧셈식 ______

뺄셈식1 ______

뺄셈식2 ______

19 수직선을 보고 □ 안에 알맞은 수를 써넣으세요.

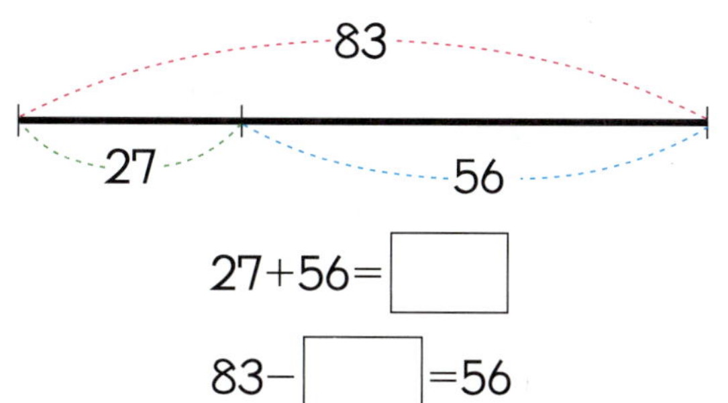

27+56=□

83−□=56

20 어떤 수를 □로 하여 식을 쓰고, □의 값을 구해 보세요.

36에서 어떤 수를 뺐더니 19가 되었습니다.

식 (　　　　　　　　)

□의 값 (　　　　　　　　)

21 □의 값을 구하여 더 작은 것의 기호를 써 보세요.

㉠ 21+□=36

㉡ □+25=41

(　　　　　　　　)

22 □ 안에 들어갈 수 있는 수를 모두 골라 ○표 하세요.

(1) 82−□ < 75

(5 , 6 , 7 , 8 , 9)

(2) 35−□ < 29

(5 , 6 , 7 , 8 , 9)

서술형

23 가을이는 받아쓰기 시험을 보았습니다. 이번 점수는 지난 점수보다 15점 올라서 90점을 받았습니다. 가을이의 지난 받아쓰기 점수는 몇 점이었을지 풀이 과정을 쓰고, 답을 구해 보세요.

풀이 ____________________

답 ________ 점

서술형

24 보기의 식을 이용할 수 있는 문제를 만들어 보고, □를 구해 보세요.

보기

24−□=17

문제 ____________________

답 ________

3

3 서술형 평가

1 계산이 틀린 이유를 적어 보고, 바르게 계산해 보세요.

$$\begin{array}{r} 3\ 8 \\ +\ 4\ 4 \\ \hline 7\ 2 \end{array} \Rightarrow \begin{array}{r} 3\ 8 \\ +\ 4\ 4 \\ \hline \end{array}$$

이유

답

2 주차장에 자동차 45대가 있었습니다. 그중에서 18대가 빠져나갔다면 지금 주차장에 남아 있는 자동차는 몇 대인지 풀이 과정을 쓰고, 답을 구해 보세요.

풀이

답 대

3

3 지수는 초콜릿 32개를 가지고 있었습니다. 그중 동생에게 15개를 나누어 주고 엄마에게 19개를 받았습니다. 현재 지수가 가지고 있는 초콜릿은 몇 개인지 풀이 과정을 쓰고, 답을 구해 보세요.

풀이 ______________________

____

____

____

답 __________ 개

4 수민이는 같은 반 친구들 28명에게 한 개씩 나누어 주려고 종이학을 접고 있습니다. 지금까지 접은 종이학이 16개라면 앞으로 몇 개를 더 접어야 하는지 풀이 과정을 쓰고, 답을 구해 보세요.

풀이 ______________________

____

____

____

답 __________ 개

5 수현이는 줄넘기를 50번 넘으려고 합니다. 지금까지 37번 넘었다면 앞으로 몇 번을 더 넘어야 하는지 풀이 과정을 쓰고, 답을 구해 보세요.

풀이

답 ________ 번

6 혜원이는 피자를 사는 데 쿠폰 15개를 사용했습니다. 남은 쿠폰이 18개라면 혜원이가 처음에 가지고 있던 쿠폰은 몇 개였는지 풀이 과정을 쓰고, 답을 구해 보세요.

풀이

답 ________ 개

길이 재기

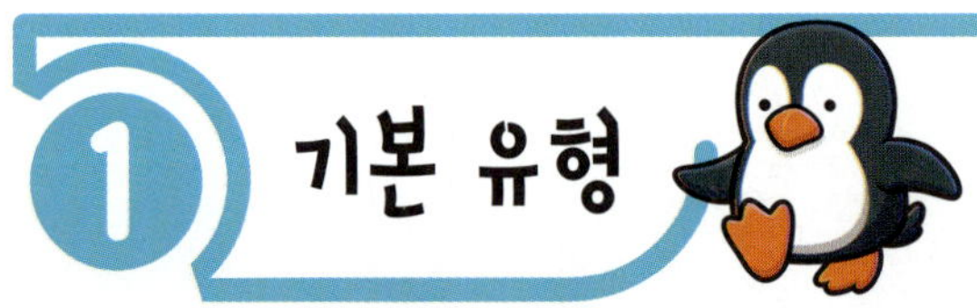

유형 1 길이를 비교하는 방법 알아보기

• 직접 맞대어 길이를 비교하기 어려운 경우 종이띠나 털실 등을 이용하여 비교합니다.

1 ~ 3 그림을 보고 물음에 답해 보세요.

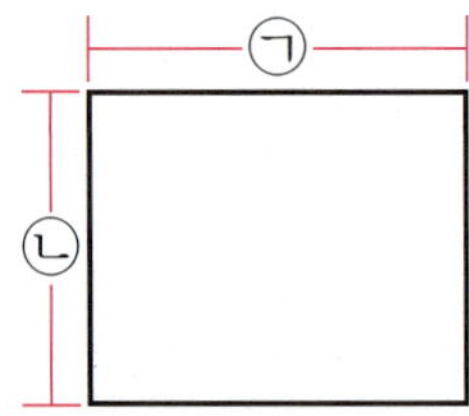

1 알맞은 말에 ○표 하세요.

㉠과 ㉡은 길이를 직접 맞대어 비교할 수 (있습니다 , 없습니다).

2 ㉠과 ㉡의 길이를 비교할 수 있는 방법을 한 가지 써 보세요.

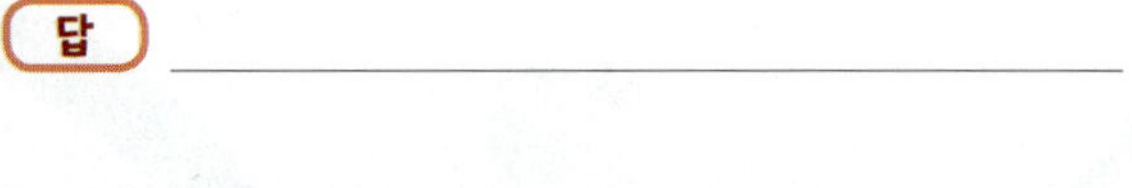

3 ㉠과 ㉡의 길이를 종이띠로 비교한 것입니다. 알맞은 말에 ○표 하세요.

둘 중에 길이가 더 긴 것은 (㉠ , ㉡) 입니다.

유형 2 여러 가지 단위로 길이 재기

• 물건의 길이를 잴 때에는 뼘, 클립, 연필 등 여러 가지 단위를 사용할 수 있습니다.
• 같은 물건이라도 사용하는 단위에 따라 잰 횟수가 달라질 수 있습니다.
• 어떤 길이를 재는 데 기준이 되는 길이를 단위길이라고 합니다.

4 길이를 잴 때 사용되는 단위 중에 가장 긴 것에 ○표, 가장 짧은 것에 △표 하세요.

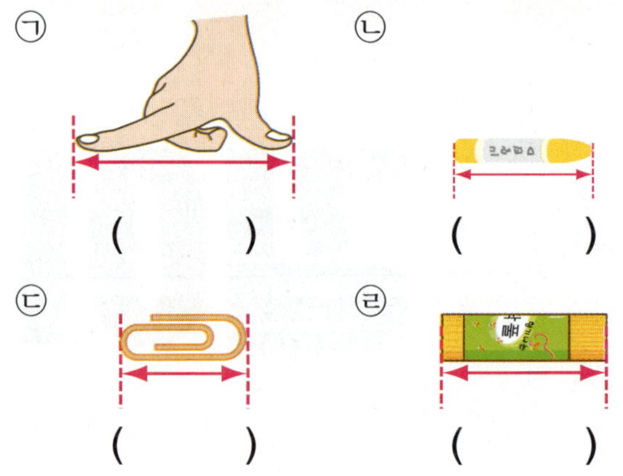

5 교탁의 긴 쪽의 길이는 빨대로 몇 번인지 써 보세요.

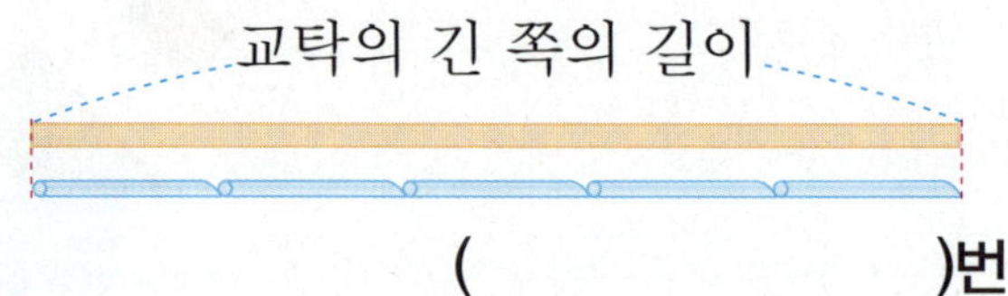

(　　　　　　)번

6 책상의 긴 쪽의 길이를 뼘으로 재었습니다. 미혜의 뼘으로는 15번, 수지의 뼘으로는 17번이었다면 미혜와 수지 중 누구의 한 뼘이 더 길까요?

(　　　　　　)

유형 3 1 cm 알아보기

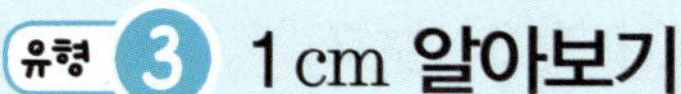
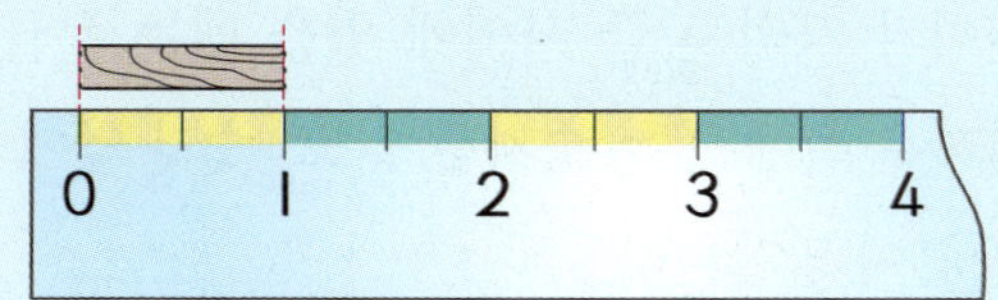

- 자의 눈금 한 칸을 1 cm라고 합니다.
- 1 cm는 1 센티미터라고 읽습니다.

7 1 cm를 바르게 쓴 것을 찾아 기호를 써 보세요.

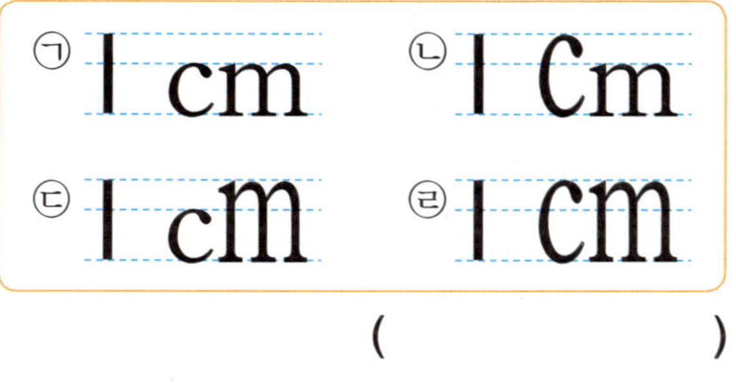

(　　　　　　)

8 길이를 읽어 보세요.

(1) 7 cm　(　　　　　　)

(2) 9 cm　(　　　　　　)

9 곧은 선의 길이는 몇 cm인지 구해 보세요.

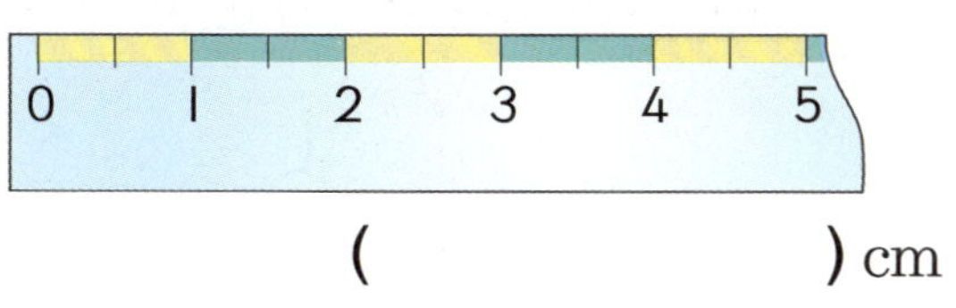

(　　　　　　) cm

유형 4 자로 길이를 재는 방법 알아보기

- 물건의 한쪽 끝을 자의 눈금 0에 맞추고 다른 쪽 끝에 있는 자의 눈금을 읽습니다.
- 물건의 한쪽 끝이 자의 눈금 0에 놓여 있지 않을 때, 1 cm가 몇 번 들어가는지 셉니다.
- 물건의 한쪽 끝이 자의 눈금 0에 놓여 있지 않을 때, 양쪽 끝 눈금의 차를 구합니다.

10 자를 사용하여 길이를 바르게 잰 것을 찾아 ○표 하세요.

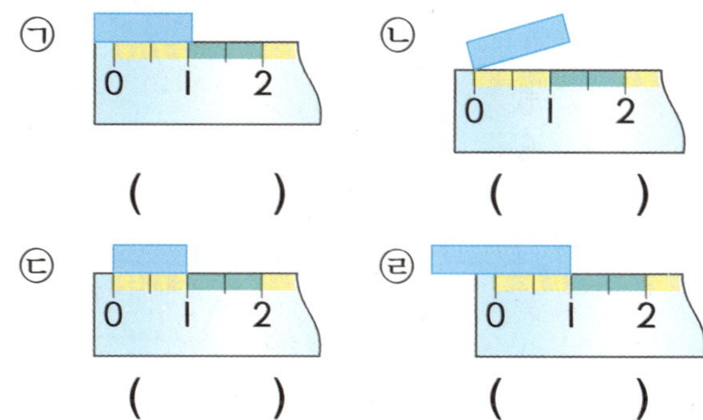

㉠ (　　)　㉡ (　　)

㉢ (　　)　㉣ (　　)

11 곧은 선의 길이를 자로 재어 보세요.

(　　　　　　) cm

12 클립의 길이는 몇 cm일까요?

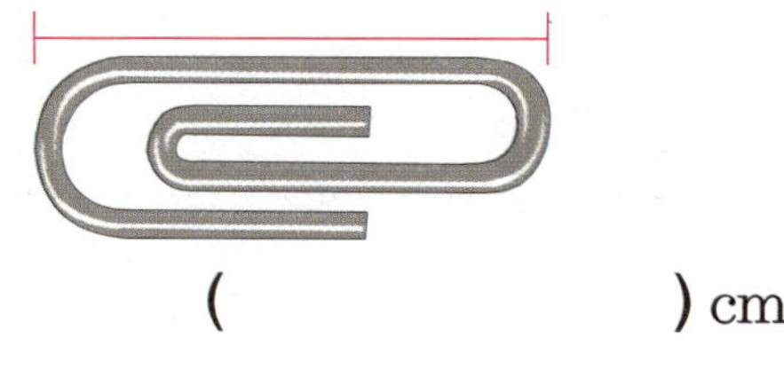

(　　　　　　) cm

13~14 도형의 변의 길이를 자로 재어 □ 안에 알맞은 수를 써넣으세요.

13

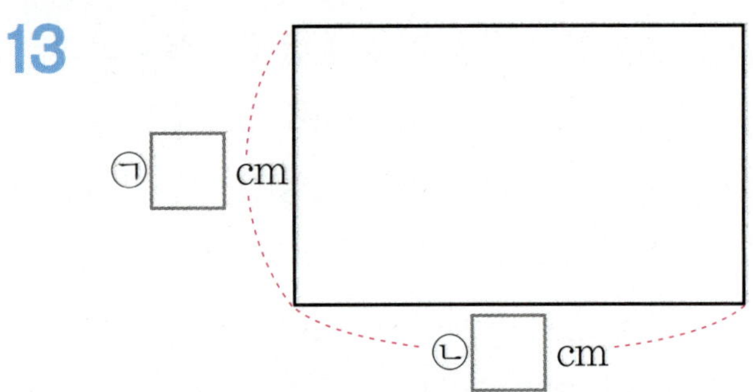

14

㉠ □ cm

㉢ □ cm

㉡ □ cm

15 자를 사용하여 주어진 길이만큼 점선을 따라 곧은 선을 그어 보세요.

유형 5 자로 길이 재어 보기

• 길이가 자의 눈금 사이에 있을 때는 눈금과 가까운 쪽에 있는 숫자를 읽고, 숫자 앞에 약을 붙여 말합니다.

16 클립의 길이는 약 몇 cm일까요?

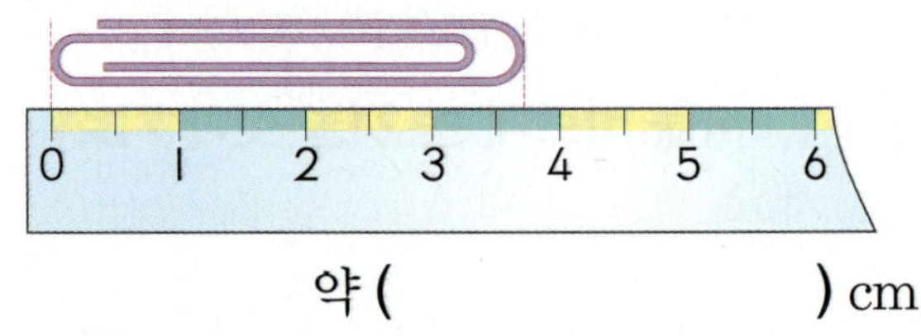

약 (　　　　　　) cm

17 연필의 길이는 약 몇 cm인지 자로 재어 보세요.

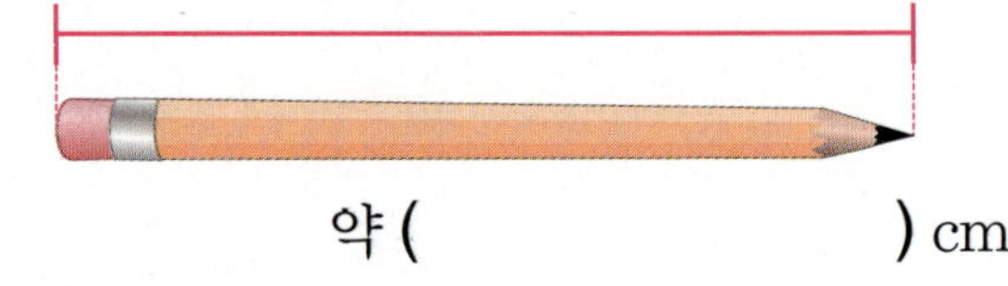

약 (　　　　　　) cm

18 끈의 길이를 잘못 말한 사람을 찾아 써 보세요.

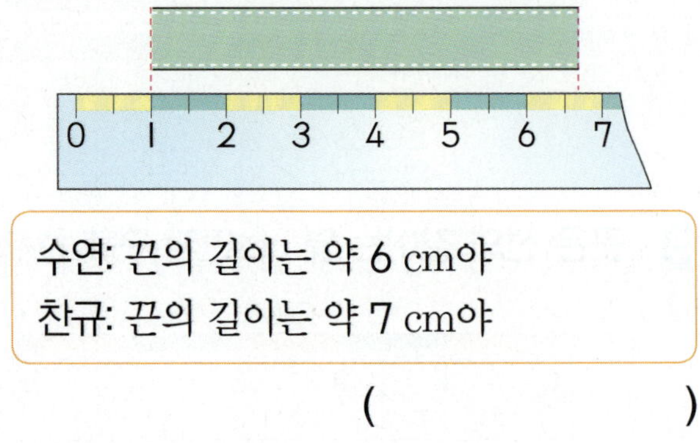

(　　　　　　)

유형 6 길이 어림하기

- 어림한 길이를 말할 때는 '약 □cm'라고 합니다.
- 1 cm가 어느 정도인지 알고 있으면 어림을 좀 더 잘 할 수 있습니다.

19 □ 안에 알맞은 말을 써넣으세요.

어림한 길이를 말할 때에는
□ □cm라고 합니다.

20 머리핀의 길이를 어림하고, 자로 재어 확인해 보세요.

어림한 길이: 약 (　　　　) cm
자로 잰 길이: (　　　　) cm

21 길이가 2 cm인 선이 있습니다. 자를 사용하지 않고 6 cm에 가깝게 선을 그어 보세요.

2 cm

22 실제 길이에 가장 가까운 것을 찾아 이어 보세요.

(1)	클립	㉠	2 cm
(2)	우산	㉡	15 cm
(3)	색연필	㉢	60 cm

23 가위의 길이를 더 가깝게 어림한 사람을 찾아 써 보세요.

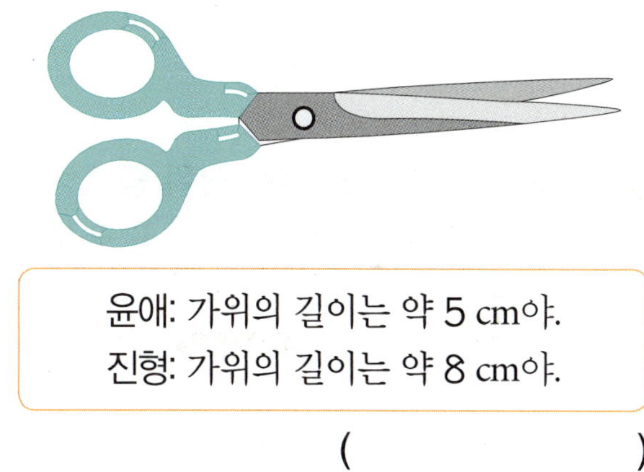

윤애: 가위의 길이는 약 5 cm야.
진형: 가위의 길이는 약 8 cm야.

(　　　　)

24 볼펜의 길이를 약 5 cm로 어림했습니다. 어림한 길이와 자로 잰 길이의 차는 몇 cm일까요?

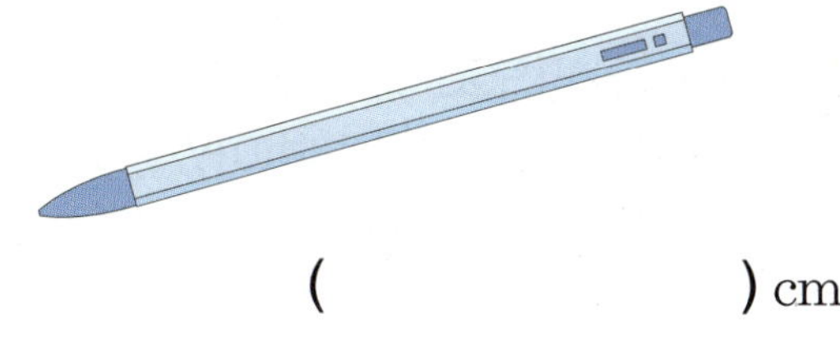

(　　　　) cm

2 단원 마무리 4. 길이 재기

1 빨대의 길이는 못과 지우개로 각각 몇 번일까요?

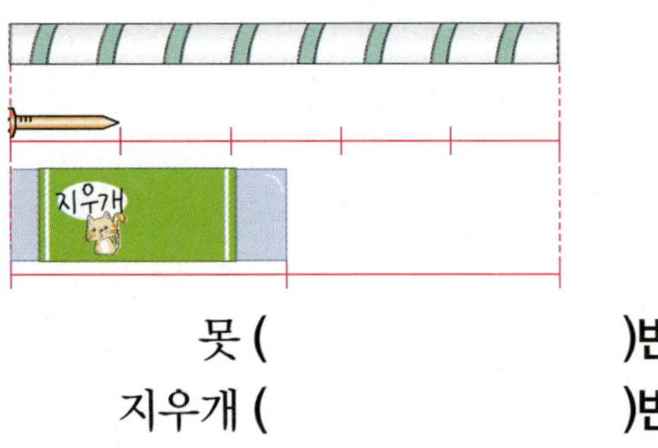

못 (　　　　　　　)번

지우개 (　　　　　　　)번

2 길이를 잴 때 사용되는 단위 중에 가장 긴 것에 ○표, 가장 짧은 것에 △표 하세요.

㉠ ㉡ ㉢

(　　　) (　　　) (　　　)

3 은서가 뼘으로 길이를 재었더니 우산은 5번이고, 동화책은 3번이었습니다. 우산과 동화책 중 어느 것의 길이가 더 길까요?

(　　　　　　　)

서술형

4 슬기와 민수가 각자의 뼘으로 우산의 길이를 재었습니다. 왜 다른 결과가 나왔는지 이유를 써 보세요.

슬기	민수
5뼘	6뼘

이유

5 2 cm를 바르게 써 보세요.

6 길이를 바르게 읽은 사람을 찾아 써 보세요.

5 cm

(　　　　　　　)

7 색 테이프의 길이를 바르게 잰 것을 찾아 기호를 써 보세요.

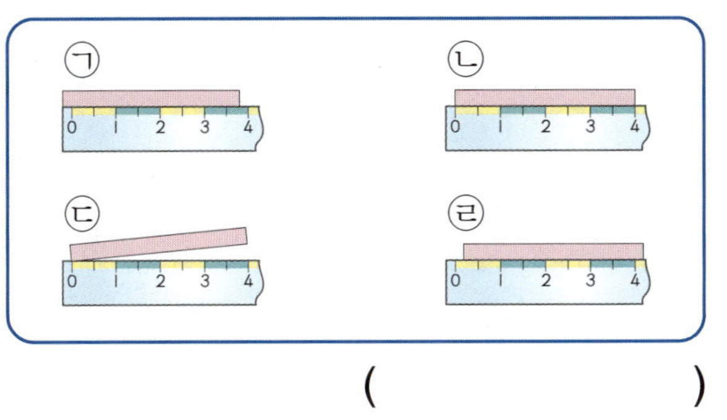

( )

8 딱풀의 길이는 몇 cm일까요?

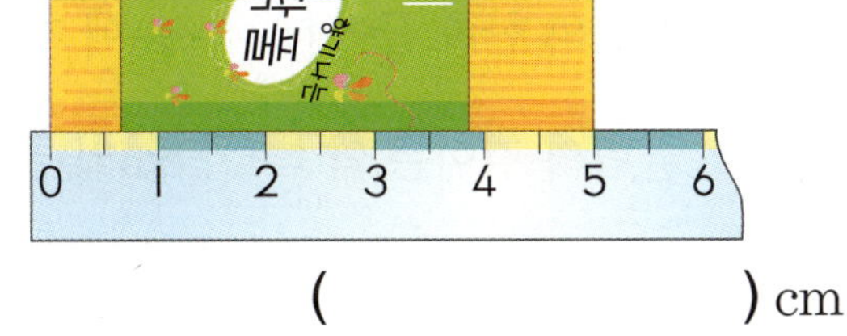

( ) cm

9 리본의 길이를 바르게 말한 사람을 찾아 써 보세요.

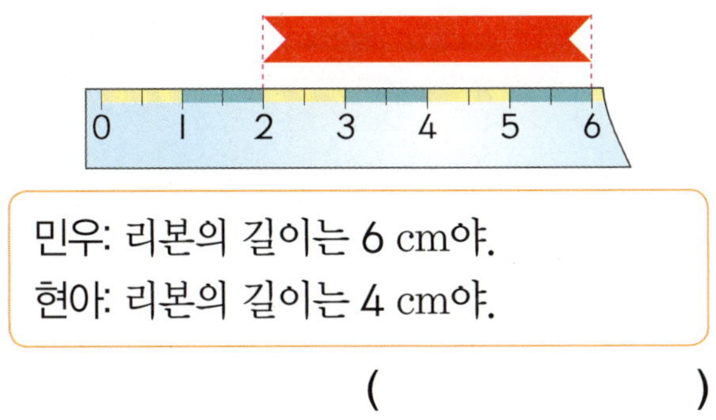

( )

10 보기 에서 알맞은 길이를 찾아 문장을 완성해 보세요.

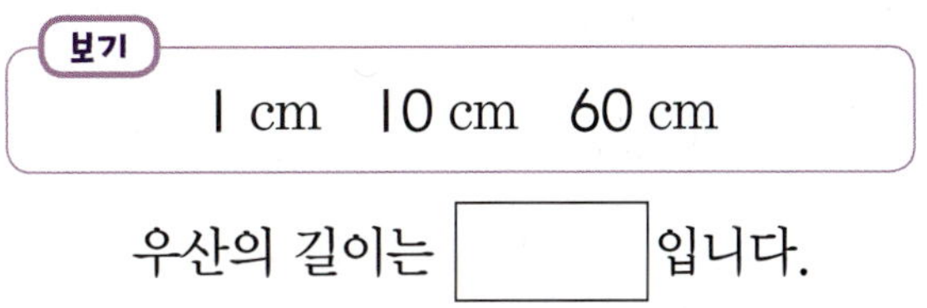

우산의 길이는 [ ] 입니다.

11 자를 사용하여 주어진 길이만큼 점선을 따라 선을 그어 보세요.

12 길이가 6 cm인 선을 찾아 기호를 써 보세요.

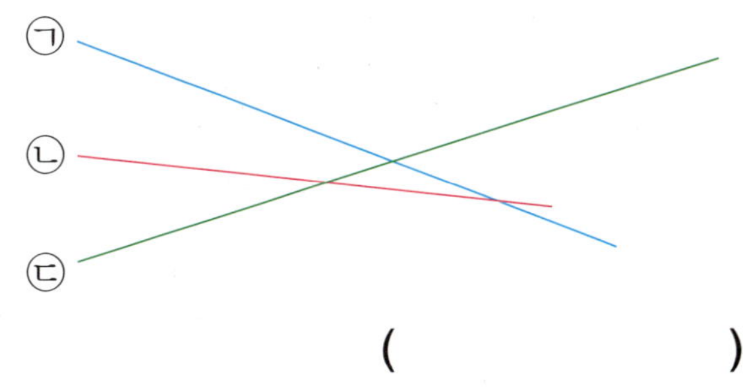

( )

4

서술형

13 개미가 선을 따라 이동했습니다. 개미가 이동한 거리는 몇 cm인지 풀이 과정을 쓰고, 답을 구해 보세요.

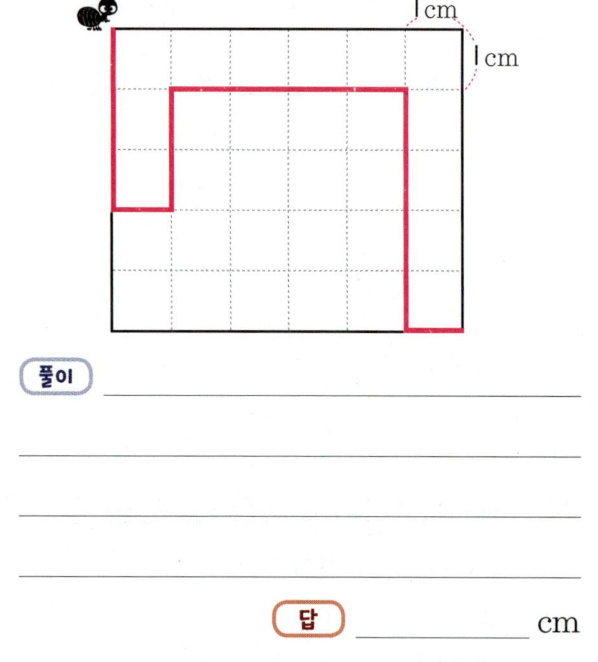

풀이 ______________________________

____

____

____

답 ____________ cm

14 옷핀의 길이는 몇 cm일까요?

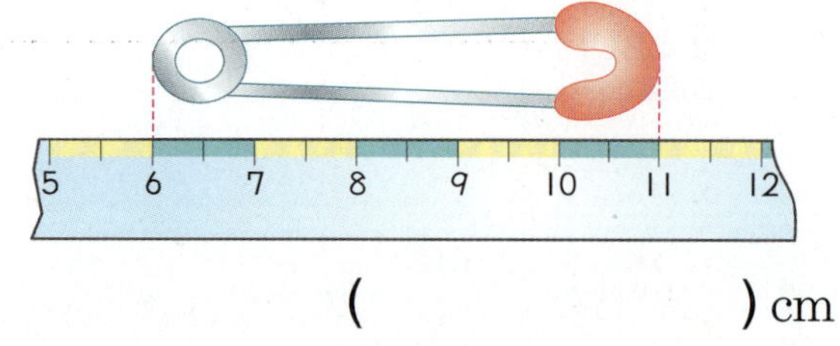

( ) cm

15 그림을 보고 물음에 답해 보세요.

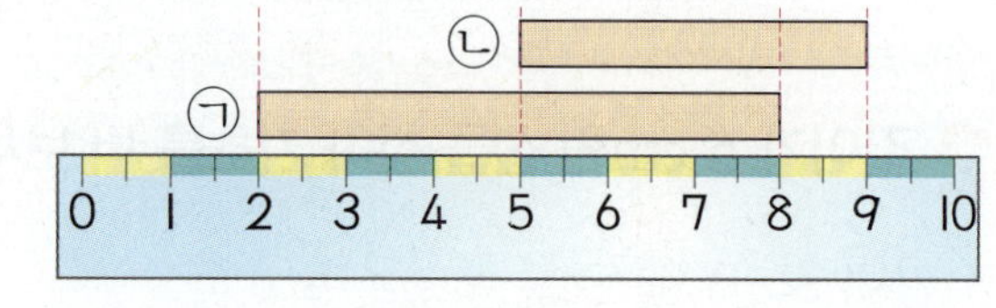

(1) 막대 ㉠과 ㉡의 길이를 각각 써 보세요.

㉠ ( ) cm

㉡ ( ) cm

(2) 길이가 더 긴 막대의 기호를 써 보세요.

( )

16 길이가 6 cm인 바늘의 한 끝을 자의 눈금 3에 맞추고 길이를 잴 때, 다른 쪽 끝이 가리키는 자의 눈금을 써 보세요.

( )

17 그림을 보고 □ 안에 알맞은 수를 써넣으세요.

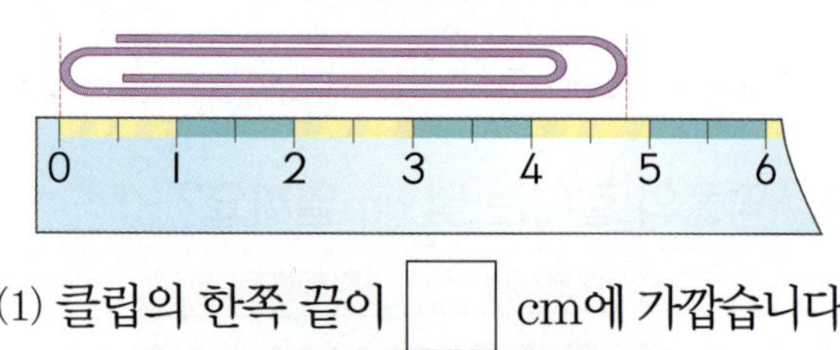

(1) 클립의 한쪽 끝이 □ cm에 가깝습니다.

(2) 클립의 길이는 약 □ cm입니다.

18 면봉의 길이를 바르게 말한 사람을 찾아 써 보세요.

0 1 2 3 4 5 6

진수: 면봉은 약 5 cm야.
혜은: 면봉은 약 4 cm야.

( )

19 오이의 길이는 약 몇 cm일까요?

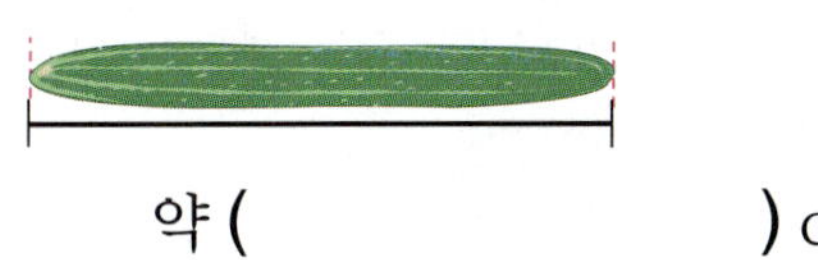

약 (   ) cm

20~21 그림을 보고 물음에 답해 보세요.

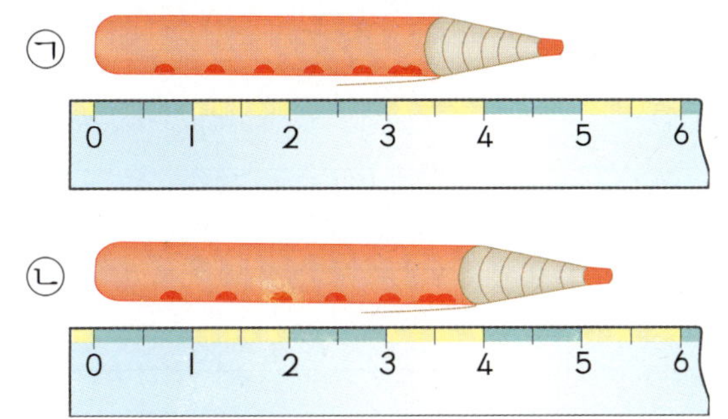

20 ㉠ 색연필과 ㉡ 색연필의 길이는 각각 약 몇 cm일까요?

㉠ 색연필: 약 (   ) cm

㉡ 색연필: 약 (   ) cm

서술형

21 ㉠과 ㉡의 실제 길이는 다르지만 자로 재어 약 몇 cm로 나타내었을 때 같아지는 이유를 써 보세요.

이유 ______________________________

____

____

____

____

22 뼘의 길이를 어림하고, 자로 재어 확인해 보세요.

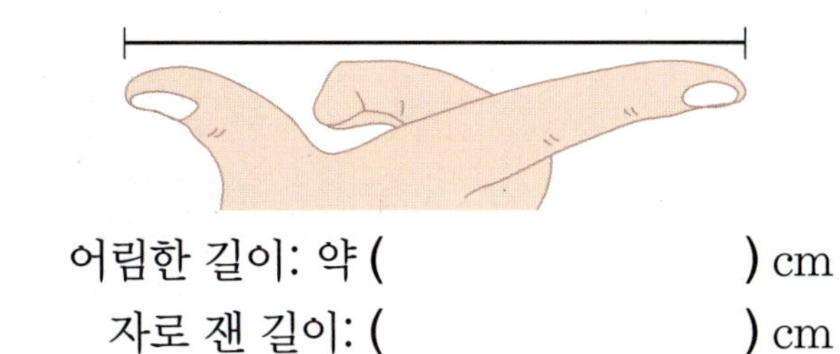

어림한 길이: 약 (   ) cm

자로 잰 길이: (   ) cm

23 볼펜의 길이를 약 6 cm로 어림했습니다. 어림한 길이와 자로 잰 길이의 차는 얼마일까요?

(   ) cm

24 길이가 10 cm인 연필을 지후와 연수가 어림하였습니다. 실제 길이에 더 가깝게 어림한 사람을 찾아 써 보세요.

(   )

3 서술형 평가

1 하람이는 휴대 전화의 길이를 재려고 합니다. 단위길이를 무엇으로 정하면 좋을지 보기 에서 찾아 쓰고, 그렇게 생각한 이유를 써 보세요.

보기

우산　　클립　　한 걸음　　신발

답 ______

이유 ______

2 물건의 길이를 잴 때 뼘 대신 자로 길이를 재면 좋은 점을 2가지 써 보세요.

좋은 점 1 ______

좋은 점 2 ______

3 해린이의 한 뼘의 길이는 12 cm입니다. 해린이가 막대의 길이를 뼘으로 재었더니 2뼘이었습니다. 막대의 길이는 몇 cm인지 풀이 과정을 쓰고, 답을 구해 보세요.

풀이 ______________________

____

____

____

답 __________ cm

4 나경이와 태수는 자로 클립의 길이를 재었습니다. 두 사람 중에서 길이를 재는 방법이 틀린 사람을 찾아 쓰고, 그렇게 생각한 이유를 써 보세요.

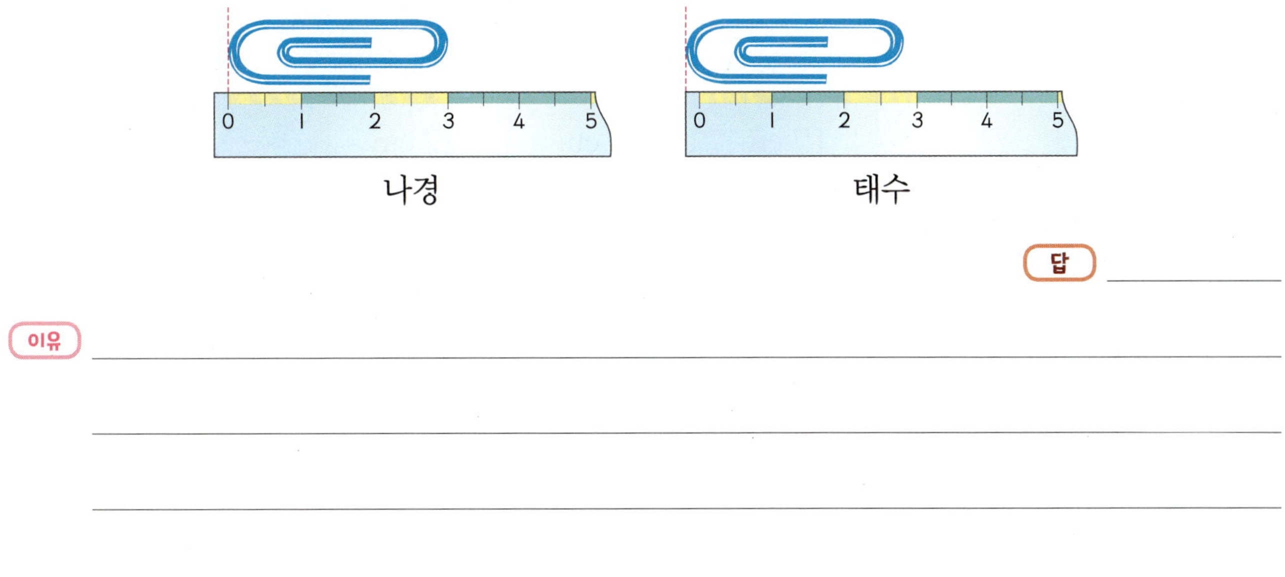

답 __________

이유 ______________________

____

____

____

5 현서는 털실을 9 cm만큼 자르려고 합니다. 주어진 자로 9 cm를 재는 방법을 써 보세요.

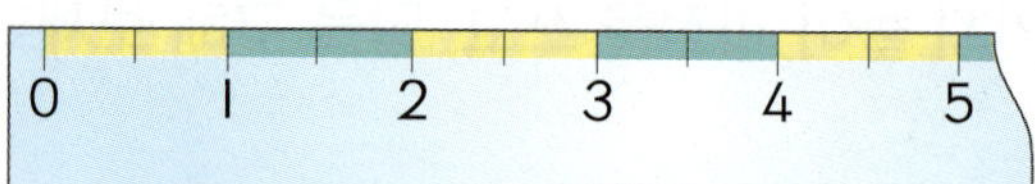

풀이

6 실제 길이가 20 cm인 인형의 길이를 다음과 같이 어림하였습니다. 가장 가깝게 어림한 사람은 누구인지 풀이 과정을 쓰고, 답을 구해 보세요.

종현	하은	성윤
17 cm	19 cm	22 cm

풀이

답

분류하기

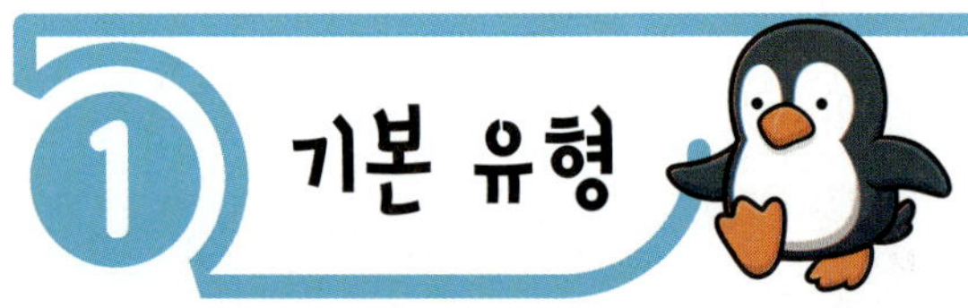

유형 1 분류하는 방법 알아보기

• 누가 분류하더라도 결과가 같아지는 분명한 기준을 정해야 합니다.

1 모양을 기준으로 분류할 수 있는 것의 기호를 써 보세요.

㉠ 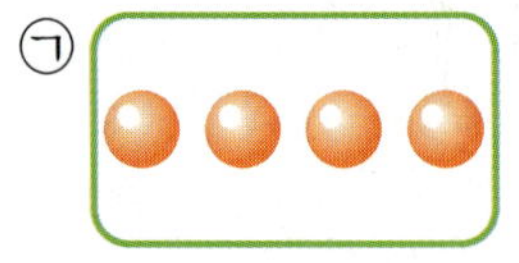

㉡ 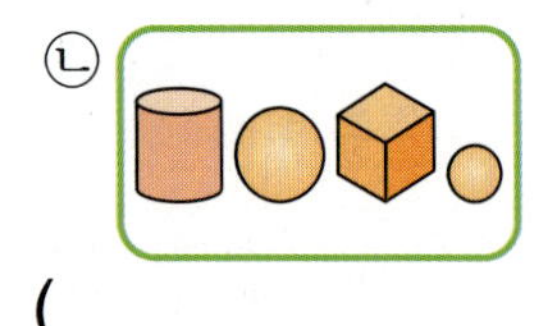

( )

2~3 탈것을 보고 물음에 답해 보세요.

2 분류 기준으로 알맞은 것에 ○표 하세요.

㉠ 큰 것과 작은 것 ( )

㉡ 날 수 있는 것과 날 수 없는 것 ( )

㉢ 빠른 것과 느린 것 ( )

3 다음과 같이 분류하였습니다. 분류 기준을 써 보세요.

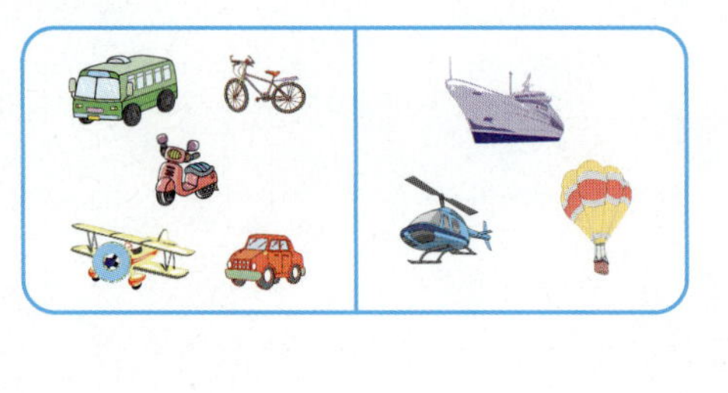

( )

유형 2 기준에 따라 분류하기

• 분명한 기준에 따라 알맞게 분류해 봅니다.
• 분류 기준은 다양하게 세울 수 있습니다.

4~5 사탕을 보고 물음에 답해 보세요.

4 사탕을 모양에 따라 분류해 보세요.

모양	사각형	원	별
기호			

5 사탕을 색깔에 따라 분류해 보세요.

색깔	노란색	빨간색	파란색
기호			

6 민주네 집에 있는 물건입니다. 분류 기준을 정하여 분류해 보세요.

분류 기준	

유형 3 분류하고 세어 보기

• 분류하고 세어 보면 어떤 것이 가장 많은지, 가장 적은지, 전체는 몇 개인지 등을 쉽게 알 수 있습니다.

7 동물을 다리의 수에 따라 분류하고, 그 수를 세어 보세요.

다리의 수	0개	2개	4개
세면서 표시하기			
동물의 수 (마리)			

8 지윤이네 모둠 학생들이 키우는 애완동물을 조사하였습니다. 키우는 애완동물에 따라 분류하고, 그 수를 세어 보세요.

애완동물	강아지	고양이	열대어
학생의 수 (명)			

유형 4 분류한 결과를 말해 보기

• 분류를 해 보면 다양한 사실들을 알 수 있습니다.

9 ~ 10 친구들이 일주일 동안 서점에서 산 책입니다. 물음에 답해 보세요.

A열	B열	C열
교과서, 문제집	동화책, 만화책, 그림책	사전

9 각 열 별로 산 책의 수를 빈칸에 써넣으세요.

열	A열	B열	C열
책의 수 (권)			

10 서점 주인이 더 많은 책을 팔기 위해서는 어느 열의 책을 가장 많이 준비하는 것이 좋을까요?

(　　　　　　)열

5

2 단원 마무리 5. 분류하기

1 색깔을 기준으로 분류할 수 있는 것에 ○표 하세요.

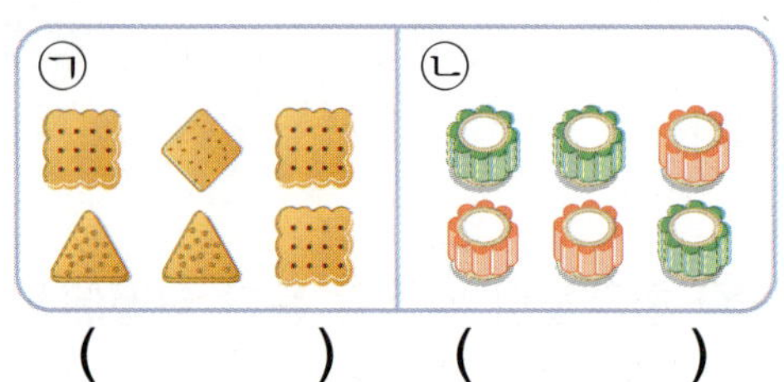

( ) ( )

2 동물을 분류하려고 합니다. 분류 기준으로 알맞은 것을 찾아 기호를 써 보세요.

㉠ 예쁜 것과 예쁘지 않은 것
㉡ 다리가 있는 것과 없는 것

( )

3 도형을 분류한 기준은 무엇인지 찾아 ○표 하세요.

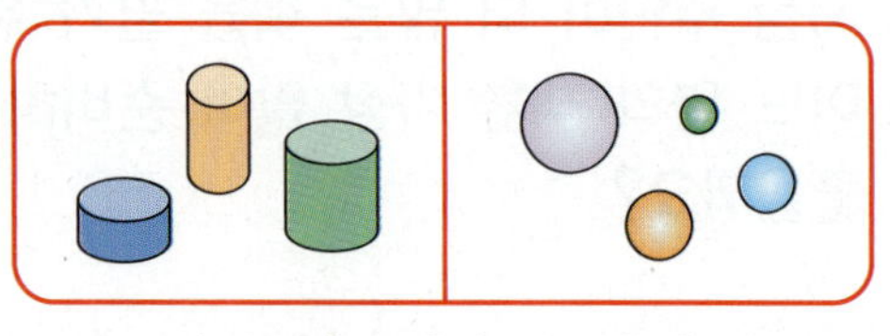

(모양, 색깔, 크기)

서술형

4 분류 기준으로 알맞지 않은 이유를 써 보세요.

분류 기준	좋아하는 것과 좋아하지 않는 것

이유 ______________________

____

____

5~6 탈것을 기준에 따라 분류하려고 합니다. 물음에 답해 보세요.

5 바퀴가 있는 것과 없는 것에 따라 분류해 보세요.

바퀴가 있는 것	바퀴가 없는 것

6 움직이는 장소에 따라 분류해 보세요.

땅	하늘	물

7 물건을 같은 모양에 따라 분류해 보세요.

모양	번호
(상자 모양)	
(공 모양)	

서술형

8 시은이는 동물을 고기를 먹는 동물과 풀을 먹는 동물로 분류해 보았습니다. 잘못 분류된 동물을 찾아 ○표 하고, 그 이유를 써 보세요.

이유 ______________________

9 동물을 보고 기준을 정하여 분류해 보세요.

분류 기준	

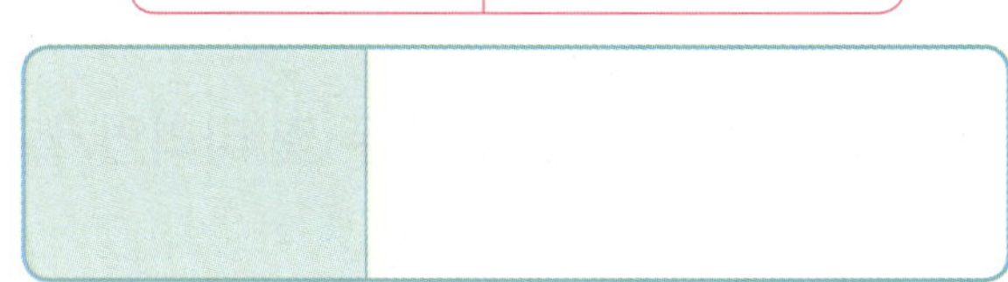

10~12 **주호와 아영이는 가지고 있는 단추를 분류하려고 합니다. 물음에 답해 보세요.**

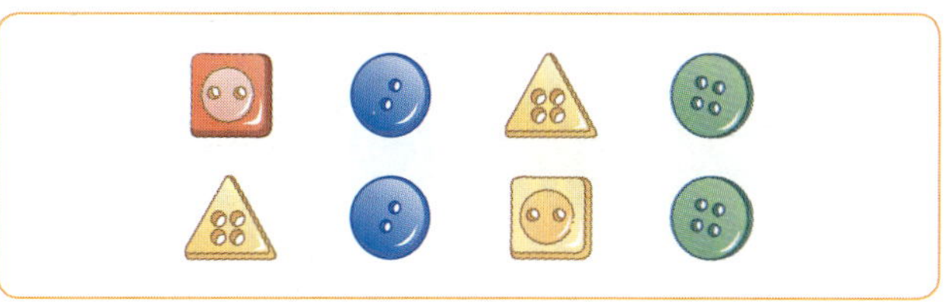

10 주호는 단추를 그림과 같이 분류했습니다. 분류한 기준은 무엇일까요?

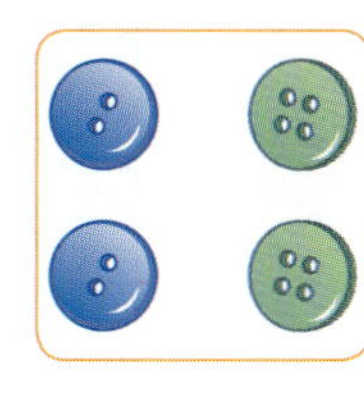
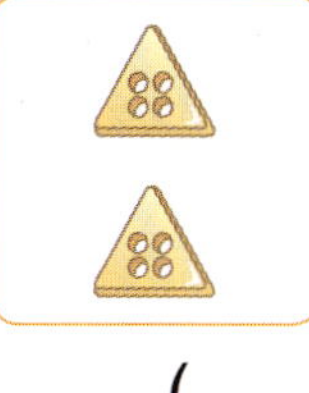
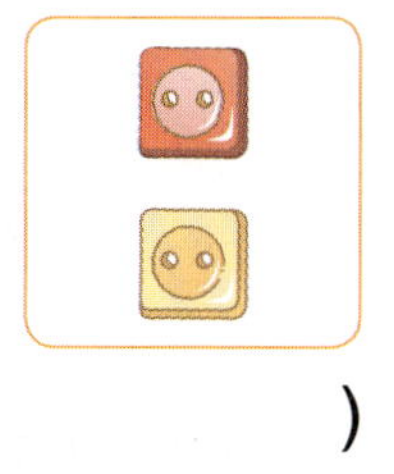

( )

11 아영이는 단추를 그림과 같이 분류했습니다. 분류한 기준은 무엇일까요?

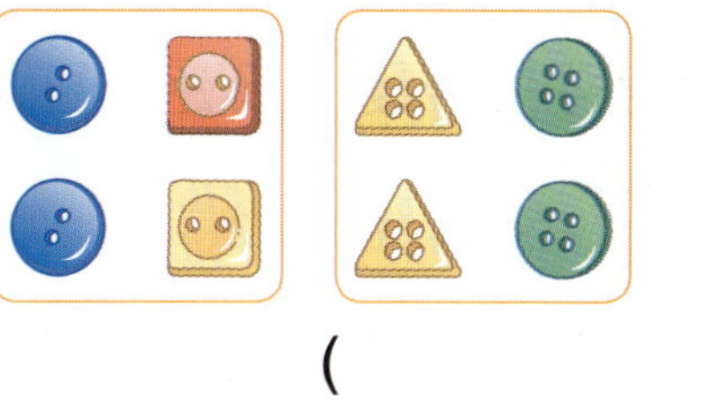

( )

12 단추를 분류할 수 있는 다른 기준은 무엇이 있을지 써 보세요.

( )

5

13 ~ 15 여러 가지 모양의 사탕을 보고 물음에 답해 보세요.

13 모양에 따라 분류하고, 그 수를 세어 보세요.

모양	□	○	♡	☆
사탕의 수 (개)				

14 사탕을 분류할 수 있는 다른 기준을 써 보세요.

(　　　　　　　　　　　　)

15 14에서 찾은 기준으로 사탕을 분류하고, 그 수를 세어 보세요.

사탕의 수 (개)	

16 ~ 18 여러 가지 동물을 보고 물음에 답해 보세요.

16 사는 곳에 따라 분류하고, 그 수를 세어 보세요.

사는 곳	땅	하늘
기호		
동물의 수 (마리)		

17 다른 기준을 정하여 분류하고, 그 수를 세어 보세요.

분류 기준	

기호	
동물의 수 (마리)	

18 날개가 있는 동물은 모두 몇 마리인가요?

(　　　　　　　)마리

19~21 **학교 앞 문방구에서 진형이네 모둠 학생들이 산 장난감을 조사하였습니다. 물음에 답해 보세요.**

로봇
인형
인형
미니카
로봇
인형
로봇
미니카
인형
미니카

19 장난감을 분류하는 기준으로 알맞은 것에 ○표 하세요.

㉠ 좋아하는 것과 좋아하지 않는 것 (　　　)

㉡ 장난감의 종류 (　　　)

㉢ 예쁜 것과 예쁘지 않은 것 (　　　)

20 장난감의 종류에 따라 분류하고, 그 수를 세어 보세요.

장난감	로봇	인형	미니카
학생의 수 (명)			

21 진형이네 학교 앞 문방구에서 가장 많이 팔리는 장난감은 무엇일까요?

(　　　　　　　)

22~24 **민아네 모둠 학생들이 좋아하는 과일을 조사하였습니다. 물음에 답해 보세요.**

바나나	사과	포도	사과
바나나	포도	사과	수박
사과	포도	수박	바나나

22 좋아하는 과일의 종류에 따라 분류하고, 그 수를 세어 보세요.

과일	바나나	사과	포도	수박
세면서 표시하기				
과일의 수(개)				

23 가장 적은 학생들이 좋아하는 과일은 무엇일까요?

(　　　　　　　)

서술형

24 민아네 모둠에 한 가지 과일을 사 간다면 어떤 과일이 좋을지 고르고, 그렇게 생각한 이유를 말해 보세요.

답 ________

이유 ________________

3 서술형 평가

1 채영이는 동물을 다음과 같이 분류하였습니다. 잘못된 점을 찾아 보고, 그렇게 생각한 이유를 써 보세요.

귀여운 동물	귀엽지 않은 동물

이유 ______________________

2 세호는 도형을 분류하였습니다. 하나의 도형을 잘못 분류했을 때, 세호가 정한 기준을 쓰고, 잘못 분류한 이유를 써 보세요.

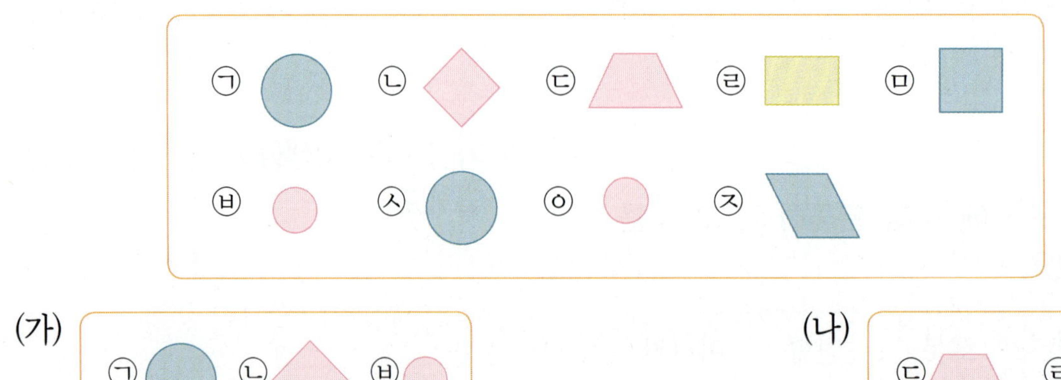

(가) ㉠ ㉡ ㉥ ㉦ ㉧

(나)

답 ______________________

이유 ______________________

3 여러 가지 모양의 단추가 있습니다. 단추 구멍의 수가 4개이면서 빨간색인 단추는 모두 몇 개인지 풀이 과정을 쓰고, 답을 구해 보세요.

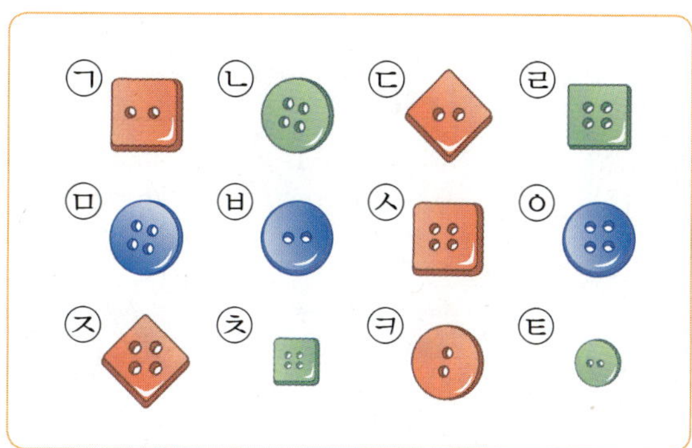

풀이 ______________________________

____

____

____

답 __________ 개

4 빈칸에 윤호는 빨간색, 세진이는 노란색, 승아는 초록색을 칠하였습니다. 가장 많이 칠한 학생은 가장 적게 칠한 학생보다 몇 칸을 더 많이 칠하였는지 풀이 과정을 쓰고, 답을 구해 보세요.

풀이 ______________________________

____

____

____

답 __________ 칸

5 다빈이의 방에 있는 장난감을 보고 자동차, 블록, 인형 중 다빈이가 가장 좋아하는 장난감을 쓰고, 그렇게 생각한 이유를 써 보세요.

답 ______

이유 ______

6 현진이네 반 학생들이 좋아하는 음식을 조사하였습니다. 현진이네 반 학생들이 한 가지 음식을 함께 먹을 때 가장 좋은 음식을 쓰고, 그렇게 생각한 이유를 써 보세요.

답 ______

이유 ______

곱셈

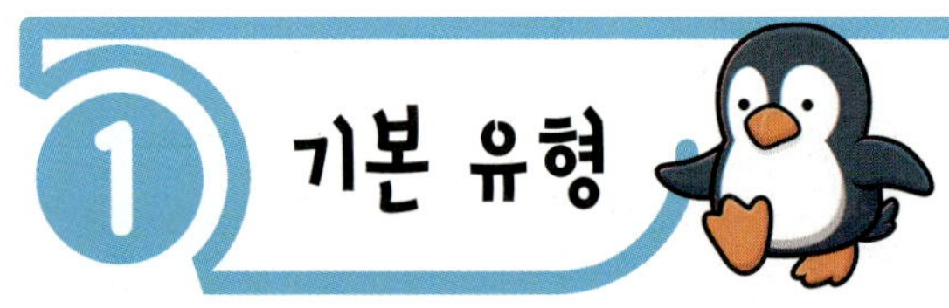

유형 1 여러 가지 방법으로 세어 보기

• 뛰어 세기

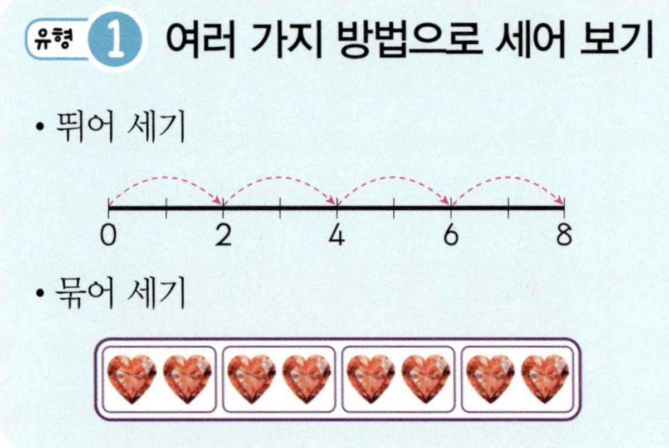

• 묶어 세기

1 쿠키는 모두 몇 개인지 2씩 뛰어 세어 보세요.

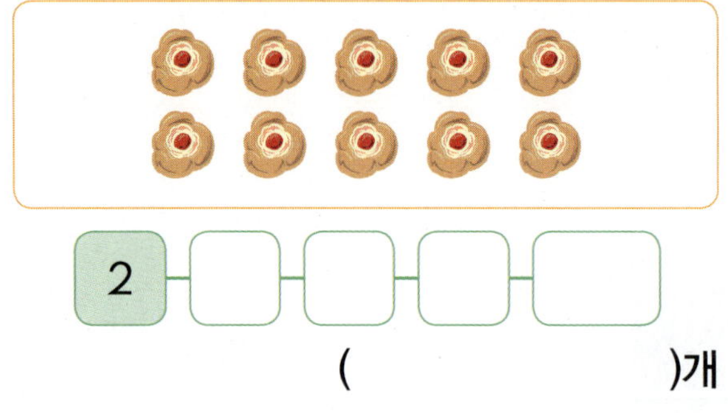

2 □-□-□-□-□

( )개

2~3 사탕이 모두 몇 개인지 여러 가지 방법으로 세어 보세요.

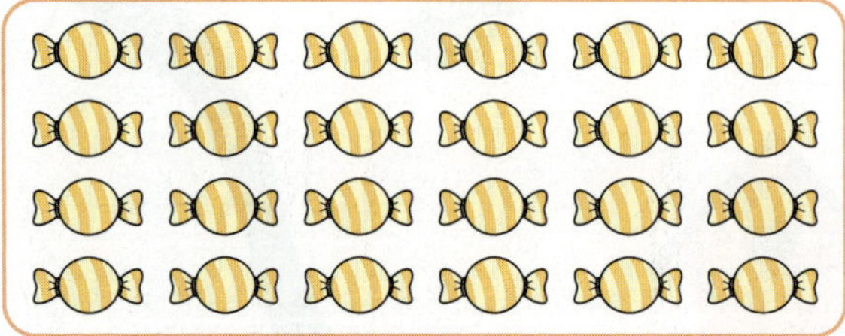

2 6씩 묶어 세어 보세요.

3 8씩 묶어 세어 보세요.

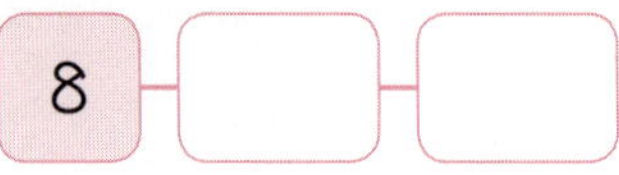

유형 2 묶어 세기

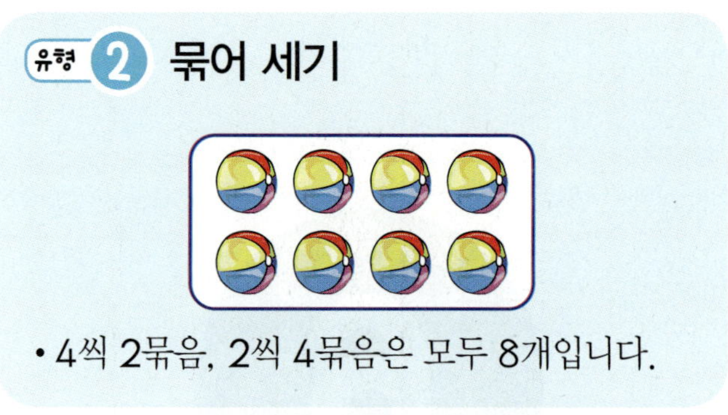

• 4씩 2묶음, 2씩 4묶음은 모두 8개입니다.

4 그림을 보고 □ 안에 알맞은 말을 써넣으세요.

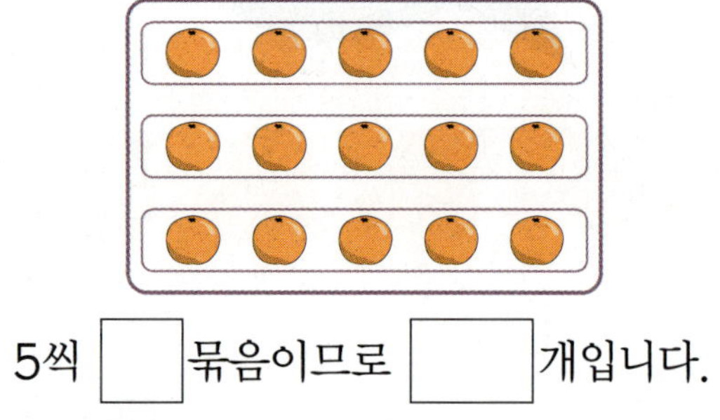

5씩 □ 묶음이므로 □ 개입니다.

5 사과를 4개씩 묶고, 모두 몇 개인지 구해 보세요.

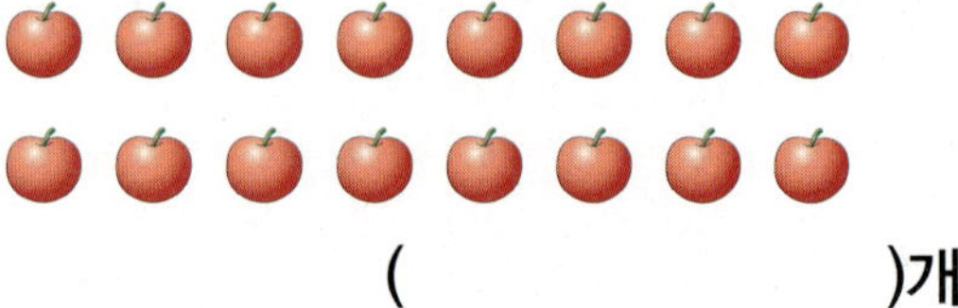

( )개

6 딸기는 모두 몇 개인지 여러 가지 방법으로 묶어 세어 보세요.

2씩 □ 묶음, 3씩 □ 묶음,

6씩 □ 묶음, 9씩 □ 묶음

➡ 딸기는 모두 □ 개입니다.

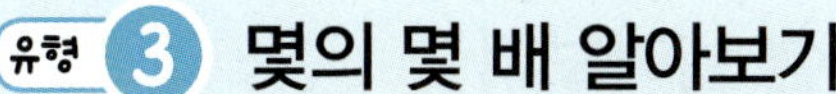

유형 3 몇의 몇 배 알아보기

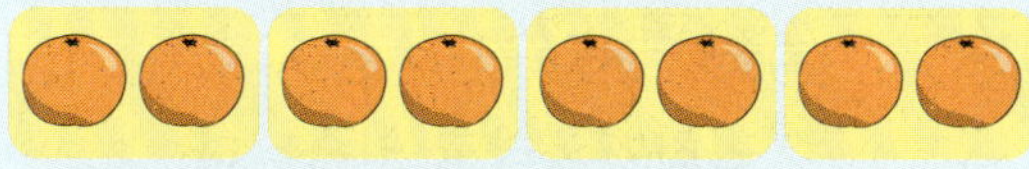

• 2씩 4묶음은 2의 4배입니다.

7 그림을 보고 □ 안에 알맞은 수를 써넣으세요.

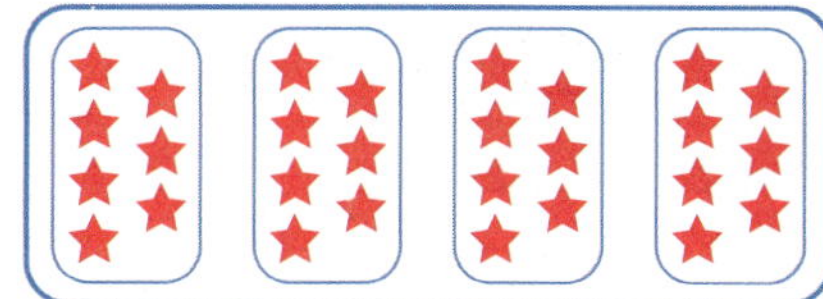

7씩 4묶음은 7의 □ 배입니다.

8 관계있는 것끼리 이어 보세요.

(1) 5씩 3묶음	•	• ㉠	6의 7배
(2) 2씩 4묶음	•	• ㉡	5의 3배
(3) 6씩 7묶음	•	• ㉢	2의 4배

9 색연필의 수를 틀리게 말한 사람을 찾아 써 보세요.

혜원: 색연필의 수는 6의 5배야.
지효: 색연필의 수는 5씩 6묶음이야.
하영: 색연필의 수는 9의 3배야.

( )

유형 4 몇의 몇 배로 나타내기

• 사과의 수는 딸기의 수의 4배입니다.

10 그림을 보고 15는 5의 몇 배인지 구해 보세요.

(1) 15는 5씩 몇 묶음일까요?

( )묶음

(2) 15는 5의 몇 배일까요?

( )배

11 주혜는 구슬 3개를 가지고 있습니다. 명훈이는 주혜가 가진 구슬 수의 4배를 가지고 있습니다. 명훈이의 구슬은 몇 개인지 ○를 그려 보세요.

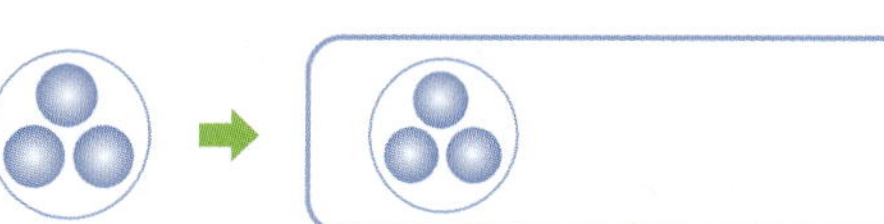

12 영서의 나이는 9살입니다. 영서 아버지의 연세는 45세입니다. 영서 아버지의 연세는 영서의 나이의 몇 배일까요?

( )배

6

13 오른쪽 보자기에 놓여 있는 고구마의 수는 왼쪽 보자기에 놓여 있는 고구마의 수의 몇 배일까요?

(　　　　　　　　)배

14 팽이의 수를 두 가지 방법으로 나타내 보세요.

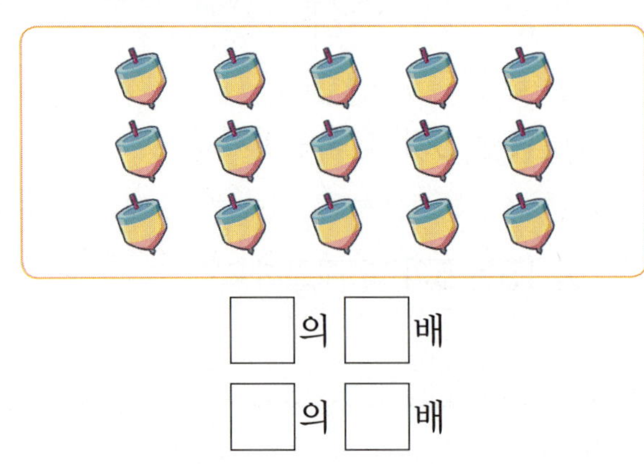

□의 □배

□의 □배

15 친구들이 칠한 막대의 길이는 혜인이가 칠한 막대의 길이의 몇 배일까요?

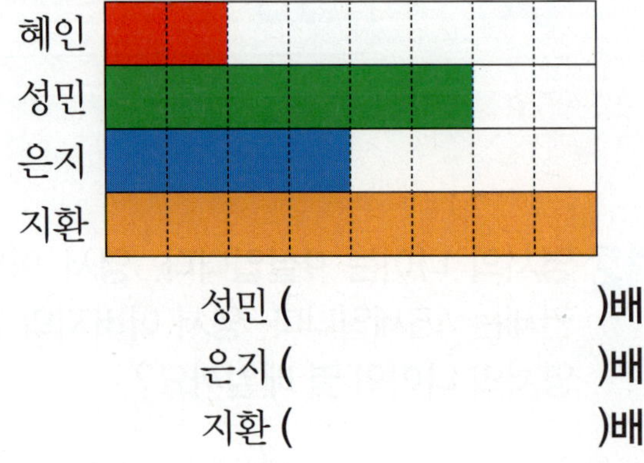

성민 (　　　　　　　　)배

은지 (　　　　　　　　)배

지환 (　　　　　　　　)배

유형 5 곱셈 알아보기

- 2의 4배 ➡ 2×4라고 쓰고,
  2 곱하기 4라고 읽습니다.
- 2+2+2+2=2×4=8

16 같은 것끼리 이어 보세요.

(1) 7+7 •　　　　• ㉠ 8×4

(2) 4+4+4 •　　　　• ㉡ 4×3

(3) 8+8+8+8 •　　　　• ㉢ 7×2

17 수직선과 관계없는 것을 고르세요. (　　　)

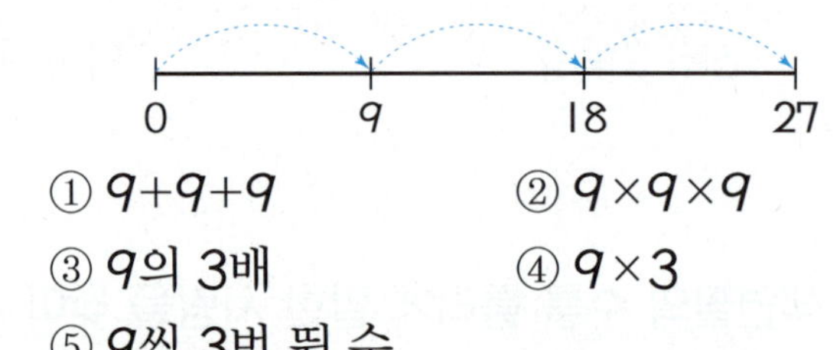

① 9+9+9　　② 9×9×9

③ 9의 3배　　④ 9×3

⑤ 9씩 3번 뛴 수

18 그림을 보고 □ 안에 알맞은 수를 써넣으세요.

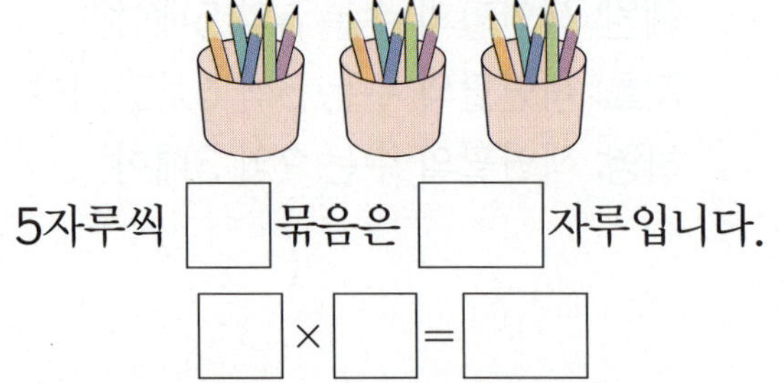

5자루씩 □묶음은 □자루입니다.

□×□=□

유형 6 곱셈식으로 나타내기

• 4의 6배

덧셈식: 4+4+4+4+4+4=24

곱셈식: 4×6=24

19 나비의 수를 덧셈식과 곱셈식으로 나타내 보세요.

덧셈식 ______________________

곱셈식 ______________________

20~21 그림을 보고 물음에 답해 보세요.

20 야구공의 수를 덧셈식으로 나타내 보세요.

덧셈식 ______________________

21 야구공의 수를 여러 가지 곱셈식으로 나타내 보세요.

2×□=□, 6×□=□

3×□=□, 4×□=□

22 그림을 보고 빈칸에 알맞은 곱셈식을 써넣으세요.

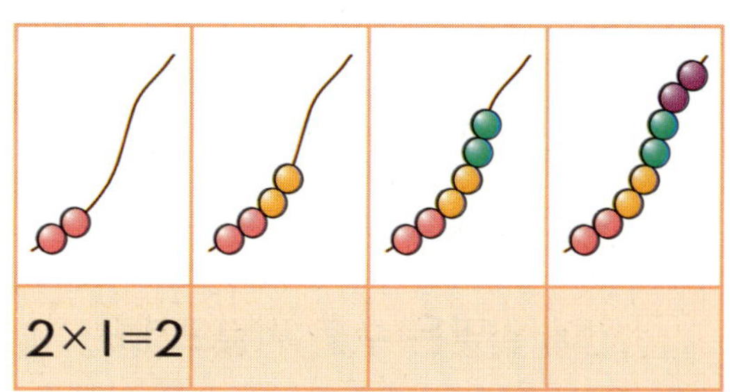

2×1=2			

23 트럭 8대의 바퀴는 모두 몇 개일까요?

(　　　　　　)개

24 □ 안에 들어갈 수는 무엇일까요?

6×□=18

(　　　　　　)

6

6. 곱셈

1 ~ 2 꽃은 모두 몇 송이인지 세어 보려고 합니다. 물음에 답해 보세요.

1 □ 안에 알맞은 수를 써넣으세요.

꽃을 하나씩 세어 보면 1, 2, 3, …, 23, □이므로 □송이입니다.

2 □ 안에 알맞은 수를 써넣으세요.

8씩 묶으면 □묶음이므로 꽃은 모두 □송이입니다.

3 그림을 보고 □ 안에 알맞은 수를 써넣으세요.

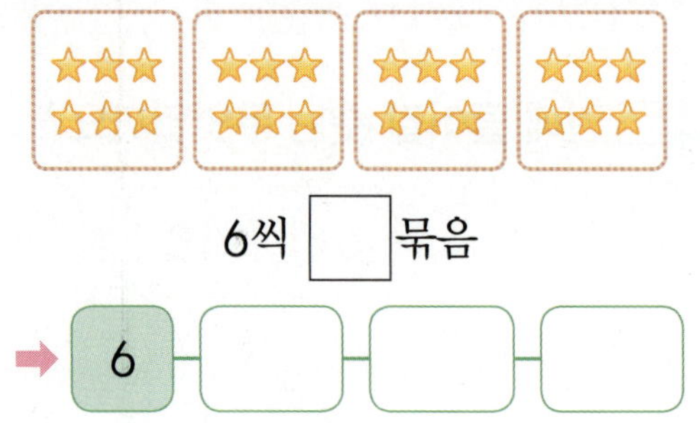

6씩 □묶음

→ 6 - □ - □ - □

4 사과가 모두 몇 개인지 3씩 묶어 세어 보세요.

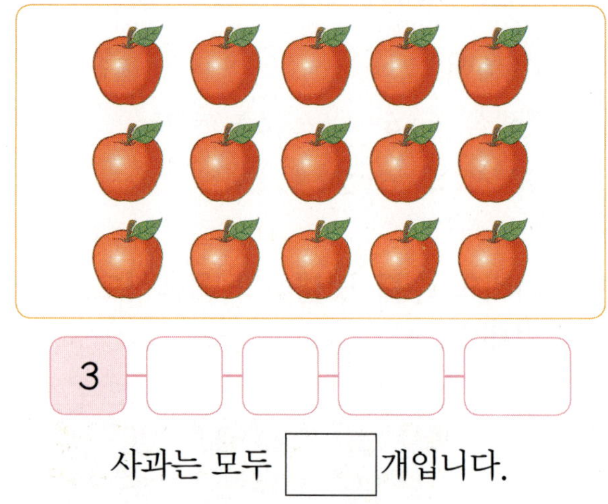

3 - □ - □ - □ - □

사과는 모두 □개입니다.

5 별은 모두 몇 개인지 묶어 세어 보세요.

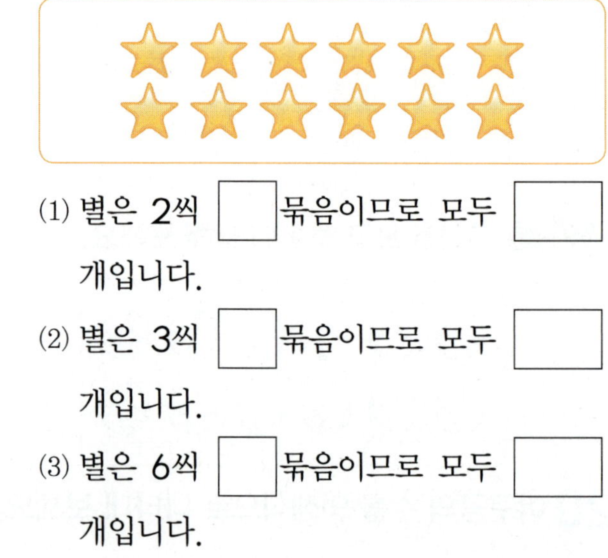

(1) 별은 2씩 □묶음이므로 모두 □개입니다.

(2) 별은 3씩 □묶음이므로 모두 □개입니다.

(3) 별은 6씩 □묶음이므로 모두 □개입니다.

6 그림을 보고 □ 안에 알맞은 수를 써넣으세요.

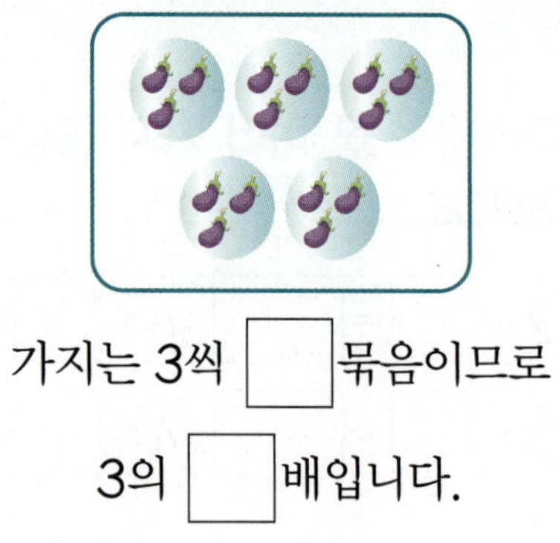

가지는 3씩 □묶음이므로

3의 □배입니다.

7 그림을 보고 □ 안에 알맞은 수를 써넣으세요.

(1)

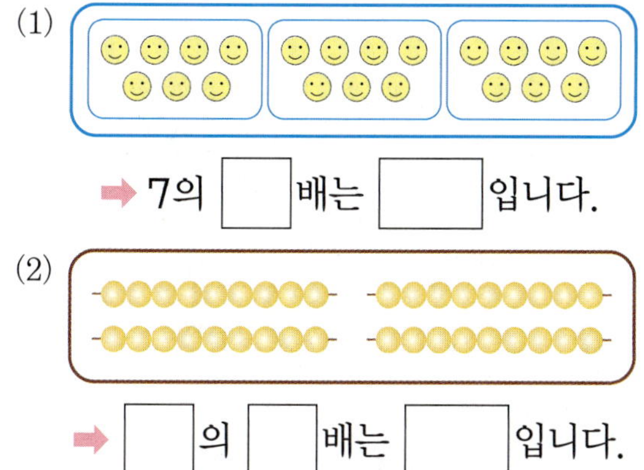

➡ 7의 □배는 □입니다.

(2)

➡ □의 □배는 □입니다.

8 같은 것끼리 이어 보세요.

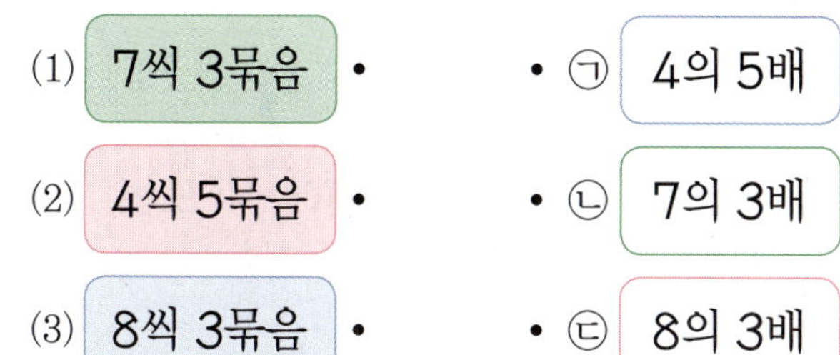

(1)	7씩 3묶음 •	• ㉠	4의 5배
(2)	4씩 5묶음 •	• ㉡	7의 3배
(3)	8씩 3묶음 •	• ㉢	8의 3배

9 사탕이 16개 있습니다. 바르게 말한 사람을 찾아 써 보세요.

지유: 사탕을 2씩 묶으면 9묶음이야.
가현: 사탕의 수는 3의 5배야.
연서: 사탕의 수는 4의 4배야.

( )

10 ~ 11 그림을 보고 물음에 답해 보세요.

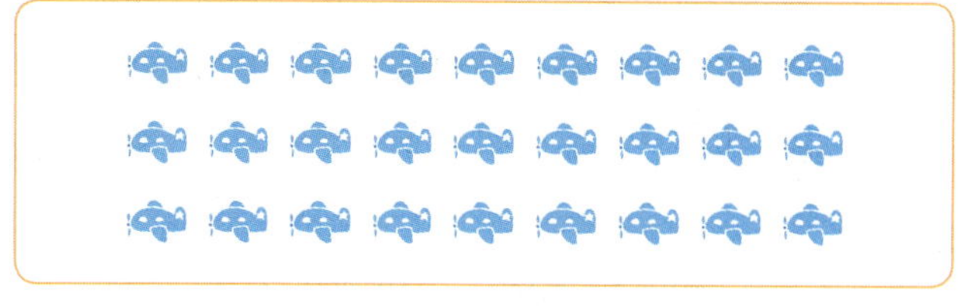

10 비행기의 수는 3의 몇 배일까요?

( )배

11 비행기의 수는 9의 몇 배일까요?

( )배

서술형

12 우유의 수는 빵의 수의 몇 배인지 풀이 과정을 쓰고, 답을 구해 보세요.

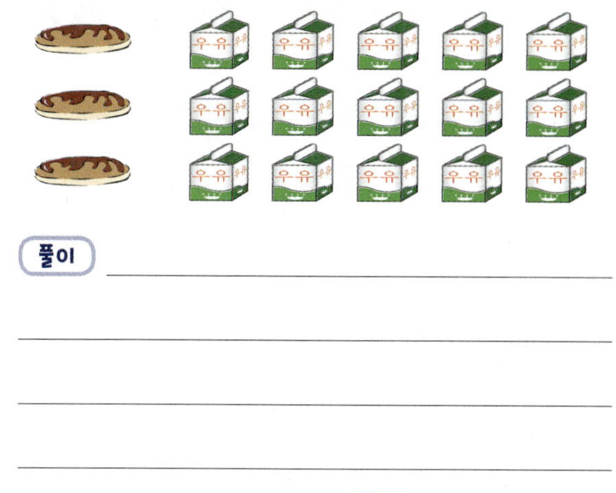

풀이

답 배

13 그림을 보고 □ 안에 알맞은 수를 써넣으세요.

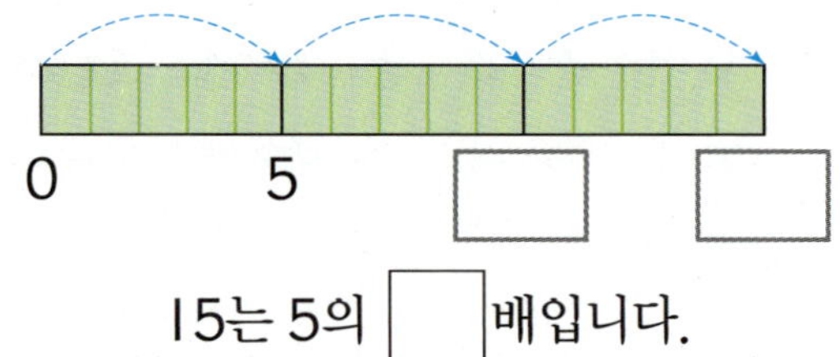

15는 5의 □ 배입니다.

14 □ 안에 알맞은 수를 써넣으세요.

32는 4의 □ 배입니다.

15 그림을 보고 물음에 답해 보세요.

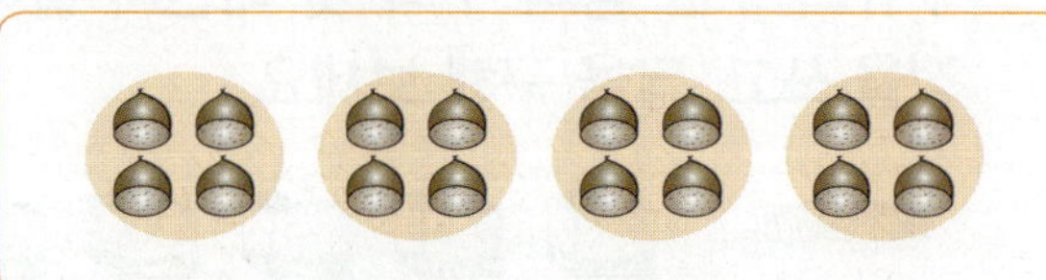

(1) 밤은 4씩 몇 묶음일까요?

( )묶음

(2) 밤의 수를 덧셈식과 곱셈식으로 나타내 보세요.

덧셈식 __________

곱셈식 __________

16 그림에 알맞은 곱셈식을 써 보세요.

(1)

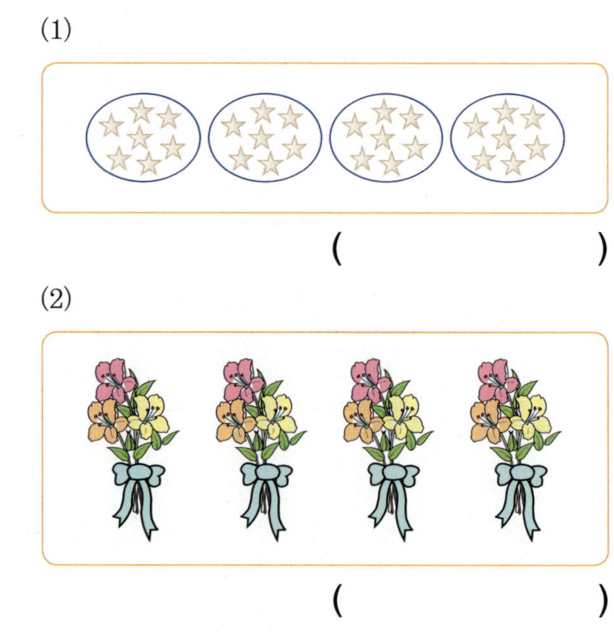

( )

(2)

( )

17 크기를 비교하여 ○ 안에 $>$ 또는 $<$를 알맞게 써넣으세요.

5와 7의 곱 ○ 9×4

18 나타내는 수가 나머지 셋과 다른 것을 찾아 기호를 써 보세요.

㉠ $5+5+5$	㉡ 5의 3배
㉢ $3+3+3+3$	㉣ 5×3

( )

19 관람차 한 칸에 4명이 탈 수 있습니다. 관람차 8칸에 탈 수 있는 사람은 모두 몇 명인지 곱셈식을 쓰고, 답을 구해 보세요.

식 ______________

답 ______________ 명

20 사탕이 모두 몇 개인지 여러 가지 곱셈식으로 나타내 보세요.

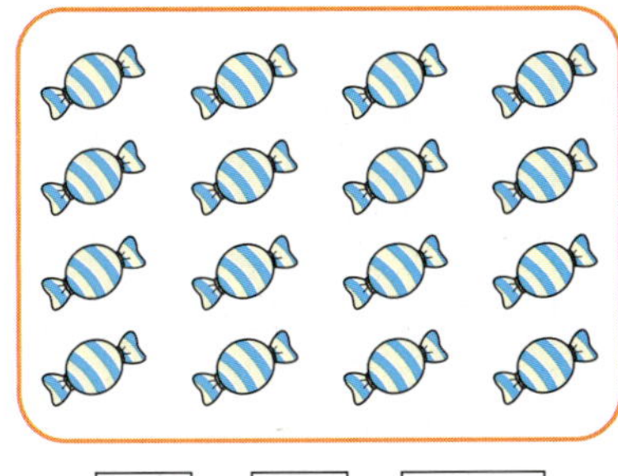

☐ × ☐ = ☐

☐ × ☐ = ☐

☐ × ☐ = ☐

21 영주네 반 교실에는 의자가 7개씩 4줄로 놓여 있습니다. 의자는 모두 몇 개인지 곱셈식으로 나타내 보세요.

(　　　　　　　)

22 딸기의 수를 나타내는 곱셈을 모두 찾아 ○표 하세요.

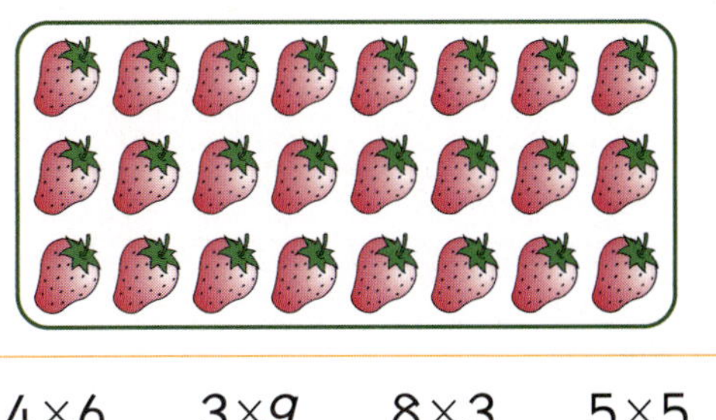

4×6　　3×9　　8×3　　5×5

서술형

23 버스 한 대에 바퀴가 4개씩 있습니다. 버스 6대의 바퀴는 모두 몇 개인지 풀이 과정을 쓰고, 답을 구해 보세요.

풀이 ______________

답 ______________ 개

서술형

24 6명의 친구들이 가위바위보를 하고 있습니다. 모두 보를 내었다면 펼친 손가락은 모두 몇 개인지 풀이 과정을 쓰고, 답을 구해 보세요.

풀이 ______________

답 ______________ 개

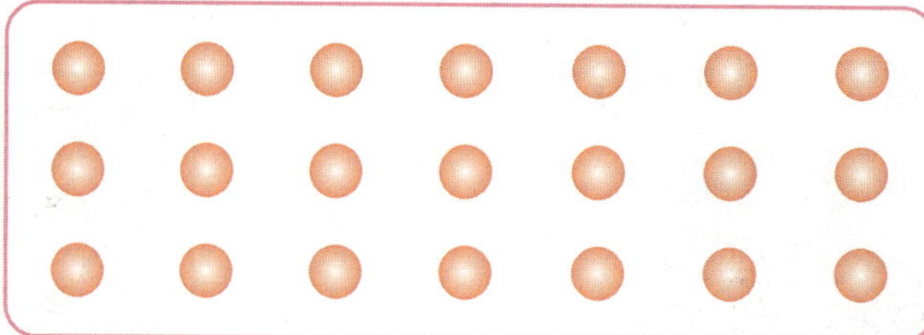

1 구슬은 모두 몇 개인지 묶어 세어 보려고 합니다. 풀이 과정을 쓰고, 답을 구해 보세요.

풀이 ______________________________

____

____

____

답 __________ 개

2 혜진이가 가지고 있는 클립의 수는 주호가 가지고 있는 클립의 수의 몇 배인지 풀이 과정을 쓰고, 답을 구해 보세요.

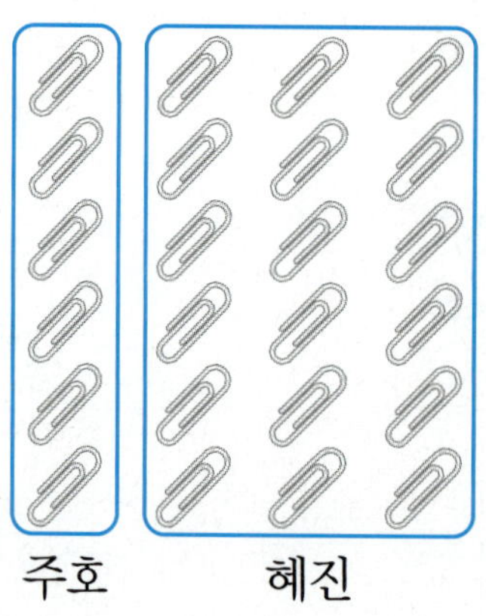

풀이 ______________________________

____

____

____

답 __________ 배

3 딸기의 수를 나타내는 곱셈식을 모두 구하려고 합니다. 풀이 과정을 쓰고, 답을 구해 보세요.

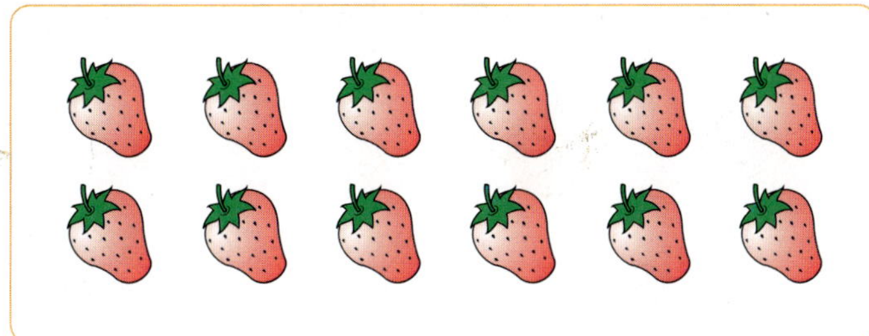

풀이

답

4 예지의 나이는 9살입니다. 예지 어머니의 연세는 예지 나이의 4배입니다. 예지 어머니의 연세는 몇 세인지 풀이 과정을 쓰고, 답을 구해 보세요,

풀이

답 ______ 세

5 과자는 5가지 종류, 주스는 3가지 종류가 있습니다. 민주가 과자 1개와 주스 1개를 먹으려고 할 때, 모두 몇 가지 방법으로 먹을 수 있는지 풀이 과정을 쓰고, 답을 구해 보세요.

풀이

답 ______ 가지

6 그림과 같이 성냥개비로 배 4척을 만들려고 합니다. 필요한 성냥개비는 모두 몇 개인지 풀이 과정을 쓰고, 답을 구해 보세요.

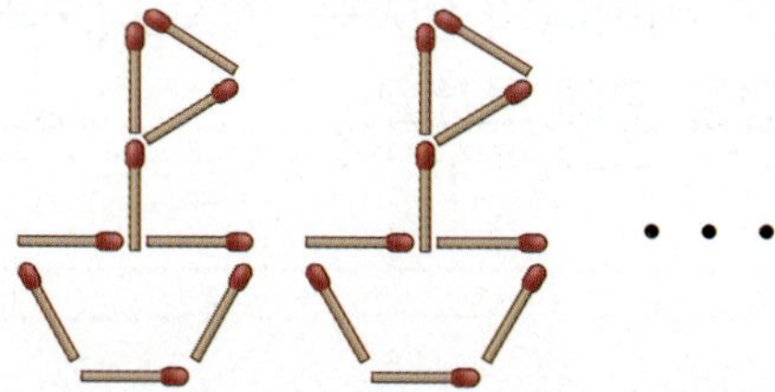

풀이

답 ______ 개

유형 BOOK

유형 BOOK

개념 BOOK

유형 BOOK

정답과
풀이

정답과 풀이

2·1

정답과 풀이

① 세 자리 수

개념 체조하기 6~7쪽

1 (1) 1 (2) 10 (3) 10
1-1 (1) 100 (2) 100 (3) 100
2 백
2-1 100, 백
3 풀이 참조
3-1 풀이 참조
4 100
4-1 100
5 3
5-1 5

1 (1) 100은 99보다 1만큼 더 큰 수입니다.
(2) 100은 90보다 10만큼 더 큰 수입니다.
(3) 100은 10이 10개 모인 수입니다.
2 100은 백이라고 읽습니다.
2-1 10이 10개인 수는 100이라 쓰고, 백이라고 읽습니다.
3 예
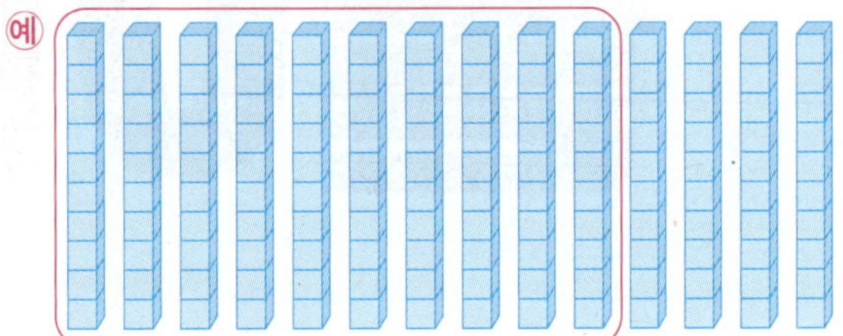
3-1 예
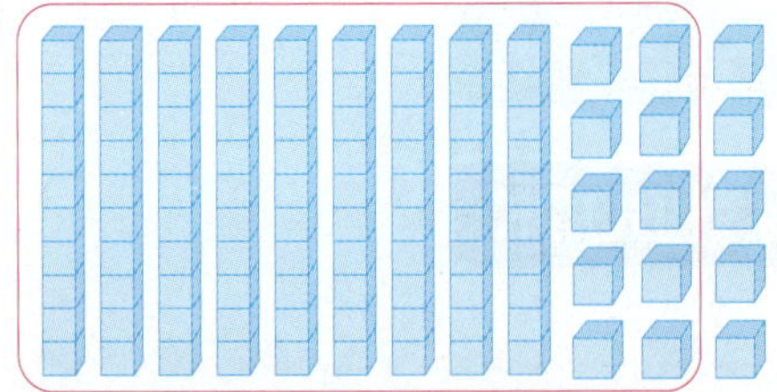
4 10원이 10개가 모이면 100원이 됩니다.
5 십 모형 7개에 십 모형 3개가 더 있으면 100이 됩니다.

개념 체조하기 8~9쪽

1 (1) 1 (2) 2 (3) 200
1-1 (1) 500 (2) 100 (3) 600
2 (1) 8 (2) 6 (3) 30
2-1 (1) 400 (2) 300 (3) 700
3 (1) 구백 (2) 사백
3-1 (1) 이백 (2) 칠백
4 300
4-1 600
5 500
5-1 700

1 100이 2개이면 200입니다.
1-1 백 모형 5개와 십 모형 10개가 모이면 100이 6개이므로 600입니다.
2 (1) 100이 8개이면 800입니다.
(2) 600은 100이 6개 모인 수입니다.
(3) 10이 30개이면 300입니다.
3 (1) 900은 구백이라고 읽습니다.
(2) 400은 사백이라고 읽습니다.
4 삼백 → 3백 → 300
5 400과 600의 중간에 있는 수를 찾으면 500입니다.
5-1 690보다 10만큼 더 큰 수는 700입니다.

개념 체조하기 10~11쪽

1 2, 4, 8, 248
1-1 3, 2, 6, 326
2 (1) 사백오십오 (2) 칠백육십삼
2-1 (1) 사백삼 (2) 육백십
3 723
3-1 254
4 민주
4-1 채원

1 100이 2개, 10이 4개, 1이 8개인 수는 248입니다.
2 (1) 455는 사백오십오라고 읽습니다.
(2) 763은 칠백육십삼이라고 읽습니다.
(2) 610은 육백십이라고 읽습니다.
3 100원짜리 7개는 700원, 10원짜리 2개는 20원, 1원짜리 3개는 3원이므로 모두 723원입니다.
4 512는 오백십이라고 읽습니다.

개념 점프하기 12~13쪽

1 3 2 10, 99, 20 3 (1) 500 (2) 600
4 100, 800, 900 5 900 6 335
7 (1)—㉡, (2)—㉢, (3)—㉠ 8 127

1 100원은 10원짜리 동전 10개와 같으므로 10원짜리 동전 3개가 더 있어야 100원이 됩니다.
2 100은 90보다 10만큼 더 크고, 99보다 1만큼 더 크고, 80보다는 20만큼 더 큰 수입니다.

3 (1) 100이 5개이면 500입니다.
(2) 10이 60개인 수는 100이 6개인 수와 같으므로 600입니다.

4 200은 100에서 100만큼, 600에서 400만큼 떨어져 있습니다. 700은 500에서 200만큼, 800에서 100만큼 떨어져 있습니다. 600은 200에서 400만큼, 900에서 300만큼 떨어져 있습니다.

5 도토리가 100개씩 9봉지 있으므로 모두 900개입니다.

6 십 모형 10개는 백 모형 1개로 바꾸어 생각합니다. 백 모형 2개, 십 모형 13개, 일 모형 5개 → 335

7 (3) 자리의 숫자가 0이면 숫자와 자릿값을 읽지 않습니다.

8 백이십칠은 127로 나타냅니다.

개념 체조하기 14~15쪽

1 20, 7, 600, 20, 7	1-1 10, 8, 500, 6, 500, 80, 6
2 400, 90, 8	2-1 200, 60, 5
3 429, 사백이십구	3-1 650, 육백오십
4 5, 2, 8	4-1 7, 0, 5
5 (1) 80 (2) 900 (3) 500 (4) 1	5-1 (1) 30 (2) 3 (3) 300 (4) 30

1 627=600+20+7

1-1 586=500+80+6

2 백의 자리 숫자 4는 400을 나타내고, 십의 자리 숫자 9는 90을 나타내고, 일의 자리 숫자 8은 8을 나타냅니다.

3 백의 자리 숫자가 4, 십의 자리 숫자가 2, 일의 자리 숫자가 9인 수는 429이고, 사백이십구라고 읽습니다.

4 오백이십팔은 528입니다. 528의 백의 자리 숫자는 5, 십의 자리 숫자는 2, 일의 자리 숫자는 8입니다.

5 583의 8은 십의 자리 숫자이므로 80, 955의 9는 백의 자리 숫자이므로 900, 501의 5는 백의 자리 숫자이므로 500, 831의 1은 일의 자리 숫자이므로 1을 나타냅니다.

개념 체조하기 16~17쪽

1 300, 700	1-1 320, 350, 370
2 496, 505, 595	2-1 572, 563, 473
3 (1) 264, 262 (2) 570, 550, 540	3-1 (1) 244, 224, 214 (2) 710, 410, 310
4 789, 989, 100	4-1 265, 285, 10
5 (1) 1000, 천 (2) 100, 10	5-1 (1) 1 (2) 10 (3) 100, 천

1 백의 자리 수가 1씩 커집니다.

2 1만큼 더 큰 수는 일의 자리 수가, 10만큼 더 큰 수는 십의 자리 수가, 100만큼 더 큰 수는 백의 자리 수가 각각 1씩 커집니다.

3 (1) 1씩 거꾸로 뛰어 세면 일의 자리 수가 1씩 작아집니다.
(2) 10씩 거꾸로 뛰어 세면 십의 자리 수가 1씩 작아집니다.

4 백의 자리 수가 1씩 커지므로 100씩 뛰어 세었습니다.

5 999보다 1만큼, 990보다 10만큼, 900보다 100만큼 더 큰 수는 1000이고, 천이라고 읽습니다.

개념 체조하기 18~19쪽

1 (1) 5 (2) 7 (3) <	1-1 (1) 9 (2) 십 (3) <
2 5, 7, 7, 4, <	2-1 7, 3, 7, 8, <
3 (1) > (2) <	3-1 (1) > (2) >
4 (1) 952 (2) 456	4-1 (1) 651 (2) 253

1 백의 자리 수가 5<7이므로 534가 783보다 작습니다.

1-1 백의 자리 수가 같으므로 십의 자리 수를 비교하면 1<6입니다. 따라서 918이 962보다 작습니다.

2 백의 자리 수는 2로 같고 십의 자리 수를 비교하면 5<7이므로 257<274입니다.

2-1 백의 자리 수와 십의 자리 수는 5와 7로 같고 일의 자리 수를 비교하면 3<8이므로 573<578입니다.

3 (1) 일의 자리 수를 비교하면 5>2이므로 105>102입니다.
(2) 백의 자리 수를 비교하면 4<6이므로 493<618입니다.

3-1 (1) 백의 자리 수를 비교하면 7>5이므로 731>528입니다.
(2) 백의 자리 수는 4로 같고 십의 자리 수를 비교하면 6>4이므로 467>446입니다.

4 (1) 백의 자리 수를 비교하면 4<9이므로 가장 큰 수는 952입니다.
(2) 472와 456의 백의 자리 수는 4로 같고 십의 자리 수를 비교하면 7>5이므로 가장 작은 수는 456입니다.

개념 점프하기 20~21쪽

1 (1) 20, 8 (2) 600, 90, 0 **2** 183, 5, 0, 2 **3** 524 **4** 750, 900, 950 **5** ㉢ **6** (1) > (2) > **7** (1) 8, 9, (2) 0, 1, 2

1 (1) 328은 300+20+8입니다.
(2) 690은 600+90+0입니다.

2 백의 자리 수가 1, 십의 자리 수가 8, 일의 자리 수가 3인 수는 183입니다. 502의 백의 자리 수는 5, 십의 자리 수는 0, 일의 자리 수는 2입니다.

3 524 → 500, 695 → 5, 758 → 50

4 50이 2개이면 100이 되므로 한 칸씩 건너서 뛰면 100씩 늘어납니다.

5 ㉠, ㉡, ㉣은 모두 10씩 뛰어 센 것이고, ㉢은 50씩 뛰어 센 것입니다.

6 (1) 백의 자리 수를 비교하면 356>275입니다.
(2) 백의 자리 수는 같으므로 십의 자리 수를 비교하면 582>516입니다.

7 (1) 783>775, 793>775
(2) 603>600, 603>601, 603>602

개념 높이뛰기 22~24쪽

1 (1) 90 (2) 1 **2** 100, 80 **3** ㉡ **4** (1)-㉡, (2)-㉠, (3)-㉢ **5** 200 **6** 700 **7** 346 **8** (1) 이백육십구 (2) 육백사 (3) 사백삼십 (4) 팔백십일 **9** 153 **10** 800, 10, 6 **11** 803, 890, 888 **12** 359 **13** 155, 157, 158 **14** 803, 853, 953 **15** 435 **16** < **17** 360, 350, 340 **18** 6, 7, 8, 9

3 ㉠ 10이 10개인 수, ㉢ 99 다음에 오는 수, ㉣ 1이 100개인 수는 100입니다. ㉡ 90보다 1만큼 더 큰 수는 91입니다.

4 (1) 300 → 100씩 3묶음
(2) 팔백 → 800 → 100씩 8묶음 → 10씩 80묶음
(3) 500 → 100씩 5묶음 → 10씩 50묶음

5 100마리씩 2종류이므로 200마리입니다.

6 10원짜리 동전 20개는 100원짜리 동전 2개와 같으므로 민정이는 100원짜리 동전 7개를 가지고 있는 것과 같습니다. 따라서 민정이가 가지고 있는 동전은 모두 700원입니다.

7 백 모형이 3개, 십 모형이 4개, 일 모형이 6개입니다. 100이 3개, 10이 4개, 1이 6개이면 346입니다.

8 (1) 일의 자리는 자릿값을 읽지 않습니다.
(2) 자리의 숫자가 0인 경우에는 그 자리를 읽지 않습니다.

9 인형 1개를 사려면 쿠폰이 100개, 연필 5개를 사려면 쿠폰이 50개, 사탕 3개를 사려면 쿠폰 3개가 필요하므로 유리가 모아야 하는 쿠폰은 모두 153개입니다.

10 816에서 8은 백의 자리 숫자, 1은 십의 자리 숫자, 6은 일의 자리 숫자입니다.

11 백의 자리는 왼쪽 첫째 자리이고, 왼쪽 첫째 자리에 8이 들어 있는 수는 803, 890, 888입니다.

12 어떤 수의 백의 자리 숫자는 3이므로 3□□ 이고, 십의 자리 숫자는 50을 나타내므로 35□ 이고, 일의 자리 숫자는 548의 일의 자리 숫자인 8보다 크기 때문에 어떤 수는 359입니다.

13 일의 자리 수가 1씩 커집니다.

14 50씩 뛰어 세기를 합니다.

15 어떤 수보다 100만큼 더 큰 수가 545이면 거꾸로 545보다 100만큼 더 작은 수는 445이므로 어떤 수는 445입니다. 따라서 445보다 10만큼 더 작은 수는 435입니다.

16 백 모형의 개수가 많은 수가 더 큽니다.

17 355보다 큰 수는 360 밖에 없으므로 355<360을 써야 합니다. 남은 수 카드 중에 345보다 큰 수는 350 밖에 없으므로 345<350이고, 335<340입니다.

18 백의 자리 수와 십의 자리 수가 같으므로 일의 자리 수는 5보다 커야 합니다. □>5이므로 □ 안에 들어갈 수 있는 수는 6, 7, 8, 9입니다.

개념 멀리뛰기 25~28쪽

1 100, 백 **2** 100 **3** ③ **4** 400, 사백
5 600 **6** (1)–㉢, (2)–㉠ **7** 8, 5, 9
8 780, 칠백팔십 **9** 675
10 (1) 600, 10, 4 (2) 700, 0, 6
11 789, 743 **12** 618 **13** 40
14 300, 400, 600, 800
15 (1) 594, 595, 596 (2) 583, 573, 563
(3) 693, 793, 893
16 233, 234, 236 **17** 1000, 천
18 (1) > (2) < **19** 0, 1 **20** 세정 **21** 초콜릿
22 예 100개씩 3상자는 300개, 낱개는 26개입니다. 따라서 문방구에 있는 구슬은 모두 326개입니다. ; 326
23 2 ; 296에서 백의 자리 숫자 2는 200, 십의 자리 숫자 9는 90, 일의 자리 숫자 6은 6을 나타냅니다. 따라서 2, 9, 6 중에서 실제로 나타내는 수가 가장 큰 수는 2입니다.

1 십 모형이 10개이면 100이라 쓰고, 백이라고 읽습니다.

2 80보다 20만큼 더 큰 수는 100입니다.

3 ③ 100은 10이 10묶음입니다.

4 백 모형이 4개이면 400이라 쓰고, 사백이라고 읽습니다.

5 100원이 6개 있으면 600원입니다.

6 (1) 500은 100이 5개인 수입니다.
(2) 800은 100이 8개인 수입니다.

7 859는 100이 8개, 10이 5개, 1이 9개인 수입니다.

9 100원짜리 동전 5개 → 500원
10원짜리 동전 16개 → 160원
1원짜리 동전 15개 → 15원
→ 675원

10 (2) 706에서 십의 자리 수는 0입니다.

11 백의 자리 숫자는 다음과 같습니다.
675 → 6, 567 → 5, 789 → 7
917 → 9, 743 → 7, 278 → 2

12 숫자 6이 나타내는 수를 알아봅니다.
367 → 60, 618 → 600, 906 → 6

13 백의 자리 숫자 5는 500, 십의 자리 숫자 4는 40, 일의 자리 숫자 3은 3을 나타냅니다.

14 100씩 뛰어 세어 봅니다.

15 (1) 일의 자리 수가 1씩 커집니다.
(2) 십의 자리 수가 1씩 작아집니다.
(3) 백의 자리 수가 1씩 커집니다.

16 231에서 232로 1씩 뛰어 세었습니다.
231–232–233–234–235–236

17 999보다 1만큼 더 큰 수는 1000이라 쓰고, 천이라고 읽습니다.

18 (1) 652와 649는 백의 자리 수가 같고, 십의 자리 수는 5>4이므로 652>649입니다.
(2) 256과 259는 백의 자리 수와 십의 자리 수가 같고, 일의 자리 수는 6<9이므로 256<259입니다.

19 백의 자리 수와 십의 자리 수가 같으므로 일의 자리 수를 비교하면 □ 안의 수는 2보다 작아야 합니다.

20 백의 자리 수가 같으므로 십의 자리 수를 비교하면 2>1입니다. 따라서 세정이가 색종이를 더 많이 가지고 있습니다.

21 백의 자리 수는 6으로 모두 같고, 십의 자리 수는 5>2이므로 629가 가장 작은 수입니다. 652와 654의 일의 자리 수를 비교하면 2<4이므로 654>652>629입니다. 따라서 만들어지는 단어는 초콜릿입니다.

② 여러 가지 도형

개념 체조하기 30~31쪽

1 (1) 3 (2) 꼭짓점, 3 (3) 삼각형	**1-1** (1) 곧은 선 (2) 꼭짓점, 3 (3) 삼각형
2 ㉠: 꼭짓점, ㉡: 변, 삼각형	**2-1** 풀이 참조
3 (1) 3 (2) 3	**3-1** 3, 3
4 풀이 참조	**4-1** 풀이 참조

2-1

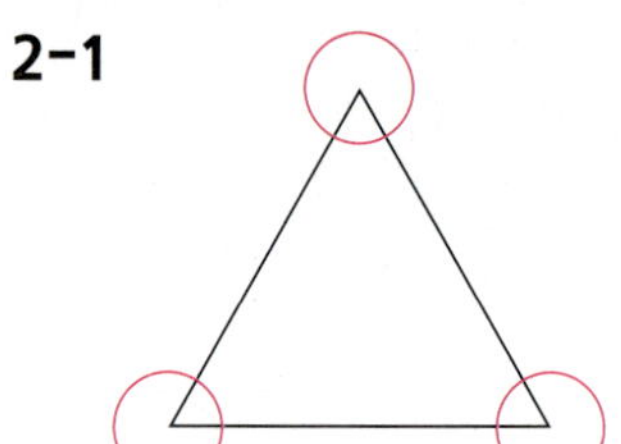

3 삼각형의 꼭짓점과 변은 각각 3개씩입니다.

4 예

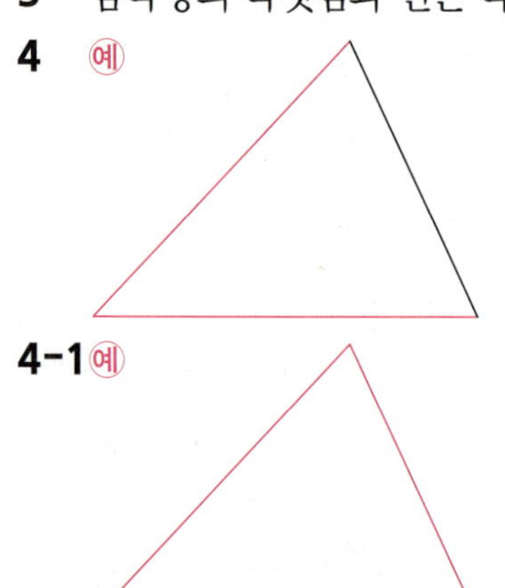

4-1 예

개념 체조하기 32~33쪽

1 (1) 4 (2) 꼭짓점, 4 (3) 사각형	**1-1** (1) 곧은 선 (2) 꼭짓점, 4 (3) 사각형
2 ㉠: 꼭짓점, ㉡: 변, 사각형	**2-1** 풀이 참조
3 (1) 4 (2) 4	**3-1** (1) 4 (2) 4
4 풀이 참조	**4-1** 풀이 참조

2 도형을 둘러싼 곧은 선을 변이라 하고, 변과 변이 만나 뾰족하게 된 부분을 꼭짓점이라고 합니다. 그리고 변과 꼭짓점이 각각 4개씩 있는 도형은 사각형입니다.

2-1

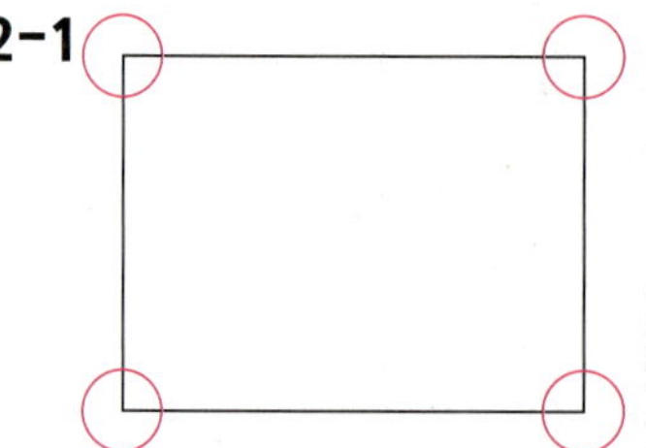

3 사각형의 꼭짓점과 변은 각각 4개씩입니다.

4 예

4-1 예

개념 체조하기 34~35쪽

1 (1) 없습니다 (2) 없습니다 (3) 똑같습니다 (4) 원	**1-1** (1) 굽은 선 (2) 없습니다 (3) 달라지지 않습니다 (4) 원
2 ㉡	**2-1** 예 종이컵, 통조림
3 ㉡, ㉣	**3-1** ㉠, ㉣
4 풀이 참조	**4-1** 풀이 참조

2 ㉠ 삼각형, ㉡ 원, ㉢ 사각형 모양을 본뜰 수 있습니다.

2-1 주변에서 볼 수 있는 동그란 물건을 찾아봅니다.

3 원은 곧은 선이 없고 어느 방향에서 보아도 항상 모양이 똑같습니다.

3-1 원은 곧은 선이 없습니다.

4

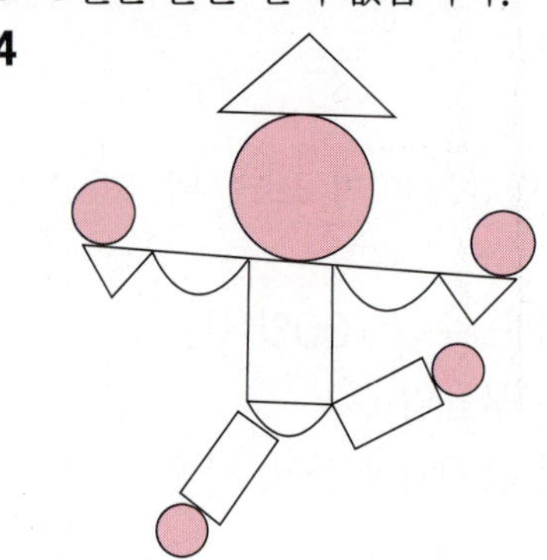

4-1

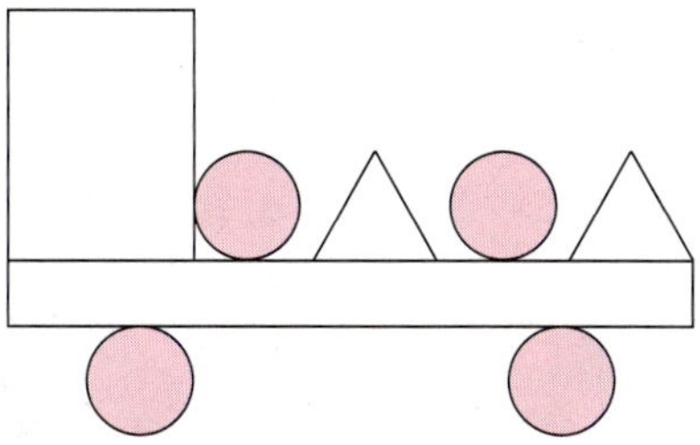

개념 점프하기 36~37쪽

1 삼각형 **2** 6 **3** 가, 라, 사 **4** 풀이 참조
5 ㉡ **6** ㉡, ㉢ **7** ㉢에 색칠

2 삼각형의 변의 수: 3개, 삼각형의 꼭짓점의 수: 3개
(변의 수와 꼭짓점의 수의 합)=3+3=6

3 4개의 곧은 선으로 둘러싸인 도형을 모두 찾으면 가, 라, 사입니다.

4 예

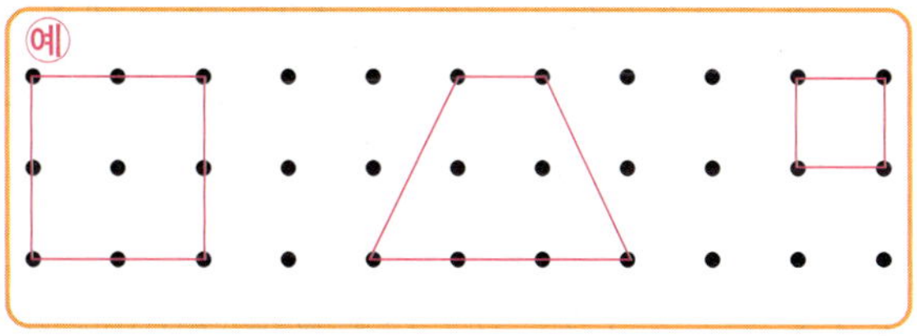

4개의 점을 곧은 선으로 이어서 네모 모양을 그립니다.

5 삼각형은 3개의 변과 3개의 꼭짓점이 있고, 사각형은 4개의 변과 4개의 꼭짓점이 있습니다.

6 원은 곧은 선이 없고 어느 방향에서 보아도 똑같은 모양입니다.

7 굽은 선으로만 둘러싸여 있고 어느 방향에서 보아도 항상 모양이 똑같은 도형을 찾습니다.

개념 체조하기 38~39쪽

1 (1) 5 (2) 2	**1-1** (1) ①, ②, ③, ⑤, ⑦ (2) ④, ⑥
2 (1) 7 (2) 삼각형, 사각형	**2-1** (1) 5 (2) 원
3 풀이 참조	**3-1** 풀이 참조
4 풀이 참조	**4-1** 풀이 참조
5 3, 0	**5-1** 2, 2

1 (1) 삼각형: ①, ②, ③, ⑤, ⑦ → 5개
(2) 사각형: ④, ⑥ → 2개

3 예

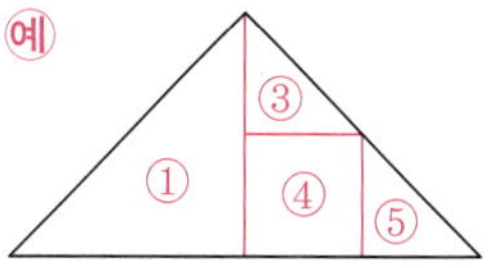

3-1 예

4 예

①, ③, ⑤, ⑦로 만들 수 있습니다.

4-1 예

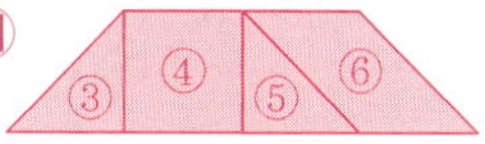

③, ④, ⑤, ⑥으로 만들 수 있습니다.

5 삼각형 3개로 이루어졌습니다.

5-1 삼각형 2개, 사각형 2개로 이루어졌습니다.

개념 체조하기 40~41쪽

1 (1) 3 (2) 2 (3) 1	**1-1** (1) 3 (2) 왼쪽 (3) 가운데
2 풀이 참조	**2-1** 풀이 참조
3 왼쪽, 앞	**3-1** 오른쪽, 위
4 슬기	**4-1** ㉠

1 쌓기나무 3개를 옆으로 나란히 놓고 왼쪽 쌓기나무 위에는 2개, 오른쪽 쌓기나무 위에는 1개를 더 쌓은 모양입니다.

2

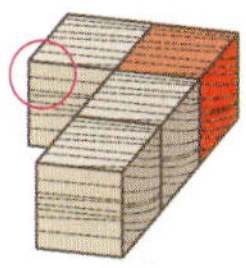

2-1

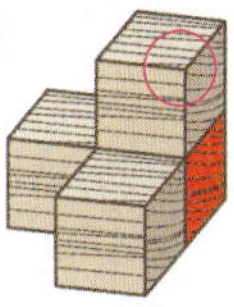

3 빨간색 쌓기나무 왼쪽에 쌓기나무 1개가 있고, 앞에 쌓기나무 1개가 있는 모양입니다.

4 빨간색 쌓기나무의 왼쪽으로 슬기는 2개, 은지는 1개를 놓았습니다.

4-1 ㉠은 빨간색 쌓기나무 위로 2개, ㉡은 빨간색 쌓기나무 위로 1개를 쌓았습니다.

개념 체조하기 42~43쪽

1 2	**1-1** 4
2 ㉡	**2-1** ㉠
3 2, 1	**3-1** 3, 1
4 민수	**4-1** 혜리
5 ㉠: ○, ㉡: ×	**5-1** ㉠: ×, ㉡: ○

1 1층에 1개, 2층에 1개이므로 모두 2개가 필요합니다.

2 ㉠은 3개, ㉡은 4개, ㉢은 6개의 쌓기나무로 만들 수 있는 모양입니다.

3 쌓기나무가 1층에 2개, 2층에 1개 있습니다.

4 쌓기나무가 1층에 3개, 2층에 1개 있습니다. 따라서 쌓기나무 4개로 만들었습니다.

5 4층에 쌓기나무를 하나 더 쌓으면 ㉠ 모양을 만들 수 있습니다.

개념 점프하기 44~45쪽

1 풀이 참조 **2** 풀이 참조 **3** 6 **4** (1) 1 (2) 2
5 ㉡ **6** ④

1 예

④번 조각을 먼저 놓아 삼각형을 만들어 봅니다.

2 예

⑥번 조각을 먼저 놓아 삼각형을 만들어 봅니다.

3 1층: 5개, 2층: 1개 → 5+1=6(개)

4 (1) 2층에 쌓기나무 1개가 추가 되었습니다.
(2) 1층에 쌓기나무 1개, 2층에 쌓기나무 1개, 모두 2개가 추가 되었습니다.

5 빨간색 쌓기나무 왼쪽에 있는 쌓기나무의 개수를 살펴보면 ㉠은 0개, ㉡은 2개, ㉢은 3개입니다.

6 보기는 ④ 위에 쌓기나무를 1개 쌓은 모양입니다.

개념 높이뛰기 46~48쪽

1 ㉡ **2** 풀이 참조 **3** 6 **4** 4, 4 **5** 예 꼭짓점이 4개가 아닙니다. **6** 6 **7** ③ **8** 풀이 참조 **9** 4 **10** 삼각형: ①, ②, ③, ⑤, ⑦ 사각형: ④, ⑥ **11** 풀이 참조 **12** 풀이 참조 **13** 3 **14** 풀이 참조 **15** ㉡ **16** ㉢ **17** 풀이 참조 **18** 왼쪽, 가운데

1 삼각형은 곧은 선 3개로 둘러싸인 도형입니다.

2 예

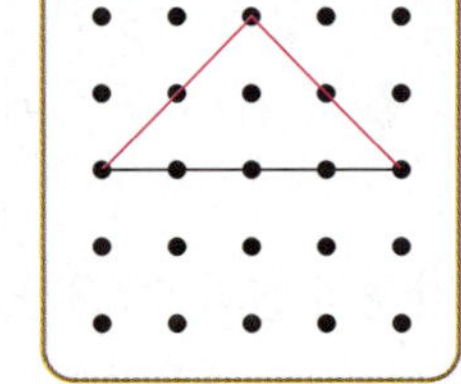

세 변과 세 꼭짓점으로 이루어진 도형을 그립니다.

3 1개짜리 삼각형은 4개, 2개짜리 삼각형은 2개이므로 크고 작은 삼각형은 모두 4+2=6(개)입니다.

4 사각형은 변과 꼭짓점이 각각 4개씩 있습니다.

5 사각형은 곧은 선 4개로 둘러싸여 있고, 꼭짓점이 4개인 도형입니다.

6 1칸짜리 사각형은 3개, 2칸짜리 사각형은 2개, 3칸짜리 사각형은 1개이므로 크고 작은 사각형은 모두 3+2+1=6(개)입니다.

7 원은 굽은 선으로 둘러싸인 도형으로 동전 모양과 같습니다.

8

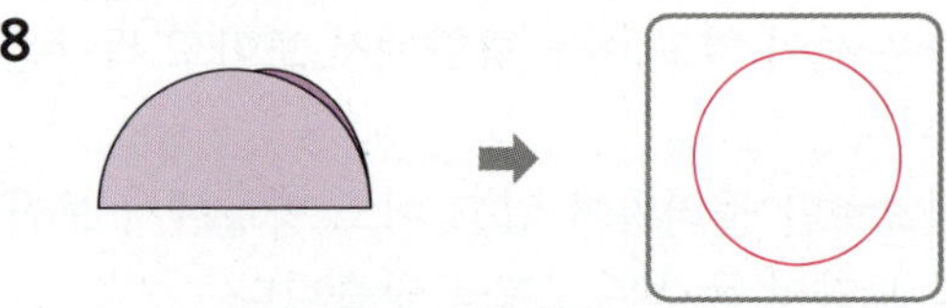

그림은 원을 반으로 접은 모양입니다.

9 (4 1 / 3 2) → 그림과 같은 모양이 모두 4개 필요합니다.

10 칠교 조각에서 삼각형은 ①, ②, ③, ⑤, ⑦이고 사각형은 ④, ⑥입니다.

11 예

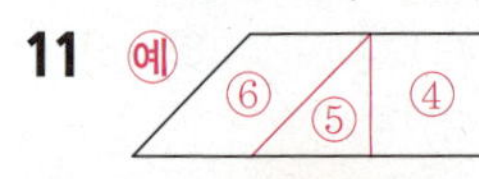

12 예

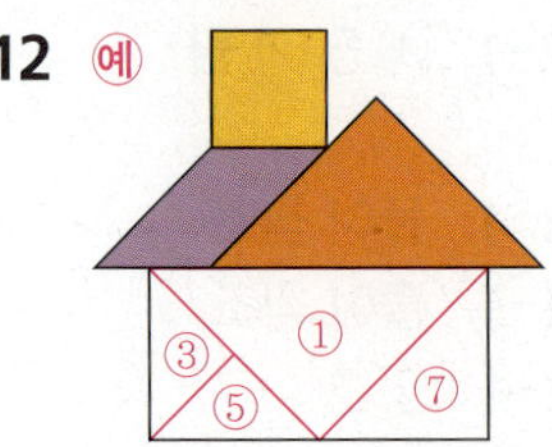

13 쌓기나무는 모두 3개입니다.

14 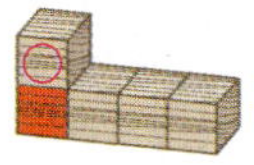

빨간색 쌓기나무의 위가 어느 방향인지 생각해 봅니다.

15 빨간색 쌓기나무 1개를 놓고, 앞, 뒤, 왼쪽으로 각각 쌓기나무를 1개씩 놓으면 ㉡이 됩니다.

16 ㉠: 5개, ㉡: 3개, ㉢: 4개, ㉣: 5개

17 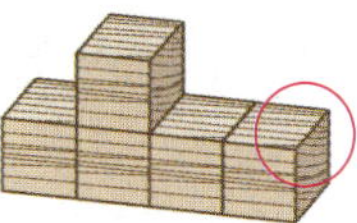

가장 오른쪽 쌓기나무 위에 1개를 더 쌓아야 합니다.

18 쌓기나무 3개가 옆으로 나란히 있고, 가운데 쌓기나무 위로 쌓기나무 2개가 있는 모양입니다.

개념 멀리뛰기 49~52쪽

1 3, 삼각형 **2** 3 **3** ㉠: 꼭짓점 ㉡: 변
4 사각형 **5** ㉡ **6** 풀이 참조 **7** ㉢ **8** ㉡
9 ㉢, ㉤ **10** ㉢ **11** 4
12 ㉢ ; 예 ㉢은 완전히 동그란 모양이 아닙니다.
13 풀이 참조 **14** 풀이 참조 **15** 풀이 참조
16 5, 2 **17** ㉡ **18** 5, 3, 1 **19** 풀이 참조
20 ㉠, ㉢ **21** 풀이 참조
22 공통점: 예 두 도형은 모두 곧은 선으로 둘러싸여 있습니다. 차이점: 예 삼각형은 변이 3개, 사각형은 변이 4개입니다.
23 ㉢ ; 예 원은 어느 곳에서 보아도 완전히 동그란 모양의 도형입니다. ㉢은 보는 방향에 따라 다른 모양으로 보이기 때문에 원 모양이 아닙니다.

1 곧은 선 3개로 둘러싸여 있으므로 삼각형입니다.

2 삼각형은 3개의 곧은 선으로 둘러싸인 도형입니다.

3 도형을 둘러싼 곧은 선을 변이라 하고, 곧은 선과 곧은 선이 만나는 점을 꼭짓점이라고 합니다.

4 변과 꼭짓점이 각각 4개씩이므로 사각형입니다.

5 사각형에는 4개의 변이 있습니다. 3개의 변이 있는 도형은 삼각형입니다.

6 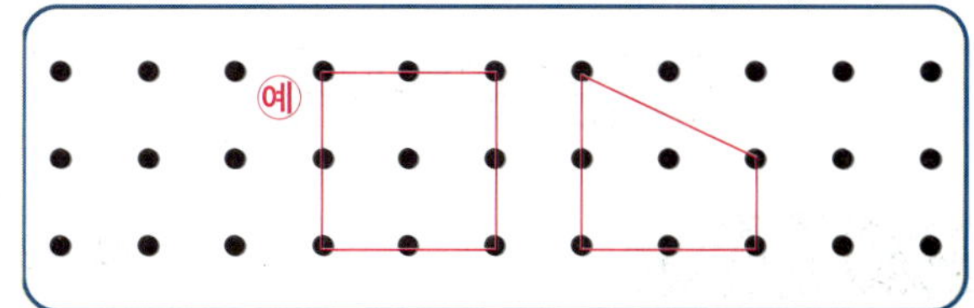

네 점을 곧은 선으로 이어 사각형 2개를 다르게 그립니다.

7 ㉠, ㉡, ㉣은 삼각형을 설명하는 것이고, ㉢은 사각형을 설명하는 것입니다.

8 어느 방향에서 보아도 같은 모양인 것은 원입니다.

9 ㉢과 ㉤은 원이고, ㉠, ㉡, ㉣, ㉥은 원이 아닙니다.

10 원은 모양은 똑같고 크기만 여러 가지입니다.

11 가장 큰 원부터 차례로 세어 보면 4개입니다.

12 원은 어느 방향에서 보아도 모양이 똑같고 완전히 동그란 모양입니다.

13 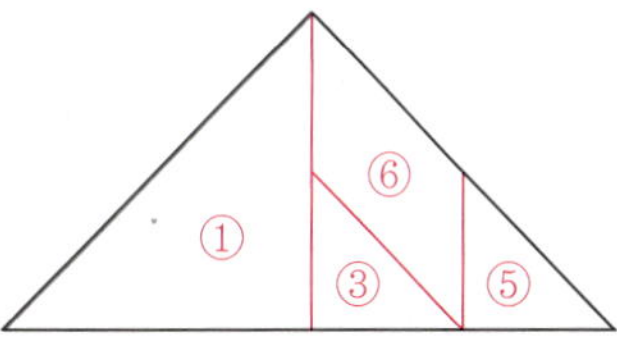

①번 조각을 먼저 놓아 삼각형을 만들어 봅니다.

14 예 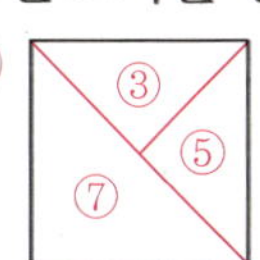

⑦번 조각을 먼저 놓아 사각형을 만들어 봅니다.

15 예 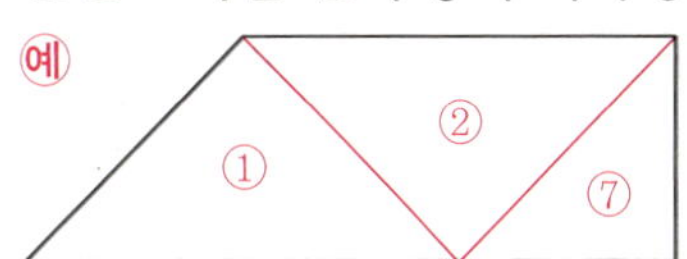

①번 조각을 먼저 놓아 사각형을 만들어 봅니다.

16 목과 앞다리에 사각형을 이용했고 나머지 조각은 모두 삼각형입니다.

17 ㉠은 4개, ㉡은 6개의 쌓기나무로 만들었으므로 ㉡의 쌓기나무의 개수가 더 많습니다.

18 쌓기나무를 층별로 살펴보면 1층에 5개, 2층에 3개, 3층에 1개가 있습니다.

19 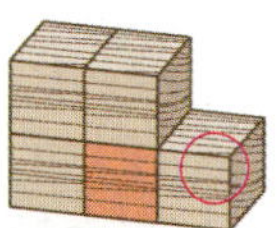

빨간색 쌓기나무의 오른쪽 쌓기나무에 ○표 합니다.

20 ㉠: 5개, ㉡: 6개, ㉢: 5개, ㉣: 4개

21 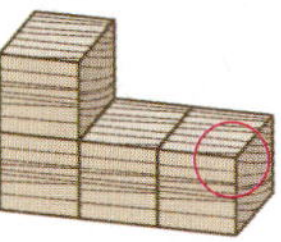

가장 오른쪽 쌓기나무 위에 1개를 더 쌓아야 합니다.

③ 덧셈과 뺄셈

개념 체조하기 54~55쪽

1 22	1-1 21
2 풀이 참조, 23	2-1 풀이 참조, 32
3 32	3-1 22
4 (1) 25 (2) 41	4-1 (1) 31 (2) 35

1 19에서 1씩 3번 뛰어 세기를 하면 19+3=22가 됩니다.

2

○	○	○	○	○
○	○	○	○	○

○	○	○	○	○
△	△	△	△	△

△	△	△		

8을 5와 3으로 가르기하여 15에 5를 더한 다음 3을 더하면 15+5+3=20+3=23입니다.

2-1

○	○	○	○	○
○	○	○	○	○

○	○	○	○	○
○	○	○	○	○

○	○	○	○	○
○	○	△	△	△

△	△			

3 십 모형 2개와 일 모형 4개에 일 모형 8개를 더하면 십 모형 3개와 일 모형 2개가 되므로 24+8=32입니다.

4 (1) 17에서 1씩 8번 뛰어 세기를 하면 17+8=25입니다.
(2) 4를 3과 1로 가르기하여 37에 3을 더한 다음 1을 더하면 37+3+1=40+1=41입니다.

개념 체조하기 56~57쪽

1 8, 8, 8, 74	1-1 7, 7, 7, 52
2 2, 43	2-1 3, 74
3 13, 33	3-1 14, 44
4 (1) 1, 5, 4 (2) 1, 8, 2	4-1 (1) 1, 4, 7 (2) 1, 7, 0

1 28을 20과 8로 가르기하고 46에 20을 먼저 더한 후 8을 더 더하면 46+28=74입니다.

2 18을 20−2로 생각하고 25에서 시작하여 아래로 2칸, 왼쪽으로 2칸 이동해 보면 43입니다.

3 16에 4를 더하면 20이 되고 17에서 4를 빼면 13이므로 20+13=33입니다.

4 (1) 8+6=14에서 10은 십의 자리로 받아올림하여 계산합니다.
(2) 5+7=12에서 10은 십의 자리로 받아올림하여 계산합니다.

개념 체조하기 58~59쪽

1 115	1-1 134
2 106	2-1 128
3 (1) 1, 1, 2, 2 (2) 1, 1, 1, 6, 1	3-1 (1) 1, 1, 7, 6 (2) 1, 1, 1, 2, 2
4 (1) 1, 4, 8 (2) 1, 4, 1	4-1 (1) 1, 2, 8 (2) 1, 8, 2

1 십 모형끼리 더한 십 모형 11개는 백 모형 1개, 십 모형 1개와 같으므로 백 모형 1개, 십 모형 1개, 일 모형 5개가 되어 결과는 115입니다.

2 십 모형 10개를 모아서 백 모형 하나를 만들면 백 모형 1개, 십 모형 0개, 일 모형 6개가 되므로 55+51=106입니다.

3 (1) 십의 자리에서 7+5=12이므로 10을 백의 자리로 받아올림합니다.
(2) 일의 자리에서 7+4=11이므로 10을 십의 자리로 받아올림하고, 십의 자리에서 1+9+6=16이므로 10을 백의 자리로 받아올림합니다.

4 (1) 십의 자리에서 6+8=14이므로 10을 백의 자리로 받아올림합니다.
(2) 일의 자리에서 5+6=11이므로 10을 십의 자리로 받아올림하고, 십의 자리에서 1+8+5=14이므로 10을 백의 자리로 받아올림합니다.

개념 점프하기 60~61쪽

1 (1)−㉡, (2)−㉠, (3)−㉢ 2 ㉠, ㉢, ㉣, ㉡ 3 30

4 (1) 82 (2) 81 (3) 55 (4) 50　5 (1) > (2) <
6 (1) 1, 1, 2, 4 (2) 1, 1, 1, 5, 3　7 ㉣, ㉡, ㉠, ㉢
8 94, 110, 83, 121

1 (1) 57+8=65 ㉠ 67+8=75
(2) 69+6=75 ㉡ 6+59=65
(3) 9+63=72 ㉢ 66+6=72

2 ㉠ 28+8=36, ㉡ 9+24=33, ㉢ 29+6=35, ㉣ 7+27=34이므로 ㉠>㉢>㉣>㉡입니다.

3 (설현이가 가지고 있는 연필의 수)
=(설현이가 가지고 있던 연필의 수)+(엄마가 주신 연필의 수)=24+6=30(자루)

4 (1)
$$\begin{array}{r} {\scriptstyle 1} \\ 54 \\ +\ 28 \\ \hline 82 \end{array}$$
(2)
$$\begin{array}{r} {\scriptstyle 1} \\ 48 \\ +\ 33 \\ \hline 81 \end{array}$$
(3)
$$\begin{array}{r} {\scriptstyle 1} \\ 29 \\ +\ 26 \\ \hline 55 \end{array}$$
(4)
$$\begin{array}{r} {\scriptstyle 1} \\ 16 \\ +\ 34 \\ \hline 50 \end{array}$$

5 (1) 29+22=51 → 51>50
(2) 36+27=63 → 63<74

6 (1) 십의 자리에서 7+5=12이므로 10을 백의 자리로 받아올림합니다.
(2) 일의 자리에서 7+6=13이므로 10을 십의 자리로 받아올림하고, 십의 자리에서 1+9+5=15이므로 10을 백의 자리로 받아올림합니다.

7 ㉠ 68+45=113, ㉡ 37+84=121, ㉢ 56+49=105, ㉣ 77+58=135이므로 ㉣>㉡>㉠>㉢입니다.

8 위에서부터 차례로 67+27=94, 16+94=110, 67+16=83, 27+94=121

개념 체조하기　62~63쪽

1 16　1-1 19
2 풀이 참조, 16　2-1 풀이 참조, 14
3 (1) 1, 14 (2) 8 (3) 18　3-1 (1) 1, 16 (2) 7 (3) 17
4 (1) 37 (2) 19　4-1 (1) 26 (2) 67

1 21에서 1씩 5번을 거꾸로 세기를 하면 21−5=16입니다.

2 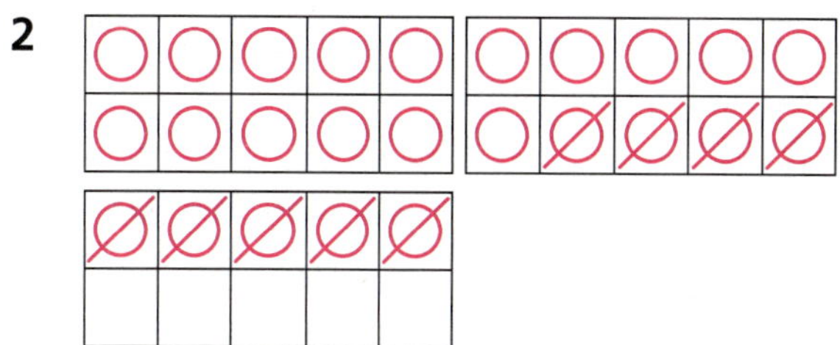
25개에서 9개만큼 지우면 16개가 남습니다. 따라서 25−9=16입니다.

2-1 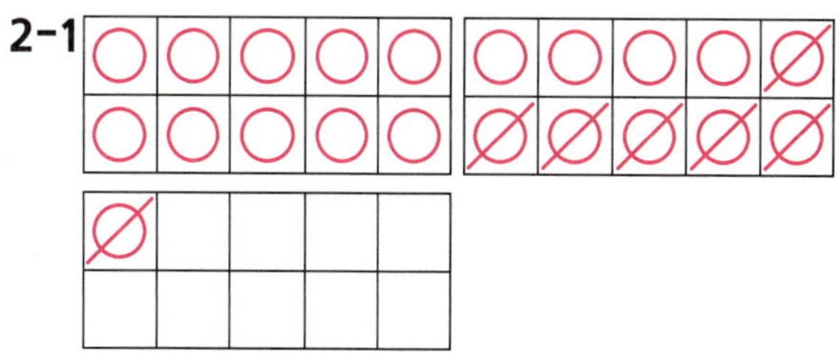

3 4−6을 계산할 수 없으므로 십 모형을 일 모형으로 바꾸어 계산합니다.

4 (1) 43에서 1씩 6번을 거꾸로 세기를 하면 43−6=37입니다.
(2) 28개에서 9개만큼 지우면 19개가 남습니다. 따라서 28−9=19입니다.

개념 체조하기　64~65쪽

1 8, 8, 8, 12　1-1 4, 30, 4, 4, 26
2 31　2-1 64
3 ㉢, 12　3-1 ㉣, 11
4 (1) 4, 10, 2, 6 (2) 6, 10, 5, 2　4-1 (1) 2, 10, 1, 2 (2) 7, 10, 3, 1

1 28을 20과 8로 가르기하고 40에서 20을 먼저 뺀 후 8을 더 빼면 40−28=12입니다.

2 19를 20−1로 생각하고 50에서 시작하여 위로 2칸, 오른쪽으로 1칸 움직이면 50−19=31입니다.

3 40−28을 오른쪽으로 2만큼 밀면 42−30이 됩니다. 42−30=12입니다.

4 (1) 일의 자리로 10을 받아내림했으므로 일의 자리는 10−4=6, 십의 자리는 4−2=2가 됩니다.
(2) 일의 자리로 10을 받아내림했으므로 일의 자리는 10−8=2, 십의 자리는 6−1=5가 됩니다.

개념 체조하기 66~67쪽

1 (1) 10, 8 (2) 5, 3 (3) 38	**1-1** (1) 10, 4 (2) 3, 2 (3) 24
2 16	**2-1** 8
3 (1) 4, 10, 3, 8 (2) 3, 10, 1, 9	**3-1** (1) 1, 10, 8 (2) 7, 10, 4, 6
4 55	**4-1** 28

1 3−5를 계산할 수 없으므로 십의 자리에서 10을 일의 자리로 받아내림합니다.

2 일 모형에서 뺄 수 없을 때에는 십 모형 1개를 일 모형 10개로 바꾸어 계산합니다.

3 일의 자리 수끼리 뺄 수 없으면 십의 자리에서 10을 일의 자리로 받아내림합니다.

4 전체에서 되돌아 온 수만큼 뺍니다.

개념 점프하기 68~69쪽

1 (1) 5, 10, 5, 7 (2) 7, 10, 7, 7
2 (1)−㉠, (2)−㉡ **3** (1) > (2) < **4** (1) 42 (2) 18
5 83−60, 23 **6** 38, 27, 27, 16
7 ㉠ **8** 37

1 (1) $\begin{array}{r} {\scriptstyle 5\ 10} \\ \not{6}\ 4 \\ -\quad 7 \\ \hline 5\ 7 \end{array}$ (2) $\begin{array}{r} {\scriptstyle 7\ 10} \\ \not{8}\ 3 \\ -\quad 6 \\ \hline 7\ 7 \end{array}$

2 (1) 42−8=34 ㉠ 25+9=34
(2) 45−9=36 ㉡ 28+8=36

3 (1) 50−23=27이고 27>25입니다.
(2) 60−36=24이고 24<30입니다.

4 (1) 70−28=42
(2) 50−32=18

5 80−57을 오른쪽으로 3만큼 밀면 83−60으로 바꿀 수 있습니다.

6 위에서부터 차례로 73−35=38, 46−19=27, 73−46=27, 35−19=16

7 ㉠ 60−13=47, ㉡ 80−32=48 → 47<48

8 (남아 있는 귤의 수)
=(채율이가 가지고 있던 귤의 수)−(친구들에게 준 귤의 수)=83−46=37(개)

개념 체조하기 70~71쪽

1 42, 53, 42	**1-1** 45, 62, 45
2 62	**2-1** 19
3 53, 53, 82, 82	**3-1** 56, 56, 14, 14
4 (1) 49 (2) 52 (3) 87	**4-1** (1) 48 (2) 12 (3) 33
5 예 앞에서부터 두 수씩 차례대로 계산하지 않았기 때문입니다.	**5-1** 예 앞에서부터 두 수씩 차례대로 계산하지 않았기 때문입니다.

1 앞에서부터 두 수씩 차례대로 계산합니다.
① 36+17=53, ② 53−11=42
따라서 36+17−11=42입니다.

2 54−15=39, 39+23=62

2-1 31+35=66, 66−47=19

3 16+37=53, 53+29=82이므로
16+37+29=82입니다.

3-1 84−28=56, 56−42=14이므로
84−28−42=14입니다.

4 (1) 34+38=72, 72−23=49
따라서 34+38−23=49
(2) 63−45=18, 18+34=52
따라서 63−45+34=52
(3) 17+42=59, 59+28=87
따라서 17+42+28=87

4-1 (1) 65−29=36, 36+12=48
따라서 65−29+12=48
(2) 53+27=80, 80−68=12
따라서 53+27−68=12
(3) 92−43=49, 49−16=33
따라서 92−43−16=33

5 세 수의 계산은 앞에서부터 두 수씩 차례대로 계산합니다.

개념 체조하기 72~73쪽

1 (1) 62 (2) 15 (3) 47 (4) 15, 47, 47, 15
1-1 (1) 35 (2) 29 (3) 35 (4) 29, 64, 35, 64
2 74, 28, 28
2-1 26, 37, 63
3 39, 64, 64, 25
3-1 58, 82, 82, 24
4 (1) 6, 8, 14, 8, 6, 14 (2) 14, 8, 6, 14, 6, 8
4-1 (1) 26, 15, 41, 15, 26, 41 (2) 41, 26, 15, 41, 15, 26

1 하나의 덧셈식을 2개의 뺄셈식으로 나타낼 수 있습니다.
2 덧셈식 (부분)+(부분)=(전체)는
뺄셈식 (전체)−(한 부분)=(다른 부분)으로 바꿀 수 있습니다.
2-1 뺄셈식에서 빼는 수와 결과는 덧셈식에서 더하는 두 수입니다.
3 $39+25=64 \rightarrow 64-39=25$
$64-25=39$
3-1 $58+24=82 \rightarrow 82-58=24$
$82-24=58$
4 (1) 덧셈식: $6+8=14$, $8+6=14$
(2) 뺄셈식: $14-8=6$, $14-6=8$
4-1 (1) 덧셈식: $26+15=41$, $15+26=41$
(2) 뺄셈식: $41-26=15$, $41-15=26$

개념 체조하기 74~75쪽

1 (1) 6+□=11 (2) 11−6=□ (3) 5
1-1 (1) □+9=15 (2) 15−9=□ (3) 6
2 4+□=12, 8
2-1 □+6=13, 7
3 (1) 9+□=15, 6
3-1 □+25=42, 17
4 6+□=15, 9
4-1 □+22=41, 19

1 모르는 수를 □로 하여 덧셈식으로 나타내고 뺄셈식으로 바꿔서 문제의 답을 구해 봅니다.
2 더 얻은 복숭아의 수를 □로 하여 덧셈식을 세우면 4+□=12이고, 뺄셈식으로 바꿔 □를 구해 보면 12−4=□, □=8입니다.
3 어떤 수를 □로 하여 식을 쓰면 9+□=15이고, 뺄셈식으로 바꿔 □를 구해 보면 15−9=□, □=6입니다.
3-1 어떤 수를 □로 하여 식을 쓰면 □+25=42이고, 뺄셈식으로 바꿔 □를 구해 보면 42−25=□, □=17입니다.
4 6+□=15 → □=15−6 → □=9
4-1 □+22=41 → □=41−22 → □=19

개념 체조하기 76~77쪽

1 (1) 11−□=5 (2) 11−5=□ (3) 6
1-1 (1) □−4=11 (2) 4+11=□ (3) 15
2 14−□=6, 8
2-1 □−9=7, 16
3 (1) 43−□=25 (2) 18
3-1 (1) □−6=7 (2) 13
4 17−□=9, 8
4-1 □−16=15, 31

1 모르는 수를 □로 하여 뺄셈식으로 나타내고 다른 뺄셈식으로 바꿔서 문제의 답을 구해 봅니다.
2 사용한 색종이의 수를 □로 하여 뺄셈식을 세우면 14−□=6이고, 다른 뺄셈식으로 바꿔 □를 구해 보면 14−6=□입니다. 따라서 □=8입니다.
2-1 가지고 있던 바나나의 수를 □로 하여 뺄셈식을 세우면 □−9=7이고, 덧셈식으로 바꿔 □를 구해 보면 7+9=□입니다. 따라서 □=16입니다.
3 어떤 수를 □로 하여 뺄셈식을 나타내면 43−□=25이고 다른 뺄셈식으로 나타내면 43−25=□입니다. 따라서 □=18입니다.
3-1 어떤 수를 □로 하여 뺄셈식을 나타내면 □−6=7이고 덧셈식으로 나타내면 7+6=□입니다. 따라서 □=13입니다.
4 17−□=19 → 17−9=□ → □=8
4-1 □−16=15 → 15+16=□ → □=31

개념 점프하기 78~79쪽

1 80 **2** 풀이 참조 **3** 92 **4** 57, 93, 36, 93 **5** 38 **6** 23 **7** 53+□=70, 17 **8** 28−□=19, 9

1 72−16=56, 56+24=80

2 42−9−5=28

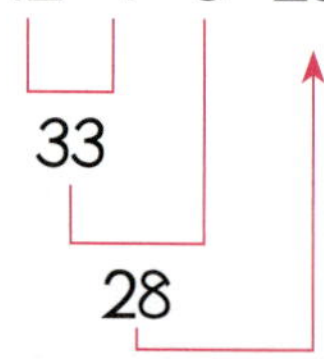

세 수의 계산은 앞에서부터 두 수씩 차례대로 계산해야 하는데 뒤에 있는수부터 계산했습니다.

3 19+73=92를 뺄셈식으로 바꾸면 92−19=73, 92−73=19이므로 ㉠에 알맞은 수는 92입니다.

4 93−36=57 93−36=57
57+36=93 36+57=93

5 □+39=77을 뺄셈식으로 나타내면 77−39=□이므로 □=38입니다

6 70−□=47을 다른 뺄셈식으로 나타내면 70−47=□이므로 □=23입니다.

7 (가지고 있던 바둑돌의 수)+(더한 바둑돌의 수)=(바둑돌의 수)이므로 더한 바둑돌의 수를 □로 하여 덧셈식으로 나타내면
53+□=70 → 70−53=□ → □=17(개)입니다.

8 (가지고 있던 젤리의 수)−(먹은 젤리의 수)=(남은 젤리의 수)이므로 먹은 젤리의 수를 □로 하여 뺄셈식으로 나타내면 28−□=19 → □=28−19 → □=9(개)입니다.

개념 높이뛰기 80~84쪽

1 (1) 1, 6, 1 (2) 1, 5, 7 **2** (1) 41 (2) 24 **3** ㉡, ㉣, ㉠, ㉢ **4** 82, 61 **5** 1, 5, 3 **6** (1) < (2) < **7** ② **8** 134 **9** 133 **10** (1)−㉡, (2)−㉠, (3)−㉢ **11** ㉠ 89 ㉡ 37 ㉢ 18 **12** 44 **13** (1) 4, 10, 2, 7 (2) 7, 10, 3, 4 **14** ㉠, 32 **15** 26 **16** (1) 49 (2) 27 **17** 풀이 참조 **18** ㉢ **19** 위에서부터 53, 37, 53 **20** (1) < (2) < **21** 57 **22** (1)−㉠, (2)−㉢, (3)−㉡ **23** 17, 36, 36, 17 **24** 71−47=24, 71−24=47 **25** □+4=21, 17 **26** 8+□=15, 7 **27** 7 **28** 37 **29** □−7=5, 12 **30** □−16=5, 21

1 (1) 일의 자리 수끼리의 합이 7+4=11이므로 십의 자리로 1을 받아올림합니다.
(2) 일의 자리 수끼리의 합이 8+9=17이므로 십의 자리로 1을 받아올림합니다.

2 (1) 37+4=41
(2) 19+5=24

3 ㉠ 43+8=51, ㉡ 7+47=54, ㉢ 8+42=50, ㉣ 49+3=52
→ 54 > 52 > 51 > 50
→ ㉡ > ㉣ > ㉠ > ㉢

4
```
   1        1
   4 7      2 6
 + 3 5    + 3 5
 -----    -----
   8 2      6 1
```

5 일의 자리: 4+9=13 → □=3
십의 자리: 1+□+2=8 → □=5

6 (1) 37+46=83 → 83 < 85
(2) 35+27=62, 48+19=67 → 62 < 67

7 일의 자리 수끼리의 합 7+8=15에서 받아올림한 수이므로 10을 나타냅니다.

8 88+46=134

9 가장 큰 수: 98, 가장 작은 수: 35
→ 98+35=133

10 (1) 73−9=64 (2) 37−8=29 (3) 43−7=36

11 ㉠ 95−6=89 ㉡ 43−6=37 ㉢ 24−6=18

12 가장 큰 수는 52, 가장 작은 수는 8이므로 52−8=44입니다.

13 (1) 일의 자리에서 0−3을 계산할 수 없으므로 십의 자리에서 10을 받아내림합니다.
(2) 일의 자리에서 0−6을 계산할 수 없으므로 십의 자리에서 10을 받아내림합니다.

14 60−28에서 28에 2를 더해 30을 만들고 60에도 2를 더해 62를 만들면 62−30이 됩니다. 그리고 62−30=32입니다.

15 (남아 있는 귤의 수)
=(바구니에 들어 있던 귤의 수)−(먹은 귤의 수)
=50−24=26(개)

16 (1)
$$\begin{array}{r} \scriptstyle 8\ 10 \\ \not{9}\ 5 \\ -\ 4\ 6 \\ \hline 4\ 9 \end{array}$$
(2)
$$\begin{array}{r} \scriptstyle 4\ 10 \\ \not{5}\ 2 \\ -\ 2\ 5 \\ \hline 2\ 7 \end{array}$$

17
$$\begin{array}{r} \scriptstyle 8\ 10 \\ \not{9}\ 6 \\ -\ 3\ 9 \\ \hline 5\ 7 \end{array}$$
6에서 9를 뺄 수 없으므로 십의 자리에서 10을 받아내림해야 합니다. 따라서 십의 자리에서 8−3=5가 되어 96−39=57입니다.

18 ㉠ 56−19=37, ㉡ 64−28=36
㉢ 71−39=32, ㉣ 83−56=27
→ 30<32<35이므로 □ 안에 들어갈 수 있는 식은 ㉢입니다.

19
$$\begin{array}{r} \scriptstyle 5\ 10 \\ \not{6}\ 1 \\ -\ 2\ 4 \\ \hline 3\ 7 \end{array} \rightarrow \begin{array}{r} \scriptstyle 1\ \ \\ 3\ 7 \\ +\ 1\ 6 \\ \hline 5\ 3 \end{array}$$

20 (1) 63+8+7=71+7=78,
92−5−6=87−6=81
→ 78<81
(2) 85−27+15=58+15=73,
17+35+28=52+28=80
→ 73<80

21 (가게에 있는 아이스크림의 수)
=(가게에 있었던 아이스크림의 수)−(팔린 아이스크림의 수)+(새로 들여온 아이스크림의 수)
=72−33+18=39+18=57(개)

22 (1) 23+18=41을 뺄셈식으로 바꾸면
41−23=18입니다.
(2) 62−34=28을 다른 뺄셈식으로 바꾸면
62−28=34입니다.
(3) 88−29=59를 덧셈식으로 바꾸면
59+29=88입니다.

23 ●−▲=■는 ▲+■=●와 ■+▲=●로 나타낼 수 있습니다

24 ●+▲=■는 ■−●=▲와 ■−▲=●로 나타낼 수 있습니다.

25 어떤 수와 4의 합은 21이므로 □+4=21이고, 뺄셈식으로 바꿔서 □를 구하면 21−4=□입니다. 따라서 □=17입니다.

26 케이크 8개에 몇 개를 더하여 15개가 되었으므로 8+□=15이고, 뺄셈식으로 바꿔서 □를 구하면 15−8=□입니다. 따라서 □=7입니다.

27 쉬는 시간에 더 들어온 학생의 수를 □라고 하면 25+□=32이고, 뺄셈식으로 바꿔서 □를 구하면 32−25=□입니다. 따라서 □=7(명)입니다.

28 75−□=38을 다른 뺄셈식으로 바꾸면
75−38=□이므로 □=37입니다.

29 야구공 몇 개에서 7개를 빼서 5개가 되었으므로 □−7=5이고, 덧셈식으로 바꿔서 □를 구하면 5+7=□, □=12입니다.

30 주머니에 들어 있던 구슬의 수를 □라고 하면 □−16=5이고, 덧셈식으로 바꿔서 □를 구하면 5+16=□입니다. 따라서 □=21(개)입니다.

개념 멀리뛰기

85~88쪽

1 (1) 71 (2) 84 **2** 풀이 참조, 31 **3** 2 **4** 97
5 63 **6** (1) 104 (2) 112 **7** 123
8 (1)−㉢, (2)−㉠, (3)−㉡ **9** 풀이 참조, 17
10 (1) 33 (2) 38 **11** 71−60, 11 **12** ㉣
13 33 **14** 41 **15** (1) 51 (2) 66
16 42, 28, 14, 42, 14, 28
17 동희, 은지에 ○표, 재호에 ×표
18 (1) □+32=75 (2) 43 **19** 15+□=22, 7
20 36, 37, 38, 39 **21** (1)−㉢, (2)−㉠, (3)−㉡
22 예 (닭의 수)=(돼지의 수)+(소의 수)−12이므로 (닭의 수)=38+23−12=61−12=49(마리) 따라서 닭은 49마리입니다. ; 49
23 예 74−46=28, 74−28=46,
46+28=74, 28+46=74,
46+15=61, 15+46=61,
61−15=46, 61−46=15 등

1 (1) 64+7=71
(2) 75+9=84

2

○	○	○	○	○
○	○	○	○	○

○	○	○	○	○
○	○	○	○	○

○	○	○	△	△
△	△	△	△	△

△				

23개의 ○에 △를 8개 더 그리면 도형은 모두 31개입니다.

3 일의 자리 수끼리의 합이 5+7=12이므로 십의 자리로 1을 받아올림합니다. 따라서 1+4+□=7이므로 □=2입니다.

4 (유나와 동생이 가지고 있는 구슬의 수)=(유나가 가지고 있는 구슬의 수)+(동생이 가지고 있는 구슬의 수)=69+28=97(개)

5 일 모형 10개를 십 모형 하나로 바꾸면 십 모형 6개, 일 모형 3개가 되므로 34+29=63입니다.

6 (1) $\begin{array}{r} {\scriptstyle 1\ 1\ } \\ 46 \\ +\ 58 \\ \hline 104 \end{array}$ (2) $\begin{array}{r} {\scriptstyle 1\ 1\ } \\ 84 \\ +\ 28 \\ \hline 112 \end{array}$

7 가장 큰 수는 77이고 가장 작은 수는 46이므로 가장 큰 수와 가장 작은 수의 합은 77+46=123입니다.

8 (1) 61−7=54
(2) 73−6=67
(3) 65−9=56

9

26개 중 9개를 지우고 나면 17개가 남습니다.

10 (1) $\begin{array}{r} {\scriptstyle 4\ 10} \\ \not{5}\,0 \\ -\ 17 \\ \hline 33 \end{array}$ (2) $\begin{array}{r} {\scriptstyle 7\ 10} \\ \not{8}\,0 \\ -\ 42 \\ \hline 38 \end{array}$

11 그림을 오른쪽으로 1만큼 밀면 71−60이 됩니다. 따라서 71−60=11입니다.
따라서 70−59=71−60=11입니다.

12 ㉠ 40−22=18, ㉡ 62−27=35
㉢ 52−16=36, ㉣ 70−24=46
따라서 ㉣>㉢>㉡>㉠입니다.

13 (남아 있는 색종이의 수)
=(가지고 있던 색종이의 수)−(사용한 색종이의 수)
=72−39=33(장)

14 앞에서부터 두 수씩 차례대로 계산합니다.
46−18=28, 28+13=41

15 (1) 54+19−22=73−22=51
(2) 52−24+38=28+38=66

16 ●+▲=■는 ■−●=▲와 ■−▲=●로 나타낼 수 있습니다.

17 ●−▲=■는 ■+▲=●와 ▲+■=●로 나타낼 수 있습니다.

18 (1) 어떤 수를 □로 하여 식으로 나타내면 □+32=75입니다.
(2) □+32=75 → □=75−32 → □=43

19 원 15개에 몇 개를 더하여 22개가 되었으므로 15+□=22이고, 뺄셈식으로 바꿔서 □를 구하면 22−15=□, □=7입니다.

20 80−45=35이므로 □ 안에는 35보다 큰 수가 들어갑니다.

21 (1) 8+6=14, (2) 7+23=30, (3) 4+8=12,
㉠ 7+7=14, ㉡ 8+17=25, ㉢ 6+13=19

④ 길이 재기

개념 체조하기 90~91쪽

1 (1) ① (2) 종이띠로 각각 ①과 ②의 길이만큼 본뜬 다음 서로 맞대어 길이를 비교했습니다.
2 ㉡
3 ㉠
4 ㉡, ㉠, ㉢

1-1 (1) ① (2) 털실로 각각 ①과 ②의 길이만큼 본뜬 다음 서로 맞대어 길이를 비교했습니다.
2-1 ㉢
3-1 ㉡
4-1 색연필

1 직접 맞대어 비교할 수 없으므로 종이띠 등을 이용하여 비교해 봅니다.

2 집과 학교의 높이는 너무 높아서 털실로 비교하기 어렵습니다.

2-1 기차와 비행기는 너무 길어서 종이띠로 비교하기 어렵습니다.

3 털실로 각각의 길이를 본뜬 다음 서로 맞대어 길이를 비교합니다.

4 종이띠를 이용해 길이를 비교해 봅니다.

개념 체조하기 92~93쪽

1 (1) 3 (2) 2 (3) 많습니다	1-1 (1) 7 (2) 2 (3) 적습니다
2 (1) ㉡ (2) ㉠	2-1 (1) ㉡ (2) ㉠
3 6	3-1 6
4 3	4-1 4

1 색연필의 길이를 잴 때 클립은 3번, 지우개는 2번을 사용했습니다. 같은 물체의 길이를 재더라도 이용한 단위가 다르면 횟수가 달라집니다.

2 길이를 잴 때 단위로 정한 길이가 재려는 물건의 길이보다 너무 길면 실제의 길이가 다른데도 모두 같은 수로 나타나서 정확한 길이를 나타내기 어렵고, 단위로 정한 길이가 너무 짧으면 재어야 하는 횟수가 많아지므로 번거롭고 오차가 많이 생길 수 있습니다.

3 지우개를 6개 늘어놓은 길이이므로 지우개로 6번입니다.

4 연필을 3개 늘어놓은 길이이므로 연필로 3번입니다.

개념 체조하기 94~95쪽

1 (1) 3 (2) 3	1-1 (1) 5 (2) 5
2 풀이 참조	2-1 풀이 참조
3 풀이 참조	3-1 풀이 참조
4 (1) 5 센티미터 (2) 9 센티미터	4-1 (1) 15 센티미터 (2) 32 센티미터
5 ㉣	5-1 ㉠

1 연필의 길이는 1 cm가 3번이므로 3 cm입니다.

2 예 (그림)
눈금 하나가 1 cm를 나타냅니다.

2-1 예 (그림)
눈금 하나가 1 cm이므로 3 cm는 눈금 3개만큼 그려야 합니다.

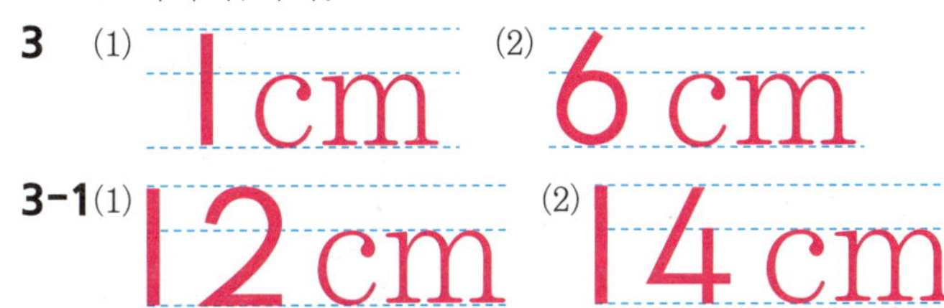

4 'cm'는 '센티미터'라고 읽습니다.

5 뼘, 걸음, 발은 사람마다 길이가 다르므로 정확하게 잴 수 없습니다.

5-1 cm를 사용하면 누가 재더라도 길이를 같게 말할 수 있습니다.

개념 점프하기 96~97쪽

1 (2), ㉠ 2 5, 7 3 다 4 1 cm
5 6, 풀이 참조 6 (1)—㉢, (2)—㉡, (3)—㉣

1 직접 맞대어 길이를 비교하기 어려운 경우는 종이띠나 털실 등을 이용하여 비교할 수 있습니다.

2 색 테이프의 길이를 잰 횟수는 지우개로 5번이고 클립으로 7번입니다.

3 가장 많이 구부러져 있는 다의 길이가 가장 깁니다. 따라서 다를 지우개로 가장 많이 재어야 합니다.

4 자의 한 칸은 1 cm를 나타냅니다.

5 6 cm
1 cm로 6번은 6 cm입니다.

6 1 cm로 6번은 6 cm, 1 cm로 3번은 3 cm, 1 cm로 7번은 7 cm입니다.

개념 체조하기 98~99쪽

1 (1) 0 (2) ㉠ (3) 4
1-1 (1) ㉡ (2) 0, 6 (3) 6
2 (1) 3, 3 (2) 5, 2, 3
2-1 (1) 5, 5 (2) 6, 1, 5
3 3
3-1 4
4 ㉠: 2, ㉡: 5
4-1 ㉠: 2, ㉡: 4, ㉢: 3

1 자로 길이를 잴 때에는 연필의 한쪽 끝을 자의 눈금 0에 맞추고, 다른 쪽 끝에 있는 자의 눈금을 읽습니다.
2 자의 중간부터 길이를 잴 때에는 처음 눈금부터 끝 눈금 사이에 1 cm가 몇 번 들어가는지 세어 보거나 양쪽 끝 눈금의 차를 구합니다.
3 화살의 한쪽 끝을 자의 눈금 0에 맞추었을 때 다른 쪽 끝에 있는 자의 눈금이 3이므로 화살의 길이는 3 cm입니다.
4 자를 사용하여 사각형의 변의 길이를 잽니다.

개념 체조하기 100~101쪽

1 (1) 6 (2) 6 (3) 6
1-1 (1) 6 (2) 6 (3) 6
2 9
2-1 14
3 2
3-1 4
4 4
4-1 6

1 눈금이 자의 눈금 사이에 있는 경우에는 눈금과 가까운 쪽의 숫자를 읽고, 숫자 앞에 약을 붙여 말합니다. 따라서 색연필의 길이는 약 6 cm입니다.
2 연필의 오른쪽 끝이 9 cm와 10 cm 사이에 있고, 9 cm에 가깝기 때문에 약 9 cm입니다.
2-1 지현이의 한 뼘의 오른쪽 끝이 13 cm와 14 cm 사이에 있고, 14 cm에 가깝기 때문에 약 14 cm입니다.
3 지우개의 길이는 1 cm가 2번과 3번 사이에 있고, 2번에 가깝기 때문에 약 2 cm입니다.
4 머리핀의 길이를 자로 재어 보면 3 cm와 4 cm 중 4 cm에 가깝기 때문에 약 4 cm입니다.

개념 체조하기 102~103쪽

1 (1) 예 6 (2) 예 6 (3) 6
1-1 (1) 예 5 (2) 예 5 (3) 5
2 예 3, 3
2-1 예 6, 6
3 (1) 예 6 (2) 6
3-1 (1) 예 5 (2) 5
4 예 5, 5
4-1 예 2, 2

1 붓의 길이를 어림하고, 실제 자로 잰 길이와 비교해 봅니다.
2 클립의 길이는 1 cm가 3번이므로 약 3 cm라고 어림할 수 있습니다.
3 ㉯ 막대의 길이는 5 cm인 ㉮ 막대의 길이보다 더 깁니다.
4 초콜릿이 묻은 길이는 과자의 길이인 7 cm보다 더 짧습니다.

개념 점프하기 104~105쪽

1 9　2 (1) 8 (2) 9　3 10
4 (1) 6, 6 (2) 다릅니다　5 5　6 소연

1 꽃의 한쪽 끝을 자의 눈금 0에 맞추고, 꽃의 다른 쪽 끝이 가리키는 자의 눈금을 읽습니다.
2 (1) 리본의 길이는 $9-1=8$(cm)입니다.
(2) 리본의 길이는 $12-3=9$(cm)입니다.
3 각각의 선의 길이를 재어 보면 4 cm, 1 cm, 3 cm, 2 cm이므로 길이를 모두 더하면 $4+1+3+2=10$(cm)입니다.
4 (1) 면봉의 오른쪽 끝이 6 cm와 7 cm 사이에 있고, 6 cm에 가깝기 때문에 약 6 cm입니다. 이쑤시개의 오른쪽 끝이 5 cm와 6 cm 사이에 있고, 6 cm에 가깝기 때문에 약 6 cm입니다.
(2) 면봉은 6 cm보다 조금 더 길고, 이쑤시개는 6 cm보다 조금 더 짧으므로 면봉과 이쑤시개의 실제 길이는 다릅니다.

5 연필의 길이는 1 cm가 5번과 6번 사이에 있고, 5번에 가깝기 때문에 약 5 cm입니다.

6 볼펜의 길이를 자로 재어 보면 8 cm입니다. 어림한 길이와 볼펜의 실제 길이의 차가 소연이는 8−7=1(cm), 현주는 10−8=2(cm)이므로 볼펜의 실제 길이에 더 가깝게 어림한 사람은 소연이입니다.

개념 높이뛰기 106~108쪽

1 (1)—㉡, (2)—㉠ **2** ㉢ **3** ㉠, ㉢, ㉡ **4** 4
5 (1) ㉡ (2) ㉠ **6** 하영 **7** 1 **8** (1) 4 (2) 6
9 20 **10** 5 **11** 6 **12** 5 **13** 8 **14** 4
15 5 **16** 예 7, 7 **17** ㉠ **18** 혜인

1 (1) 가위와 연필은 서로 맞대어 볼 수 있으므로 직접 맞대어 보는 방법이 좋습니다.
(2) 공책의 긴 쪽과 짧은 쪽은 직접 맞대어 길이를 비교하기 어렵기 때문에 종이띠나 털실 등을 이용하여 비교합니다.

2 직접 맞대어 비교하기 어려운 것 중에 적절한 크기인 것을 고릅니다.

3 직접 맞대어 비교할 수 없으므로 종이띠를 이용하여 길이를 비교해 보면 ㉠>㉢>㉡입니다.

4 연필의 길이는 엄지손톱으로 4번입니다.

5 운동장의 길이를 잴 땐 더 긴 발걸음이 좋고, 우산의 길이를 잴 땐 더 짧은 뼘이 좋습니다.

6 단위의 길이가 길수록 잰 횟수는 적습니다. 따라서 한 뼘의 길이가 더 긴 사람은 하영이입니다.

7 자에서 숫자와 숫자 사이 한 칸의 길이를 1 cm라고 합니다.

8 (1) 1 cm가 4번이므로 4 cm입니다.
(2) 1 cm가 6번이므로 6 cm입니다.

9 가위의 길이가 민지의 뼘으로 2번이므로 10 cm를 2번 더한 것과 같습니다. 따라서 가위의 길이는 10+10=20(cm)입니다.

10 연필의 한쪽 끝을 자의 눈금 0에 맞추었을 때 다른 쪽 끝에 있는 자의 눈금이 5이므로 연필의 길이는 5 cm입니다.

11 깃털의 길이를 자로 재면 6 cm입니다.

12 ㉠: 5 cm, ㉡: 4 cm, ㉢: 2 cm이므로 가장 긴 종이띠는 ㉠이고 5 cm입니다.

13 주사기의 오른쪽 끝이 7 cm와 8 cm 사이에 있고 8 cm에 가깝기 때문에 약 8 cm입니다.

14 막대의 길이는 1 cm가 3번과 4번 사이에 있고 4번에 가깝기 때문에 약 4 cm입니다.

15 연필의 길이를 자로 재어 보면 5 cm와 6 cm 중 5 cm에 가깝기 때문에 약 5 cm입니다.

16 자석의 길이를 자로 재면 7 cm입니다.

17 보기의 선의 길이와 가장 가까운 선을 찾으면 ㉠입니다.

18 실제 길이와 어림한 길이의 차가 적을수록 가깝게 어림한 것입니다. 나뭇잎의 길이는 6 cm이므로 혜인이가 더 가깝게 어림했습니다.

개념 멀리뛰기 109~112쪽

1 ㉠ **2** 3 **3** 수지 **4** 8 **5** ㉡ **6** 풀이 참조
7 풀이 참조, 4 센티미터 **8** ㉣ **9** (1) 3 (2) 5, 5
10 (1) 27 (2) 22 **11** 풀이 참조 **12** 8 **13** 6
14 예지, 1 **15** ㉡ **16** 인규 **17** 7
18 예 4, 4 **19** 예 ㉡, 같습니다 **20** 예 3, 3
21 희영
22 뼘 ; 예 우산의 길이를 잴 때에는 클립보다 더 긴 뼘을 단위길이로 재면 더 좋습니다. 단위길이가 너무 짧으면 연속해서 여러 번 놓기가 힘들고 실제 길이와 차이가 많이 나타날 수도 있습니다.
23 cm ; 예 민주와 채원이의 뼘과 발걸음의 길이는 서로 다를 수 있기 때문입니다. 누가 재어도 길이를 똑같이 말할 수 있는 단위인 cm를 사용해야 같은 길이의 리본을 만들 수 있습니다.

1 ㉠과 ㉡의 길이를 잰 종이띠를 비교하면 ㉠의 길이가 더 짧습니다.

2 수수깡의 길이는 뼘으로 3번입니다.

3 뼘의 길이가 수지가 더 깁니다. 따라서 뼘으로 3번을 재어 자른 실의 길이가 더 긴 사람은 수지입니다.

4 핸드폰의 길이는 엄지손톱으로 8번입니다.

5 클립이 색연필보다 더 짧은 단위길이이므로 클립의 4번이 색연필의 3번보다 더 짧습니다. 따라서 길이가 더 짧은 끈은 ㉡입니다.

6 눈금 3칸만큼 칠합니다.

7 4 cm

cm는 센티미터라고 읽습니다.

8 연필의 한쪽 끝을 자의 눈금 0에 맞추고, 연필을 자에 나란히 붙여 잰 것은 ㉣입니다.

9 (1) 1 cm가 3번이면 3 cm입니다.
(2) 1 cm가 5번이면 5 cm입니다.

10 27 cm는 1 cm가 27번이고, 22 cm는 1 cm가 22번입니다.

11 (1) 예
(2) 예
다양한 방법으로 7 cm를 만들 수 있습니다.

12 8 cm는 1 cm가 8번입니다.

13 시곗줄의 한쪽 끝이 자의 눈금 0에 맞추어져 있으므로 다른 쪽 끝이 가리키는 자의 눈금을 읽으면 6 cm입니다.

14 예지의 색연필을 자로 재면 6 cm이고 찬우의 색연필을 자로 재면 5 cm입니다. 따라서 예지의 색연필이 찬우의 색연필보다 6−5=1 (cm)만큼 더 깁니다.

15 ㉠ 자의 눈금 1부터 7까지 1 cm가 6번 들어가므로 6 cm입니다.
㉡ 자의 눈금 1부터 6까지 1 cm가 5번 들어가므로 5 cm입니다.

16 과자의 오른쪽 끝이 5 cm와 6 cm 사이에 있고 5 cm에 더 가깝기 때문에 약 5 cm입니다. 따라서 과자의 길이를 바르게 잰 사람은 인규입니다.

17 빨대의 길이를 자로 재어 보면 6 cm와 7 cm 중 7 cm에 가깝기 때문에 약 7 cm입니다.

18 곰인형의 길이를 자로 재어 보면 4 cm입니다.

19 ㉠과 ㉡의 빨간색 선의 길이를 자로 재어 보면 각각 2 cm로 같습니다.

20 유물의 길이를 자로 재어 보면 3 cm입니다.

21 자로 잰 길이와 어림한 길이의 차가 작을수록 더 가깝게 어림한 것입니다. 못의 길이를 자로 재면 6 cm에 가깝기 때문에 더 가깝게 어림한 사람은 희영이입니다.

⑤ 분류하기

개념 체조하기 114~115쪽

1 ㉡
2 ㉠
3 ㉡
1-1 ㉠, ㉡
2-1 지윤
3-1 예 바퀴가 있는 것과 없는 것

1 분류할 때 기준은 누가 분류하더라도 결과가 같아지는 분명한 기준을 정해야 합니다.

2 ㉡, ㉢은 분류 기준이 분명하지 않습니다.

2-1 좋아하는 것과 좋아하지 않는 것은 사람마다 다르므로 분류 기준을 알맞게 말한 사람은 지윤이입니다.

3 분명한 기준으로 옳게 분류한 기준을 찾습니다.

개념 체조하기 116~117쪽

1 다리 0개: ④, ⑤, ⑩
다리 2개: ②, ⑥, ⑪, ⑫
다리 4개: ①, ③, ⑦, ⑧, ⑨

2 장미: ①, ④, ⑤, ⑨
코스모스: ②, ⑥, ⑧
백합: ③, ⑦

3 분류 기준: 예 색깔
예 분홍색: ②, ④
노란색: ①, ③, ⑧
보라색: ⑤, ⑥, ⑦, ⑨

4 (나)

1-1 윗옷: ②, ⑦
바지: ①, ④, ⑥
치마: ③, ⑤, ⑧

2-1 빨간색: ③, ⑤, ⑦
노란색: ①, ⑥
파란색: ②, ④, ⑧

3-1 분류 기준: 예 모양
예 삼각형: ②, ⑤
사각형: ①, ⑥, ⑦
원: ③, ④, ⑧

4-1 (나)

1 동물의 다리의 수를 세어 보고, 정해진 기준에 맞게 분류해 봅니다.

2 꽃의 종류를 살펴보고, 정해진 기준에 맞게 분류합니다.

3 분명한 기준을 세우고, 정한 기준에 맞게 분류해 봅니다.

3-1 단추의 모양, 단추 구멍의 수 등으로 기준을 정하여 분류해 봅니다.

4 물건을 모양에 따라 분류하였으므로 (나)에 있는 휴지는 (가)에 분류되어야 합니다.

4-1 지렁이는 날 수 없는 동물이기 때문에 (가)에 분류되어야 합니다.

개념 점프하기 118~119쪽

1 ㉡ **2** 모양 **3** 예 다리의 수
4 바다: 돌고래, 오징어, 바다표범
땅: 사자, 토끼, 원숭이 **5** 예 색깔, 모양
6 분류 기준: 예 글자와 숫자,
예 글자: ㄴ, ㄷ, ㄹ, ㅁ 숫자: 1, 2, 3, 4

1 편한 옷과 불편한 옷, 좋아하는 옷과 좋아하지 않는 옷은 분명한 기준이 아닙니다.
2 모자의 색이 모두 같으므로 색깔은 분류 기준이 될 수 없습니다.
3 분류 기준은 누가 분류하더라도 결과가 같아지는 분명한 기준을 정합니다.
4 돌고래, 오징어, 바다표범은 바다에서 활동하고, 사자, 토끼, 원숭이는 땅에서 활동합니다.
5 젤리를 색깔이나 모양 등을 기준으로 하여 분류할 수 있습니다.
6 분명한 기준을 정하고 기준에 따라 분류해 봅니다.

개념 체조하기 120~121쪽

1 실내화: ///, 3
구두: ////, 4
2 축구공: ///, 3
배구공: ////, 5
농구공: ////, 4
3 원: ///, 3
사각형: ////, 4
별: ///, 3
4 2개: //// /, 6
4개: ////, 4

1-1 여름: ////, 5
가을: ///, 3
겨울: //, 2
2-1 빨간색: ///,
3
노란색: //// /, 6
초록색: ////, 5
파란색: //// /, 6
보라색: ////, 4
3-1 지폐: //// /, 6
동전: //// ////, 10
4-1 오천 원: /, 1
천 원: ////, 5

1 신발의 종류에 따라 / 표시를 하면서 수를 세어 봅니다.
2 공의 종류에 따라 표시를 하면서 수를 세어 봅니다.
3 단추의 모양에 따라 표시를 하며 수를 세어 봅니다.
4 단추의 구멍의 수에 따라 표시를 하며 수를 세어 봅니다.

개념 체조하기 122~123쪽

1 6, 7, 4, 5, 3
2 빨간색: //// /, 6
노란색: ///, 3
파란색: ////, 5
초록색: ////, 4
3 빨간색 색연필
4 빨간색 색연필

1-1 3, 5, 4, 3
2-1 사과: //// /, 6
바나나: ////, 4
포도: ///, 3
딸기: ///, 3
3-1 사과
4-1 사과

1 중복되거나 빠뜨리지 않도록 그림에 표시를 하면서 세어 봅니다.
2 중복되거나 빠뜨리지 않도록 그림에 표시를 하면서 세어 봅니다.
3 빨간색 색연필이 6자루로 가장 많습니다.
3-1 사과를 산 학생이 6명으로 가장 많습니다.
4 일주일 동안 가장 많이 팔린 색연필의 색이 빨간색이므로 색연필을 더 많이 팔기 위해서는 빨간색 색연필을 가장 많이 준비해야 합니다.
4-1 학생들이 가장 많이 산 과일이 사과이므로 과일을 더 많이 팔기 위해서는 사과를 가장 많이 준비해야 합니다.

개념 점프하기 124~125쪽

1 2, 3, 4, 3, 4 **2** 맑은 날, 흐린 날, 비 온 날
3 13, 9, 9 **4** 축구: ////, 5 수영: //, 2 야구: ////, 4 농구: ///, 3 **5** 축구 **6** 수영 **7** 야구

1 중복되거나 빠뜨리지 않도록 그림에 표시를 하면서 세어 봅니다.
2 날씨의 종류는 맑은 날, 흐린 날, 비 온 날이 있습니다.

3 날수를 세어 보면 맑은 날은 13일, 흐린 날은 9일, 비 온 날은 9일입니다.
4 중복되거나 빠뜨리지 않도록 그림에 표시를 하면서 세어 봅니다.
5 축구를 좋아하는 학생이 5명으로 가장 많습니다.
6 수영을 좋아하는 학생이 2명으로 가장 적습니다.
7 야구를 좋아하는 학생이 농구를 좋아하는 학생보다 더 많기 때문에 체육 시간에 야구를 하면 더 많은 학생들이 좋아할 수 있습니다.

개념 높이뛰기 126~128쪽

1 ㉡ **2** 예 모양 **3** 적절하지 않습니다. ; 예 분류할 때는 분명한 분류 기준을 정해야 하는데 스티커를 예쁜 것과 안 예쁜 것으로 분류하는 것은 사람마다 결과가 다르기 때문에 분명한 기준이 아닙니다. **4** 풀: 토끼, 기린, 양, 코끼리 고기: 호랑이, 사자 **5** 하늘색: ①, ⑤ 갈색: ②, ④, ⑦ 노란색: ③ 분홍색: ⑥, ⑧ **6** 분류 기준: 예 종류 예 윗옷: ①, ②, ③ 아래옷: ⑤, ⑥ 양말: ④, ⑦, ⑧ **7** 예 한글과 숫자 **8** 예 종류, 한글: 가, 다, 라, 아 숫자: 2, 3, 6, 8 **9** 풀이 참조 **10** 줄무늬: //, 2 무늬 없음: ////, 4 물방울 무늬: ///, 3 **11** 빨간색: ////, 4 노란색: ///, 3 초록색: //, 2 **12** 2 **13** 3 **14** 포도: ///, 3 딸기: ~~////~~, 5 오렌지: //, 2 **15** 예 포도, 2, 오렌지, 3 **16** 동윤: ~~////~~, 5 유빈: ~~////~~ /, 6 채은: ~~////~~, 5 **17** 3, 1, 1, 3, 2, 1, 1, 2, 2 **18** 채은

1 누가 분류하더라도 결과가 같아지는 분명한 기준을 정합니다.
2 스티커를 모양이나 색깔 등으로 분류할 수 있습니다.
4 토끼, 기린, 양, 코끼리는 풀을 먹고 호랑이, 사자는 고기를 먹습니다.
5 중복되거나 빠뜨리지 않도록 그림에 표시를 하면서 세어 봅니다.
6 분명한 기준을 정해서 분류해 봅니다.
7 누가 분류하더라도 결과가 같아지는 분명한 분류 기준을 정합니다.
8 한글 자석은 가, 다, 라, 아가 있고 숫자 자석은 2, 3, 6, 8이 있습니다.

9

색깔	(노란색)	(보라색)	(초록색)
글자	㉡	㉦	㉢, ㉤
숫자	㉣, ㉥	㉠	㉧

먼저 글자 카드와 숫자 카드로 분류한 후에 각각의 모둠에서 다시 색깔에 따라 분류해 봅니다.
10 무늬에 따라 분류할 때는 색깔에 관계없이 무늬만으로 분류합니다.
11 색깔에 따라 분류할 때는 무늬에 관계없이 색깔만으로 분류합니다.
12 물방울 무늬 우산 3개 중 빨간색인 것은 2개입니다.
13 냉장고에 들어 있는 주스는 포도 주스, 딸기 주스, 오렌지 주스로 모두 3종류입니다.
14 포도 주스는 3병, 딸기 주스는 5병, 오렌지 주스는 2병이 들어 있습니다.
15 딸기 주스가 5병으로 가장 많기 때문에 포도 주스는 2병, 오렌지 주스는 3병을 더 사야 모두 5병으로 같아집니다.
16 동윤이는 5칸, 유빈이는 6칸, 채은이는 5칸을 칠했습니다.
17 칸을 칠한 학생에 따라 분류하고, 다시 점수에 따라 분류해 봅니다.
18 동윤이의 점수는 $1+1+1+2+3=8$(점), 유빈이의 점수는 $1+1+1+2+2+3=10$(점), 채은이의 점수는 $1+2+2+3+3=11$(점)입니다. 따라서 가장 높은 점수를 얻은 학생은 채은이입니다.

개념 멀리뛰기 129~132쪽

1 색깔 **2** ㉡ **3** 수연 **4** 색깔
5 바퀴 0개: ㉣ 바퀴 2개: ㉡, ㉢ 바퀴 4개: ㉠, ㉤
6 분류 기준: 예 움직이는 방법, 사람의 힘: ㉢, ㉣ 엔진의 힘: ㉠, ㉡, ㉤ **7** 사각형: ②, ④ 원: ①, ③
8 검은색: ① 노란색: ②, ③ 갈색: ④
9 분류 기준: 예 구멍이 있는 것과 없는 것, 구멍이 있는 것: ②, ③ 구멍이 없는 것: ①, ④

10 ㉠ 다리의 수　11 ㉠ 다리 0개: 달팽이, 상어, 돌고래 다리 2개: 독수리, 닭, 펭귄 다리 4개: 개, 돼지, 기린　12 4
13 원: ////, 5 사각형: ////, 4 삼각형: //, 2
14 2개: ////, 5 3개: //, 2 4개: ////, 4　15 2
16 6, 4　17 3, 5, 2
18 분류 기준: ㉠ 입고 있는 수영복의 색깔, ㉠ 색깔, 빨간색: 3 노란색: 2 초록색: 2 검정색: 3
19 5
20 김밥: ///, 3 떡볶이: ////, 4 햄버거: //, 2 케이크: ///, 3 치킨: //, 2　21 떡볶이
22 ㉠ 분류 기준은 누가 분류하더라도 결과가 같아져야 합니다. 좋아하는 과일과 좋아하지 않는 과일은 사람에 따라 결과가 달라질 수 있으므로 알맞은 기준이 아닙니다.
23 풀이 참조 ; ㉠ 준성이는 여러 가지 물건을 학용품과 옷에 따라 분류하였습니다. 모자는 옷으로 분류되어 ㉡에 있어야 합니다.

1 빨간색 도형과 노란색 도형으로 분류하였습니다.
2 우산은 크기가 다양해서 분류 기준으로 적합하지만 상자는 크기가 모두 같아서 분류 기준으로 적합하지 않습니다.
3 예쁜 꽃과 예쁘지 않은 꽃은 분명한 분류 기준이 아닙니다.
4 풍선의 모양이 모두 같고, 색깔은 다르므로 풍선은 색깔로 분류할 수 있습니다.
5 이동 수단을 보고 바퀴의 수를 잘 세어서 분류합니다.
7 과자의 모양을 보고 분류해 봅니다.
8 과자의 색깔을 보고 분류해 봅니다.
9 분명한 기준을 정하여 분류해 봅니다.
10 주로 사는 곳, 먹이, 이동 방법 등으로도 분류할 수 있습니다.
11 10에서 세운 분류 기준에 맞게 동물을 분류해 봅니다. 중복되거나 빠뜨리지 않도록 그림에 표시를 하며 분류합니다.
12 승용이네 모둠 친구들이 좋아하는 운동은 축구, 야구, 농구, 달리기로 모두 4가지입니다.
13 단추의 색깔, 크기, 구멍의 수에 관계없이 모양에 따라 세어 봅니다.
14 단추의 모양, 크기, 색깔에 관계없이 구멍의 수에 따라 세어 봅니다.
15 단추의 구멍이 2개인 것을 찾고, 그중에 사각형 모양이고, 빨간색인 단추를 찾아봅니다.
16 물 안에 6명, 모래사장에 4명이 있습니다.
17 수영은 3명, 공놀이는 5명, 모래성 쌓기는 2명이 하고 있습니다.
18 입고 있는 수영복의 색깔, 성별, 모자를 쓴 사람과 안 쓴 사람 등으로 분류할 수 있습니다.
19 소은이와 친구들이 사 먹은 음식은 김밥, 떡볶이, 햄버거, 케이크, 치킨으로 모두 5가지로 분류할 수 있습니다.
20 중복되거나 빠뜨리지 않도록 그림에 표시를 하면서 세어 봅니다.
21 가장 많은 학생이 사 먹은 음식이 떡볶이이므로 떡볶이가 가장 많이 팔릴 것입니다.
23 ㉠　㉡

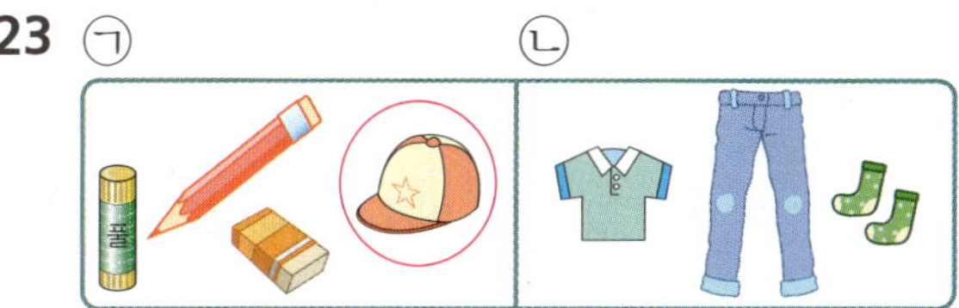

⑥ 곱셈

개념 체조하기　134~135쪽

1 9　1-1 15
2 10　2-1 9
3 4, 16　3-1 4, 20
4 5, 1, 16　4-1 3, 2, 20

1 손으로 짚거나 연필로 / 표시하며 세어 보면 감은 모두 9개입니다.
2 구슬을 2씩 뛰어 세면 2, 4, 6, 8, 10이므로 구슬은 모두 10개입니다.
3 초콜릿은 4개씩 4묶음이므로 모두 16개입니다.
4 초콜릿은 3개씩 5묶음에 낱개 1개가 더 있으므로 모두 16개입니다.
4-1 피자는 6조각씩 3묶음에 낱개 2조각이 더 있으므로 모두 20조각입니다.

개념 체조하기 136~137쪽

1 (1) 2, 10, 10 (2) 5, 4, 6, 8, 10, 10
2 (1) 4, 6 (2) 예 3, 8, 8, 3 (3) 24
3 예 4, 4, 16
1-1 (1) 3, 8, 12, 12 (2) 4, 6, 9, 12, 12
2-1 (1) 3, 6 (2) 예 2, 9, 9, 2 (3) 18
3-1 예 7, 3, 21

1 (1) 축구공을 5씩 묶어 세면 5씩 2묶음이므로 10개입니다.
(2) 축구공을 2씩 묶어 세면 2씩 5묶음이므로 10개입니다.

2 (1) 귤은 6씩 4묶음, 4씩 6묶음입니다.
(2) 귤을 3씩 묶어 세어 보면 3씩 8묶음이고, 8씩 묶어 세어 보면 8씩 3묶음입니다.
(3) 귤은 모두 24개입니다.

3 4씩 4묶음, 2씩 8묶음, 8씩 2묶음 등으로 묶어 세어 보면 강아지는 모두 16마리입니다.

3-1 7씩 3묶음, 3씩 7묶음 등으로 묶어 세어 보면 밤은 모두 21개입니다.

개념 체조하기 138~139쪽

1 (1) 2 (2) 3 (3) 4 (4) 5
2 7, 7
3 예 4, 3, 4, 3, 3, 4, 3, 4
4 3
1-1 (1) 2 (2) 3 (3) 4
2-1 4, 4
3-1 예 7, 2, 7, 2, 2, 7, 2, 7
4-1 6

1 ■씩 ●묶음은 ■의 ●배와 같습니다.

2 야구공은 2씩 7묶음이고, 2씩 7묶음은 2의 7배입니다.

3 4씩 3묶음은 4의 3배, 3씩 4묶음은 3의 4배입니다.

4 복숭아는 5씩 3묶음이고, 5씩 3묶음은 5의 3배입니다.

개념 점프하기 140~141쪽

1 (1) 8, 12, 16, 20 (2) 5 (3) 20 2 주현 3 18
4 (1) 풀이 참조, 5 (2) 풀이 참조, 4 (3) 20
5 (1)—㉡—②, (2)—㉠—③, (3)—㉢—① 6 연아

1 (1) 4씩 5번 뛰어 셉니다.
(2) 4씩 묶어 세면 4씩 5묶음입니다.
(3) 4씩 5묶음이므로 쿠키는 모두 20개입니다.

2 포도를 5씩 묶으면 5씩 4묶음에 낱개 4개가 됩니다.

3 상현이가 가지고 있는 사탕은 3씩 6묶음이므로 사탕은 모두 18개입니다.

4 (1) 예 (2) 예

4씩 5묶음, 5씩 4묶음은 20입니다.

5 (1) 5씩 3묶음 → 5의 3배 → 15
(2) 3씩 4묶음 → 3의 4배 → 12
(3) 4씩 2묶음 → 4의 2배 → 8

6 4씩 4묶음은 16이고 5의 3배는 15입니다. 연아는 과자를 16개 가지고 있고 영지는 과자를 15개 가지고 있으므로 과자를 더 많이 가지고 있는 사람은 연아입니다.

개념 체조하기 142~143쪽

1 (1) 1 (2) 4 (3) 4
2 풀이 참조
3 3
4 풀이 참조
1-1 (1) 1 (2) 5 (3) 5
2-1 풀이 참조
3-1 4
4-1 풀이 참조

1 빨간색 구슬은 3씩 1묶음, 파란색 구슬은 3씩 4묶음이므로 파란색 구슬의 수는 빨간색 구슬의 수의 4배입니다.

2

윤진이가 가진 도넛의 수는 2씩 1묶음이므로 지혜이가 가진 도넛의 수는 2씩 5묶음입니다. 따라서 10개를 그리면 됩니다.

2-1  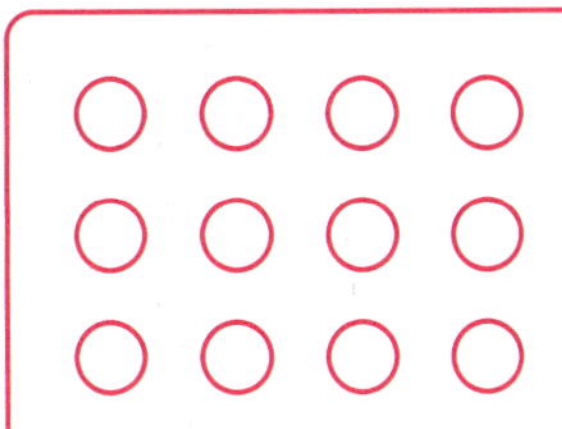

동하가 가진 사탕의 수는 3씩 1묶음이므로 태호가 가진 사탕의 수는 3씩 4묶음입니다. 따라서 12개를 그리면 됩니다.

3 파란색 막대의 길이는 빨간색 막대의 길이를 3번 이어 붙인 것과 같습니다. 따라서 파란색 막대의 길이는 빨간색 막대의 길이의 3배입니다.

4

주황색 막대의 길이가 2칸이므로 2칸을 3번 이어 붙인 것과 같은 6칸을 색칠합니다.

4-1

보라색 막대의 길이가 4칸이므로 4칸을 2번 이어 붙인 것과 같은 8칸을 색칠합니다.

개념 체조하기 144~145쪽

1 (1) 4, 4 (2) 4, 4 (3) 4, 곱하기, 4

1-1 (1) 6, 3, 6, 3 (2) 6, 3, 6, 3 (3) 6, 3, 6, 곱하기, 3

2 (1) 3, 3, 3, 3, 3, 18 (2) 6, 18 (3) 18

2-1 (1) 5, 5, 15 (2) 3, 15 (3) 15

3 2×5, 2 곱하기 5

3-1 8×3, 8 곱하기 3

4 ㉢

4-1 ㉡

1 꽃이 5씩 4묶음이므로 5의 4배입니다. 5의 4배는 5×4라고 쓰고, 5 곱하기 4라고 읽습니다.

2 빵의 수는 3씩 6묶음이므로 빵의 수를 덧셈식으로 나타내면 $3+3+3+3+3+3=18$이고, 곱셈식으로 나타내면 $3\times6=18$입니다. 따라서 빵은 모두 18개입니다.

3 구슬의 수는 2씩 5묶음입니다. 2씩 5묶음은 2의 5배이므로 2×5라고 쓰고, 2 곱하기 5라고 읽습니다.

4 ㉠: $2+2+2=6$, ㉡: (2의 3배)$=2\times3=6$, ㉢: $2\times2=4$, ㉣: (2 곱하기 3)$=2\times3=6$

4-1 ㉠: $4+4+4+4+4=20$, ㉡: $4+5=9$, ㉢: $4\times5=20$, ㉣: (4 곱하기 5)$=4\times5=20$

개념 체조하기 146~147쪽

1 (1) 2 (2) 2, 9, 9, 18 (3) 2, 9, 2, 18 (4) 18

1-1 (1) 3 (2) 3, 6, 6, 6, 18 (3) 3, 6, 3, 18 (4) 18

2 $3+3+3+3=12$, $3\times4=12$

2-1 $6+6+6+6+6=30$, $6\times5=30$

3 $2\times8=16$

3-1 $4\times7=28$

4 예 5, 3, 15, 3, 5, 15

4-1 예 6, 3, 18, 3, 6, 18

1 사탕의 수를 9의 2배로 생각하여 덧셈식으로 나타내면 $9+9=18$이고, 곱셈식으로 나타내면 $9\times2=18$입니다. 따라서 사탕은 모두 18개입니다.

2 아이스크림의 수가 3씩 4묶음입니다. 덧셈식으로 나타내면 $3+3+3+3=12$, 곱셈식으로 나타내면 $3\times4=12$입니다.

3 자전거 1대의 바퀴는 2개이고 8대의 자전거가 있습니다. 자전거의 바퀴 수는 2의 8배이므로 $2+2+2+2+2+2+2+2=2\times8=16$(개)입니다.

4 나뭇잎의 수는 5의 3배 또는 3의 5배입니다. 따라서 곱셈식으로 나타내면 $5\times3=15$, $3\times5=15$로 나타낼 수 있습니다.

4-1 $6\times3=18$, $3\times6=18$, $2\times9=18$, $9\times2=18$ 등으로 나타낼 수 있습니다.

개념 점프하기 148~149쪽

1 4 **2** ㉠, ㉢

3 $3\times3=9$, $3\times4=12$, $3\times5=15$

4 (1)—㉡, (2)—㉢, (3)—㉠ **5** 5, 3, 5, 15, 15

6 $3\times7=21$, 21 **7** $3\times6=18$, $9\times2=18$

1 바나나의 수는 2씩 1묶음이고 딸기의 수는 2씩 4묶음이므로 딸기의 수는 바나나의 수의 4배입니다.

2 빨간색 막대를 몇 번 이어 붙여야 길이가 같아지는지 살펴보면 ㉠은 2번, ㉡은 3번, ㉢은 4번, ㉣은 5번입니다. 따라서 빨간색 막대의 길이의 2배인 막대는 ㉠이고, 4배인 막대는 ㉢입니다.

3 3씩 묶었을 때 몇 묶음인지를 보고 곱셈식으로 나타냅니다.

4 (1) 7 곱하기 5는 7×5입니다.
(2) $8+8+8+8=8\times4$입니다.
(3) 3씩 6묶음은 3×6입니다.

5 성냥개비의 수는 3씩 5묶음이므로
$3+3+3+3+3=3\times5=15$(개)입니다.

6 세발자전거의 바퀴 수는 3의 7배이므로
$3+3+3+3+3+3+3=3\times7=21$(개)입니다.

7 지원: 3개씩 6봉지 → 3의 6배 → $3\times6=18$
민식: 9개씩 2봉지 → 9의 2배 → $9\times2=18$

개념 높이뛰기 150~152쪽

1 4, 6, 8, 10, 10 **2** 4 **3** 예 도토리를 5개씩 묶어 세면 2묶음에 낱개 2개가 됩니다. 5개씩 2묶음이면 10개이고 낱개 2개를 더하면 $10+2=12$(개)입니다. 따라서 도토리는 모두 12개입니다. ; 12 **4** 4, 3, 12 **5** 예 6, 3, 3, 6, 18 **6** 예원 **7** 6, 4, 6, 4 **8** (1) 4 (2) 2 **9** 영호 **10** 2 **11** 민준 **12** 12 **13** (1) 12, 6, 2, 12 (2) 35, 5, 7, 35 **14** ①, ③ **15** 30 **16** 8, 24, 3, 24, 6, 24, 4, 24 **17** ④ **18** 6

1 구슬을 2씩 뛰어 세어 보면 2, 4, 6, 8, 10으로 구슬은 모두 10개입니다.

2 도토리를 3개씩 묶어 세면 3씩 4묶음입니다.

4 컵케이크는 4씩 3묶음이므로 12개입니다.

5 6씩 3묶음, 3씩 6묶음, 2씩 9묶음, 9씩 2묶음 등으로 묶어 셀 수 있습니다.

6 찬혁이는 연필을 3씩 5묶음 가지고 있으므로 15자루를 가지고 있습니다. 예원이는 연필을 4씩 4묶음 가지고 있으므로 16자루를 가지고 있습니다. 따라서 연필을 더 많이 가지고 있는 사람은 예원이입니다.

7 6씩 4묶음은 6의 4배와 같습니다.

8 우표의 수는 3의 4배, 4의 3배, 6의 2배, 2의 6배 등으로 나타낼 수 있습니다.

9 사과는 모두 10개가 있습니다. 2씩 5묶음과 5의 2배는 모두 10이지만 3의 3배는 9이므로 틀리게 말한 사람은 영호입니다.

10 현우가 가진 아이스크림의 수는 3씩 1묶음이고 세미가 가진 아이스크림의 수는 3씩 2묶음입니다. 세미가 가진 아이스크림의 수는 현우가 가진 아이스크림의 수의 2배입니다.

11 민준이가 가진 아이스크림의 수는 현우가 가진 아이스크림의 수의 3배입니다.

12 준성이가 가지고 있는 그림엽서는 3씩 1묶음입니다. 형은 준성이의 4배를 가지고 있으므로 3씩 4묶음을 가지고 있습니다. 따라서 형이 가지고 있는 그림엽서는 12장입니다.

13 (1) 6의 2배 → $6+6=6\times2=12$
(2) 5와 7의 곱 → $5+5+5+5+5+5+5$
$=5\times7=35$

14 6씩 4묶음이므로 $6+6+6+6=6\times4$입니다.

15 나비는 한 줄에 6마리씩 그려져 있고, 이불에는 모두 5줄이 있습니다. $6+6+6+6+6=6\times5=30$(마리)이므로 이불에 그려진 나비는 모두 30마리입니다.

16 그림은 3×8, 8×3, 4×6, 6×4로 나타낼 수 있고 값은 모두 24입니다.

17 ① $3\times6=18$, ② $9\times2=18$, ③ $2\times9=18$, ④ $2\times6=12$, ⑤ $6\times3=18$이므로 다른 것은 ④번입니다.

18 티셔츠 하나와 바지를 함께 입을 수 있는 방법은 3가지이고, 티셔츠가 모두 2장이므로 $3+3=3\times2=6$(가지)입니다.

개념 멀리뛰기

153~156쪽

1 8, 12, 16 **2** 9 **3** (1) 6 (2) 3 (3) 2 (4) 18
4 3, 5, 3 **5** (1)-㉠, (2)-㉡ **6** 7, 6, 7 **7** 3
8 ㉢ **9** 풀이 참조 **10** ㉡ **11** 5
12 3×3=9, 3×4=12 **13** 12, 4, 3, 12
14 5+5+5+5+5+5+5=35, 5×7=35
15 (1) > (2) > **16** 4, 24, 6, 24, 8, 24, 3, 24
17 ㉠, ㉢, ㉡, ㉣ **18** ②, ④
19 7+7=14, 7×2=14, 14
20 5+5+5+5+5+5+5+5=40, 5×8=40, 40
21 42 **22** 예 꽃은 3씩 5묶음이고 나비는 3씩 1묶음입니다. 3씩 5묶음은 3씩 1묶음의 5배입니다. 따라서 꽃의 수는 나비의 수의 5배입니다. ; 5
23 예 그림과 같은 모양 1개를 만들기 위해 필요한 성냥개비는 6씩 1묶음이고, 5개를 만들기 위해 필요한 성냥개비는 6씩 5묶음입니다. 6씩 5묶음은 6씩 1묶음의 5배입니다. 따라서 필요한 성냥개비는 모두 6×5=30(개)입니다. ; 30

1 4씩 묶어 세면 4 → 8 → 12 → 16입니다.

2 구슬이 3씩 3묶음이므로 모두 9개입니다.

3 구슬을 3씩 묶어 보면 6묶음, 6씩 묶어 보면 3묶음, 9씩 묶어 보면 2묶음이므로 모두 18개입니다.

4 사과가 한 접시에 5개씩 3접시이므로 5의 3배입니다.

5 (1) 4씩 2묶음은 4의 2배이므로 8입니다.
(2) 3의 3배는 9입니다.

6 토마토는 6씩 7묶음입니다. 6씩 7묶음은 6의 7배입니다.

7 사과는 4씩 1묶음이고, 배는 4씩 3묶음이므로 배의 수는 사과의 수의 3배입니다.

8 빨간색 막대를 3번 이어 붙여야 길이가 같아지는 막대를 찾아보면 ㉢입니다.

9

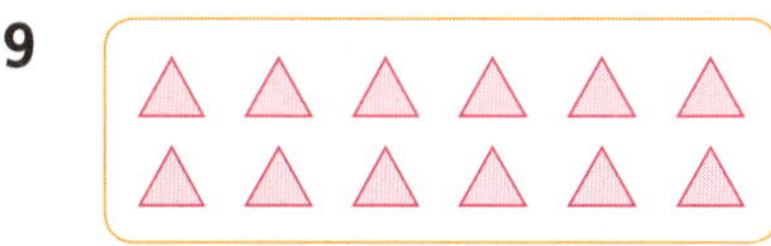

△를 2씩 6묶음 그립니다.

10 ㉠ 7씩 3묶음 → 7+7+7=21
㉡ 4의 6배 → 4+4+4+4+4+4=24

11 5씩 5묶음은 25입니다. 따라서 25는 5의 5배입니다.

12 풍선이 3씩 3묶음이면 3×3=9이고, 3씩 4묶음이면 3×4=12입니다.

13 4씩 3번 뛰어 세었으므로
4+4+4=12 → 4×3=12입니다.

14 농구공이 5씩 7묶음이므로 농구공의 수는 5의 7배입니다.
따라서 덧셈식은 5+5+5+5+5+5+5=35이고, 곱셈식은 5×7=35입니다.

15 (1) (9의 5배)=9×5=45, (7 곱하기 6)=7×6=42 이므로 (9의 5배)>(7 곱하기 6)
(2) (7의 7배)=7×7=49, (9 곱하기 3)=9×3=27 이므로 (7의 7배)>(9 곱하기 3)

16 같은 수를 여러 가지 곱셈식으로 나타낼 수 있습니다.

17 ㉠ (7의 5배)=7×5=35, ㉡ (3 곱하기 8)=3×8=24 ㉢ (6씩 5묶음)=6×5=30,
㉣ 4+4+4+4=4×4=16
따라서 ㉠>㉢>㉡>㉣입니다.

18 바나나는 모두 24개입니다. 24는 3×8, 4×6, 6×4, 8×3으로 나타낼 수 있습니다.

19 빵이 7씩 2묶음이므로 빵은 모두 7+7=7×2=14(개)입니다.

20 꽃이 5씩 8묶음이므로 꽃은 모두
5+5+5+5+5+5+5+5=5×8=40(송이)입니다.

21 수민이가 산 볼펜은 3씩 4묶음이므로
3+3+3+3=3×4=12(자루)이고,
세은이가 산 볼펜은 5씩 6묶음이므로
5+5+5+5+5+5=5×6=30(자루)입니다.
따라서 수민이와 세은이가 산 볼펜은 모두
12+30=42(자루)입니다.

1 세 자리 수

기본 유형 2~5쪽

1 100 2 주현 3 100 4 600, 육백
5 풀이 참조 6 900 7 8, 0, 2
8 708, 칠백팔 9 효빈
10 700, 20, 9 11 800 12 ㉢
13 264, 274, 294, 304
14 707, 507, 407, 207
15 437, 537, 737, 837 16 ㉣
17 640, 649, 739 18 480 19 ㉡
20 < 21 743, 347 22 남학생
23 758, 189 24 5, 6, 7, 8, 9

1 10이 10개이면 100입니다.
2 100은 90보다 10만큼 더 큰 수입니다. 90보다 1만큼 더 큰 수는 91이므로 잘못 말한 사람은 주현이입니다.
3 10개씩 7줄과 3줄이므로 10개씩 10줄인 100개와 같습니다.
4 100이 6개이므로 600이라 쓰고, 600은 육백이라고 읽습니다.
5 예

여러 가지 방법으로 묶을 수 있습니다.
6 100이 3개이면 300이고, 10이 60개이면 100이 6개인 수와 같은 600입니다. 따라서 동전은 모두 900원입니다.
7 802는 100이 8개, 10이 0개, 1이 2개인 수입니다.
8 100이 7개 → 700, 10이 0개 → 0, 1이 8개 → 8이므로 708이라 쓰고, 칠백팔이라고 읽습니다.
9 504는 오백사라고 읽습니다.
10 729=700+20+9
11 8은 백의 자리 숫자이므로 800을 나타냅니다.
12 숫자 5가 나타내는 수를 알아봅니다.
㉠ 5, ㉡ 50, ㉢ 500, ㉣ 50
13 십의 자리 수가 1씩 커집니다.
14 백의 자리 수가 1씩 작아집니다.
15 백의 자리 수가 1씩 커지므로 100씩 뛰어 세는 규칙입니다.
16 ㉠, ㉡, ㉢은 10씩 뛰어 세었고 ㉣은 50씩 뛰어 세었습니다. 따라서 규칙이 다른 것은 ㉣입니다.
17 639에서 1만큼 뛰어 세기, 10만큼 뛰어 세기, 100만큼 뛰어 세기를 해 봅니다.
18 430에서 10씩 5번 뛰어 세면 480이 됩니다. 따라서 5일 후 수연이가 푼 문제는 모두 480문제입니다.
19 753과 759는 백의 자리 수와 십의 자리 수가 같으므로 일의 자리 수를 비교해 보면 3<9이므로 753<759입니다. 711과 799는 백의 자리 수가 같으므로 십의 자리 수를 비교해 보면 1<9이므로 711<799입니다.
20 육백육십팔은 668이므로 668<670입니다.
21 가장 큰 수는 백의 자리부터 가장 큰 수를 차례로 쓰고, 가장 작은 수는 백의 자리부터 가장 작은 수를 차례로 씁니다. 가장 큰 수는 743, 가장 작은 수는 347입니다.
22 174>168이므로 남학생이 여학생보다 더 많습니다.
23 백의 자리 수가 가장 큰 수는 758, 721이고 그중에는 758의 십의 자리가 더 큽니다. 백의 자리 수가 가장 작은 수는 189, 190이고 그중에 189의 십의 자리가 더 작습니다. 따라서 가장 큰 수는 758, 가장 작은 수는 189입니다.
24 백의 자리 수, 십의 자리 수가 같으므로 일의 자리 수는 4보다 커야 합니다. □>4이므로 □ 안에 들어갈 수 있는 수는 5, 6, 7, 8, 9입니다.

단원 마무리 6~9쪽

1 100, 백 2 2 3 ㉡ 4 600
5 8, 800, 팔백 6 3, 30 7 356 8 498
9 예 수아는 키가 130 cm입니다. 지연이는 스티커를 130개 가지고 있습니다. 등
10 백, 800, 십, 20 11 8, 4, 3 12 258, 750

13 275　14 752　15 760, 769, 859
16 494, 594, 894　17 755　18 10
19 성준　20 ㉡
21 ㊞ 131과 138은 백의 자리 수, 십의 자리 수가 같고 일의 자리 수는 138이 더 큽니다. 따라서 131<138입니다. 번호표는 일찍 온 사람이 더 작은 수를 뽑기 때문에 번호표를 더 일찍 뽑은 사람은 윤진이입니다. ; 윤진
22 ㊞ 지민이가 가지고 있는 돈은 500+100+80=680(원)이고, 민정이가 가지고 있는 돈은 600+50+9=659(원)입니다. 따라서 지민이가 더 많은 돈을 가지고 있습니다. ; 지민
23 897, 898, 899　24 채원

1 99보다 1만큼 더 큰 수는 100이라 쓰고, 백이라고 읽습니다.
2 10개씩 10묶음은 100이고, 100은 98보다 2만큼 더 큰 수입니다.
3 ㉠ 100은 90보다 10만큼 더 큰 수입니다.
㉢ 100은 80보다 20만큼 더 큰 수입니다.
4 백 모형이 6개이므로 600입니다.
5 10이 80개이면 800(팔백)입니다.
6 300은 100이 3개인 수이므로 100개씩 나눠 담으면 3봉지가 됩니다. 또한 300은 10이 30개인 수이므로 10개씩 나눠 담으면 30봉지가 됩니다.
7 100이 3개, 10이 5개, 1이 6개인 수는 356입니다.
8 100이 4개이면 400, 10이 9개이면 90, 1이 8개이면 8이므로 498입니다.
10 820에서 8은 800을, 2는 20을 나타냅니다.
820=800+20+0
11 각각의 동전의 수가 9개를 넘지 않기 때문에 100원짜리 동전은 8개, 10원짜리 동전은 4개, 1원짜리 동전은 3개가 있어야 843원이 됩니다.
12 십의 자리 숫자가 5인 수는 □5□입니다.
13 일의 자리 숫자가 5인 수는 □□5입니다. 일의 자리에 5를 쓰고, 2, 7중에 더 작은 수를 백의 자리에 씁니다.
14 백의 자리 숫자가 7인 수는 7□□입니다. 백의 자리에 7을 쓰고, 2, 5 중에 더 큰 수를 십의 자리에 씁니다.
15 759보다 1만큼 더 큰 수는 760, 10만큼 더 큰 수는 769, 100만큼 더 큰 수는 859입니다.
16 100씩 뛰어 세기를 한 것입니다.
17 어떤 수보다 10만큼 더 작은 수가 845이면 거꾸로 845보다 10만큼 더 큰 수는 855이므로 어떤 수는 855입니다. 따라서 855보다 100만큼 더 작은 수는 755입니다.
18 380-390-400-410-420-430
따라서 10씩 뛰어 세기를 한 것입니다.
19 수정: 304개, 미현: 218개, 성준: 340개입니다. 백의 자리 수를 비교하면 2<3이고, 십의 자리 수를 비교하면 0<4이므로 칭찬스티커를 가장 많이 모은 사람은 성준이입니다.
20 ㉡ 324<563
23 896보다 일의 자리 수가 더 큰 수는 897, 898, 899가 있습니다. 896보다 십의 자리 수나 백의 자리 수가 더 큰 수는 백의 자리 수가 8이 아니기 때문에 답이 될 수 없습니다.
24 백의 자리 수는 같고 십의 자리 수는 ㉠이 더 크기 때문에 일의 자리 수와 관계없이 ㉠이 더 큽니다. 따라서 옳게 말한 사람은 채원이입니다.

서술형 평가　10~12쪽

1 ㊞ 색종이가 100장씩 6묶음은 600장, 10장씩 13묶음은 130장, 낱개는 7장입니다. 따라서 문방구에 있는 색종이는 모두 600+130+7=737(장)입니다. ; 737
2 ㊞ 어떤 수의 백의 자리 수가 300을 나타낸다고 했기 때문에 어떤 수는 3□□입니다. 어떤 수의 십의 자리 수는 6보다 크고 8보다 작다고 했기 때문에 어떤 수는 37□입니다. 이 중에 371보다 작은 수는 370뿐입니다. 따라서 어떤 수는 370입니다. ; 370
3 ㊞ 517보다 큰 세 자리 수는 518, 519, 520, 521, 522, … 이고 521보다 작은 세 자리 수는 520, 519, 518, 517, 516, … 입니다. 517보다 크고 521보다 작은 세 자리 수는 518, 519, 520입니다. 따라서 517보다 크고 521보다 작은 세 자리 수는 모두 3개입니다. ; 3

4 예 625에서 백의 자리 숫자 6은 600, 십의 자리 숫자 2는 20, 일의 자리 숫자 5는 5를 나타냅니다. 따라서 6, 2, 5 중에서 실제로 나타내는 수가 가장 작은 수는 5입니다. ; 5

5 832, 319 ; 예 백의 자리 수는 8이 가장 크고 832와 803 중에 832의 십의 자리 수가 더 크기 때문에 가장 큰 수는 832입니다. 백의 자리 수 중 가장 작은 것은 3이고 312과 319 중에 319의 십의 자리 수가 더 작기 때문에 가장 작은 수는 319입니다. 따라서 가장 큰 수는 832이고 가장 작은 수는 319입니다.

6 예 하경이는 324에서 100씩 3번 뛰어 세기를 했으므로 324−424−524−624입니다. 수호는 597에서 10씩 4번 뛰어 세기를 했으므로 597−607−617−627−637입니다. 624와 637의 백의 자리 수는 같고, 십의 자리 수를 비교하면 2<3이므로 624<637입니다. 따라서 수호의 결과가 더 큰 수입니다. ; 수호

② 여러 가지 도형

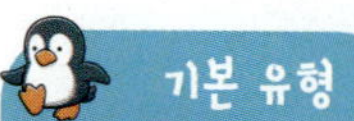

14~17쪽

1 풀이 참조 2 ㉡ 3 6 4 사각형
5 ㉡, ㉣, ㉤ 6 9 7 ②
8 예 곧은 선이 있기 때문입니다. 9 (1) 3 (2) 5
10 ㉡, ㉢ 11 원, 5
12 삼각형: ㉢, ㉣ 사각형: ㉡, ㉥ 원: ㉠, ㉤
13 삼각형: ①, ②, ③, ⑤, ⑦ 사각형: ④, ⑥
14 풀이 참조 15 2, 1 16 (1) 3 (2) 4
17 풀이 참조 18 3, 1 19 (1) ㉢ (2) ㉠ (3) ㉡
20 ㉣ 21 ⑤ 22 ㉡ 23 풀이 참조

1

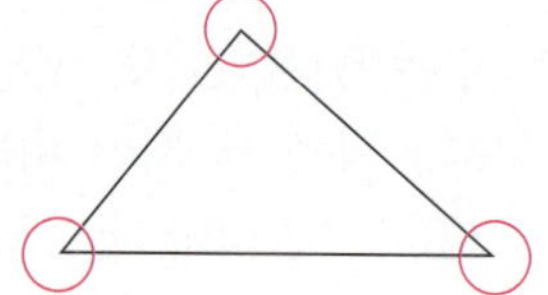

변과 변이 만나 뾰족하게 된 부분을 꼭짓점이라고 합니다.

2 ㉡ 변과 꼭짓점이 각각 4개씩 있으면 사각형입니다.

3 1개짜리 삼각형: 3개, 2개짜리 삼각형: 2개, 3개짜리 삼각형: 1개,
(크고 작은 삼각형)=3+2+1=6(개)

4 변과 꼭짓점이 각각 4개씩이고 곧은 선으로 둘러싸인 도형은 사각형입니다.

5 사각형은 변과 꼭짓점이 각각 4개씩이고 곧은 선으로 둘러싸여 있습니다.

6 점선을 따라 자르면 모두 9개의 사각형이 생깁니다.

7 ②를 본 뜨면 사각형 모양입니다.

8 원에는 곧은 선이 없습니다.

9 (1) 큰 원, 중간 원, 작은 원이 있습니다.
(2) 크기가 같은 원이 모두 5개 있습니다.

10 원은 굽은 선으로만 둘러싸여 있고, 어느 방향에서 보아도 항상 모양이 똑같고, 변과 꼭짓점이 없습니다.

11 원 5개, 삼각형 4개, 사각형 2개를 이용했습니다.

12 삼각형은 곧은 선 3개, 사각형은 곧은 선 4개로 둘러싸인 도형이고, 원은 굽은 선으로 둘러싸인 도형입니다.

13 삼각형은 ①, ②, ③, ⑤, ⑦이고, 사각형은 ④, ⑥입니다.

14 예

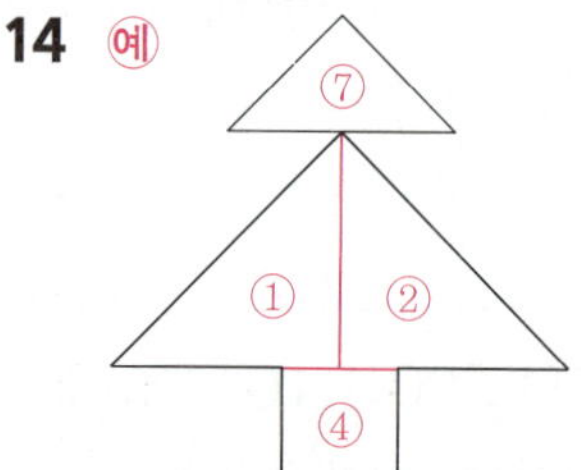

적당한 칠교 조각을 찾아 놓아 봅니다.

15 삼각형 2개와 사각형 1개를 이용하였습니다.

16 (1) 쌓기나무 3개로 만들 수 있습니다.
(2) 쌓기나무 4개로 만들 수 있습니다.

17 (1) (2)

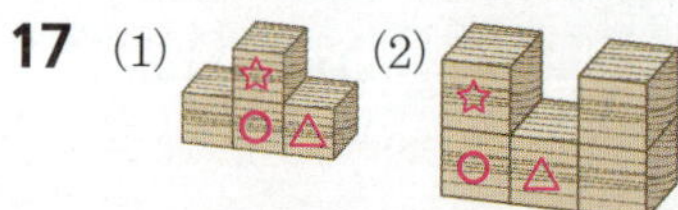

위, 오른쪽이 어느 방향인지 생각해 보고 ☆표와 △표를 합니다.

18 빨간색 쌓기나무 오른쪽으로 쌓기나무 3개, 위로 쌓기나무 1개가 있는 모양입니다.

19 기둥 모양인 것은 ㉢, 1층에 3개를 놓고 왼쪽에만 쌓은 것은 ㉠, 1층에 3개를 쌓고 왼쪽과 오른쪽에 쌓은 것은 ㉡입니다.

20 ㉠ 3개, ㉡ 5개, ㉢ 5개, ㉣ 4개

21 ⑤ 쌓기나무 4개로 만든 모양입니다.

22 쌓기나무 3개를 옆으로 나란히 놓고 왼쪽 쌓기나무 위에 쌓기나무를 1개 쌓은 모양은 ㉡입니다.

23 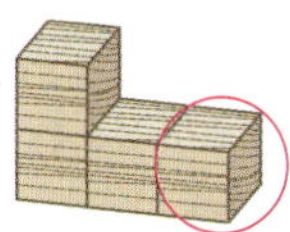

가장 오른쪽 쌓기나무를 옮겨서 가장 왼쪽 쌓기나무 앞에 놓아야 합니다.

단원 마무리 18~21쪽

1 삼각형 2 ㉠: 꼭짓점 ㉡: 변 3 풀이 참조
4 ㉠ 5 ㉡, ㉣ 6 4, 사각형 7 ㉤
8 사각형, 6 9 가, 라
10 나 ; 예 가, 라는 곧은 선이 있기 때문에 원이 아니고, 다는 완전히 동그란 모양이 아니기 때문에 원이 아닙니다. 따라서 원은 나입니다. 11 가, 사각형
12 7 13 ㉢ 14 3 15 사각형 16 ③
17 풀이 참조 18 하니 19 3, 위, 1 20 ㉡
21 11 22 예 쌓기나무 4개를 옆으로 나란히 놓고 가장 왼쪽 쌓기나무 위에 쌓기나무 1개를 쌓습니다. 그리고 가장 오른쪽 쌓기나무 앞에 쌓기나무 1개를 놓습니다.
23 예 초록색 쌓기나무는 빨간색 쌓기나무의 오른쪽에 있습니다. 24 ㉠, ㉢

1 3개의 변과 3개의 꼭짓점이 있는 도형은 삼각형입니다.

2 도형을 둘러싸고 있는 곧은 선은 변이고, 변과 변이 만나 뾰족하게 된 부분은 꼭짓점입니다.

3 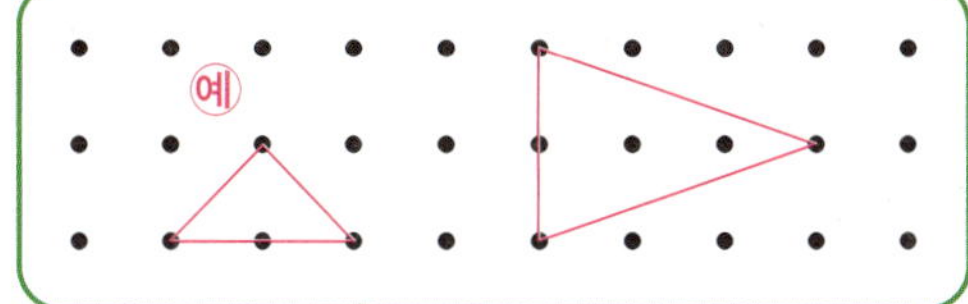

삼각형은 세 점을 곧게 이어 그립니다.

4 3개의 곧은 선으로 둘러싸인 도형을 찾으면 ㉠입니다.

5 4개의 곧은 선으로 둘러싸인 도형을 찾으면 ㉡과 ㉣입니다.

6 4개의 곧은 선으로 둘러싸인 도형은 사각형입니다.

7 변과 변이 만나 뾰족한 부분을 꼭짓점이라고 합니다. ㉤은 삼각형의 변입니다.

8 점선을 따라 자르면 4개의 곧은 선으로 둘러싸인 사각형이 6개 생깁니다.

9 원은 어느 방향에서 보아도 똑같은 모양입니다.

11 곧은 선 4개로 둘러싸인 도형은 사각형입니다.

12 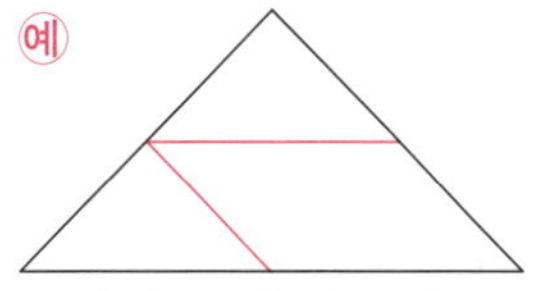

13 원은 변과 꼭짓점이 없습니다.

14 삼각형, 사각형, 원으로 이루어진 그림입니다.

15 삼각형: 3개, 사각형: 4개, 원: 3개

16 칠교 조각은 ▱, ▲, ■, ◤, ◣가 있습니다.

17 예

사각형을 먼저 놓아 봅니다.

18 칠교 조각은 삼각형 5개, 사각형 2개로 모두 7조각이고 원 모양 조각은 없습니다.

19 1층에 쌓기나무 3개를 옆으로 나란히 놓고 맨 오른쪽 위에 쌓기나무 1개를 쌓은 모양입니다.

20 ㉠ 5개, ㉡ 6개이므로 ㉡의 쌓기나무 개수가 더 많습니다.

21 소율이는 1층 4개, 2층 1개이므로 모두 5개를 이용했습니다. 윤경이는 1층 4개, 2층 2개이므로 모두 6개를 이용했습니다. 따라서 두 사람이 이용한 쌓기나무의 개수는 모두 11개입니다.

24 왼쪽 모양에서 ㉡, ㉣, ㉤을 남기면 오른쪽 모양이 됩니다. 따라서 ㉠, ㉢을 빼내야 합니다.

서술형 평가 22~24쪽

1 맞습니다 ; 예 사각형은 곧은 선 4개로 둘러싸인 도형을 말하는데 보기의 도형도 곧은 선 4개로 둘러싸인 도형입니다. 따라서 사각형이 맞습니다.
2 ㉢ ; 예 자전거 바퀴는 잘 굴러가야 하는데 ㉠과 ㉡처럼 뾰족한 꼭짓점이 있으면 잘 굴러갈 수 없습니다. 따라서 뾰족한 꼭짓점이 없는 ㉢이 자전거 바퀴의 모양으로 사용하기 가장 좋은 도형입니다.
3 예 삼각형 - 교통표지판, 옷걸이, 트라이앵글 등
사각형 - 책, 텔레비전, 냉장고 등
원 - 피자, 바퀴, 동전 등
4 ㉠ ; 예 보기에 있는 모양은 쌓기나무 6개를 이용해서 만들었기 때문에 남은 쌓기나무는 4개입니다.

㉠은 4개, ㉡은 5개, ㉢은 5개의 쌓기나무를 이용해서 만들 수 있습니다. 따라서 남은 쌓기나무로 만들 수 있는 모양은 ㉠입니다.

5 6 ; 예 쌓기나무가 1층에는 4개 있고, 2층에는 2개가 있습니다. 따라서 쌓기나무는 모두 6개를 이용했습니다.

6 예 빨간색 쌓기나무는 가장 왼쪽에 있습니다. 빨간색 쌓기나무 오른쪽으로 쌓기나무 2개를 옆으로 나란히 놓고 빨간색 쌓기나무 위로 쌓기나무를 1개 쌓은 모양입니다.

③ 덧셈과 뺄셈

기본 유형 26~31쪽

1 34 **2** (1) > (2) < **3** ㉡, ㉠, ㉢
4 63, 6, 57, 63 **5** (1)-㉢, (2)-㉠, (3)-㉡
6 81 **7** 107
8 (1) 1, 1, 1, 9 (2) 1, 1, 1, 3, 5 (3) 101 (4) 128
9 122 **10** 풀이 참조, 9 **11** 65 **12** ㉣
13 (1) 8, 10, 4, 2 (2) 6, 10, 3, 2 **14** 6, 2
15 60−47=13, 13 **16** ②
17 16, 26, 29, 39 **18** 15 **19** ㉠, ㉡
20 77, 49, 49, 77 **21** 34 **22** (1) 65 (2) 36
23 (1) 2 (2) 64 **24** 56
25 46, 8, 54, 8, 46, 54 **26** 50, 50, 18
27 (1) 16+47=63, 47+16=63
(2) 63−16=47, 63−47=16
28 6+□=14, 8 **29** (1) 7 (2) 25
30 43+□=90, 47
31 (1) 47−□=19 (2) □−37=42 **32** 15+□=40, 25 **33** 46 **34** (1) ㉠ (2) 26
35 15, 28 **36** 34

1 일 모형을 합치면 14개가 되므로 십 모형 1개와 일 모형 4개와 같습니다. 그러므로 수 모형은 모두 34개입니다.

2 (1) 27+8=35, 25+9=34 → 35>34
(2) 42+9=51, 6+46=52 → 51<52

3 ㉠ 49+5=54, ㉡ 48+7=55, ㉢ 43+9=52
→ 55>54>52

4 26을 20과 6으로 가르기하여 37+20=57을 구한 다음 57+6=63을 계산합니다.

5 (1) 68+18=86 ㉠ 39+29=68
(2) 49+19=68 ㉡ 36+36=72
(3) 27+45=72 ㉢ 47+39=86

6 (닭의 수)=(수탉의 수)+(암탉의 수)
=24+57=81(마리)

7 십 모형 6개와 십 모형 4개를 더하면 십 모형 10개이므로 백 모형 1개와 같습니다.
따라서 66+41=107입니다.

8 일의 자리를 더했을 때 10이거나 10보다 크면 10을 십의 자리로 받아올림하고, 십의 자리를 더했을때 10이거나 10보다 크면 10을 백의 자리로 받아올림합니다.

9 (운동장에 있는 학생 수)=(남학생 수)+(여학생 수)=68+54=122(명)

10

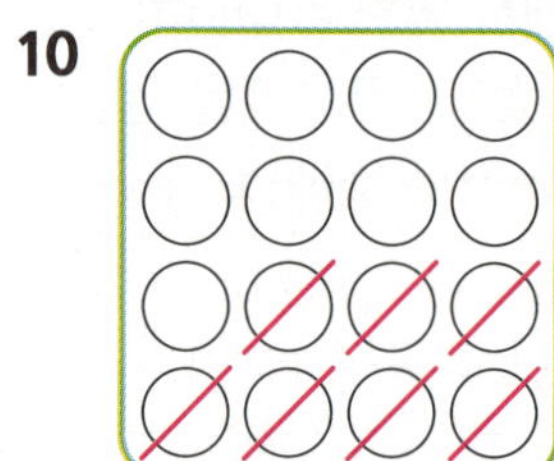

16개에서 7개를 지우면 9개가 남습니다.

11 (두 수의 차)=(큰 수)−(작은 수)이므로 큰 수 71에서 작은 수 6을 뺍니다. 따라서 71−6=65입니다.

12 ㉠ 42−4=38, ㉡ 40−5=35, ㉢ 45−8=37,
㉣ 43−9=34 → ㉠>㉢>㉡>㉣

13 일의 자리 수끼리 뺄 수 없을 때는 십의 자리에서 10을 받아내려서 계산합니다.

14 일의 자리: □=10−8=2
십의 자리: □−1−2=3이므로 □−3=6, □=6

15 구슬을 가장 많이 가지고 있는 친구는 선주, 가장 적게 가지고 있는 친구는 세진이입니다.
(선주가 가지고 있는 구슬의 수)−(세진이가 가지고 있는 구슬의 수)=60−47=13(개)

16 ① 86−47=39 ② 73−39=34
③ 91−56=35 ④ 51−15=36
⑤ 82−45=37

17 위에서부터 차례로 83−67=16, 54−28=26, 83−54=29, 67−28=39

18 (소설책의 수)−(만화책의 수)=84−69=15(권) 따라서 소설책은 만화책보다 15권 더 많습니다.

19 세 수의 계산은 앞에서부터 두 수씩 차례대로 계산합니다.

20 세 수의 계산은 앞에서부터 두 수씩 차례대로 계산합니다.

21 (팔고 남아 있는 포도 상자의 수)
=(가게에 있던 상자의 수)+(들여온 상자의 수)−(판 상자의 수)
=63+18−47=81−47=34(상자)

22 (1) $\begin{array}{r} \overset{8}{\cancel{9}}\overset{10}{6} \\ -\ 4\ 9 \\ \hline 4\ 7 \end{array} \rightarrow \begin{array}{r} \overset{1}{4}\ 7 \\ +\ 1\ 8 \\ \hline 6\ 5 \end{array}$

(2) $\begin{array}{r} \overset{1}{4}\ 5 \\ +\ 1\ 7 \\ \hline 6\ 2 \end{array} \rightarrow \begin{array}{r} \overset{5}{\cancel{6}}\overset{10}{2} \\ -\ 2\ 6 \\ \hline 3\ 6 \end{array}$

23 (1) 80−53−25=27−25=2
(2) 58+24−18=82−18=64

24 (지금 아영이가 가지고 있는 스티커의 수)
=(모았던 스티커의 수)−(동생에게 준 스티커의 수)+(새로 산 스티커의 수)
=77−48+27=29+27=56(장)

25 ●−■=▲ → ■+▲=●
→ ▲+■=●

26 ●+▲=■ → ■−▲=●로 나타낼 수 있습니다.

27 (1) 작은 수 둘을 더해서 큰 수가 됩니다.
(2) 가장 큰 수에서 작은 수를 뺍니다.

28 사탕 6개에 몇 개를 더하여 14개가 되었으므로 6+□=14이고, 뺄셈식으로 바꿔서 나타내면 14−6=□입니다. 따라서 □=8입니다.

29 (1) □+5=12, 12−5=□, □=7
(2) 28+□=53, 53−28=□, □=25

30 오늘 읽어야 하는 책의 쪽수를 □라고 하면 43+□=90이고, 뺄셈식으로 바꿔서 나타내면 90−43=□입니다. 따라서 □=47(쪽)입니다.

31 어떤 수를 □로 하여 뺄셈식으로 나타냅니다.

32 15+□=40을 뺄셈식으로 바꿔서 나타내면 40−15=□입니다. 따라서 □=25입니다.

33 61−□=15를 다른 뺄셈식으로 바꿔서 나타내면 61−15=□입니다. 따라서 □=46입니다.

34 (1) 먹은 사탕의 수를 □로 하여 가지고 있던 사탕의 수에서 먹은 사탕의 수를 빼는 식을 만들어 봅니다.
(2) 51−□=25를 다른 뺄셈식으로 바꿔서 나타내면 51−25=□입니다. 따라서 □=26입니다.

35 43−★=15를 다른 뺄셈식으로 바꿔서 나타내면 43−15=★입니다. 따라서 ★=28입니다.

36 준형이가 일주일 동안 먹은 쿠키의 수를 □라고 하면 62−□=28이고, 다른 뺄셈식으로 바꿔서 나타내면 62−28=□입니다. 따라서 □=34(개)입니다.

단원 마무리

32~35쪽

1 (1) 1, 6, 4 (2) 1, 7, 5
2 44 **3** 44, 62, 54 **4** 33, 81
5 ㉢, ㉣, ㉡, ㉠ **6** 112, 143, 124, 131
7 ㉢, 17 **8** ㉠ 74 ㉡ 78 ㉢ 76 **9** 54
10 (1) 53 (2) 31 **11** 45
12 예 (상자에 담지 않은 토마토의 수)=(딴 토마토의 수)−(상자에 담은 토마토의 수)=83−35=48(개) ; 48 **13** ㉢, ㉣, ㉡, ㉠
14 (1) 47 (2) 38 **15** 33 **16** (1) 48 (2) 90
17 덧셈식: 예 39+45=84 뺄셈식: 예 84−45=39
18 덧셈식: 예 17+28=45 뺄셈식1: 예 45−17=28 뺄셈식2: 예 45−28=17
19 83, 27 **20** 36−□=19, 17 **21** ㉠
22 (1) 8, 9 (2) 7, 8, 9
23 예 가을이의 지난 받아쓰기 점수를 □라고 하면 (지난 점수)+15=(이번 점수)이므로 □+15=90, □=90−15, □=75(점) 따라서 가을이의 지난 받아쓰기 점수는 75점입니다. ; 75
24 예 놀이터에 어린이가 24명 있었는데 몇 명이 집으로 돌아가서 17명이 남았습니다. 집으로 돌아간 어린이는 몇 명일까요? ; 7

2 (동물원에 있는 원숭이의 수)
=(동물원에 있던 원숭이의 수)+(올해 태어난 원숭이의 수)=35+9=44(마리)

3 18+26=44, 36+26=62, 28+26=54

4 25+8=33, 33+48=81

5 ㉠ 54+27=81, ㉡ 77+15=92
㉢ 48+68=116, ㉣ 68+27=95
→ ㉢>㉣>㉡>㉠

6 위에서부터 차례로

$$\begin{array}{r} {}^{1}\,{}^{1}\quad \\ 67 \\ +\ 45 \\ \hline 112 \end{array} \qquad \begin{array}{r} {}^{1}\,{}^{1}\quad \\ 57 \\ +\ 86 \\ \hline 143 \end{array}$$

$$\begin{array}{r} {}^{1}\,{}^{1}\quad \\ 67 \\ +\ 57 \\ \hline 124 \end{array} \qquad \begin{array}{r} {}^{1}\,{}^{1}\quad \\ 45 \\ +\ 86 \\ \hline 131 \end{array}$$

7 수 모형 24개 중에서 7개를 뺐으므로 24−7이고 24−7=17입니다.

8 두 수의 차를 빈칸에 씁니다.
㉠ 83−9=74, ㉡ 83−5=78, ㉢ 83−7=76

9 (백팀 점수)=(청팀 점수)−18=72−18=54(점)

10 (1)

$$\begin{array}{r} {}^{6}\ {}^{10} \\ \not{7}\,0 \\ -\ 1\,7 \\ \hline 5\,3 \end{array}$$

(2)

$$\begin{array}{r} {}^{7}\ {}^{10} \\ \not{8}\,0 \\ -\ 4\,9 \\ \hline 3\,1 \end{array}$$

11 가장 큰 수는 63, 가장 작은 수는 18이므로 가장 큰 수와 가장 작은 수의 차는 63−18=45입니다.

13 ㉠ 84−57=27, ㉡ 62−17=45
㉢ 15+96=111, ㉣ 34+28=62
→ 111>62>45>27

14 (1) 59+33−45=47 (2) 46−27+19=38

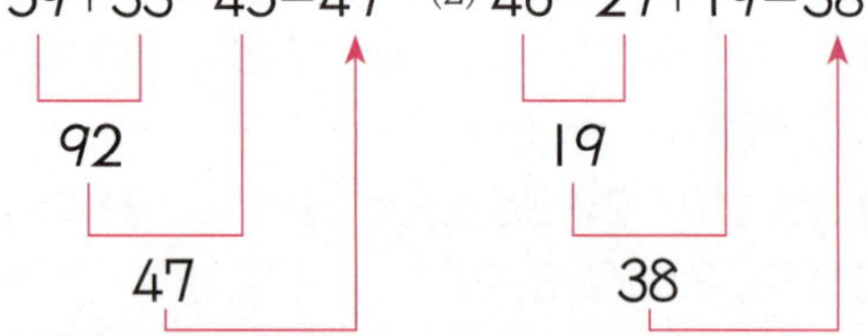

15 (현재 버스에 타고 있는 승객의 수)
=(타고 있던 승객의 수)+(탄 승객의 수)−(내린 승객의 수)=29+12−8=41−8=33(명)

16 (1) 94−19−27=75−27=48
(2) 18+33+39=51+39=90

17 덧셈식: 39+45=84 또는 45+39=84
뺄셈식: 84−45=39 또는 84−39=45

18 17+28=45 또는 28+17=45로 덧셈식을 세우고 뺄셈식으로 바꿔봅니다.

19 27+56=83
83−27=56

20 어떤 수를 □로 하여 뺄셈식으로 나타내면 36−□=19입니다. 다른 뺄셈식으로 나타내면 36−19=□입니다. 따라서 □=17입니다.

21 ㉠ 21+□=36, □=36−21, □=15
㉡ □+25=41, □=41−25, □=16
따라서 □의 값이 더 작은 것은 ㉠입니다.

22 (1) 82−7=75이므로 7보다 큰 수를 모두 고릅니다.
(2) 35−6=29이므로 6보다 큰 수를 모두 고릅니다.

24 24−□=17, □=24−17, □=7

서술형 평가 36~38쪽

1 예 8+4는 12인데 10을 십의 자리로 받아올림을 하지 않았기 때문에 계산이 틀린 것입니다. 바르게 계산하면 일의 자리에서 8+4=12이므로 십의 자리로 10을 받아올림하면 1+3+4=8입니다. 따라서 38+44=82입니다. ; 82

2 예 (지금 주차장에 남아 있는 자동차의 수)=(주차장에 있던 자동차의 수)−(빠져 나간 자동차의 수)=45−18=27(대) 따라서 지금 주차장에 남아 있는 자동차는 27대입니다. ; 27

3 예 (현재 지수가 가지고 있는 초콜릿의 수)=(지수가 가지고 있었던 초콜릿의 수)−(동생에게 나누어 준 초콜릿의 수)+(엄마에게 받은 초콜리의 수)=32−15+19=17+19=36(개) 따라서 현재 지수가 가지고 있는 초콜릿은 36개입니다. ; 36

4 예 앞으로 더 접어야 할 종이학의 수를 □라고 하면 (수민이네 반 친구들의 수)=(지금까지 접은 종이학의 수)+(앞으로 더 접어야 할 종이학의 수), 덧셈식을 쓰면 28=16+□이고 뺄셈식으로 나타내면 28−16=□이므로 □=12(개)입니다. 따라서 앞으로 더 접어야 하는 종이학은 12개입니다. ; 12

5 예 앞으로 더 넘어야 할 줄넘기의 수를 □라고 하면, (수현이가 넘으려고 하는 줄넘기의 수)=(지금까지 넘은 줄넘기의 수)+(넘어야 할 줄넘기의 수), 덧셈식을 쓰면 50=37+□이고, 뺄셈식으로 나타내면 50−37=□이므로 □=13(번)입니다. 따라서 수현이가 앞으로 넘어야 할 줄넘기의 수는 13번입

니다. ; 13

6 예 혜원이가 처음에 가지고 있던 쿠폰의 수를 □라고 하면, (혜원이가 처음에 가지고 있던 쿠폰의 수)−(피자를 사는 데 사용한 쿠폰의 수)=(남은 쿠폰의 수). 뺄셈식을 쓰면 □−15=18이고, 덧셈식으로 나타내면 18+15=□이므로 □=33(개)입니다. 따라서 혜원이가 처음에 가지고 있던 쿠폰은 33개입니다. ; 33

1

$$\begin{array}{r} 38 \\ +\ 44 \\ \hline 72 \end{array} \rightarrow \begin{array}{r} {}^{1}\ \ \\ 38 \\ +\ 44 \\ \hline 82 \end{array}$$

④ 길이 재기

기본 유형 40~43쪽

1 없습니다
2 예 털실로 각각의 길이를 재어 비교합니다.
3 ㉠ 4 ㉠에 ○표, ㉢에 △표 5 5 6 미혜
7 ㉠ 8 (1) 7 센티미터 (2) 9 센티미터 9 4
10 ㉢ 11 5 12 4 13 ㉠: 3, ㉡: 5
14 ㉠: 3, ㉡: 4, ㉢: 4 15 풀이 참조 16 4
17 6 18 찬규 19 약 20 예 6, 6
21 풀이 참조 22 (1)−㉠, (2)−㉢, (3)−㉡
23 진형 24 1

1 ㉠과 ㉡의 길이는 직접 맞대어 비교할 수 없습니다.
2 직접 맞대어 길이를 비교할 수 없는 경우에는 털실이나 종이띠 등을 이용하여 비교할 수 있습니다.
3 길이를 잰 종이띠를 비교해 보면 ㉠의 길이가 더 깁니다.
4 문제의 단위 중 ㉠이 가장 길고 ㉢이 가장 짧습니다.
5 교탁의 긴 쪽의 길이는 빨대로 5번입니다.
6 뼘의 길이가 길수록 잰 횟수는 적습니다. 잰 횟수를 비교하면 15<17이므로 미혜의 한 뼘이 더 깁니다.
7 숫자는 크게 쓰고 cm는 작게 씁니다.
8 (1) 7 cm는 7 센티미터라고 읽습니다.
(2) 9 cm는 9 센티미터라고 읽습니다.
9 곧은 선의 길이는 1 cm가 4번이므로 4 cm입니다.
10 한쪽 끝을 자의 눈금 0에 맞추고 자와 나란히 놓은 후 다른 쪽 끝에 있는 자의 눈금을 읽습니다.
11 곧은 선의 한쪽 끝을 자의 눈금 0에 맞추고 다른 쪽 끝에 있는 자의 눈금을 읽습니다.
12 클립의 한쪽 끝을 자의 눈금 0에 맞추고, 다른 쪽 끝에 있는 자의 눈금을 읽습니다.
13 도형의 변 한쪽 끝을 자의 눈금 0에 맞추고, 다른 쪽 끝에 있는 자의 눈금을 읽습니다.
14 도형의 변 한쪽 끝을 자의 눈금 0에 맞추고, 다른 쪽 끝에 있는 자의 눈금을 읽습니다.
15 (1)
왼쪽 끝에 자의 눈금 0을 맞추고, 눈금 0에서 5까지 곧은 선을 긋습니다.
(2)
왼쪽 끝에 자의 눈금 0을 맞추고, 눈금 0에서 7까지 곧은 선을 긋습니다.
16 클립의 오른쪽 끝이 3 cm와 4 cm 사이에 있고 4 cm에 가깝기 때문에 약 4 cm입니다.
17 연필의 길이를 자로 재어 보면 6 cm와 7 cm 중 6 cm에 가깝기 때문에 약 6 cm입니다.
18 끈의 길이는 1 cm가 5번과 6번 사이에 있고 6번에 가깝기 때문에 약 6 cm입니다. 따라서 끈의 길이를 잘못 말한 사람은 찬규입니다.
19 어림한 길이를 말할 때는 숫자 앞에 약을 붙입니다.
20 머리핀의 길이는 1 cm를 6번 놓은 길이와 같습니다.
21 예
2 cm인 선을 3번 사용하여 자를 사용하지 않고 6 cm에 가까운 선을 그을 수 있습니다.
22 실제 길이를 어림해 보고, 비슷한 길이와 이어 봅니다.
23 가위의 길이는 7 cm이므로 더 가깝게 어림한 사람은 진형입니다.
24 자로 잰 길이는 6 cm이므로 차는 6−5=1(cm)입니다.

단원 마무리 44~47쪽

1 5, 2 2 ㉠에 ○표, ㉢에 △표 3 우산
4 예 슬기와 민수의 한 뼘의 길이가 다르기 때문에 다른 결과가 나온 것입니다. 5 풀이 참조 6 정훈
7 ㉡ 8 5 9 현아 10 60 cm 11 풀이 참조

12 ㉠ 13 예 개미가 이동한 거리를 구해 보면 3+1+2+4+4+1=15(cm)입니다. 따라서 개미가 이동한 거리는 15 cm입니다. ; 15 14 5
15 (1) 6, 4 (2) ㉠ 16 9 17 (1) 5 (2) 5
18 혜은 19 4 20 5, 5
21 예 색연필의 길이가 눈금과 눈금 사이에 있어서 더 가까운 눈금을 읽었기 때문입니다. ㉠과 ㉡의 실제 길이는 다르지만 자로 재어 약 몇 cm로 나타냈을 때는 같아질 수 있습니다. 22 예 6, 6 23 1
24 지후

1 빨대의 길이는 못으로 5번, 지우개로 2번입니다.
2 가장 긴 것은 ㉠이고, 가장 짧은 것은 ㉢입니다.
3 우산은 5뼘, 동화책은 3뼘이므로 우산이 더 깁니다.
5 2 cm

숫자는 크게 쓰고 cm는 작게 씁니다.
6 5 cm는 5 센티미터라고 읽습니다.
7 자로 길이를 잴 때는 한쪽 끝을 자의 눈금 0에 맞추고 다른 쪽 끝의 눈금을 읽습니다.
8 딱풀의 길이는 1 cm가 5번이므로 5 cm입니다.
9 리본의 길이는 자의 눈금 2부터 6까지 1 cm가 4번 들어가므로 4 cm입니다.
10 1 cm와 10 cm는 우산의 길이보다 짧습니다.
11 (1)
왼쪽 끝에 자의 눈금 0을 맞추고, 눈금 0에서 3까지 선을 긋습니다.
(2)
왼쪽 끝에 자의 눈금 0을 맞추고, 눈금 0에서 5까지 선을 긋습니다.
12 자로 재어 보면 ㉠은 6 cm, ㉡은 5 cm, ㉢은 7 cm입니다.
14 옷핀의 길이는 자의 눈금 6부터 11까지 1 cm가 5번 들어가므로 5 cm입니다.
15 ㉠: 6 cm, ㉡: 4 cm 따라서 길이가 더 긴 막대는 ㉠입니다.
16 바늘의 길이가 6 cm이므로 자의 눈금 3부터 1 cm씩 6번 이동하면 자의 눈금 9를 가리키게 됩니다.
17 클립의 오른쪽 끝이 4 cm와 5 cm 사이에 있고, 5 cm에 가깝기 때문에 약 5 cm입니다.
18 면봉의 오른쪽 끝이 4 cm와 5 cm 사이에 있고, 4 cm에 가깝기 때문에 약 4 cm입니다.
19 오이의 길이를 자로 재어 보면 4 cm와 5 cm 중 4 cm에 가깝기 때문에 약 4 cm입니다.
20 ㉠ 색연필의 오른쪽 끝이 4 cm와 5 cm 사이에 있고, 5 cm에 가깝기 때문에 약 5 cm입니다.
㉡ 색연필의 오른쪽 끝이 5 cm와 6 cm 사이에 있고, 5 cm에 가깝기 때문에 약 5 cm입니다.
22 뼘의 길이를 자로 재어 보면 6 cm입니다.
23 자로 잰 길이는 7 cm이므로 차는 7−6=1(cm)입니다.
24 연필의 길이와 어림한 값의 차를 구해 보면 지후는 10−9=1(cm)이고 연수는 12−10=2(cm)입니다. 따라서 실제 길이에 더 가깝게 어림한 사람은 지후입니다.

서술형 평가 48~50쪽

1 클립 ; 예 단위길이가 길이를 재려는 물건보다 길면 길이를 제대로 잴 수 없습니다. 휴대 전화보다 긴 우산, 한 걸음, 신발은 휴대 전화의 길이를 잴 수 없습니다. 따라서 휴대 전화의 길이보다 짧은 클립으로 재는 것이 좋습니다.
2 좋은 점1: 예 누가 길이를 재어도 길이를 똑같이 말할 수 있습니다. 좋은 점2: 예 단위를 몇 번 반복해서 놓고 몇 번인지 세지 않아도 됩니다.
3 예 해린이의 한 뼘의 길이는 12 cm이고, 막대의 길이는 해린이의 뼘으로 2뼘입니다. 막대의 길이는 12 cm를 2번 더한 것과 같습니다. 따라서 막대의 길이는 12+12=24(cm)입니다. ; 24
4 태수 ; 예 자로 물건의 길이를 잴 때는 한쪽 끝을 자의 눈금 0에 맞추어 길이를 재어야 합니다. 그런데 태수는 자의 눈금 0이 아닌 자의 끝에 맞추어 길이를 재었습니다. 따라서 두 사람 중에 길이를 재는 방법이 틀린 사람은 태수입니다.
5 예 주어진 자는 털실 9 cm보다 짧아 한 번에 잴 수 없습니다. 주어진 자로 5 cm를 재고, 4 cm를 더 재어서 9 cm를 만듭니다.

6 예 실제 인형의 길이와 어림한 길이의 차를 구해 봅니다. 종현이는 $20-17=3$(cm), 하은이는 $20-19=1$(cm), 성윤이는 $22-20=2$(cm)입니다. 따라서 가장 가깝게 어림한 사람은 하은이입니다. ; 하은

5 주어진 자로 4 cm를 재고, 5 cm를 더 재어서 9 cm를 만들 수도 있습니다.

⑤ 분류하기

기본 유형 52~53쪽

1 ㉡ 2 ㉡ 3 예 바퀴가 있는 것과 없는 것
4 사각형: ㉡, ㉣, ㉥, ㉦ 원: ㉠, ㉧ 별: ㉢, ㉤, ㉨
5 노란색: ㉠, ㉤, ㉦ 빨간색: ㉡, ㉣, ㉥, ㉨ 파란색: ㉢, ㉧ 6 분류 기준: 예 사용하는 계절, 예 여름: 선풍기, 부채, 수영복, 튜브 겨울: 털모자, 목도리, 난로
7 0개: //, 2 2개: ///, 3 4개: ////, 4 8 4, 3, 3
9 3, 4, 2 10 B

1 ㉠은 모양이 모두 같으므로 모양으로 분류할 수 없습니다.
2 큰 것과 작은 것, 빠른 것과 느린 것은 사람마다 결과가 다를 수 있기 때문에 분명한 기준이 아닙니다.
3 왼쪽은 바퀴가 있는 것, 오른쪽은 바퀴가 없는 것입니다.
4 사탕의 색깔에 관계없이 모양에 따라 분류해 봅니다.
5 사탕의 모양에 관계없이 색깔에 따라 분류해 봅니다.
6 분명한 기준을 정하고 분류해 봅니다.
7 중복되거나 빠뜨리지 않도록 그림에 표시를 하면서 세어 봅니다.
8 중복되거나 빠뜨리지 않도록 그림에 표시를 하면서 세어 봅니다.
9 국어 교과서, 수학 문제집, 영어 교과서는 A열, 백설 공주, 오즈의 마법사, 은혜갚은 까치, 콩쥐팥쥐는 B열, 백과사전, 한국어 사전은 C열입니다.
10 B열의 책이 4권으로 가장 많이 팔렸으므로 더 많은 책을 팔기 위해서는 B열의 책을 가장 많이 준비하는 것이 좋습니다.

단원 마무리 54~57쪽

1 ㉡ 2 ㉡ 3 모양
4 예 좋아하는 것과 좋아하지 않는 것은 사람마다 결과가 다를 수 있기 때문에 분명한 기준이 아닙니다. 5 바퀴가 있는 것: ㉠, ㉡, ㉣ 바퀴가 없는 것: ㉢, ㉤, ㉥ 6 땅: ㉠, ㉡, ㉣ 하늘: ㉥ 물: ㉢, ㉤
7 (상자 모양): ①, ②, ⑤ (공 모양): ③, ④, ⑥ 8 풀이 참조 ; 예 말은 풀을 먹는 동물이기 때문에 풀을 먹는 동물로 분류해야 합니다. 9 분류 기준: 예 사는 곳, 예 땅: 사슴, 호랑이, 고양이 물: 물개, 돌고래
10 단추의 모양 11 구멍의 수 12 예 단추의 색깔
13 4, 3, 2, 3 14 예 무늬가 있는 것과 없는 것
15 예 기준, 무늬가 있는 것: 7 무늬가 없는 것: 5
16 땅: ㉠, ㉡, ㉣, ㉦, ㉧, ㉨, ㉩, 7 하늘: ㉢, ㉤, ㉥, 3 17 예 분류 기준: 다리의 수, 예 다리의 수, 2개: ㉡, ㉢, ㉤, ㉥, 4 4개: ㉠, ㉣, ㉦, ㉧, ㉨, ㉩, 6
18 4 19 ㉡ 20 3, 4, 3 21 인형
22 바나나: ///, 3 사과: ////, 4 포도: ///, 3 수박: //, 2 23 수박
24 사과 ; 예 민아네 모둠 학생들이 가장 많이 좋아하는 과일이 사과이기 때문입니다.

1 ㉠은 모두 같은 색깔이므로 색깔을 기준으로 분류할 수 없습니다.
2 예쁜 것과 예쁘지 않은 것은 사람마다 결과가 다를 수 있기 때문에 분명한 기준이 아닙니다.
3 (원기둥) 모양과 (공) 모양이므로 모양에 따라 분류하였습니다.
5 ㉠, ㉡, ㉣은 바퀴가 있고 ㉢, ㉤, ㉥은 바퀴가 없습니다.
6 ㉠, ㉡, ㉣은 땅, ㉥은 하늘, ㉢, ㉤은 물에서 움직입니다.
7 모양을 살펴보고 알맞게 분류합니다.
8

9 사는 곳, 다리가 있는 동물과 지느러미가 있는 동물 등으로 분류해 봅니다.
10 원, 삼각형, 사각형 모양의 단추로 분류했습니다.

11 구멍이 2개인 단추와 구멍이 4개인 단추로 분류했습니다.

12 누가 분류하더라도 결과가 같아지는 분명한 기준을 정해야 합니다.

13 사각형 모양의 사탕은 4개, 원 모양의 사탕은 3개, 하트 모양의 사탕은 2개, 별 모양의 사탕은 3개입니다.

14 누가 분류하더라도 결과가 같아지는 분명한 기준을 세워 봅니다.

15 중복되거나 빠뜨리지 않도록 그림에 표시를 하면서 세운 기준에 맞게 분류해 봅니다.

16 땅에 사는 동물은 ㉠, ㉡, ㉣, ㉦, ㉧, ㉨, ㉩으로 7마리이고, 하늘에 사는 동물은 ㉢, ㉤, ㉥으로 3마리입니다.

17 다리의 수, 날개가 있는 동물과 없는 동물 등으로 분류하고 그 수를 세어 봅니다.

18 날개가 있는 동물은 닭, 독수리, 까치, 참새로 모두 4마리입니다.

19 좋아하는 것과 좋아하지 않는 것, 예쁜 것과 예쁘지 않은 것은 사람마다 결과가 다를 수 있기 때문에 분명한 기준이 아닙니다.

20 중복되거나 빠뜨리지 않도록 그림에 표시를 하면서 세어 봅니다.

21 진형이네 모둠 어린이들이 가장 많이 산 장난감은 인형이므로 학교 앞 문구점에서 가장 많이 팔리는 장난감은 인형입니다.

22 중복되거나 빠뜨리지 않도록 그림에 표시를 하면서 세어 봅니다.

23 수박을 좋아하는 학생이 2명으로 가장 적습니다.

서술형 평가 58~60쪽

1 예 잘못된 점은 분류 기준입니다. 분류 기준을 정할 때는 누가 분류하더라도 결과가 같아지는 분명한 기준을 정해야 합니다. 동물을 귀여운 동물과 귀엽지 않은 동물로 분류하는 것은 사람에 따라 결과가 달라질 수 있기 때문에 분명한 기준이 아닙니다.

2 예 세호는 도형의 모양을 기준으로 분류하였습니다. (가)에는 원, (나)에는 사각형을 분류하였습니다. 따라서 ㉡은 사각형이므로 (나)에 분류해야 합니다.

3 예 단추 구멍의 수가 4개인 단추를 먼저 분류해 보면 ㉡, ㉣, ㉤, ㉦, ㉧, ㉨, ㉩이 있습니다. 그중에서 빨간색인 단추를 다시 분류해 보면 ㉦, ㉩이 있습니다. 따라서 단추 구멍의 수가 4개이면서 빨간색인 단추는 ㉦, ㉩으로 모두 2개입니다. ; 2

4 예 색칠한 칸을 색깔에 따라 분류하고 그 수를 세어 보면 빨간색은 7칸, 노란색은 8칸, 초록색은 10칸입니다. 승아가 10칸으로 가장 많이 칠했고, 윤호가 7칸으로 가장 적게 칠했습니다. 따라서 가장 많이 칠한 학생은 가장 적게 칠한 학생보다 $10-7=3$(칸)을 더 많이 칠하였습니다. ; 3

5 인형 ; 예 다빈이의 방에 있는 장난감을 종류에 따라 분류하고 그 수를 세어 보면 자동차가 3개, 블록이 4개, 인형이 5개 있습니다. 다빈이가 가장 많이 가지고 있는 장난감은 인형입니다. 따라서 다빈이가 가장 좋아하는 장난감은 인형입니다.

6 피자 ; 예 현진이네 반 학생들이 좋아하는 음식을 종류에 따라 분류하고, 그 수를 세어 보면 자장면은 4명, 피자는 6명, 김밥은 2명으로 피자를 좋아하는 학생이 가장 많습니다. 따라서 현진이네 반 학생들이 한 가지 음식을 함께 먹을 때 가장 좋은 음식은 피자입니다.

⑥ 곱셈

기본 유형 62~65쪽

1 4, 6, 8, 10, 10 **2** 12, 18, 24 **3** 16, 24
4 3, 15 **5** 풀이 참조, 16 **6** 9, 6, 3, 2, 18
7 4 **8** (1)-㉡, (2)-㉢, (3)-㉠ **9** 하영
10 (1) 3 (2) 3 **11** 풀이 참조 **12** 5 **13** 3
14 예 3, 5, 5, 3 **15** 3, 2, 4
16 (1)-㉢, (2)-㉡, (3)-㉠ **17** ② **18** 3, 15, 5, 3, 15 **19** $6+6+6=18$, $6\times3=18$
20 예 $2+2+2+2+2+2=12$ **21** 6, 12, 2, 12, 4, 12, 3, 12 **22** $2\times2=4$, $2\times3=6$, $2\times4=8$ **23** 32 **24** 3

1 쿠키를 2씩 뛰어 세면 2, 4, 6, 8, 10이므로 쿠키는 모두 10개입니다.

2 6씩 묶어 세면 6씩 커집니다.

3 8씩 묶어 세면 8씩 커집니다.

4 5씩 묶어 세면 5 → 10 → 15이므로 15개입니다.

5 예 

사과가 4씩 4묶음이므로 4 → 8 → 12 → 16이고 모두 16개입니다.

6 여러 가지 방법으로 묶어 세어 볼 수 있습니다.

7 7씩 4묶음은 7의 4배입니다.

8 (1) 5씩 3묶음 → 5의 3배
(2) 2씩 4묶음 → 2의 4배
(3) 6씩 7묶음 → 6의 7배

9 색연필은 6씩 5묶음이므로 6의 5배입니다. 색연필을 5씩 묶으면 6묶음입니다. 색연필을 9씩 묶으면 3묶음에 낱개 3개가 남습니다. 따라서 틀리게 나타낸 사람은 하영이입니다.

10 15는 5씩 3묶음이므로 15는 5의 3배입니다.

11 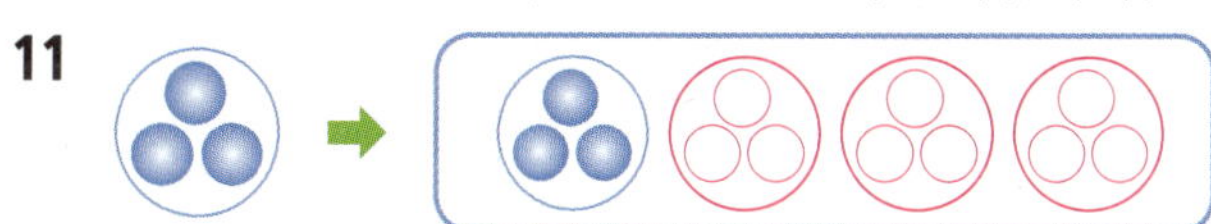

명훈이는 주혜가 가진 구슬 수의 4배를 가지고 있으므로 3씩 3묶음을 더 그립니다.

12 45는 9씩 5묶음입니다. 영서의 나이는 9씩 1묶음이고 영서 아버지의 연세는 9씩 5묶음입니다. 따라서 영서 아버지의 연세는 영서의 나이의 5배입니다.

13 왼쪽 보자기에 놓여 있는 고구마의 수는 2씩 1묶음이고, 오른쪽 보자기에 놓여 있는 고구마의 수는 2씩 3묶음입니다. 따라서 오른쪽 보자기에 놓여 있는 고구마의 수는 왼쪽 보자기에 놓여 있는 고구마의 수의 3배입니다.

14 팽이는 3씩 5묶음이므로 3의 5배이고, 5씩 3묶음이므로 5의 3배입니다.

15 혜인이가 칠한 막대의 길이는 2칸입니다. 성민이는 6칸을 칠했으므로 2의 3배입니다. 은지는 4칸을 칠했으므로 2의 2배입니다. 지환이는 8칸을 칠했으므로 2의 4배입니다.

16 (1) 7을 2번 더하면 7×2입니다.
(2) 4를 3번 더하면 4×3입니다.
(3) 8을 4번 더하면 8×4입니다.

17 9씩 3번 뛰었으므로 9의 3배와 같습니다. 9의 3배는 9×3, $9+9+9$와 같습니다.

18 5씩 3묶음은 5×3입니다. 따라서 연필은 모두 $5+5+5=5\times3=15$(자루)입니다.

19 나비가 6씩 3묶음이 있으므로 덧셈식으로는 $6+6+6=18$이고, 곱셈식으로는 $6\times3=18$입니다.

20 야구공의 수는 2씩 6묶음이므로 덧셈식으로 나타내면 $2+2+2+2+2+2=12$입니다.

21 야구공을 2개, 3개, 4개, 6개씩 묶어 볼 수 있습니다.

22 같은 색의 구슬이 2개씩 있으므로 차례로 $2\times2=4$, $2\times3=6$, $2\times4=8$입니다.

23 트럭 1대의 바퀴는 4개이므로 트럭 8대의 바퀴는 $4+4+4+4+4+4+4+4=4\times8=32$(개)입니다.

24 $6\times\square$에서 6을 3번 더해야 $6+6+6=18$이 되므로 $\square=3$입니다.

단원 마무리

66~69쪽

1 24, 24 **2** 3, 24 **3** 4, 12, 18, 24
4 6, 9, 12, 15, 15 **5** (1) 6, 12 (2) 4, 12 (3) 2, 12 **6** 5, 5 **7** (1) 3, 21 (2) 9, 4, 36
8 (1)–㉡, (2)–㉠, (3)–㉢ **9** 연서 **10** 9 **11** 3
12 예 빵의 수는 3씩 1묶음이고 우유는 3씩 5묶음입니다. 3씩 5묶음은 3씩 1묶음의 5배입니다. 따라서 우유의 수는 빵의 수의 5배입니다. ; 5
13 10, 15, 3 **14** 8
15 (1) 4 (2) $4+4+4+4=16$, $4\times4=16$
16 (1) $7\times4=28$ (2) $3\times4=12$ **17** < **18** ㉢
19 $4\times8=32$, 32 **20** 예 4, 4, 16, 2, 8, 16, 8, 2, 16 **21** $7\times4=28$ **22** 4×6, 8×3
23 예 버스 1대의 바퀴는 4개입니다. 버스 6대의 바퀴는 4의 6배입니다. 따라서 바퀴는 모두 $4+4+4+4+4+4=4\times6=24$(개)입니다. ; 24
24 예 보를 내었을 때 한 명이 펼친 손가락의 수는 5개입니다. 6명이 모두 보를 내었으므로 펼친 손가락은 5의 6배입니다. 따라서 펼친 손가락은 모두 $5+5+5+5+5+5=5\times6=30$(개)입니다. ; 30

1 손으로 짚거나 연필로 / 표시하면서 세어 보면 꽃은 모두 24송이입니다.

2 8송이씩 3묶음이므로 24송이입니다.

3 별을 6씩 묶어 세면 6씩 4묶음이므로 24개입니다.

4 사과를 3개씩 묶으면 5묶음입니다. 3씩 5묶음은 15이므로 사과는 모두 15개입니다.

5 별을 2씩 묶으면 6묶음, 3씩 묶으면 4묶음, 6씩 묶으면 2묶음이 되고 모두 12개입니다.

6 3씩 5묶음은 3의 5배입니다.

7 (1) 7씩 3묶음이므로 7의 3배이고 21입니다.
(2) 9씩 4묶음이므로 9의 4배이고 36입니다.

8 (1) 7씩 3묶음은 7의 3배입니다.
(2) 4씩 5묶음은 4의 5배입니다.
(3) 8씩 3묶음은 8의 3배입니다.

9 사탕은 2씩 8묶음, 4의 4배입니다. 따라서 바르게 말한 사람은 연서입니다.

10 비행기의 수는 3씩 9묶음이므로 3의 9배입니다.

11 비행기의 수는 9씩 3묶음이므로 9의 3배입니다.

13 5씩 3번 뛰었으므로 15는 5의 3배입니다.

14 4의 □배는 4를 □번 더한 것과 같고, 4를 8번 더하면 $4+4+4+4+4+4+4+4=32$이므로 32는 4의 8배입니다.

15 4씩 4묶음은 4의 4배입니다. 따라서 덧셈식으로 나타내면 $4+4+4+4=16$, 곱셈식으로 나타내면 $4\times4=16$입니다.

16 (1) $7+7+7+7=7\times4=28$
(2) $3+3+3+3=3\times4=12$

17 5와 7의 곱은 $5+5+5+5+5+5+5=5\times7=35$, $9+9+9+9=9\times4=36$이므로 5와 7의 곱은 9×4보다 작습니다.

18 ㉠ $5+5+5=15$, ㉡ (5의 3배)$=5\times3=15$
㉢ $3+3+3+3=12$, ㉣ $5\times3=15$이므로 나타내는 수가 다른 것은 ㉢입니다.

19 한 칸에 4명씩 8칸이므로
$4+4+4+4+4+4+4+4=4\times8=32$(명)입니다.

20 사탕을 4씩 묶으면 4묶음, 2씩 묶으면 8묶음, 8씩 묶으면 2묶음이므로 $4\times4=16$, $2\times8=16$, $8\times2=16$으로 나타낼 수 있습니다.

21 7개씩 4줄은 7의 4배이므로 곱셈식으로 나타내면 $7\times4=28$입니다.

22 딸기를 4씩 묶으면 6묶음이 되므로 4×6이고, 8씩 묶으면 3묶음이 되므로 8×3입니다.

서술형 평가

70~72쪽

1 예 구슬을 3씩 묶어 세어 보면 3씩 7묶음이 되므로 3-6-9-12-15-18-21입니다. 따라서 구슬은 모두 21개입니다. ; 21

2 예 주호가 가지고 있는 클립의 수는 6씩 1묶음이고 혜진이가 가지고 있는 클립의 수는 6씩 3묶음입니다. 6씩 3묶음은 6씩 1묶음의 3배입니다. 따라서 혜진이가 가지고 있는 클립의 수는 주호가 가지고 있는 클립의 수의 3배입니다. ; 3

3 예 딸기를 2씩 묶으면 6묶음이 되므로 $2\times6=12$입니다. 3씩 묶으면 4묶음이 되므로 $3\times4=12$입니다. 4씩 묶으면 3묶음이 되므로 $4\times3=12$입니다. 6씩 묶으면 2묶음이 되므로 $6\times2=12$입니다. 따라서 딸기의 수를 나타내는 곱셈식은 모두 $2\times6=12$, $3\times4=12$, $4\times3=12$, $6\times2=12$입니다. ; $2\times6=12$, $3\times4=12$, $4\times3=12$, $6\times2=12$

4 예 예지의 나이는 9살입니다. 예지 어머니의 연세는 예지 나이의 4배이므로 9의 4배입니다. 9의 4배는 9×4이므로 예지 어머니의 연세는 $9+9+9+9=9\times4=36$(세)입니다. ; 36

5 예 ㉠의 과자 한 개와 주스를 먹을 수 있는 방법은 3가지입니다. 다른 ㉡, ㉢, ㉣, ㉤의 과자도 각각 3가지 방법이 있고 과자가 모두 5개 있습니다. 따라서 민주가 과자 1개와 주스 1개를 먹는 방법은 모두 $3+3+3+3+3=3\times5=15$(가지)입니다. ; 15

6 예 배 한 척을 만들기 위해서 필요한 성냥개비는 9씩 1묶음이고 배 4척을 만들려면 9씩 4묶음이 필요합니다. 9씩 4묶음은 9씩 1묶음의 4배입니다. 따라서 필요한 성냥개비는 모두 $9\times4=36$(개)입니다. ; 3

정답과
풀이

정답과 풀이